U1009922

21世纪高等学校数学系列教材

（第二版）

应用数理统计与SPSS操作

■ 主 编 赵喜林 李德宜 龚谊承
■ 副主编 尹水仿 熊 丹 李春丽
■ 编 委 赵喜林 李德宜 龚谊承 尹水仿 熊 丹
李春丽 丁咏梅 何晓霞 张 强

WUHAN UNIVERSITY PRESS
武汉大学出版社

图书在版编目(CIP)数据

应用数理统计与SPSS操作/赵喜林,李德宜,龚谊承主编.—2版.—武汉：武汉大学出版社,2014.8(2021.7重印)
21世纪高等学校数学系列教材
ISBN 978-7-307-13710-3

Ⅰ.应… Ⅱ.①赵… ②李… ③龚… Ⅲ.①数理统计—高等学校—教材 ②统计分析—软件包—高等学校—教材 Ⅳ.①O212 ②C819

中国版本图书馆CIP数据核字(2014)第150151号

责任编辑:胡 艳 责任校对:鄢春梅 版式设计:马 佳

出版发行：**武汉大学出版社** (430072 武昌 珞珈山)
(电子邮箱：cbs22@whu.edu.cn 网址：www.wdp.com.cn)
印刷:湖北金海印务有限公司
开本:787×1092 1/16 印张:19.5 字数:472千字 插页:1
版次:2009年8月第1版 2014年8月第2版
2021年7月第2版第3次印刷
ISBN 978-7-307-13710-3 定价:39.00元

前　　言

“数理统计”是工科院校硕士研究生的一门公共基础课，编者多年来一直从事这门课的教学.“数理统计”作为一门应用性很强，并借助计算机技术广泛渗透到各个应用领域的课程，越来越受到重视. 本教材是根据工科学生的特点和注重课程的应用性而编写的. 全书将统计软件 SPSS 和数理统计的内容有机地结合在一起，书中的例题除了给出手工计算结果外，同时也给出了在 SPSS 中的操作步骤，书中显示的 SPSS 操作界面是 17.0 版本. 编写这部分内容的目的是：一方面，使学生会用统计软件解决实际问题，不至于理论与实际脱节；另一方面，使学生明白统计软件背后的理论基础是什么. 针对工科硕士生的数学基础，本书省略一些繁琐而复杂的理论推导，取而代之以简单直观的描述. 统计模型的引入、统计方法的介绍，尽量做到从实例出发，循序渐进，简明易懂. 考虑到多元统计方法的重要性，最后一章介绍了多元正态分布的性质，以及聚类分析、判别分析、主成分分析和因子分析的基本内容. 为了提高学习的兴趣，每章前面给出了一个有趣的统计应用实例.

全书共分 6 章，分别介绍了数理统计的基本概念、参数估计、假设检验、方差分析与正交试验设计、回归分析、多元统计分析初步. 各章配有适量习题，书末附有答案.

本书可作为非统计专业硕士研究生、高年级本科生的数理统计课程教材，也可作为教师、统计工作者和工程技术人员的参考书.

本书由赵喜林、李德宜、龚谊承任主编，尹水仿、熊丹、李春丽任副主编. 由赵喜林、李德宜和尹水仿提出编写思路. 第 1 章由龚谊承编写，第 2 章由赵喜林编写，第 3 章由李春丽编写，第 4 章由丁咏梅编写，第 5 章由何晓霞编写，第 6 章由熊丹和张强编写，全书的 SPSS 操作部分由熊丹和赵喜林编写，英文关键词由龚谊承整理，赵喜林对全书做修改和统稿工作，熊丹和李春丽做全书的校对工作.

本次修订主要对上一版中的不妥之处进行了纠正，部分内容作了调整和改写，修订工作由赵喜林完成，李德宜对全书进行了审订.

由于编者水平有限，书中的不妥之处在所难免，恳请读者提出批评和建议.

编　者

2014 年 4 月于武汉

目　录

第1章　数理统计的基本概念

看不见的价值

1941年，第二次世界大战期间，有一天，美国哥伦比亚大学著名的统计学家沃尔德(Abraham Wald，1902—1950)教授家来了一个意外的访客——英国皇家空军的作战指挥官. 他说："沃尔德教授，每次飞行员出发去执行轰炸任务，我们最怕听到的回报是：'呼叫总部，我中弹了'. 请协助我们改善这个关系着飞行员生死的难题吧!"沃尔德接下这个紧急研究案，分析德国地面炮火击中联军轰炸机的资料，提出机体装甲应该如何加强才能降低被炮火击落机会的建议. 但依照当时的航空技术，机体装甲只能局部加强，否则机体过重，会导致起飞困难及操控迟钝. 沃尔德研究发现，机翼是最容易被击中的部位，而飞行员的座舱与机尾则是最少被击中的部位.

沃尔德详尽的资料分析，令英国皇家空军十分满意. 但在研究成果报告的会议上，却发生一场激辩. 负责该项目的作战指挥官说："沃尔德 教授的研究清楚地显示，联军轰炸机的机翼，弹孔密密麻麻，最容易中弹. 因此，我们应该加强机翼的装甲."但沃尔德却坚定而客气地说："将军，我尊敬你在飞行上的专业，但我有完全不同的看法，我建议加强飞行员座舱与机尾发动机部位的装甲，因为那儿最少发现弹孔."

在全场错愕怀疑的眼光中，沃尔德解释说："我所分析的样本中，只包含顺利返回基地的轰炸机. 从统计的观点来看，我认为被多次击中机翼的轰炸机，似乎还是能够安全返航. 而飞机很少发现弹着点的部位，并不是真的不会中弹，而是一旦中弹，根本就无法返航."指挥官反驳说："我很佩服沃尔德教授没有任何飞行经验，就敢做这么大胆的推论. 以我个人而言，过去在执行任务时，也曾多次机翼中弹严重受创. 要不是我飞行技术老到，运气也不错，早就机毁人亡了. 所以，我依然强烈主张应该加强机翼的装甲."

这两种意见僵持不下，皇家空军部部长陷入苦思，到底要相信这个作战经验丰富的飞行将军，还是要相信一个独排众议的统计学家?

由于战况紧急，无法做更进一步的研究，部长决定接受沃尔德的建议，立刻加强驾驶舱与机尾发动机的防御装甲. 不久之后，联军轰炸机被击落的比例果然显著降低. 为了确认这个决策的正确性，一段时间后，英国军方动用了敌后工作人员，收集了部分坠毁在德国境内的联军飞机残骸. 这些飞机中弹的部位，果真如沃尔德所预料，主要集中在驾驶舱与机尾的位置.

作战指挥官加强机翼装甲的决定看似十分合理，但他忽略了这个事实：弹着点的分布是一种严重偏误的资料，因为最关键的数据是在被击落的飞机身上，但这些飞机却无法被观察到. 因此，布满了弹痕的机翼反而是飞机最强韧的部位. 空军作战指挥官差点因为太重视“看得见”的弹痕，反而做出错误的决策. 这个案例有两个特别值得我们注意的地方：

第一，收集更多数据，并不会改善决策质量. 由于弹痕资料的来源本身就有严重的偏误，努力收集更多的资料，只会更加深原有的误解.

第二，召集更多作战经验丰富的飞行员来提供专业意见，也不能改善决策质量. 因为这些飞行员正是产生偏误数据过程中的一环. 他们都是安全回航的飞行员，虽然可能有机翼中弹的经验，但都不是驾驶舱或发动机中弹的“烈士”. 简单地说，当他们越认真凝视那些“看得到”的弹痕，离真相就越远.

样本是统计分析的基础，样本要满足什么条件，读完本章就会有答案.

1.1 导　　论

假想你是一位企业工作人员，需要为所在的企业搜集一些相关资料，此时，你会发现，统计信息是一个企业在市场上立足的根本；历届政府工作报告中占据相当篇幅也最有说服力的就是统计数据；历届人民代表大会后的记者招待会上，记者们提问最多的也是相关的统计数据．这些数据是怎么得来的？经过了哪些处理和分析？该如何解读这些数据呢？

这样的思路是想“透过数据看世界”，此时，实际上已经站在了“数理统计”这座宫殿的大门口了．

1.1.1 数理统计研究对象

在我们的身边，有形和无形的数据形成了一个茫茫数海，这些数据蕴含着什么信息？可以给我们什么启示呢？我们如何从中归纳出精辟的结论，为决策提供依据？这就构成了数理统计学的研究对象．

数理统计学研究怎样有效地收集、处理、分析、解释带有随机性的数据，以对所考察的问题作出推断或预测，直至为采取一定的决策和行动提供依据和建议．若在这句文字中去掉“ 随机性”这几个字，那就是统计学的研究范围．统计学也就是数据科学．由于实践中人们收集到的数据大多受到随机性的影响，因而数理统计学是统计学的主要组成部分．在许多西方国家(如美国)，这两个名词的含义基本相同. 许多大学里，统计系就是研究数理统计学的，使用“ 数理统计”一词时只是强调统计学中用到很多现代数学知识. 在我国，由于历史的原因，这两个名词在实际使用时有较大差别．笔者相信，若干年后，这两个名词所指范围的差异将慢慢减小.

1.1.2 统计工作诸环节

用数理统计方法解决一个实际问题时，一般有如下几个步骤：建立数学模型；收集整理数据；进行统计推断、作出预测和决策．需要注意，这些环节不能截然分开，也不一定按上述次序，有时是互相交错的．具体内容如下：

(1)模型的选择和建立．模型是指关于所研究总体的某种假定，一般是给总体分布规定某个类型．另外，建立模型要依据概率的知识、所研究问题的专业知识、以往的经验以及从总体中抽取的样本(数据).

(2)数据的收集.一般有三种收集数据的方式,包括全面观测、抽样观测和安排特定的实验.全面观测又称普查,即对总体中每个个体都加以观测,测定所需要的指标.抽样观测又称抽查,是指从总体中抽取一部分,测定其有关的指标值.这方面的研究内容构成数理统计的一个分支学科,叫做抽样调查.安排特定实验以收集数据,这些特定的实验要有代表性,并使所得数据便于进行分析.这里面所包含的数学问题,构成数理统计学的又一分支学科,即实验设计的内容.

(3)数据整理.其目的是把包含在数据中的有用信息提取出来.整理数据通常有两种形式,一种形式是制定适当的图表(如散点图),以反映隐含在数据中的粗略的规律性或一般趋势;另一种形式是计算若干数字特征,以刻画样本某些方面的性质,如样本均值、样本方差等简单描述性统计量.

(4)统计推断.它指根据总体模型以及由总体中抽出的样本,作出有关总体分布的某种论断.数据的收集和整理是进行统计推断的必要准备,统计推断是数理统计学的主要任务.

(5)统计预测.统计预测的对象,是随机变量在未来某个时刻所取的值,或设想在某种条件下对该变量进行观测时将取的值.例如,预测一种产品在未来 3 年内的市场销售量,某个 10 岁男孩在 3 年后的身高、体重,等等.

(6)统计决策.依据所做的统计推断或预测,并考虑到行动的后果(以经济损失的形式表示)而制定的一种行动方案.其目的是使损失尽可能小,或反过来说,使收益尽可能大.例如,一个商店要决定今年内某种产品的进货数量,商店的统计学家根据抽样调查,预测该产品本店今年销售量为 1000 件.假定每积压一件产品损失 20 元,而少销售一件产品则损失 10 元,要据此作出关于进货数量的决策.

1.1.3 数理统计的一些渊源

数理统计学是伴随着概率论的发展而发展起来的.19 世纪中叶以前已出现了若干重要的工作,如 C. F. 高斯和 A. M. 勒让德关于观测数据误差分析和最小二乘法的研究.到 19 世纪末期,经过包括 K. 皮尔森在内的一些学者的努力,这门学科已开始形成.但数理统计学发展成一门成熟的学科,则是 20 世纪上半叶的事,它在很大程度上要归功于 K. 皮尔森、R. A. 费歇等学者的工作.特别是费歇的贡献,对这门学科的建立起了决定性的作用.1946 年,H. 克拉默发表的《统计学数学方法》是第一部严谨且比较系统的数理统计著作,可以把它作为数理统计学进入成熟阶段的标志.

数理统计学的发展大致可分 3 个时期:

(1)20 世纪以前.这个时期又可分成两段,大致上可以把高斯和勒让德关于最小二乘法用于观测数据的误差分析的工作作为分界线,前一阶段属萌芽时期,基本上没有超出描述性统计的范围;后一阶段可算作是数理统计学的幼年阶段.首先,强调了推断的地位,而摆脱了单纯描述的性质.由于高斯等的工作揭示了正态分布的重要性,学者们普遍认为,在实际问题中遇见的几乎所有的连续变量,都可以满意地用正态分布来刻画.这种观点使关于正态分布的统计得到了深入的发展,但延缓了非参数统计的发展.19 世纪末,K. 皮尔森给出了以他的名字命名的分布,并给出了估计参数的一种方法——矩法估计.

德国的F. 赫尔梅特发现了统计上十分重要的χ^2 分布.

(2)20世纪初到第二次世界大战结束. 这是数理统计学蓬勃发展达到成熟的时期. 许多重要的基本观点和方法，以及数理统计学的主要分支学科，都是在这个时期建立和发展起来的. 这个时期的成就，包含了至今仍在广泛使用的大多数统计方法. 在其发展中，以英国统计学家、生物学家费歇为代表的英国学派起了主导作用.

(3)第二次世界大战以后时期. 这一时期中，数理统计学在应用和理论两方面继续获得很大的进展.

1.1.4 数理统计的应用领域

数理统计的应用涉及工农业生产、自然科学和技术科学以及社会经济等众多广泛的领域，只要有数据的地方，就会用到数理统计方法. 具体地说，大致可以分为如下几个方面:

(1)在农业中，对田间试验进行适当的设计和统计分析.

(2)在工业生产中，实验设计法、回归设计和回归分析、方差分析、多元分析等统计方法，对于试制新产品和改进老产品、改革工艺流程、寻求适当的配方等方面，起着广泛的作用；对于统计质量管理，在控制工业产品的质量中起着十分重要的作用.

(3)医学是较早使用数理统计方法的领域之一. 在防治一种疾病时，需要找出导致这种疾病的种种因素. 统计方法在发现和验证这些因素上，是一个重要工具. 另一方面的应用是，用统计方法确定一种药物对治疗某种疾病是否有用、用处多大，以及比较几种药物或治疗方法的效力.

(4)在自然科学和技术科学中，统计方法可用于地震、气象和水文方面的预报、地质资源的评测等.

(5)在社会、经济领域方面的应用，如人口调查和预测，心理学中能力方面的分析，等等.

◎ 思考:

1. 数理统计是研究什么的?
2. 数理统计与概率论、统计学有什么样的关系?

1.2 数理统计的基本概念

1.2.1 总体、样本、参数

1. 总体(population)

在数理统计学中，把研究对象的全体称为总体或母体，构成总体的每个元素称为个体. 如要研究某大学的学生身高情况，则该大学的全体学生就是该问题的总体，每个学生是个体；要研究某厂生产的显像管的质量时，总体是该厂生产的所有显像管，每一个显像管是个体.

每个个体有很多特征，比如学生有性别、年龄、身高、体重、籍贯等，我们并不是关心个体的所有特征，而只是关心某些数量指标值，比如身高．抛开实际背景，总体就是一堆数，这堆数有它的分布规律．若考察的数量指标用 X 表示，则 X 是一个随机变量，X 的可能取值就是总体里的数，研究总体的分布规律实际上就是研究随机变量 X 的分布规律，所以，总体就是一个随机变量．

定义 1.1 一个随机变量 X 或其相应的分布函数 $F(x)$ 称为一个总体．

如果我们对每一研究对象要观测两个或多个数量指标，此时用多维随机向量来表示总体，这是多元分析研究的对象．

根据总体中所含元素的个数是有限还是无限的，又可以分为有限总体和无限总体．我们讨论的主要是无限总体．

2. 样本（sample）

为了研究总体的分布规律或某些特征，我们从总体中随机地抽取 n 个个体，观测它们的数量指标，分别记为 X_1，…，X_n，这些通过观察或试验得到的数据称为总体的一个样本或子样，n 称为样本容量(sample size)．这些观察或试验过程称为抽样(sampling)．

例如，用同一架天平称某重物 5 次，得到一组 5 个数据 x_1，x_2，x_3，x_4，x_5，称它们是一个样本，样本容量为 5.

每个容量为 n 的样本都可认为是 n 维空间的一个点，样本所有可能的取值构成了 n 维空间的一个子集，称为样本空间(sample space)．注意，“数据”一词在这里是广义的，它可以是实数值，例如 X_i 表示称得某重物的重量；也可以是事物的属性，例如 X_i =“正品”(或“废品”)，等等. 通常，为了方便研究，也常将这些属性数量化，例如用“1”表示“废品”，用“0”表示“正品”，当然这不是本质的问题．

对于样本，需要强调两点：

(1)二重性：样本并非一堆杂乱无章无规律可循的数据，而是受随机性影响的一组数据，因此，用概率论的话说，就是每个样本既可以视为一组数据，又可视为一组随机变量，这就是所谓样本的二重性．当通过一次具体的试验，得到一组观测值，这时样本表现为一组数据；但这组数据的出现并非是必然的，它只能以一定的概率(或概率密度)出现，这就是说，当考察一个统计方法是否具有某种普遍意义下的效果时，又需要将其样本视为随机变量，而一次具体试验得到的数据，则可视为随机变量的一个观察值．今后为行文方便，我们常交替使用上述两种观点来看待样本，而不去每次声明此处样本是指随机变量还是其观察值．

(2)独立同分布性：我们要求每一个个体都有同等机会被选入样本，这就意味着样本中每个 $X_i(i=1,2,\cdots,n)$ 具有与总体 X 相同的分布，使样本具有代表性；同时，要求样本中各数据的出现互不影响，$X_i(i=1,2,\cdots,n)$ 相互独立．或者说，抽取样本时应该是在相同条件下独立重复地进行．

【例 1.1】 设一组抽奖券共 10000 张，其中有 5 张有奖．问：连续抽取 3 张均有奖的概率为多少？

为了讨论这个问题，不妨设

$$X_i=\begin{cases}1, \text{第 } i \text{ 次抽到奖} \\ 0, \text{第 } i \text{ 次未抽到奖}\end{cases}$$

要求该事件的概率,实际上即是求联合概率分布

$$P\{X_1=x_1,X_2=x_2,X_3=x_3\}\ (x_i=0\text{ 或 }1)$$

在 $x_1=x_2=x_3=1$ 处的值．但题中没有说明“连续抽取”是“有放回的”还是“无放回的”，我们不妨都计算一下：

(1)无放回时：

$$P\{X_1=1,X_2=1,X_3=1\}=\frac{5}{10000}\cdot\frac{4}{9999}\cdot\frac{3}{9998}$$

(2)有放回时：

$$P\{X_1=1,X_2=1,X_3=1\}=\frac{5}{10000}\cdot\frac{5}{10000}\cdot\frac{5}{10000}=\left(\frac{5}{10000}\right)^3$$

显然，(1)中的抽样方式不是独立的，每次抽样的结果都将影响下一次抽样的分布，这种抽样不是我们通常研究的抽样．而(2)中的抽样则是多次独立的抽样，它们是同分布的，即我们通常称为的随机抽样(random sampling)．这样得到的数据，即是我们常研究的简单随机样本(simple random sample)，或简称为样本．

定义 1.2 如果随机变量

$$X_1,\cdots,X_n \tag{1.1}$$

相互独立，且 $X_i(i=1,2,\cdots,n)$ 都服从与总体 X 相同的分布，则称 $X_1,\cdots,X_n$ 是来自于总体 X 的简单随机样本，或简称为样本．

【例 1.2】 用两台车床车同一批产品，分别车 m 及 n 件，尺寸为 $X_1,\cdots,X_m$ 及 $Y_1,Y_2,\cdots,Y_n$，这时，我们得到的样本是

$$X_1,\cdots,X_m,\ Y_1,Y_2,\cdots,Y_n \tag{1.2}$$

它们显然通常不会是同分布的，可视 $X_1,\cdots,X_m$ 来自于总体 X，$Y_1,Y_2,\cdots,Y_n$ 来自于总体 Y 的样本．

由此可以看出，如果总体 X 的分布为 $F(x)$，则其联合分布为

$$F(x_1)F(x_2)\cdots F(x_n) \tag{1.3}$$

相应地，若总体 X 有概率密度 $f(x)$，则样本(1.1)的联合概率密度为

$$f(x_1)f(x_2)\cdots f(x_n) \tag{1.4}$$

【例 1.3】 设总体(1) $X\sim N(\mu,\sigma^2)$；(2) $X\sim b(1,p)$；(3) X 服从参数为 λ 的泊松分布，$X_1,\cdots,X_n$ 为来自总体的样本，则

(1)总体的密度

$$f(x,\mu,\sigma^2)=\frac{1}{\sqrt{2\pi}\sigma}\mathrm{e}^{-\frac{(x-\mu)^2}{2\sigma^2}}$$

样本 $(X_1,\cdots,X_n)$ 的联合概率密度为

$$f(x_1,x_2,\cdots,x_n)=\prod_{i=1}^{n}f(x_i,\mu,\sigma^2)=\prod_{i=1}^{n}\frac{1}{\sqrt{2\pi}\sigma}\mathrm{e}^{-\frac{(x_i-\mu)^2}{2\sigma^2}}=\frac{1}{(\sqrt{2\pi}\sigma)^n}\mathrm{e}^{-\frac{1}{2\sigma^2}\sum_{i=1}^{n}(x_i-\mu)^2}$$

(2)总体的分布律为

$$P\{X=x\}=p^x(1-p)^{1-x}\qquad(x=0,1)$$

样本 $(X_1,\cdots,X_n)$ 的联合分布律为

$$P\{X_1=x_1,\cdots,X_n=x_n\}=\prod_{i=1}^{n}P\{X=x_i\}=\prod_{i=1}^{n}p^{x_i}(1-p)^{1-x_i}=p^{\sum_{i=1}^{n}x_i}(1-p)^{n-\sum_{i=1}^{n}x_i}$$

$$(x_i = 1,0, i = 1,2,\cdots,n)$$

(3)总体泊松分布的分布律为

$$P\{X = x\} = \frac{\lambda^x e^{-\lambda}}{x!} \qquad (x = 0,1,2,\cdots)$$

样本 $(X_1,\cdots,X_n)$ 的联合分布律为

$$P\{X_1 = x_1,\cdots,X_n = x_n\} = \prod_{i=1}^{n} P\{X = x_i\} = \prod_{i=1}^{n} \frac{\lambda^{x_i} e^{-\lambda}}{x_i!} = \frac{\lambda^{\sum_{i=1}^{n} x_i} e^{-n\lambda}}{x_1! \ \cdots x_n!}$$

$$(x_i = 0,1,2,\cdots; i = 1,2,\cdots,n)$$

有了总体、样本的概念后,我们就可以将统计推断的基本任务概括为由样本推断总体. 如在例 1.2 中,我们就可以从样本(1.2)中推断出总体 X 与 Y 是否有显著差别. 关于这一基本任务,我们今后可以慢慢体会到. 由于推断总体实质上是推断总体的分布,即解决一个实际统计问题,往往归结为总体分布的确定,所以我们也常称总体的分布是该问题的统计模型(statistics model).

3. 参数(parameter)

参数是用来描述总体特征的概括性数字度量,参数是研究者想了解的总体的某种特征值. 总体的分布一般来说是未知的,所以很多情况下,参数是总体分布中的未知常数,需要通过样本来推断. 例如,正态总体的分布密度 $f(x,\mu,\sigma^2) = \frac{1}{\sqrt{2\pi}\sigma} e^{-\frac{(x-\mu)^2}{2\sigma^2}}$ 中,μ,σ^2 是参数,分别表示总体的均值和方差.

对于每个总体,我们称其分布中参数的一切可能取值的集合为参数空间(parameter space),记为 Θ,如在例 1.3 中:(1) 参数 $(\mu,\sigma^2) \in \Theta = \mathbf{R} \times \mathbf{R}^+$,其中 $\mathbf{R} = (-\infty, +\infty)$,$\mathbf{R}^+ = (0, +\infty)$;(2) 参数 $p \in \Theta = [0,1]$;(3) 参数 $\lambda \in \Theta = \mathbf{R}^+ = (0, +\infty)$.

1.2.2 统计量

1. 统计量(statistic)

在利用样本推断总体时,往往不能直接利用样本,而需要对它进行一定的加工,这样才能有效地利用其中的信息,否则,样本只是呈现为一堆“杂乱无章”的数据.

【例 1.4】 从某地区随机抽取 50 户农民,调查其年收入情况,得到下列数据(每户人均元):

924	800	916	704	870	1040	824	690	574	490
972	988	1266	684	764	940	408	804	610	852
602	754	788	962	704	712	854	888	768	848
882	1192	820	878	614	846	746	828	792	872
696	644	926	808	1010	728	742	850	864	738

试对该地区农民收入的水平和贫富悬殊程度做个大致分析.

显然,如果不进行加工,面对这堆大小参差不齐的数据,你很难得出什么印象. 但是,对这些数据做出大致分析:如记各农户的年收入数为 $X_1,\cdots,X_{50}$,则考虑

$$\bar{X} = \frac{1}{50}\sum_{i=1}^{50} X_i = 809.55$$

$$S=\sqrt{\frac{1}{49}\sum_{i=1}^{50}(X_i-\bar{X})^2}=155.849$$

这样,我们就可以从 $\bar{X}$ 得出该地区农民平均人均收入水平大致为809元,从 S 可以得出该地区农民贫富悬殊不大的结论．由此可见,把分散在样本中我们关心的信息提炼出来,针对不同的研究目的构造不同的样本函数,是统计推断的基础;同时,为了使提炼的信息是已知的,这个函数不能含有未知参数,这样的函数在统计学中称为统计量．

定义1.3 设 $X_1,\cdots,X_n$ 是总体 X 的一个样本,如果 $T(X_1,\cdots,X_n)$ 是样本 $X_1,\cdots,X_n$ 的一个不含未知参数的函数,则称

$$T=T(X_1,\cdots,X_n)$$

为统计量．

【例1.5】 设总体 $X\sim N(\mu,2^2)$,其中 μ 是未知参数,$X_1,\cdots,X_n$ 是总体 X 的一个样本,判断下面哪些是统计量:

(1) $T_1=\frac{1}{n}\sum_{i=1}^{n}X^2{}_i$;

(2) $T_2=X_1$;

(3) $T_3=\max\{X_1,\cdots,X_n\}$;

(4) $T_4=\sum_{i=1}^{n}\left(\frac{X_i-\mu}{2}\right)^2$.

解: T_1,T_2,T_3 都是样本的函数,且不含未知参数,所以是统计量．T_4 虽然是样本的函数,但含有未知参数 μ,所以不是统计量．

因为样本具有二重性,而统计量又是样本的函数,所以统计量也具有二重性:一方面可以看成随机变量,另一方面它的值又是可以观测的．统计量究竟表示的是随机变量还是它的观察值,可根据具体环境确定．

2. 常用统计量

设 $X_1,\cdots,X_n$ 是来自总体 X 的样本,常用统计量如下:

(1)样本均值(sample mean):

$$\bar{X}=\frac{1}{n}\sum_{i=1}^{n}X_i$$

样本均值 $\bar{X}$ 反映了总体 X 的期望的信息．

(2)样本方差(sample variance):

$$S^2=\frac{1}{n-1}\sum_{i=1}^{n}(X_i-\bar{X})^2=\frac{1}{n-1}\left(\sum_{i=1}^{n}X_i^2-n\bar{X}^2\right)$$

样本方差 S^2 或记为 S_n^2．为了消除样本方差与总体量纲的差别,通常取 $S=\sqrt{S^2}$,称 S 为样本标准差(sample standard deviation)．样本标准差与总体的量纲一致．样本方差描述了样本的离散程度,反映了总体 X 的方差的信息．

在这个定义中,$\sum_{i=1}^{n}(X_i-\bar{X})^2$ 称为偏差平方和,$n-1$ 称为偏差平方和的自由度,其含义是:在 $\bar{X}$ 确定后,n 个偏差 $X_i-\bar{X}(i=1,2,\cdots,n)$ 中,只有 $n-1$ 个可以自由变动,因为这 n

个数之间有一个约束 $\sum_{i=1}^{n}(X_i - \bar{X}) = 0$.

定理 1.1 设总体 X 具有二阶矩，$EX = \mu, DX = \sigma^2 < +\infty$，$X_1, \cdots, X_n$ 为来自总体 X 的样本，则

$$E\bar{X} = \mu, D\bar{X} = \frac{\sigma^2}{n} \tag{1.5}$$

$$ES^2 = \sigma^2 \tag{1.6}$$

证明：

$$E\bar{X} = \frac{1}{n}E\left(\sum_{i=1}^{n} X_i\right) = \frac{n\mu}{n} = \mu$$

$$D\bar{X} = \frac{1}{n^2}D\left(\sum_{i=1}^{n} X_i\right) = \frac{n\sigma^2}{n^2} = \frac{\sigma^2}{n}$$

$$E\left(\sum_{i=1}^{n}(X_i - \bar{X})^2\right) = E\left(\sum_{i=1}^{n} X_i^2 - n\bar{X}^2\right) = n(\mu^2 + \sigma^2) - n\left(\mu^2 + \frac{\sigma^2}{n}\right) = (n-1)\sigma^2$$

两边除以 $n-1$，即得 $ES^2 = \sigma^2$.

(3)变异系数(coefficient of variation)：

$$V = \frac{S}{\bar{X}}$$

变异系数 V 是相对标准差，也是反映数据离散程度的统计量．变异系数大，说明数据的离散程度大；变异系数小，说明数据的离散程度小．

(4)样本 k 阶原点矩(sample k-th moment about the origin)：

$$A_k = \frac{1}{n}\sum_{i=1}^{n} X_i^k$$

样本一阶原点矩就是样本均值.

(5)样本 k 阶中心矩(sample k-th moment about the mean)：

$$B_k = \frac{1}{n}\sum_{i=1}^{n}(X_i - \bar{X})^k$$

有时，也称样本的二阶中心矩 B_2 为样本方差，称 $\sqrt{B_2}$ 为样本均方差，记 $S^* = \sqrt{B_2}$．当 n 很大时，B_2 与 S^2 差别不大．

(6)样本偏度(sample skewness)：

$$\gamma_1 = \frac{1}{n}\sum_{i=1}^{n}\left(\frac{X_i - \bar{X}}{S^*}\right)^3 = \frac{B_3}{B_2^{\frac{3}{2}}}$$

样本偏度 γ_1 反映了总体分布密度曲线的对称性信息．$\gamma_1 = 0$ 表示样本对称；$\gamma_1 > 0$ 表示样本右尾长，即样本中有几个较大的数，反映总体分布是右偏的；$\gamma_1 < 0$ 表示样本左尾长，样本中有几个特小的数，反映总体分布是左偏的．

(7)样本峰度(sample kurtosis)：

$$\gamma_2 = \frac{1}{n}\sum_{i=1}^{n}\left(\frac{X_i - \bar{X}}{S^*}\right)^4 - 3 = \frac{B_4}{B_2^2} - 3$$

样本峰度 γ_2 反映了总体分布密度曲线在其峰值附近的陡峭程度．当 $\gamma_2 > 0$ 时，分布密

度曲线在其峰值附近比正态分布陡，称为尖顶型；当 $\gamma_2 < 0$ 时，分布密度曲线在其峰值附近比正态分布平坦，称为平顶型．

【例 1.6】 用 SPSS 计算例 1.4 中数据的均值、标准差、样本偏度及样本峰度．

SPSS 操作步骤：

（1）输入数据，定义变量名为“收入”．

（2）在菜单栏中选择 Analyze→ Descriptive Statistics→ Frequencies，进入 Frequencies 对话框（图 1.1）．将“收入”选入 Variable（s）框，单击 Statistics 按钮进入 Statistics 对话框（图 1.2），选中需要的统计指标，单击 Continue 按钮返回 Frequencies 对话框．

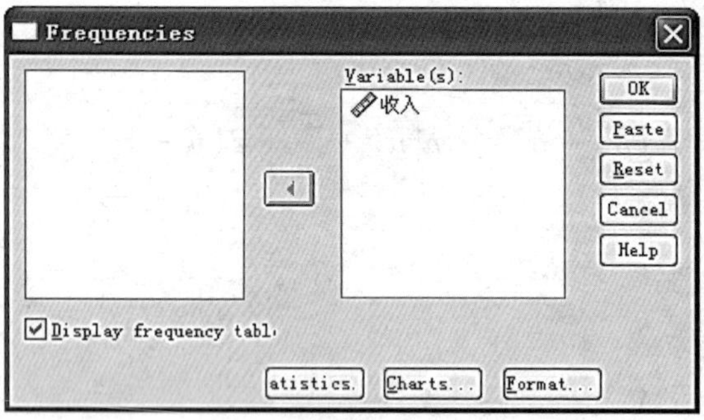

图 1.1 Frequencies 对话框

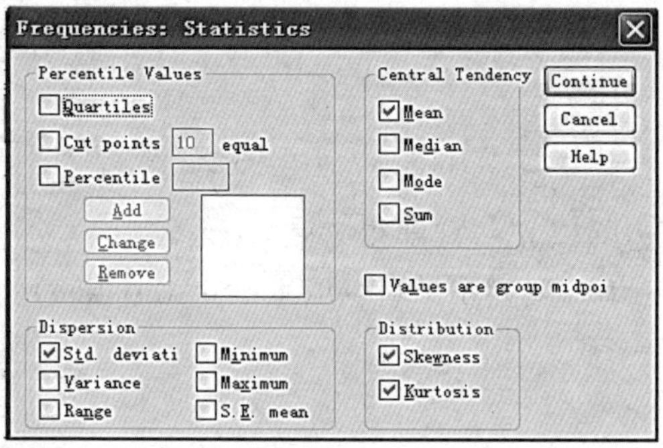

图 1.2 Statistics 对话框

（3）单击 OK，可得到计算结果，见表 1.1．

表 1.1 **收入的描述统计指标 Statistics**

N	Valid	50
	Missing	0
Mean		809.52
Std. Deviation		155.849
Skewness		0.247
Std. Error of Skewness		0.337
Kurtosis		1.446
Std. Error of Kurtosis		0.662

SPSS 结果解释：

（1）样本容量 N=50，数据丢失 0 个；

（2）均值 Mean 为 809.52，标准差为 155.849；

（3）样本偏度为 0.247，标准误差为 0.337；

（4）样本峰度为 1.446，标准误差为 0.662.

3. *次序统计量*（order statistic）

定义 1.4 设 $X_1,\cdots,X_n$ 是取自总体 X 的样本，定义 $X_{(i)}(i=1,2,\cdots,n)$ 取值为将 $X_1,\cdots,X_n$ 的观察值由小到大排列后得到的第 i 个观察值，则称 $X_{(i)}$ 为该样本的第 i 个次序统计

计量．其中，$X_{(1)} = \min\limits_{1\leqslant i\leqslant n}\{X_i\}$ 称为最小次序统计量，$X_{(n)} = \max\limits_{1\leqslant i\leqslant n}\{X_i\}$ 称为最大次序统计量．

定理 1.2 设总体 X 的密度函数为 $f(x)$，分布函数为 $F(x)$，$X_1,\cdots,X_n$ 是总体 X 的样本，则第 k 个次序统计量 $X_{(k)}$ 的密度函数为

$$f_k(x) = \frac{n!}{(k-1)!\,(n-k)!}[F(x)]^{k-1}[1-F(x)]^{n-k}f(x) \tag{1.7}$$

证明见参考文献[1].

特别地，令 $k=1$ 和 $k=n$ 得到最小次序统计量 $X_{(1)}$ 和最大次序统计量 $X_{(n)}$ 的密度函数分别为

$$f_1(x) = n[1-F(x)]^{n-1}f(x)$$
$$f_n(x) = n[F(x)]^{n-1}f(x)$$

【**例 1.7**】 设总体 $X \sim U(0,1)$，$X_1,\cdots,X_n$ 为样本，求第 $k(1\leqslant k\leqslant n)$ 个次序统计量的密度函数 $f_k(x)$．

解：总体 X 的分布函数为

$$F(x) = \begin{cases} 0, x\leqslant 0 \\ x, 0 < x \leqslant 1 \\ 1, 1 < x \end{cases}$$

密度函数为

$$f(x) = \begin{cases} 1, 0 < x < 1 \\ 0, \text{其他} \end{cases}$$

代入式(1.7)，得

$$f_k(x) = \begin{cases} \dfrac{n!}{(k-1)!\,(n-k)!}x^{k-1}(1-x)^{n-k}, & 0 < x < 1 \\ 0, & \text{其他} \end{cases}$$

下面介绍两个用次序统计量构造的常用统计量：

(1)样本中位数(sample median)：是次序统计量的函数，定义如下：

$$\tilde{X} = \begin{cases} X_{\left[\frac{n+1}{2}\right]}, & n\text{ 为奇数} \\ \dfrac{1}{2}\left[X_{\left[\frac{n}{2}\right]} + X_{\left[\frac{n}{2}+1\right]}\right], & n\text{ 为偶数} \end{cases}$$

即样本容量为奇数时，样本中位数就是取样本按从小到大次序排列位于最中间的那个数；样本容量为偶数时，取位于最中间的两个数的算术平均值．样本中位数与样本均值一样，是刻画样本的位置特征的量，但它不受样本中异常值的影响．

(2)样本极差(sample range)：定义为

$$R = X_{(n)} - X_{(1)} = \max_{1\leqslant i\leqslant n}\{X_i\} - \min_{1\leqslant i\leqslant n}\{X_i\}$$

样本极差与样本方差一样，是反映样本的离散程度的量，但样本极差计算方便．

1.2.3 直方图和经验分布函数

对连续型总体的分布的描述工具是分布函数 $F(x)$ 或者概率密度函数 $f(x)$，由于总体分布的未知性，$F(x)$ 或 $f(x)$ 的精确表达式也是未知的．我们推断总体的信息来源于样本，如何由样本来推断 $F(x)$ 或 $f(x)$ 呢？下面介绍的直方图和经验分布函数是分别用来推断

$F(x)$ 和 $f(x)$ 的.

1. 直方图(histogram)

设 $x_1,\cdots,x_n$ 是总体 X 的样本的观察值,将实轴划分为若干小区间,记下诸观察值 x_i 落在每个小区间中的个数,根据大数定律中频率近似概率的原理,从这些个数来推断总体在每一小区间上的密度.具体做法如下:

(1)找出 $x_{(1)}=\min\limits_{1\leqslant i\leqslant n}x_i$,$x_{(n)}=\max\limits_{1\leqslant i\leqslant n}x_i$,取 a 略小于 $x_{(1)}$,b 略大于 $x_{(n)}$.

(2) 将 $[a,b]$ 分成 m 个小区间, $m<n$,小区间长度可以不等,设分点为

$$a=t_0<t_1<\cdots<t_m=b$$

在分小区间时,注意每个小区间中都要有若干观察值.

(3)记 n_j 为落在小区间 $(t_{j-1},t_j]$ 中观察值的个数(频数),计算频率 $f_j=\dfrac{n_j}{n}$,列表分别记下各小区间的频数、频率.

(4)在直角坐标系的横轴上,标出 $t_0,t_1,\cdots,t_m$ 各点,分别以 $(t_{j-1},t_j]$ 为底边,作高为 $\dfrac{f_j}{\Delta t_j}$ 的矩形, $\Delta t_j=t_j-t_{j-1},j=1,2,\cdots,m$,即得直方图(图1.3).

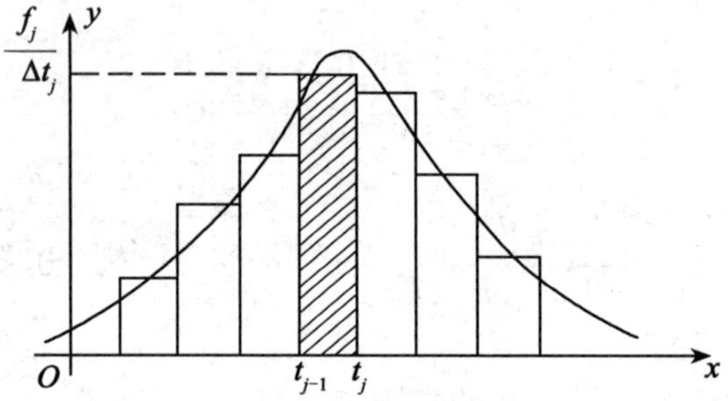

图1.3　直方图

直方图对应的分段函数

$$p_n(x)=\frac{f_j}{\Delta t_j}\quad(x\in(t_{j-1},t_j],j=1,2,\cdots,m)$$

就是总体的密度函数 $f(x)$ 的近似.

事实上,根据频率与概率的关系:

$$P\{X\in(t_{j-1},t_j]\}=\int_{t_{j-1}}^{t_j}f(x)\,\mathrm{d}x\approx f_i=p_n(x)\Delta t_j\qquad(j=1,2,\cdots,m)$$

即有

$$\int_{t_{j-1}}^{t_j}f(x)\,\mathrm{d}x\approx p_n(x)\Delta t_j\qquad(j=1,2,\cdots,m)$$

$$p_n(x)\approx f(x)$$

Δt_j 越小,近似程度越高.

当样本容量 n 无穷大, $\Delta t_j\to0(j=1,2,\cdots,m)$,直方图的阶梯型折线无限接近于密度曲线.

下面介绍利用SPSS作直方图的两个途径:

第一,在例 1.4 的 SPSS 操作中的第(3)步,单击 OK 改为单击 Charts 按钮,在 Chart Type(图表类型)单选框中选择 Histograms(直方图),如图 1.4 所示.单击 Continue 按钮返回 Frequencies 对话框,再单击 OK 可得到带直方图的计算结果.

第二,在菜单栏点击 Graphs→Legacy Dialogs→Histograms(图 1.5),在 Variable 栏加入变量,勾选 Display normal curve,也可得到含正态曲线的直方图(图 1.6).

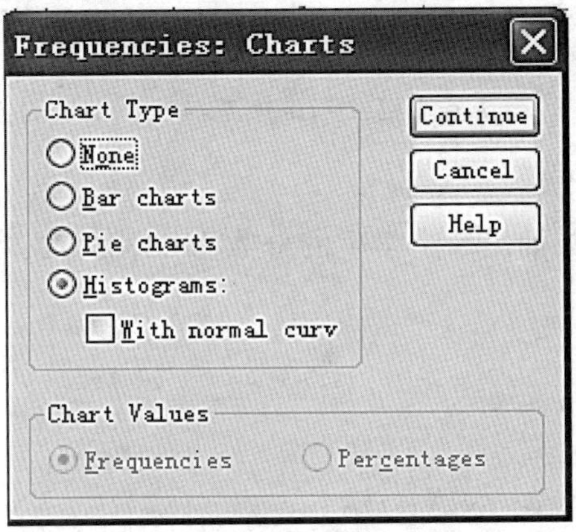

图 1.4 Charts 对话框

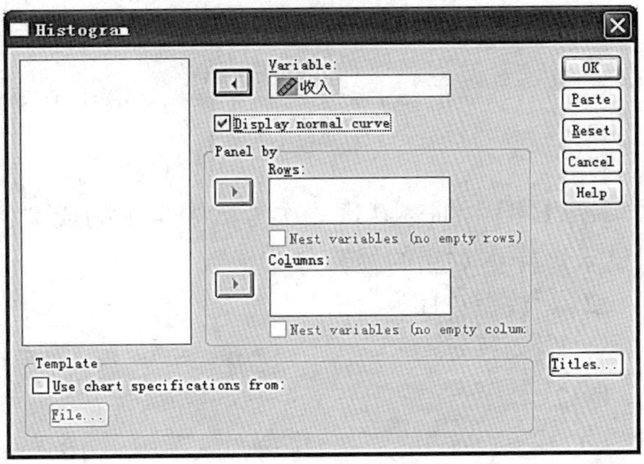

图 1.5 Histogram 对话框

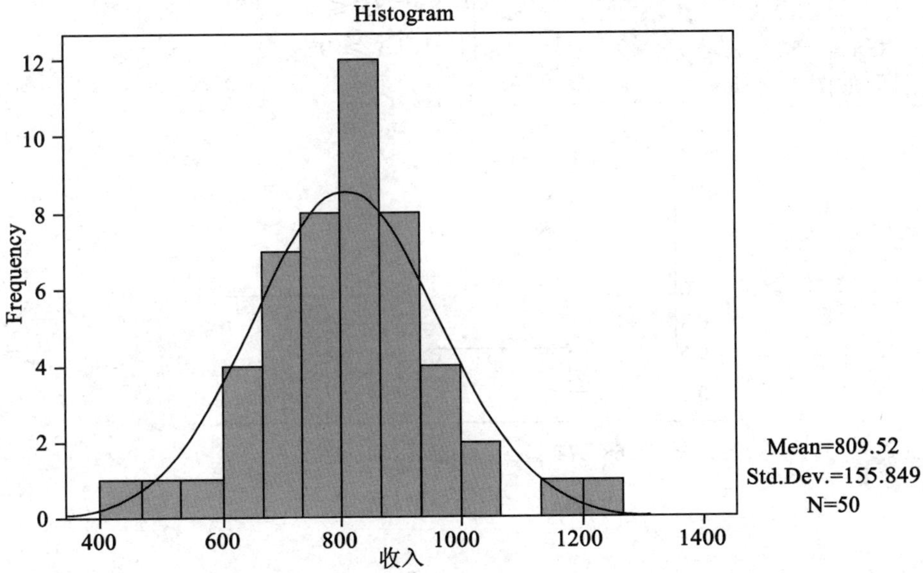

图 1.6 直方图

2. 经验分布函数(empirical distribution function)

设总体 X 的分布函数为 $F(x)$,$x_1,\cdots,x_n$ 是来自 X 的样本观察值,将 $F(x)=P\{X\leqslant x\}$ 中事件 $\{X\leqslant x\}$ 的概率 $P\{X\leqslant x\}$ 替换成出现的频率,就得到所谓的经验分布函数.

记 $m_n(x)$ 为事件 $\{X\leqslant x\}$ 在 n 次观测中出现的频数,即样本 $x_1,\cdots,x_n$ 中小于或等于 x

的个数,则

$$m_n(x) \sim b(n,F(x)) \tag{1.8}$$

事件 $\{X \leqslant x\}$ 出现的频率

$$f_n = \frac{m_n(x)}{n}$$

是一个关于 x 的函数,记为 $F_n(x)$. 称 $F_n(x)$ 为经验分布函数,即

$$F_n(x) = \frac{m_n(x)}{n} = \begin{cases} 0, x < x_{(1)} \\ \dfrac{k}{n}, x_{(k)} \leqslant x < x_{(k+1)}, k = 1,2,\cdots,n-1 \\ 1, x \geqslant x_{(n)} \end{cases} \tag{1.9}$$

【例 1.8】 抽查某班一次考试中学生的成绩,共抽出 5 个学生的分数为 68,85,72,72,95.试求该样本对应的经验分布函数.

解:对数据排序:

$$68 \leqslant 72 \leqslant 72 \leqslant 85 \leqslant 95$$

所以

$$F_5(x) = \frac{m_5(x)}{5} = \begin{cases} 0, & x < 68 \\ 0.2, & 68 \leqslant x < 72 \\ 0.6, & 72 \leqslant x < 85 \\ 0.8, & 85 \leqslant x < 95 \\ 1, & x \geqslant 95 \end{cases}$$

其图形如图 1.7 所示.

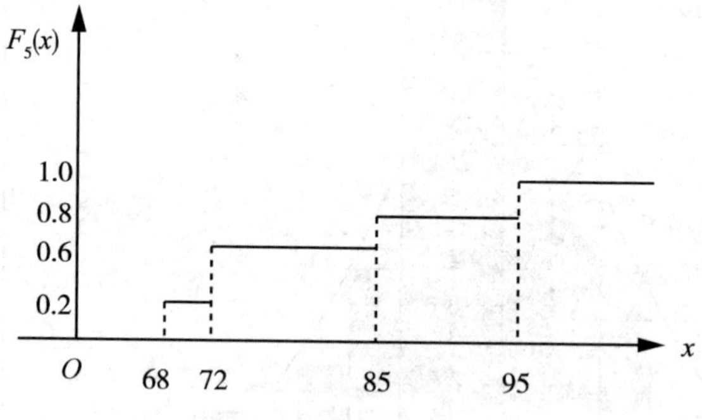

图 1.7 经验分布函数图

注意:$F_n(x)$ 的图形只在 $x = x_{(k)}, k = 1,2,\cdots,n$ 处有跃度为 $\frac{1}{n}$ 的间断点,若有 l 个观察值相同,则 $F_n(x)$ 在此观察值处的跃度为 $\frac{l}{n}$.

$F_n(x)$ 是由样本决定的,给定一个 x , $F_n(x)$ 是样本的函数,因此是随机变量. 由式(1.8)及式(1.9)知, $nF_n(x) = m_n(x) \sim B(n,F(x))$,所以

$$E[nF_n(x)] = Em_n(x) = nF(x), D[nF_n(x)] = Dm_n(x) = nF(x)[1 - F(x)]$$

即有

$$EF_n(x)=F(x),DF_n(x)=\frac{F(x)[1-F(x)]}{n} \tag{1.10}$$

说明:经验分布函数 $F_n(x)$ 的取值总在 $F(x)$ 周围波动,且样本容量 n 越大,这种波动的幅度越小(图 1.8).

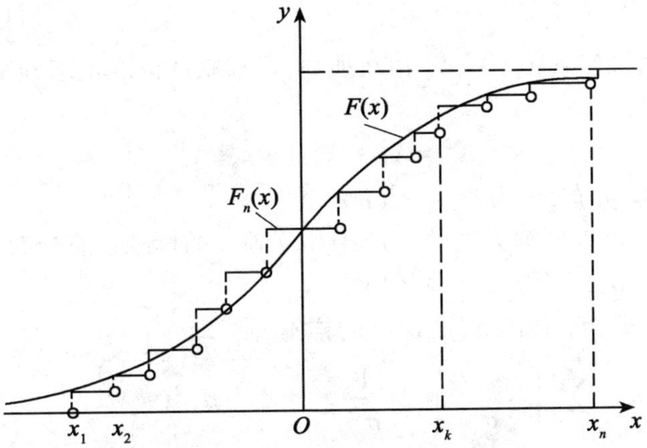

图 1.8 经验分布函数与理论分布函数的关系图

实际上, $F_n(x)$ 与 $F(x)$ 之间的关系还有如下更深刻的结果:

定理 1.3(格里汶科(W. Glivenko)定理) 设 $x_1,\cdots,x_n$ 是取自总体分布函数为 $F(x)$ 的样本, $F_n(x)$ 是其经验分布函数,当 $n\to+\infty$ 时,有

$$P\left\{\lim_{n\to+\infty}\sup_{-\infty<x<+\infty}|F_n(x)-F(x)|=0\right\}=1$$

定理 1.3 表明,当 n 很大时,经验分布函数是总体分布函数的一个良好的近似. 经典统计学中一切统计推断都以样本为基础,格里汶科定理提供了统计推断的理论依据.

◎ 思考:

1. 总体与样本之间具有什么关系?
2. 统计推断的信息来源于哪里?
3. 为什么要引进统计量?统计量为什么不能含有未知参数?
4. 经验分布函数与理论分布函数之间的关系是什么?

1.3 抽样分布

统计量是样本的函数,用来从样本中提取信息. 弄清楚统计量的分布,对统计推断具有十分重要的作用. 统计量的分布称为抽样分布(sampling distribution). 近代统计学的创始人之一、英国统计学家费歇曾把抽样分布、参数估计和假设检验看做统计推断的三个中心内容.

1.3.1 三大抽样分布

正态总体是数理统计研究的主要对象,基于标准正态分布构造的三个著名统计量在实际问题中有着广泛的应用,它们被称为统计学中“三大抽样分布”.

1.χ^2 分布(chi-square distribution)

χ^2 分布是由海尔墨特(Hermert)和卡·皮尔逊(K. Pear)分别于1875年和1900年推导出来的.

定义 1.5 设随机变量 $X_1,\cdots,X_n$ 相互独立,且都服从标准正态分布 $N(0,1)$,则称随机变量

$$\chi^2 = X_1^2 + X_2^2 + \cdots + X_n^2 \tag{1.11}$$

服从自由度为 n 的 χ^2 分布,记为 $\chi^2 \sim \chi^2(n)$.

这里的自由度 n 可以理解为式(1.11)中相互独立的标准正态分布的个数.

例如,若 $X \sim N(0,1)$,则 $X^2 \sim \chi^2(1)$.

若 $X_1,\cdots,X_n$ 是来自于总体 $N(\mu,\sigma^2)$ 的样本,则

$$\sum_{i=1}^{n}\left(\frac{X_i-\mu}{\sigma}\right)^2 = \frac{1}{\sigma^2}\sum_{i=1}^{n}(X_i-\mu)^2 \sim \chi^2(n) \tag{1.12}$$

用概率论的知识可以求出式(1.11)中定义的 χ^2 的密度函数为

$$f(x)=\begin{cases}\dfrac{1}{2^{\frac{n}{2}}\Gamma\left(\dfrac{n}{2}\right)}e^{-\frac{x}{2}}x^{\frac{n}{2}-1}, & x>0\\ 0, & x\leqslant 0\end{cases}$$

其中,$\Gamma\left(\dfrac{n}{2}\right)$ 是伽玛函数 $\Gamma(x)=\int_0^{+\infty}t^{x-1}e^{-t}dt$ 在 $x=\dfrac{n}{2}$ 处的值.

密度曲线如图1.9所示.

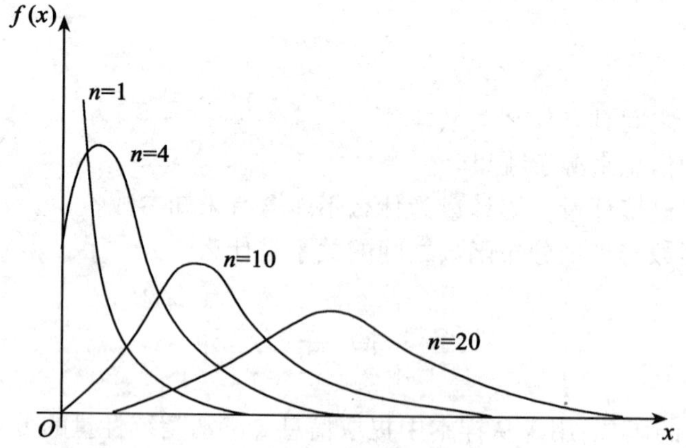

图1.9 χ^2 分布密度曲线图

性质 1 $E\chi^2(n)=n, D\chi^2(n)=2n$.

证明:根据式(1.11): $$E\chi^2 = E\sum_{i=1}^{n} X_i^2 = \sum_{i=1}^{n} EX_i^2 = n$$

$$D\chi^2 = D\sum_{i=1}^{n} X_i^2 = \sum_{i=1}^{n} DX_i^2 = \sum_{i=1}^{n}\left[EX_i^4 - (EX_i^2)^2\right]$$

$$EX_i^4 = \int_{-\infty}^{+\infty} x^4 \frac{1}{\sqrt{2\pi}} e^{-\frac{1}{2}x^2} dx = -\int_{-\infty}^{+\infty} x^3 \frac{1}{\sqrt{2\pi}} de^{-\frac{1}{2}x^2} = 3\int_{-\infty}^{+\infty} x^2 \frac{1}{\sqrt{2\pi}} e^{-\frac{1}{2}x^2} dx = 3EX_i^2 = 3$$

$$EX_i^2 = 1$$

所以 $$D\chi^2 = \sum_{i=1}^{n}(3-1) = 2n$$

下面的性质不加证明地给出:

性质 2 (可加性)设 $X \sim \chi^2(m)$,$Y \sim \chi^2(n)$,且 X,Y 相互独立,则

$$X + Y \sim \chi^2(m+n)$$

性质 3 当 n 充分大时,有

$$\sqrt{2\chi^2(n)} \overset{\text{近似}}{\sim} N(\sqrt{2n-1}, 1) \tag{1.13}$$

2. t 分布(t distribution)

定义 1.6 设随机变量 $X \sim N(0,1)$,$Y \sim \chi^2(n)$,且 X 与 Y 相互独立,则称随机变量

$$T = \frac{X}{\sqrt{\frac{Y}{n}}} \tag{1.14}$$

服从自由度为 n 的 t 分布,记为 $T \sim t(n)$.

其密度函数为

$$f(x) = \frac{\Gamma\left(\frac{n+1}{2}\right)}{\sqrt{n\pi}\,\Gamma\left(\frac{n}{2}\right)}\left(1 + \frac{x^2}{n}\right)^{-\frac{n+1}{2}} \tag{1.15}$$

这是一个偶函数,图形关于 y 轴对称.

下面不加证明地给出 t 分布的性质:

性质 1 设 $T \sim t(n)$,当 $n > 2$ 时,$ET = 0, DT = \frac{n}{n-2}$.

性质 2 设 $f(x)$ 为 t 分布的密度函数,则 $\lim\limits_{n\to\infty} f(x) = \frac{1}{\sqrt{2\pi}} e^{-\frac{1}{2}x^2}$

此性质说明,当 $n \to +\infty$ 时,t 分布的极限分布是标准正态分布.在实际应用中,一般,当 $n > 30$ 时,t 分布与标准正态分布就非常接近.但对较小的 n,两者有较大的差异,t 分布与标准正态分布的期望相同都为 0,但 t 分布的方差比标准正态分布的方差 1 大,因此,t 分布的取值要分散一些,它的尾部比标准正态分布有着更大的概率(图 1.10).

t 分布是统计学中的一类重要分布,它与标准正态分布的微小差别是由英国统计学家哥塞特(W. S. Gosset)发现的.哥塞特年轻时在牛津大学学习数学和化学,1899 年开始在一家酿酒厂担任酿酒化学师,从事试验和数据分析工作.由于哥塞特接触的样本容量都较小,只有 4、5 个.通过大量试验数据的积累,哥塞特发现了 t 分布,他于 1908 年以“student”为笔名发表了此项研究结果,故 t 分布也称为学生氏分布.

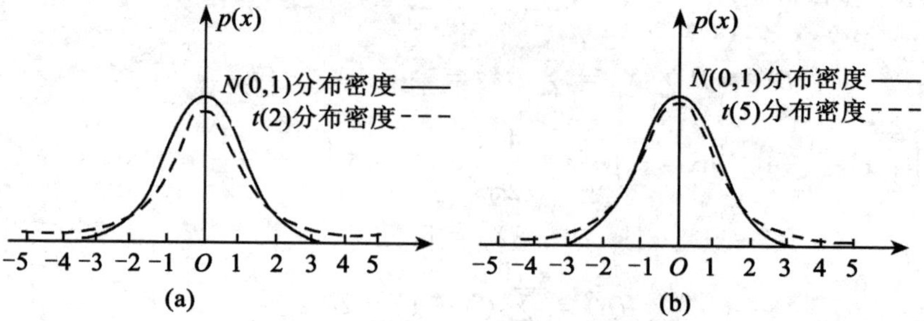

图 1.10　t 分布与标准正态分布密度曲线

t 分布的诞生对统计学中小样本理论和应用有着重要的促进作用．当哥塞特最初提出 t 分布时，并不被人们重视和接受，1923 年费歇对 t 分布给出了严格而简单的证明，1925 年编制出 t 分布表后，哥塞特的小样本方法才被统计界广泛认可．

3. F 分布(F distribution)

F 分布是费歇首先提出的，F 取自他的名字的第一个字母．

定义 1.7　设 $X \sim \chi^2(m)$，$Y \sim \chi^2(n)$，且 X,Y 相互独立，则称随机变量

$$F = \frac{\frac{X}{m}}{\frac{Y}{n}}$$

服从自由度为 (m,n) 的 F 分布，记为 $F \sim F(m,n)$．

其密度函数为

$$f(x) = \begin{cases} \dfrac{\Gamma\left(\dfrac{m+n}{2}\right)\left(\dfrac{m}{n}\right)^{\frac{m}{2}}}{\Gamma\left(\dfrac{m}{2}\right)\Gamma\left(\dfrac{n}{2}\right)} x^{\frac{m}{2}-1}\left(1+\dfrac{m}{n}x\right)^{-\frac{m+n}{2}}, & x > 0 \\ 0, & x \leqslant 0 \end{cases}$$

图形如图 1.11 所示．

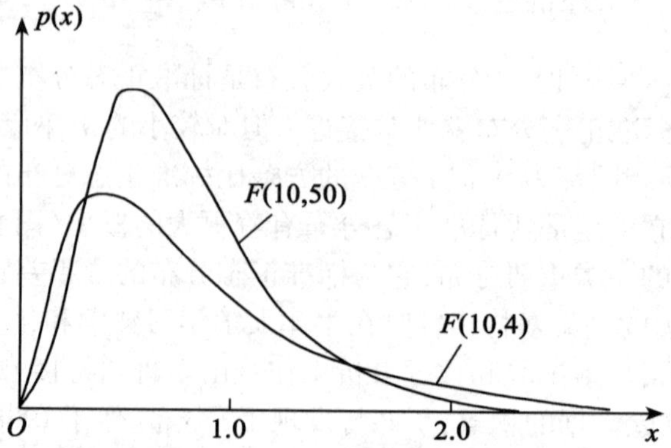

图 1.11　F 分布密度曲线

性质 1 若 $F \sim F(m,n)$，则 $\frac{1}{F} \sim F(n,m)$.

性质 2 设 $X \sim F(m,n)$，则

$$EX = \frac{n}{n-2} \qquad (n > 2)$$

$$DX = \frac{2n^2(m+n-2)}{m(n-2)^2(n-4)} \qquad (n > 4)$$

性质 3 设 $T \sim t(n)$，则 $T^2 \sim F(1,n)$.

性质 1、性质 3 从 F 分布 t 分布的定义很容易证明，性质 2 的证明略.

1.3.2 概率分布的分位数

设 X 为一随机变量，$F(x)$ 为其分布函数，对于给定的实数 x，$P\{X \leqslant x\} = F(x)$ 或 $P\{X > x\} = 1 - F(x)$，现考虑其反问题：已知 $P\{X > x\} = \alpha(0 < \alpha < 1)$，如何确定实数 x？下面先给出定义.

定义 1.8 设 X 是随机变量，对于给定的实数 $\alpha\,(0 < \alpha < 1)$，若存在 x_α，使

$$P\{X > x_\alpha\} = \alpha$$

则称 x_α 为 X（或它的概率分布）的上侧分位数.

1. 标准正态分布的分位数

设 $X \sim N(0,1)$，记它的上侧分位数为 u_α（图 1.12），则

$$P\{X > u_\alpha\} = 1 - P\{X \leqslant u_\alpha\} = 1 - \Phi(u_\alpha) = \alpha$$

即

$$\Phi(u_\alpha) = 1 - \alpha$$

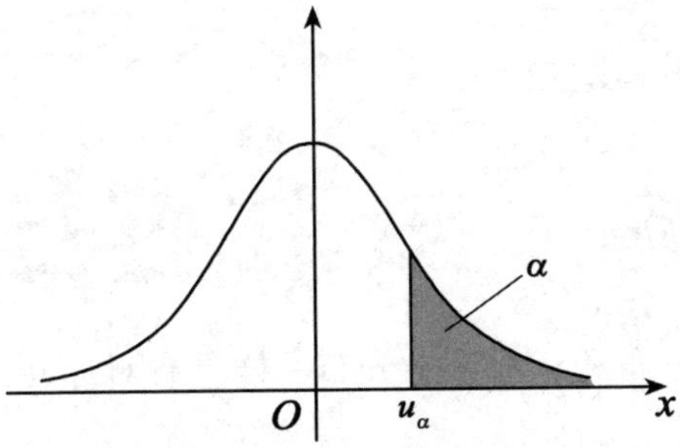

图 1.12 标准正态分布的分位数

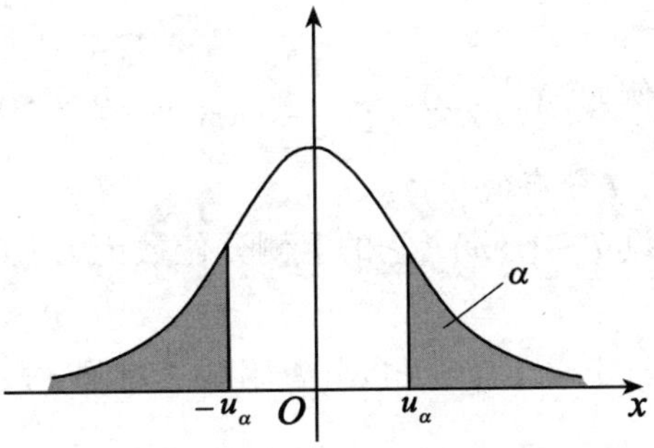

图 1.13 标准正态分布分位数的对称性

给定 α，在附表 1 中找到 $1-\alpha$ 对应的 λ，即为 u_α，如 $u_{0.05} = 1.645$，$u_{0.025} = 1.96$.

根据标准正态分布的对称性（图 1.13），有

$$u_\alpha = -u_{1-\alpha}$$

2. χ^2 分布的分位数

设 $X \sim \chi^2(n)$，记它的上侧分位数为 $\chi^2_\alpha(n)$，则（图 1.14）：

$$P\{X > \chi^2_\alpha(n)\} = \alpha$$

给定自由度 n 和 α，通过附表 3 可直接查出 $\chi^2_\alpha(n)$，如 $\chi^2_{0.05}(10) = 18.3$.

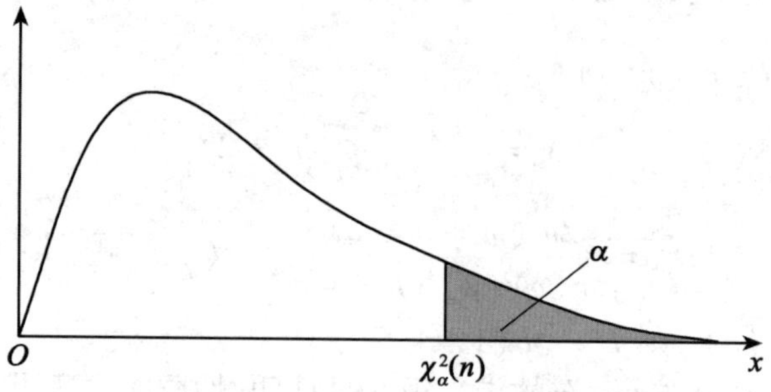

图1.14 χ^2 分布的分位数

当 $n > 45$ 时,直接查不出 $\chi_\alpha^2(n)$,可利用近似公式:

$$\chi_\alpha^2(n) \approx \frac{1}{2}(u_\alpha + \sqrt{2n-1})^2$$

事实上,根据式(1.13):

$$\sqrt{2X} \overset{\text{近似}}{\sim} N(\sqrt{2n-1},1)$$

$$\Rightarrow \sqrt{2X} - \sqrt{2n-1} \overset{\text{近似}}{\sim} N(0,1)$$

$$\Rightarrow P\left\{\sqrt{2X} - \sqrt{2n-1} > u_\alpha\right\} \approx \alpha$$

$$\Rightarrow P\left\{X > \frac{1}{2}(u_\alpha + \sqrt{2n-1})^2\right\} \approx \alpha$$

即有

$$\chi_\alpha^2(n) \approx \frac{1}{2}(u_\alpha + \sqrt{2n-1})^2$$

例如, $\chi_{0.05}^2(50) \approx \frac{1}{2}\left(u_{0.05} + \sqrt{2 \times 50 - 1}\right)^2 = 67.2.$

3. t 分布的分位数

设 $T \sim t(n)$,它的上侧分位数记为 $t_\alpha(n)$,满足

$$P\{T > t_\alpha(n)\} = \alpha$$

给定自由度 n 与 α ,查附表2可得 $t_\alpha(n)$. t 分布和标准正态分布一样具有对称性,因此也有

$$t_\alpha(n) = -t_{1-\alpha}(n)$$

当 $n > 45$ 时,可利用 $t_\alpha(n) \approx u_\alpha$ 查出分位数的值.

4. F 分布的分位数

设 $F \sim F(m,n)$,其上侧分位数记为 $F_\alpha(m,n)$,则

$$P\{F > F_\alpha(m,n)\} = \alpha$$

对于 $\alpha = 0.05, 0.01, 0.025, 0.1$, $F_\alpha(m,n)$ 的值可查附表3.4,对于 $1-\alpha$,可利用下列公式计算:

$$F_\alpha(m,n) = \frac{1}{F_{1-\alpha}(n,m)} \tag{1.16}$$

事实上：
$$P\{F > F_\alpha(m,n)\} = \alpha \Rightarrow P\left\{\frac{1}{F} < \frac{1}{F_\alpha(m,n)}\right\} = \alpha$$
$$\Rightarrow P\left\{\frac{1}{F} > \frac{1}{F_\alpha(m,n)}\right\} = 1 - \alpha$$

又 $\frac{1}{F} \sim F(n,m)$，根据分位数的记法，有：
$$\frac{1}{F_\alpha(m,n)} = F_{1-\alpha}(n,m)$$
即式(1.16)成立.

例如，求分位数 $F_{0.9}(14,10)$，附表 3.4 中没有 $\alpha = 0.9$ 的表可查，根据式(1.16)，$F_{0.9}(14,10) = \frac{1}{F_{0.1}(10,14)}$. 查附表 3.4，$F_{0.1}(10,14) = 2.10$，所以 $F_{0.9}(14,10) = \frac{1}{2.10} = 0.4762$.

1.3.3 正态总体的抽样分布

正态总体是数理统计研究的主要对象，一方面，许多实际问题中遇到的总体服从或近似服从正态分布；另一方面，正态总体有许多优良性质，它的统计量的精确分布容易求得.最常用的统计量是样本均值 $\bar{X}$ 和样本方差 S^2.

下面给出样本均值 $\bar{X}$ 和样本方差 S^2 的抽样分布.

定理 1.4 设总体 $X \sim N(\mu,\sigma^2)$，$X_1,\cdots,X_n$ 是来自 X 的样本，则

(1)
$$\frac{\bar{X}-\mu}{\frac{\sigma}{\sqrt{n}}} \sim N(0,1) \tag{1.17}$$

(2)
$$\frac{1}{\sigma^2}\sum_{i=1}^{n}(X_i - \bar{X})^2 = \frac{(n-1)S^2}{\sigma^2} \sim \chi^2(n-1) \tag{1.18}$$

(3) $\bar{X}$ 与 S^2 相互独立.

根据正态分布的可加性知，$\bar{X}$ 服从正态分布，又由式(1.5)知，$E\bar{X} = \mu, D\bar{X} = \frac{\sigma^2}{n}$，故 $\bar{X} \sim N\left(\mu,\frac{\sigma^2}{n}\right)$，将 $\bar{X}$ 标准化即得式(1.17).结论(2)、(3)的证明要用到较多的矩阵知识，可参看参考文献[1].

要注意结论(2)和式(1.12)的结论 $\frac{1}{\sigma^2}\sum_{i=1}^{n}(X_i-\mu)^2 \sim \chi^2(n)$ 的区别.

在总体方差 σ^2 未知时，如果用样本标准差 S 取代式(1.17)中的 σ，则有：

定理 1.5 设总体 $X \sim N(\mu,\sigma^2)$，$X_1,\cdots,X_n$ 是来自 X 的样本，则
$$T = \frac{\bar{X}-\mu}{\frac{S}{\sqrt{n}}} \sim t(n-1)$$

证明：由式(1.17)及式(1.18)知

$$\frac{\bar{X}-\mu}{\frac{\sigma}{\sqrt{n}}} \sim N(0,1)$$

$$\frac{(n-1)S^2}{\sigma^2} \sim \chi^2(n-1)$$

又 $\bar{X}$ 与 S^2 相互独立,所以 $\frac{\bar{X}-\mu}{\frac{\sigma}{\sqrt{n}}}$ 与 $\frac{(n-1)S^2}{\sigma^2}$ 相互独立,根据 t 分布的定义得

$$T=\frac{\bar{X}-\mu}{\frac{S}{\sqrt{n}}}=\frac{\frac{\bar{X}-\mu}{\frac{\sigma}{\sqrt{n}}}}{\sqrt{\frac{(n-1)S^2}{\sigma^2(n-1)}}} \sim t(n-1)$$

对于两个正态总体的样本均值和样本方差,有如下结论:

定理 1.6　设 $X_1,\cdots,X_m$ 和 $Y_1,\cdots,Y_n$ 是分别来自正态总体 $N(\mu_1,\sigma_1^2)$ 和 $N(\mu_2,\sigma_2^2)$ 的样本,且它们相互独立,以 $\bar{X},S_1^2$ 和 $\bar{Y},S_2^2$ 分别表示两样本的样本均值和样本方差,则

(1)
$$u=\frac{(\bar{X}-\bar{Y})-(\mu_1-\mu_2)}{\sqrt{\frac{\sigma_1^2}{m}+\frac{\sigma_2^2}{n}}} \sim N(0,1) \tag{1.19}$$

(2) 当 $\sigma_1^2=\sigma_2^2=\sigma^2$ 未知时,用 S_w 取代(1.19)中的 σ,则

$$T=\frac{(\bar{X}-\bar{Y})-(\mu_1-\mu_2)}{S_w\sqrt{\frac{1}{m}+\frac{1}{n}}} \sim t(m+n-2) \tag{1.20}$$

其中,$S_w^2=\frac{\sum_{i=1}^{m}(X_i-\bar{X})^2+\sum_{i=1}^{n}(Y_i-\bar{Y})^2}{m+n-2}=\frac{(m-1)S_1^2+(n-1)S_2^2}{m+n-2}$, $S_w=\sqrt{S_w^2}$.

(3)
$$F=\frac{\frac{S_1^2}{\sigma_1^2}}{\frac{S_2^2}{\sigma_2^2}} \sim F(m-1,n-1)$$

证明:(1) 因为 $\bar{X},\bar{Y}$ 相互独立且都服从正态分布,所以 $\bar{X}-\bar{Y}$ 也服从正态分布.由于

$$E(\bar{X}-\bar{Y})=E\bar{X}-E\bar{Y}=\mu_1-\mu_2$$

$$D(\bar{X}-\bar{Y})=D\bar{X}+D\bar{Y}=\frac{\sigma_1^2}{m}+\frac{\sigma_2^2}{n}$$

所以

$$(\bar{X}-\bar{Y}) \sim N\left(\mu_1-\mu_2,\frac{\sigma_1^2}{m}+\frac{\sigma_2^2}{n}\right)$$

即

$$u=\frac{(\bar{X}-\bar{Y})-(\mu_1-\mu_2)}{\sqrt{\frac{\sigma_1^2}{m}+\frac{\sigma_2^2}{n}}}\sim N(0,1)$$

(2)因为

$$\frac{(m-1)S_1^2}{\sigma^2}\sim\chi^2(m-1),\frac{(n-1)S_2^2}{\sigma^2}\sim\chi^2(n-1)$$

根据χ^2的可加性，$\frac{(m-1)S_1^2+(n-1)S_2^2}{\sigma^2}\sim\chi^2(m+n-2)$

即

$$\frac{(m+n-2)S_w^2}{\sigma^2}\sim\chi^2(m+n-2)$$

因为u与S_w^2相互独立,根据t分布的定义和$\sigma_1^2=\sigma_2^2=\sigma^2$有

$$T=\frac{(\bar{X}-\bar{Y})-(\mu_1-\mu_2)}{S_w\sqrt{\frac{1}{m}+\frac{1}{n}}}=\frac{\dfrac{(\bar{X}-\bar{Y})-(\mu_1-\mu_2)}{\sqrt{\frac{\sigma_1^2}{m}+\frac{\sigma_2^2}{n}}}}{\sqrt{\dfrac{(m+n-2)S_w^2}{\sigma^2(m+n-2)}}}\sim t(m+n-2)$$

(3)因为 $\frac{(m-1)S_1^2}{\sigma_1^2}\sim\chi^2(m-1)$，$\frac{(n-1)S_2^2}{\sigma_2^2}\sim\chi^2(n-1)$

又S_1^2,S_2^2相互独立,根据F分布的定义,得

$$F=\frac{\dfrac{S_1^2}{\sigma_1^2}}{\dfrac{S_2^2}{\sigma_2^2}}=\frac{\dfrac{(m-1)S_1^2}{\sigma_1^2(m-1)}}{\dfrac{(n-1)S_2^2}{\sigma_2^2(n-1)}}\sim F(m-1,n-1)$$

◎ 思考：

1. 什么是抽样分布？三大抽样分布与正态分布有什么样的关系？
2. 分位数与分布函数的关系是什么？
3. 正态总体的常用抽样分布有哪些？

本 章 小 结

1. 数理统计研究的是如何有效地收集、整理数据资料,然后对所得的数据资料进行分析、研究,最后对所研究的对象的性质、特点作出推断.

2. 总体、样本、统计量和抽样分布是数理统计的基本概念.

(1)总体是研究对象的全体,通常是一个待研究的随机变量X；

(2)简单随机样本是一组相互独立且与总体同分布的随机变量$X_1,\cdots,X_n$；

(3)样本的不含未知参数的函数称为统计量;统计量是用来从样本中提炼信息的,它架

起了从样本到结论之间的桥梁,统计量的分布叫做抽样分布.

3. 数理统计中的三大抽样分布为χ^2 分布、t 分布、F 分布,它们都是以正态分布为基础构建的随机变量.

(1)χ^2 分布:设 $X_1,\cdots,X_n$ 独立同分布,且 $X_i \sim N(0,1), i=1,2,\cdots,n$,则

$$\chi^2 = \sum_{i=1}^{n} X_i^2 \sim \chi^2(n)$$

(2) t 分布:设 $X \sim N(0,1), Y \sim \chi^2(n)$,且相互独立,则

$$T = \frac{X}{\sqrt{\frac{Y}{n}}} \sim t(n)$$

(3) F 分布:设 $X \sim \chi^2(m), Y \sim \chi^2(n)$,且相互独立,则

$$F = \frac{\frac{X}{m}}{\frac{Y}{n}} \sim F(m,n)$$

4. 分位数是数理统计里常用的一个概念,给定 X 的分布和 α ,分位数 X_α 是一个确定的常数,其值可查表获得.三大抽样分布和标准正态分布的分位数是常用的分位数.

$$\Phi(u_\alpha) = 1-\alpha \ , \ P\{X > X_\alpha\} = \alpha$$

5. 常用的统计量有:

(1)样本均值: $\bar{X} = \frac{1}{n}\sum_{i=1}^{n} X_i$

(2)样本方差: $S^2 = \frac{1}{n-1}\sum_{i=1}^{n}(X_i - \bar{X})^2$

(3)变异系数: $V = \frac{S}{\bar{X}}$

(4)样本矩: $A_k = \frac{1}{n}\sum_{i=1}^{n} X_i^k$, $B_k = \frac{1}{n}\sum_{i=1}^{n}(X_i - \bar{X})^k$

(5)样本偏度: $\gamma_1 = \frac{1}{n}\sum_{i=1}^{n}\left(\frac{X_i - \bar{X}}{S^*}\right)^3 = \frac{B_3}{B_2^{\frac{3}{2}}}$

(6)样本峰度: $\gamma_2 = \frac{1}{n}\sum_{i=1}^{n}\left(\frac{X_i - \bar{X}}{S^*}\right)^4 - 3 = \frac{B_4}{B_2^2} - 3$

6. 正态总体是数理统计研究的主要对象,正态总体的常用抽样分布为其后的研究提供了理论基础 .

(1)单个正态总体的情形:设总体 $X \sim N(\mu,\sigma^2)$, $X_1,\cdots,X_n$ 是来自 X 的样本,则

① $\frac{\bar{X}-\mu}{\frac{\sigma}{\sqrt{n}}} \sim N(0,1)$

② $\frac{1}{\sigma^2}\sum_{i=1}^{n}(X_i - \bar{X})^2 = \frac{(n-1)S^2}{\sigma^2} \sim \chi^2(n-1)$

③ $\bar{X}$ 与 S^2 相互独立

④ $T = \dfrac{\bar{X} - \mu}{\dfrac{S}{\sqrt{n}}} \sim t(n-1)$

(2)设 $X_1,\cdots,X_m$ 和 $Y_1,\cdots,Y_n$ 是分别来自正态总体 $N(\mu_1,\sigma_1^2)$ 和 $N(\mu_2,\sigma_2^2)$ 的样本,且它们相互独立,以 $\bar{X},S_1^2$ 和 $\bar{Y},S_2^2$ 分别表示两样本的样本均值和样本方差,则

① $u = \dfrac{(\bar{X} - \bar{Y}) - (\mu_1 - \mu_2)}{\sqrt{\dfrac{\sigma_1^2}{m} + \dfrac{\sigma_2^2}{n}}} \sim N(0,1)$

②当 $\sigma_1^2 = \sigma_2^2 = \sigma^2$ 未知时,用 S_w 取代式(1.19)中的 σ ,则

$$T = \frac{(\bar{X} - \bar{Y}) - (\mu_1 - \mu_2)}{S_w\sqrt{\dfrac{1}{m} + \dfrac{1}{n}}} \sim t(m+n-2)$$

其中, $S_w^2 = \dfrac{\sum_{i=1}^{m}(X_i - \bar{X})^2 + \sum_{i=1}^{n}(Y_i - \bar{Y})^2}{m+n-2} = \dfrac{(m-1)S_1^2 + (n-1)S_2^2}{m+n-2}$, $S_w = \sqrt{S_w^2}$

③ $F = \dfrac{\dfrac{S_1^2}{\sigma_1^2}}{\dfrac{S_2^2}{\sigma_2^2}} \sim F(m-1,n-1)$

习　题　一

1. 为了了解统计学专业本科毕业生的就业情况,我们调查了某地区 50 名 2006 年毕业的统计学专业本科生实习期满后的月薪情况.

(1)什么是总体?

(2)什么是样本?

(3)样本容量是多少?

2. 抽查了 10 个班级某次统考不及格人数分别为 4,5, 6, 0,3, 1,4,2, 1, 4.
试计算样本均值、样本方差和样本标准差.

3. 设有容量为 n 的样本 A ,它的样本均值为 $\bar{x}_A$,样本标准差为 S_A ,样本极差为 R_A ,样本中位数为 m_A .现对样本 A 中每一个观察值做如下线性变换:

$$y = ax + b$$

如此得到样本 B ,试求样本 B 的均值、标准差、极差和中位数.

4. 设总体 X 服从参数为 λ 的泊松分布, $X_1,\cdots,X_n$ 是来自总体 X 的样本,试求:

(1) $X_1,\cdots,X_n$ 的联合分布律;

(2) $E\bar{X},D\bar{X},ES^2$.

5. 设 $X_1,\cdots,X_{16}$ 是来自 $N(8,4)$ 的样本,试求下列概率：

(1) $P\{X_{(16)}>10\}$；

(2) $P\{X_{(1)}>5\}$.

6. 设 $X_1,\cdots,X_n$ 是来自 $N(\mu_1,\sigma^2)$ 的样本, $Y_1,\cdots,Y_m$ 是来自 $N(\mu_2,\sigma^2)$ 的样本, c,d 是任意两个不为零的常数,证明：

$$T=\frac{c(\bar{X}-\mu_1)+d(\bar{Y}-\mu_2)}{S_w\sqrt{\dfrac{c^2}{n}+\dfrac{d^2}{m}}}\sim t(n+m-2)$$

7. 设 $X_1,\cdots,X_6$ 是来自正态总体 $N(0,1)$ 的一个样本,令

$$Y=(X_1+X_2+X_3)^2+(X_4+X_5+X_6)^2$$

试求常数 C ,使 CY 服从χ^2 分布.

8. 设总体 $X\sim N(80,2^2)$,从总体 X 中抽取一个容量为 100 的样本,问:样本均值与总体均值的差的绝对值大于 3 的概率是多少?

9. 设 $X_1,\cdots,X_{10}$ 是来自正态总体 $N(0,0.3^2)$ 的一个样本,试求概率 $P\{\sum\limits_{i=1}^{10}X_i^2>1.44\}$.

10. 设 $X_1,\cdots,X_n,X_{n+1}$ 是来自正态总体 $N(\mu,\sigma^2)$ 的样本, $\bar{X}=\dfrac{1}{n}\sum\limits_{i=1}^{n}X_i$,

$S^2=\dfrac{1}{n-1}\sum\limits_{i=1}^{n}(X_i-\bar{X})^2$,试求常数 C ,使得 $T=C\dfrac{X_{n+1}-\bar{X}}{S_n}$ 服从 t 分布,并指出分布的自由度.

第2章 参数估计

如何估计德军生产的坦克总数

我们知道，德国的坦克战在第二次世界大战前期占了很大优势，直到后来，苏联的坦克才能和德国的坦克一拼高下. 坦克作为德军的主要战力，是盟军非常希望获得的重要情报，有很多盟军特务的任务就是窃取德军坦克总量情报. 然而，根据战后所获得的数据，真正可靠的情报不是来源于盟军特务，而是统计学家.

统计学家做了什么事情呢？这和德军制造坦克的惯例有关. 德军坦克在出厂之后，会按生产的先后顺序编号：1，2，…，N. 这是一个十分愚蠢的做法. 正是因为这个错误，德军送给了盟军统计学家需要的数据. 盟军在战争中缴获了德军的一些坦克并且获取了这些坦克的编号，统计学家需要在这些编号的基础上估计 N，也就是德军的坦克总量. 这对统计学家来说并不是难事. 这是均匀分布的边界估计，首先统计缴获德军坦克的总数 n，其次找出缴获德军坦克的最大编号 n^*，然后就可以用公式 $\left(1+\frac{1}{n}\right)n^*$ 来估计德军坦克的总量 N 了.

如何对未知参数进行估计，本章会告诉你一些估计的方法.

统计推断(statistical inference)的主要内容是参数估计(parameter estimation)和假设检验(hypothesis testing)，本章主要介绍参数估计的主要内容，包括点估计、区间估计和估计的评判标准. 为了叙述方便，将描述连续型总体分布的概率密度函数和离散型总体的分布律结合为一个通用的概念——概率函数. 当总体 X 为连续型时概率函数 $f(x)$ 即为概率密度，当总体 X 为离散型时，概率函数 $f(x)$ 即为 $P\{X=x\}$. 例如，总体 X 服从参数为 λ 的泊松分布，其概率函数为

$$f(x)=\begin{cases}\dfrac{\lambda^x e^{-\lambda}}{x!}, & x=0,1,2,\cdots\\ 0, & \text{其他}\end{cases}$$

或简写为

$$f(x)=\frac{\lambda^x e^{-\lambda}}{x!} \qquad (x=0,1,2,\cdots)$$

2.1 点估计

我们经常会遇到这样的问题:总体 X 的分布函数 $F(x,\theta)$ 的形式已知,但其中的参数 θ 未知,希望利用 X 的样本 $x_1,\cdots,x_n$ 对 θ 的值进行估计,这类问题称为参数的点估计(point estimation)问题.

例如,已知某种电子元件的寿命 $X \sim N(\mu,\sigma^2)$,即 X 的分布密度

$$f(x)=\frac{1}{\sqrt{2\pi}\sigma}e^{-\frac{(x-\mu)^2}{2\sigma^2}}$$

函数形式已知,但参数 μ,σ^2 未知,需要利用获得的样本 $x_1,\cdots,x_n$ 对 μ, σ^2 进行估计.

对未知参数 θ 进行点估计的思路是:设法构造一个适当的统计量 $\theta(X_1,\cdots,X_n)$,以 $\theta(X_1,\cdots,X_n)$ 的观察值 $\theta(x_1,\cdots,x_n)$ 作为 θ 的估计值,并称 $\theta(X_1,\cdots,X_n)$ 为 θ 的估计量(estimator)或估计,记为 $\hat{\theta}=\theta(X_1,\cdots,X_n)$,称其观察值 $\theta(x_1,\cdots,x_n)$ 为 θ 的估计值或估计.

根据以上讨论,对同一个未知参数 θ,不同的样本值所得的估计值一般是不同的. 因此,点估计问题是要寻找一个求得未知参数 θ 的估计方法,而不是去寻找一个具体的估计值.

点估计问题的关键是如何构造适当的统计量 $\theta(X_1,\cdots,X_n)$ 作为 θ 的估计. 构造这种统计量的方法有很多种,比较常用的有矩估计法和最大似然估计法.

2.1.1 矩估计(moment estimation)

矩估计法是英国统计学家皮尔逊(K. Pearson)在19世纪末提出的. 矩估计法的原理是:若总体 X 的 k 阶原点矩 $\alpha_k=EX^k$ 存在,设 $X_1,\cdots,X_n$ 为总体的样本,根据辛钦大数定律,随机变量序列 $\{X_n^k\}$ 服从大数定律,即样本的 k 阶原点矩 $A_k=\frac{1}{n}\sum\limits_{i=1}^{n}X_i^k$ 依概率收敛总体 X 的 k 阶原点矩 α_k,因此可以用 A_k 估计 α_k.

设总体 X 的分布函数为 $F(x,\theta_1,\cdots,\theta_m)$,其中 $\theta_1,\cdots,\theta_m$ 是 m 个未知参数,假定总体 X 的 m 阶矩存在,用样本矩 A_k 估计总体矩 $\alpha_k(k=1,2,\cdots,m)$,即令

$$\alpha_k(\theta_1,\cdots,\theta_m)=\frac{1}{n}\sum_{i=1}^{n}X_i^k \qquad (k=1,2,\cdots,m) \tag{2.1}$$

得到 m 个关于 $\theta_1,\cdots,\theta_m$ 的方程组,其解 $\theta_k(X_1,\cdots,X_n)(k=1,2,\cdots,m)$ 即作为 $\theta_1,\cdots,\theta_m$ 的矩估计:

$$\hat{\theta}_k=\theta_k(X_1,\cdots,X_n) \qquad (k=1,2,\cdots,m) \tag{2.2}$$

若 $\hat{\theta}_k$ 为 θ_k 的矩估计, $g(x)$ 为连续函数,则也称 $g(\hat{\theta}_k)$ 为 $g(\theta_k)$ 的矩估计.

【例2.1】 设总体 X 服从参数为 λ 的泊松分布, $X_1,\cdots,X_n$ 为来自总体的样本,求 λ 的矩估计.

解: $\alpha_1=EX=\lambda$, $A_1=\frac{1}{n}\sum\limits_{i=1}^{n}X_i=\bar{X}$.

令 $\alpha_1=A_1$,即得 λ 的矩估计 $\hat{\lambda}=\bar{X}$.

【例 2.2】 设总体 X 的二阶矩存在，样本为 $X_1,\cdots,X_n$，求 X 的均值 μ 和方差 σ^2 的矩估计.

解：$\alpha_1 = EX = \mu, \alpha_2 = EX^2 = DX + (EX)^2 = \sigma^2 + \mu^2$.

令 $\begin{cases} \overline{X} = \mu \\ \dfrac{1}{n}\sum\limits_{i=1}^{n} X_i^2 = \sigma^2 + \mu^2 \end{cases}$

解得 μ,σ^2 的矩估计为

$$\hat{\mu} = \overline{X}, \hat{\sigma}^2 = \frac{1}{n}\sum_{i=1}^{n}(X_i - \overline{X})^2 = B_2 \tag{2.3}$$

注：不论总体 X 服从什么样的分布，它的均值 μ 和方差 σ^2 的矩估计分别是 $\hat{\mu} = \overline{X}, \hat{\sigma}^2 = \frac{1}{n}\sum\limits_{i=1}^{n}(X_i - \overline{X})^2$. 特别地，若总体 $X \sim N(\mu,\sigma^2)$，也有相同的结果.

【例 2.3】 设总体 $X \sim N(\mu,\sigma^2)$，$X_1,\cdots,X_n$ 是来自总体的样本，求 $p = P\{X < 1\}$ 的矩估计.

解：$p = P\{X < 1\} = \Phi\left(\dfrac{1-\mu}{\sigma}\right)$，$\hat{\mu} = \overline{X}$，　$\hat{\sigma} = \sqrt{\hat{\sigma}^2} = \sqrt{B_2}$.

故 p 的矩估计 $\hat{p} = \Phi\left(\dfrac{1-\overline{X}}{\sqrt{B_2}}\right)$.

【例 2.4】 设总体 X 服从区间 $[0,\theta]$ 上的均匀分布，$X_1,\cdots,X_n$ 是来自总体的样本，求 θ 的矩估计.

解：$\alpha_1 = EX = \dfrac{\theta}{2}$

令 $\alpha_1 = \overline{X}$，即 $\dfrac{\theta}{2} = \overline{X}$.

解得 $\hat{\theta} = 2\overline{X}$.

2.1.2 最大似然估计

最大似然估计法是英国统计学家费歇尔(R. A. Fisher)在 1912 年提出的，这种估计方法有许多优良性质. 它的基本思想是利用了最大似然原理.

1. 最大似然原理

先看下面问题：设有甲、乙两名射击运动员同时向目标射击一次，已知甲击中目标的概率为 0.95，乙击中目标的概率为 0.1，又已知目标被一人击中，试判断目标是被谁击中的.

分析：目标已经被一人击中，这是结果，发生这种结果有两种情况：甲击中和乙击中. 直观上看最像甲击中，因为作出这种判断最有利于结果发生.

又如：已知盒子中有红、黑两种颜色的球，一种颜色的球有 99 个，另一种颜色的球只有 1 个. 今从盒子中任取一球，发现取出的球的颜色为红色，试判断是红球还是黑球的个数为 99.

分析：我们判断红球有 99 个，因为作出这种判断最有利于结果“任取一球为红球”的发

生．像这种依据最有利于结果的发生而作出判断，称为最大似然原理．通俗地说，最大似然原理指的是最像的一种结果作为判断结论．

2. 似然函数(likelihood function)

设总体 X 是离散型随机变量，分布律为

$$P\{X = x_i\} = p(x_i, \theta) \qquad (i = 1, 2, \cdots)$$

其中，θ 为未知参数，$\theta \in \Theta$．

设 $X_1, \cdots, X_n$ 是来自总体 X 的样本，观察值为 $x_1, \cdots, x_n$．我们把观察到的样本看成结果，而需要判断的是未知参数 θ 的取值，根据最大似然原理，应该选取一个最有利于结果的发生的 θ 值作为 $\hat{\theta}$．

$$P\{X_1 = x_1, X_2 = x_2, \cdots, X_n = x_n\} = \prod_{i=1}^{n} P\{X_i = x_i\} = \prod_{i=1}^{n} p(x_i, \theta)$$

记 $L(\theta) = \prod_{i=1}^{n} p(x_i, \theta)$，显然，$L(\theta)$ 越大，越有利于结果的发生，即 $x_1, \cdots, x_n$ 越容易被观察到，故应该选取 $\hat{\theta} \in \Theta$，使 $L(\hat{\theta})$ 最大，作为 θ 的估计．$L(\theta)$ 称为离散型总体 X 的似然函数，根据离散型总体与连续型总体的对应关系，设 X 的分布密度函数为 $f(x, \theta)$，$x_1, \cdots, x_n$ 为来自总体的样本，定义连续型总体 X 的似然函数 $L(\theta) = \prod_{i=1}^{n} f(x_i, \theta)$．

定义 2.1 设总体 X 的概率函数为 $f(x;\theta)$，$x_1, \cdots, x_n$ 是来自总体的样本，则称

$$L(\theta) = \prod_{i=1}^{n} f(x_i;\theta) \tag{2.4}$$

为总体 X 对应样本 $x_1, \cdots, x_n$ 的似然函数．

$L(\theta)$ 越大，越有利于样本 $x_1, \cdots, x_n$ 被观察到．

如果把样本 $x_1, \cdots, x_n$ 看成随机向量，则样本的联合分布律(密度)为

$$f(x_1, x_2, \cdots, x_n) = \prod_{i=1}^{n} f(x_i;\theta) \tag{2.5}$$

式(2.4)和式(2.5)右边形式相同，但似然函数 $L(\theta)$ 是未知参数 θ 的函数，$x_1, \cdots, x_n$ 固定；而联合分布律(密度)是 $x_1, \cdots, x_n$ 的函数，参数 θ 固定.

3. 最大似然估计

定义 2.2 设 $X_1, \cdots, X_n$ 是来自总体 X 的样本，$x_1, \cdots, x_n$ 是样本观察值，θ 是 X 分布中的未知参数，总体 X 的似然函数为 $L(\theta)$，如果 $\hat{\theta} \in \Theta$ 满足：

$$L(\hat{\theta}) = \max_{\theta \in \Theta} L(\theta) \tag{2.6}$$

则称 $\hat{\theta}$ 为 θ 的最大似然估计(maximum likelihood estimation, MLE)．

求最大似然估计的基本步骤为：

(1)求出总体的最大似然函数 $L(\theta)$；

(2)求出 $L(\theta)$ 的最大值点 $\hat{\theta}$．

当 $L(\theta)$ 可微时，通常用求驻点的办法求 $L(\theta)$ 的最大值点，因为 $L(\theta)$ 与 $\ln L(\theta)$ 在相同的点处取得最大值，为了求导方便，通常求 $\ln L(\theta)$ 的最大值点，$\ln L(\theta)$ 称为对数似然函数(logarithm likelihood function)．

【例 2.5】 设总体 X 是服从参数为 λ 的泊松分布，$X_1, \cdots, X_n$ 为来自总体的样本，$x_1, \cdots, x_n$ 是样本观察值，求参数 λ 的最大似然估计．

解: X 的分布率为 $P\{X=x_i\}=\dfrac{e^{-\lambda}\lambda^{x_i}}{x_i!}\qquad(\lambda>0,x_i=0,1,2,\cdots)$.

似然函数

$$L(\lambda)=\prod_{i=1}^{n}\frac{e^{-\lambda}\lambda^{x_i}}{x_i!}=\frac{e^{-n\lambda}\lambda^{\sum\limits_{i=1}^{n}x_i}}{x_1!\ \cdots x_n!}$$

对数似然函数

$$\ln L(\lambda)=-n\lambda+\left(\sum_{i=1}^{n}x_i\right)\ln\lambda-\ln(x_1!\ \cdots x_n!\ )$$

令 $\dfrac{d\ \ln L(\lambda)}{d\lambda}=0$,得

$$-n+\frac{\sum\limits_{i=1}^{n}x_i}{\lambda}=0\Rightarrow\hat{\lambda}=\frac{1}{n}\sum_{i=1}^{n}X_i=\bar{X}$$

对照例 2.1,可以发现 λ 的矩估计和最大似然估计相同.

【例 2.6】 设总体 X 是服从区间 $[0,\theta]$ 上的均匀分布,$X_1,\cdots,X_n$ 是来自总体的样本,$x_1,\cdots,x_n$ 为样本观察值,求 θ 的最大似然估计.

解: X 的密度函数为

$$f(x,\theta)=\begin{cases}\dfrac{1}{\theta}, & x\in(0,\theta)\\ 0, & \text{其他}\end{cases}$$

似然函数 $$L(\theta)=\prod_{i=1}^{n}f(x_i,\theta)=\begin{cases}\dfrac{1}{\theta^n}, & 0\leqslant x_1,\cdots,x_n\leqslant\theta\\ 0, & \text{其他}\end{cases}$$

在满足条件 $0\leqslant x_1,\cdots,x_n\leqslant\theta$ 即 $0\leqslant\max\{x_1,\cdots,x_n\}\leqslant\theta$ 条件下,使 $\dfrac{1}{\theta^n}$ 取得最大值的 θ 为 $\theta=\max\{x_1,\cdots,x_n\}$,故 θ 的最大似然估计 $\hat{\theta}=\max\{x_1,\cdots,x_n\}$.

对照例 2.4,可以发现 θ 的矩估计和最大似然估计不同.

如果总体的概率函数中含有多个未知参数,此时似然函数是一个多元函数.同样,似然函数的最大值点是未知参数的最大似然估计.

【例 2.7】 设总体 $X\sim N(\mu,\sigma^2)$,$X_1,\cdots,X_n$ 为来自总体的样本,$x_1,\cdots,x_n$ 为样本观察值,求 μ,σ^2 的最大似然估计.

解: $$X\sim f(x,\mu,\sigma^2)=\frac{1}{\sqrt{2\pi}\sigma}e^{-\frac{(x-\mu)^2}{2\sigma^2}}$$

似然函数 $$L(\mu,\sigma^2)=\prod_{i=1}^{n}\frac{1}{\sqrt{2\pi}\sigma}e^{-\frac{(x_i-\mu)^2}{2\sigma^2}}=\left(\frac{1}{\sqrt{2\pi}\sigma}\right)^n e^{-\frac{1}{2\sigma^2}\sum\limits_{i=1}^{n}(x_i-\mu)^2}$$

$$\ln L(\mu,\sigma^2)=-n\ln\sqrt{2\pi}-\frac{n}{2}\ln\sigma^2-\frac{1}{2\sigma^2}\sum_{i=1}^{n}(x_i-\mu)^2$$

$$\begin{cases}\dfrac{\partial\ln L}{\partial\mu}=\dfrac{1}{\sigma^2}\sum\limits_{i=1}^{n}(x_i-\mu)=0\\ \dfrac{\partial\ln L}{\partial\sigma^2}=-\dfrac{n}{2\sigma^2}+\dfrac{1}{2(\sigma^2)^2}\sum\limits_{i=1}^{n}(x_i-\mu)^2=0\end{cases}$$

解得
$$\hat{\mu}=\bar{X},\hat{\sigma}^2=\frac{1}{n}\sum_{i=1}^{n}(x_i-\bar{X})^2$$
结果与矩估计相同.

【例 2.8】 设总体 X 服从柯西分布,其分布密度为
$$f(x,\theta)=\frac{1}{\pi[1+(x-\theta)^2]}\qquad(-\infty<x<+\infty)$$
设 $x_1,\cdots,x_n$ 是来自总体的样本,试求参数 θ 的估计.

解:柯西分布的各阶矩皆不存在,因此,不能用矩估计法来估计参数 θ.

似然函数
$$L(\theta)=\prod_{i=1}^{n}\frac{1}{\pi[1+(x_i-\theta)^2]}$$
由 $\dfrac{\mathrm{d}\ln L(\theta)}{\mathrm{d}\theta}=0\Rightarrow\sum_{i=1}^{n}\dfrac{x_i-\theta}{1+(x_i-\theta)^2}=0$,这个方程只能求近似解.

最大似然估计对连续函数具有传递性.

定理 2.1 设 $\hat{\theta}$ 是 θ 的最大似然估计,如果 $g(\theta)$ 是 θ 的连续函数,则 $g(\hat{\theta})$ 是 $g(\theta)$ 的最大似然估计.

例如,σ 的最大似然估计 $\hat{\sigma}=\sqrt{\hat{\sigma}^2}=\sqrt{\dfrac{1}{n}\sum_{i=1}^{n}(x_i-\bar{X})^2}=\sqrt{B_2}=S^*$.

当似然函数的最大值点不唯一时,参数的最大似然估计也不唯一.

例如,设 $X_1,\cdots,X_n$ 是来自服从区间 $(\theta,\theta+1)$ 上的均匀分布的样本,则似然函数
$$L(\theta)=\begin{cases}1, & \theta\leqslant x_i\leqslant\theta+1\\ 0, & \text{其他}\end{cases}$$
当 $\hat{\theta}_1=X_{(1)}$,$\hat{\theta}_2=X_{(n)}-1$ 时,$L(\theta)$ 都取得最大值 1,因此 $X_{(1)}$,$X_{(n)}-1$ 都是 θ 的最大似然估计.

2.1.3 用次序统计量估计参数

样本中位数 $\tilde{X}$ 反映了样本整体的位置,样本极差 R 反映了样本的分散程度,故可以用 $\tilde{X}$ 估计总体的均值 EX,R 估计总体的标准差 $\sqrt{DX}$.

设 $X_1,\cdots,X_n$ 是来自正态总体 $N(\mu,\sigma^2)$ 的样本,$\tilde{X}$ 是样本中位数,当 n 很大时,可以证明 $\tilde{X}$ 近似服从正态分布 $N\left(\mu,\dfrac{\pi\sigma^2}{2n}\right)$,$E\tilde{X}=\mu,D\tilde{X}=\dfrac{\pi\sigma^2}{2n}$. 这说明,正态总体的 $\tilde{X}$ 总是在均值 μ 周围取值,n 越大,$D\tilde{X}$ 越小,故当 n 很大时
$$\hat{\mu}=\tilde{X}$$
对于正态总体,还可以证明极差 R 的均值和方差为
$$ER=d_n\sigma,DR=v_n^2\sigma^2$$
其中,d_n,v_n 为与样本容量 n 有关的常数,可以查表 2.1 获得. 由此可得
$$E\left(\frac{R}{d_n}\right)=\sigma,D\left(\frac{R}{d_n}\right)=\left(\frac{v_n}{d_n}\right)^2\sigma^2$$

$$\hat{\sigma} = \frac{1}{d_n} R$$

表 2.1 d_n, v_n 系数表

n	d_n	$1/d_n$	v_n	v_n/d_n
2	1.12838	0.8862	0.853	0.756
3	1.69257	0.5908	0.888	0.525
4	2.05875	0.4857	0.880	0.427
5	2.32593	0.4299	0.864	0.371
6	2.53441	0.3946	0.848	0.335
7	2.70436	0.3698	0.833	0.308
8	2.84720	0.3512	0.820	0.288
9	2.97003	0.3367	0.808	0.272
10	3.07751	0.3249	0.797	0.259

用样本中位数 $\tilde{X}$ 和极差 R 估计总体均值 μ 和方差 σ^2 的优点是计算简便,缺点是估计比较粗糙.

◎ 思考:

1. 矩估计的基本步骤是什么? 为什么可以令样本原点矩 $A_k = \alpha_k$?
2. 什么是似然函数? 它的大小反映了什么?
3. 简述最大似然估计的基本步骤.

2.2 点估计的评价标准

从 2.1 节中的例题可以看出,对于总体分布中的同一未知参数 θ ,采用不同的估计方法得到的估计 $\hat{\theta}$ 可能不同. 究竟哪一个估计好呢? 要回答这个问题,必须建立一些点估计的评价标准. 点估计的评价标准有很多,根据不同的需要可以选择不同的标准,下面介绍比较常见的标准.

2.2.1 无偏性(unbiasedness)

设 $\hat{\theta}$ 是未知参数 θ 的一个估计,由于样本的随机性,使得 $\hat{\theta}$ 的取值也具有随机性. 我们希望 $\hat{\theta}$ 的取值以 θ 为概率平均值,满足这个要求的估计称为无偏估计.

定义 2.3 设 $\hat{\theta}$ 是未知参数 θ 的估计,若

$$E\hat{\theta} = \theta \tag{2.7}$$

则称 $\hat{\theta}$ 是 θ 的无偏估计(unbiased estimate),或称估计 $\hat{\theta}$ 具有无偏性;否则称为有偏估计.

【例 2.9】 设总体 $X \sim N(\mu,\sigma^2)$, $X_1,\cdots,X_n$ 为来自总体的样本. 从 2.1 节例题知, μ, σ^2 的矩估计和最大似然估计都是 $\hat{\mu}=\bar{X}$, $\hat{\sigma}^2=\frac{1}{n}\sum_{i=1}^{n}(X_i-\bar{X})^2$,试讨论它们的无偏性.

解: $E\hat{\mu}=E\bar{X}=\mu$

所以, $\bar{X}$ 是 μ 的无偏估计.

$$E\hat{\sigma}^2=E\left[\frac{1}{n}\sum_{i=1}^{n}(X_i-\bar{X})^2\right]=\frac{1}{n}E\left[\sum_{i=1}^{n}X_i^2-n\bar{X}^2\right]=\frac{n-1}{n}\sigma^2\neq\sigma^2$$

所以, $\frac{1}{n}\sum_{i=1}^{n}(X_i-\bar{X})^2$ 是 σ^2 的有偏估计.

但 $\lim\limits_{n\to\infty}E\hat{\sigma}^2=\lim\limits_{n\to\infty}\frac{n-1}{n}\sigma^2=\sigma^2$,也就是说,当样本容量越来越大时, $\hat{\sigma}^2$ 越来越接近无偏估计,我们把这种估计称为渐近无偏估计(asymptotic unbiased estimate).

定义 2.4 设 $\hat{\theta}$ 是参数 θ 的估计,若

$$\lim_{n\to\infty}E\hat{\theta}=\theta \tag{2.8}$$

则称 $\hat{\theta}$ 是 θ 的渐近无偏估计.

若对 $\frac{1}{n}\sum_{i=1}^{n}(X_i-\bar{X})^2$ 进行修正,取样本方差 $S_n^2=\frac{1}{n-1}\sum_{i=1}^{n}(X_i-\bar{X})^2$,则 $ES_n^2=\sigma^2$,所以 $S_n^2=\frac{1}{n-1}\sum_{i=1}^{n}(X_i-\bar{X})^2$ 是 σ^2 的无偏估计.

注意: 参数的无偏估计对连续函数不具有传递性,即 $\hat{\theta}$ 是 θ 的无偏估计, $f(\hat{\theta})$ 不一定是 $f(\theta)$ 的无偏估计. 例如, $\bar{X}$ 是 μ 的无偏估计,而 $\bar{X}^2$ 就不是 μ^2 的无偏估计,因为

$$E\bar{X}^2=D\bar{X}+(E\bar{X})^2=\frac{\sigma^2}{n}+\mu^2\neq\mu^2$$

参数的无偏估计不是唯一的,可以有很多个,甚至无穷个. 例 2.9 中取 $\hat{\mu}_1=0.5X_1+0.5X_2$, $\hat{\mu}_2=\bar{X}$, $\hat{\mu}_3=X_1$ 都是 μ 的无偏估计. 在许许多多的无偏估计中,又用什么标准挑选更优的估计呢? 可以用第二个标准——有效性.

2.2.2 有效性(efficiency)

无偏性保证了估计在被估参数周围波动,但没有反映波动的幅度. 我们希望波动的幅度越小越好. 反映随机变量波动幅度的指标是方差,因此,都是无偏估计的情况下,方差越小的估计越好.

定义 2.5 设 $\hat{\theta}_1$ 和 $\hat{\theta}_2$ 都是 θ 的无偏估计,若有

$$D\hat{\theta}_1<D\hat{\theta}_2 \tag{2.9}$$

则称 $\hat{\theta}_1$ 比 $\hat{\theta}_2$ 有效.

前述例 2.9 中:

$$D\hat{\mu}_1 = D(0.5X_1 + 0.5X_2) = 0.5\sigma^2$$

$$D\hat{\mu}_2 = \frac{1}{n}\sigma^2$$

$$D\hat{\mu}_3 = \sigma^2$$

当 $n > 2$ 时, $D\hat{\mu}_2$ 最小,故 $\hat{\mu}_2$ 最有效.

在参数 θ 的所有无偏估计中,希望找到方差最小的估计(即最有效的估计),这个估计称为一致最小方差无偏估计.

定义 2.6 设 $\hat{\theta}_0$ 是 θ 的无偏估计,若对于 θ 的任意一个无偏估计 $\hat{\theta}$,有

$$D\hat{\theta}_0 \leqslant D\hat{\theta}$$

则称 $\hat{\theta}_0$ 是 θ 的一致最小方差无偏估计 (uniformly minimum variance unbiased estimate, UMVUE).

如何构造最一致小方差无偏估计,是点估计的主要任务之一,下面的定理给出了判断一个无偏估计是否为 UMVUE 的方法,该方法称为零无偏估计法.

定理 2.2 设 $\hat{\theta}(X)$ 是 θ 的一个无偏估计, $D\hat{\theta}(X) < +\infty$,若对任何满足条件 $EL(X) = 0$, $DL(X) < +\infty$ 的统计量 $L(X)$,有

$$E[L(X)\hat{\theta}(X)] = 0$$

则 $\hat{\theta}(X)$ 是 θ 的 UMVUE,其中 $X = (X_1, \cdots, X_n)$ 为总体的样本.

证明:设 $\hat{\theta}_1(X)$ 是 θ 的任一无偏估计,则 $E\hat{\theta}_1 = \theta$,记 $L(X) = \hat{\theta}_1(X) - \hat{\theta}(X)$,则 $EL(X) = 0$,即 $L(X)$ 为 0 的无偏估计. 由于

$$\begin{aligned} D\hat{\theta}_1(X) &= D[L(X) + \hat{\theta}(X)] \\ &= DL(X) + D\hat{\theta}(X) + 2E\{[L(X) - EL(X)][\hat{\theta}(X) - E\hat{\theta}(X)]\} \\ &= DL(X) + D\hat{\theta}(X) + 2E[L(X)\hat{\theta}(X)] \\ &= DL(X) + D\hat{\theta}(X) \geqslant D\hat{\theta}(X) \end{aligned}$$

故 $\hat{\theta}(X)$ 是 θ 的 UMVUE.

该定理告诉我们,对一无偏估计,如果任一零的无偏估计和它相乘还是零的无偏估计,则该无偏估计是最小方差无偏估计.

【例 2.10】 设 $X = (X_1, \cdots, X_n)$ 是来自正态总体 $N(\mu, \sigma^2)$ 的一个样本, $\bar{X}$ 是样本均值,证明: $\bar{X}$ 是 μ 的 UMVUE.

证明:样本 X 的联合密度为

$$f(X) = \frac{1}{(\sqrt{2\pi}\sigma)^n}\exp\left[-\frac{1}{2\sigma^2}\sum_{i=1}^{n}(x_i - \mu)^2\right]$$

设 $L(X)$ 为零的任一无偏估计,即 $EL(X) = 0$,即

$$\int_{-\infty}^{+\infty} L(X)f(X)\,\mathrm{d}X = 0$$

即
$$\int_{-\infty}^{+\infty} L \cdot \exp\left[-\frac{1}{2\sigma^2}\sum_{i=1}^{n}(x_i - \mu)^2\right]\mathrm{d}X = 0$$

上式两边对μ求导,得

$$-\frac{1}{\sigma^2}\int_{-\infty}^{+\infty} L\cdot\sum_{i=1}^{n}(x_i-\mu)\exp\left[-\frac{1}{2\sigma^2}\sum_{i=1}^{n}(x_i-\mu)^2\right]\mathrm{d}X=0$$

即

$$\int_{-\infty}^{+\infty} L\cdot\sum_{i=1}^{n}x_i\exp\left[-\frac{1}{2\sigma^2}\sum_{i=1}^{n}(x_i-\mu)^2\right]\mathrm{d}X=0$$

即

$$\int_{-\infty}^{+\infty} L\cdot\bar{X}f(X)\,\mathrm{d}X=0$$

即

$$E[L(X)\bar{X}]=0$$

根据零无偏估计法,$\bar{X}$是μ的UMVUE.

用类似的方法还可以证明:样本方差$S^2=\frac{1}{n-1}\sum_{i=1}^{n}(X_i-\bar{X})^2$也是$\sigma^2$的UMVUE.

未知参数的无偏估计的方差越小越好,最小能小到什么程度呢?它的下界是什么?显然,如果存在UMVUE的话,则UMVUE的方差就是其下界,如果UMVUE不存在或存在但很难找到,如何确定无偏估计的方差下界,就显得很重要了.印度统计学家C. R. 劳(C. R. Rao)和瑞典统计学家H. 克拉美(H. Cramer)在1945年和1946年先后独立地证明了下面的不等式,这个不等式给出了一类无偏估计的方差下界:

定理2.3 (Cramer-Rao不等式)设Θ是实数轴上的一个开区间,$\{f(x,\theta),\theta\in\Theta\}$是总体$X$的概率函数;$X_1,\cdots,X_n$是来自总体$X$的一个样本,$T(X_1,\cdots,X_n)$是$g(\theta)$的任意一个无偏估计,且满足正则条件:

(1)集合$\{x:f(x;\theta)>0\}$与θ无关;

(2)$g'(\theta)$与$\frac{\partial f(x;\theta)}{\partial\theta}$存在,且对一切$\theta\in\Theta$,有

$$\frac{\partial}{\partial\theta}\int_{-\infty}^{+\infty}f(x;\theta)\,\mathrm{d}x=\int_{-\infty}^{+\infty}\frac{\partial f(x;\theta)}{\partial\theta}\mathrm{d}x$$

$$\frac{\partial}{\partial\theta}\int_{-\infty}^{+\infty}\cdots\int T(x_1,x_2,\cdots,x_n)L(\theta)\,\mathrm{d}x_1,\mathrm{d}x_2,\cdots,\mathrm{d}x_n$$

$$=\int_{-\infty}^{+\infty}\cdots\int_{-\infty}^{+\infty}T(x_1,x_2,\cdots,x_n)\frac{\partial}{\partial\theta}L(\theta)\,\mathrm{d}x_1,\mathrm{d}x_2\cdots,\mathrm{d}x_n$$

其中

$$L(\theta)=\prod_{i=1}^{n}f(x_i;\theta)$$

令

$$I(\theta)=E\left(\frac{\partial\ln f(X;\theta)}{\partial\theta}\right)^2>0 \tag{2.10}$$

称$I(\theta)$为总体分布在θ处的费歇尔(Fisher)信息量,则

$$DT\geqslant\frac{[g'(\theta)]^2}{nI(\theta)} \tag{2.11}$$

特别当$g(\theta)=\theta$时,上式成为

$$DT \geqslant \frac{1}{nI(\theta)} \tag{2.12}$$

不等式(2.11)称为 Cramer-Raw(C-R)不等式,不等式的右端称为 $g(\theta)$ 的无偏估计的方差下界或 C-R 下界.

还可以证明,费歇尔信息量

$$I(\theta) = -E\left[\frac{\partial^2 \ln f(X;\theta)}{\partial \theta^2}\right] \tag{2.13}$$

费歇尔信息量 $I(\theta)$ 是数理统计学中的一个基本概念,很多统计结果都与之有关. $I(\theta)$ 越大,C-R 下界越小,方差达到 C-R 下界的无偏估计的精度越高,因此,可认为总体分布中包含未知参数 θ 的信息越多.

C-R 不等式给出了满足正则条件的无偏估计的方差下界.

【例 2.11】 设总体 X 服从参数为 λ 的泊松分布, $X_1,\cdots,X_n$ 是来自总体的样本,求 λ 的 C-R 下界.

解:总体的概率函数

$$f(x;\lambda) = \frac{\lambda^x e^{-\lambda}}{x!} \quad (x = 0,1,2,\cdots)$$

$$\ln f(x;\lambda) = x\ln\lambda - \lambda - \ln(x!)$$

费歇尔信息量 $I(\lambda) = E\left[\frac{d}{d\lambda}\ln f(X;\lambda)\right]^2 = E\left(\frac{X}{\lambda} - 1\right)^2 = \frac{1}{\lambda^2}E(X-\lambda)^2$

因 $EX = \lambda, DX = \lambda$,所以

$$I(\lambda) = \frac{DX}{\lambda^2} = \frac{1}{\lambda}$$

λ 的 C-R 下界为

$$\frac{1}{nI(\lambda)} = \frac{\lambda}{n}$$

即 λ 的任一无偏估计 $\hat{\lambda}$ 都满足:

$$D\hat{\lambda} \geqslant \frac{\lambda}{n}$$

λ 的矩估计 $\hat{\lambda} = \bar{X}$ 的方差 $D\bar{X} = \frac{\lambda}{n}$,达到了 C-R 下界,因此是 UMVUE.

【例 2.12】 设 $X_1,\cdots,X_n$ 是来自正态总体 $X \sim N(\mu,\sigma^2)$ 的样本,试求 μ,σ^2 的 C-R 下界.

解:总体 X 的概率函数为

$$f(x;\mu,\sigma^2) = \frac{1}{\sqrt{2\pi}\sigma}e^{-\frac{(x-\mu)^2}{2\sigma^2}}$$

$$\ln f(x;\mu,\sigma^2) = -\ln\sqrt{2\pi} - \frac{1}{2}\ln\sigma^2 - \frac{1}{2\sigma^2}(x-\mu)^2 I(\mu)$$

$$= E\left[\frac{\partial \ln f(X;\mu,\sigma^2)}{\partial \mu}\right]^2 = E\left(\frac{X-\mu}{\sigma^2}\right)^2 = \frac{1}{\sigma^2}$$

μ 的 C-R 下界为

$$\frac{1}{nI(\mu)}=\frac{\sigma^2}{n}$$

$D\bar{X}=\dfrac{\sigma^2}{n}$，$\bar{X}$ 的方差达到了 C-R 下界.

$$\frac{\partial}{\partial\sigma^2}\ln f(x;\mu,\sigma^2)=-\frac{1}{2\sigma^2}+\frac{(x-\mu)^2}{2\sigma^4}$$

$$\frac{\partial^2}{\partial(\sigma^2)^2}\ln f(x;\mu,\sigma^2)=\frac{1}{2\sigma^4}-\frac{(x-\mu)^2}{\sigma^6}$$

由式(2.13)，得

$$I(\sigma^2)=-E\left[\frac{\partial^2}{\partial(\sigma^2)^2}\ln f(X;\mu,\sigma^2)\right]=\frac{E(X-\mu)^2}{\sigma^6}-\frac{1}{2\sigma^4}=\frac{1}{2\sigma^4}$$

σ^2 的 C-R 下界为

$$\frac{1}{nI(\sigma^2)}=\frac{2\sigma^4}{n}$$

由例 2.10 知，S^2 是 σ^2 的一致最小方差无偏估计，又 $\dfrac{(n-1)S^2}{\sigma^2}\sim\chi^2(n-1)$，根据$\chi^2$ 的性质，有

$$D\frac{(n-1)S^2}{\sigma^2}=2(n-1)$$

所以

$$DS^2=\frac{2\sigma^4}{n-1}>\frac{2\sigma^4}{n}=\frac{1}{nI(\sigma^2)}$$

即 σ^2 的最小方差无偏估计 S^2 的方差没有达到 C-R 下界.

上例说明，UMVUE 的方差不一定能够达到 C-R 下界，为此给出如下定义：

定义 2.7 若参数 θ 的一个无偏估计 $\hat{\theta}$ 的方差达到 C-R 下界，即

$$D\hat{\theta}=\frac{1}{nI(\theta)}$$

则称 $\hat{\theta}$ 是 θ 的有效估计.

由前面的例题可知，对于泊松分布，样本均值 $\bar{X}$ 是参数 λ 的有效估计；对于正态总体，$\bar{X}$ 是 μ 的有效估计，而 S_n^2 不是 σ^2 的有效估计.

定义 2.8 设 $\hat{\theta}$ 是参数 θ 的任一无偏估计，称

$$e(\hat{\theta})=\frac{\dfrac{1}{nI(\theta)}}{D\hat{\theta}}$$

为 $\hat{\theta}$ 的有效率.

由 C-R 不等式知，$0<e(\hat{\theta})\leqslant 1$，$\hat{\theta}$ 为有效估计的充要条件是 $e(\hat{\theta})=1$，S^2 作为 σ^2 的无偏估计，其有效率为

$$e(S^2)=\frac{\dfrac{2\sigma^4}{n}}{\dfrac{2\sigma^4}{n-1}}=\frac{n-1}{n}$$

有效估计与一致最小方差无偏估计的关系是：有效估计是一致最小方差无偏估计，一致最小方差无偏估计不一定是有效估计．

定理 2.1 和定理 2.2 给出了判断无偏估计是否为 UMVUE 的方法，但没有给出如何去构造 UMVUE 的方法．

2.2.3 相合性(一致性)(consistency)

随着样本容量 n 的无限增大，估计是否会越来越接近于被估计的参数？从这个角度出发，提出了相合性的概念．

定义 2.9 设 $\hat{\theta}_n=\hat{\theta}_n(X_1,\cdots,X_n)$ 是未知参数 θ 的一个估计序列，n 为样本容量，若对任意 $\varepsilon>0$，有

$$\lim_{n\to\infty}P\{|\hat{\theta}_n-\theta|>\varepsilon\}=0$$

即

$$\hat{\theta}_n\xrightarrow{P}\theta$$

则称 $\hat{\theta}_n$ 为参数 θ 的相合估计(consistent estimate)．

一个估计如果具有相合性，则说明在样本容量不断增大时，能够把被估参数估计到任意指定的精度．但在样本容量较小时，相合估计的优越性不一定能够体现出来．

判断一个估计的相合性可以用下面的定理：

定理 2.4 设 $\hat{\theta}_n$ 是 θ 的一个估计，若

$$\lim_{n\to\infty}E\hat{\theta}_n=\theta \tag{2.14}$$

$$\lim_{n\to\infty}D\hat{\theta}_n=0 \tag{2.15}$$

则 $\hat{\theta}_n$ 是 θ 的相合估计．

证明见参考文献[1]．

(2.14)要求估计 $\hat{\theta}_n$ 是渐近无偏的(或无偏的)，(2.15)要求 $\hat{\theta}_n$ 的方差趋于零．

还可以证明，相合性对连续函数具有传递性．

定理 2.5 若 $\hat{\theta}_n$ 是参数 θ 的相合估计，$g(x)$ 是连续函数，则 $g(\hat{\theta}_n)$ 也是 $g(\theta)$ 的相合估计．

【例 2.13】 若总体 X 的期望 μ，方差 σ^2 都存在，判断 $\hat{\mu}=\overline{X}$ 的相合性．

解：

$$E\hat{\mu}=E\overline{X}=\mu$$

$$D\hat{\mu}=D\overline{X}=\frac{\sigma^2}{n}\to 0(n\to\infty)$$

根据定理 2.3，$\overline{X}$ 是 μ 的相合估计．

一般地,样本的 k 阶原点矩 $A_k = \frac{1}{n}\sum_{i=1}^{n} X_i^k$ 是总体 X 的 k 阶原点矩 EX^k 的相合估计,因为

$$EA_k = EX^k$$

$$DA_k = \frac{\sum_{i=1}^{n} DX_i^k}{n^2} = \frac{DX^k}{n} \to 0 \quad (n \to \infty)$$

由此可见,矩估计一般具有相合性. 尽管矩估计法简便易行,且只要 n 充分大,估计的精确度也很高,但它只用到总体的数字特征的形式,而未用到总体的具体分布形式,损失了一部分很有用的信息.

2.2.4 均方误差

无偏性是估计的一个优良性质,对无偏估计还可以通过其方差进行有效性比较. 然而,不能认为有偏估计一定是不好的估计,有些场合有偏估计比无偏估计更优. 有偏估计可以用估计 $\hat{\theta}$ 与参数真值 θ 的距离函数来评价,最常用的函数是距离的平方,由于 $\hat{\theta}$ 的随机性,可以对该函数求期望,这就是均方误差(mean square error,MSE).

$$\text{MSE}(\hat{\theta}) = E(\hat{\theta} - \theta)^2 \tag{2.16}$$

均方误差是评价点估计的最一般标准,均方误差越小越好.

注意到: $\text{MSE}(\hat{\theta}) = E(\hat{\theta} - \theta)^2 = E[(\hat{\theta} - E\hat{\theta}) + (E\hat{\theta} - \theta)]^2$

$$= E(\hat{\theta} - E\hat{\theta})^2 + (E\hat{\theta} - \theta)^2 + 2E[(\hat{\theta} - E\hat{\theta})(E\hat{\theta} - \theta)]$$

$$= D\hat{\theta} + (E\hat{\theta} - \theta)^2$$

因此,均方误差由点估计的方差和偏差平方两部分组成,如果 $\hat{\theta}$ 是 θ 的无偏估计,$\text{MSE}(\hat{\theta}) = D\hat{\theta}$,此时用均方误差评价估计与用方差是完全一样的. 当 $\hat{\theta}$ 不是 θ 的无偏估计时,不仅要看其方差大小,还要看其偏差大小.

【例 2.14】 设 $X_1,\cdots,X_n$ 是来自正态总体 $N(\mu,\sigma^2)$ 的样本,对 σ^2 考虑如下三个估计:

$$\hat{\sigma}_1^2 = \frac{1}{n-1}\sum_{i=1}^{n}(X_i - \bar{X})^2, \hat{\sigma}_2^2 = \frac{1}{n}\sum_{i=1}^{n}(X_i - \bar{X})^2, \hat{\sigma}_3^2 = \frac{1}{n+1}\sum_{i=1}^{n}(X_i - \bar{X})^2$$

试问:哪一个均方误差最小?

解:

$$\text{MSE}(\hat{\sigma}_i^2) = D(\hat{\sigma}_i^2) + (E\hat{\sigma}_i^2 - \sigma_i^2)^2$$

由

$$\frac{1}{\sigma^2}\sum_{i=1}^{n}(X_i - \bar{X})^2 \sim \chi^2(n-1)$$

$$\Rightarrow E\left[\sum_{i=1}^{n}(X_i - \bar{X})^2\right] = (n-1)\sigma^2;\ D\left[\sum_{i=1}^{n}(X_i - \bar{X})^2\right] = 2(n-1)\sigma^4$$

所以

$$E\hat{\sigma}_1^2 = \sigma^2, E\hat{\sigma}_2^2 = \frac{n-1}{n}\sigma^2, E\hat{\sigma}_3^2 = \frac{n-1}{n+1}\sigma^2$$

$$D\hat{\sigma}_1^2 = \frac{2\sigma^4}{n-1}, D\hat{\sigma}_2^2 = \frac{2(n-1)\sigma^4}{n^2}, D\hat{\sigma}_3^2 = \frac{2(n-1)\sigma^4}{(n+1)^2}$$

于是

$$\text{MSE}\hat{\sigma}_1^2 = D\hat{\sigma}_1^2 = \frac{2}{n-1}\sigma^4$$

$$\mathrm{MSE}\hat{\sigma}_2^2 = \frac{2(n-1)}{n^2}\sigma^4 + \left(\frac{n-1}{n}\sigma^2 - \sigma^2\right)^2 = \frac{2n-1}{n^2}\sigma^4$$

$$\mathrm{MSE}\hat{\sigma}_3^2 = \frac{2(n-1)\sigma^4}{(n+1)^2} + \left(\frac{n-1}{n+1}\sigma^2 - \sigma^2\right)^2 = \frac{2}{(n+1)}\sigma^4$$

显然，$\frac{2}{n-1} > \frac{2}{n+1}, \frac{2n-1}{n^2} > \frac{2}{n+1} (n > 1)$，所以 $\hat{\sigma}_3^2$ 的均方误差最小，而它不是无偏估计．所以，在均方误差意义下，有时有偏估计要比无偏估计更优．

◎ 思考：

1. 点估计的评价标准常用的有哪几条？无偏估计是否一定保证估计的误差较小？无偏估计是否一定比有偏估计好？

2. 在比较估计的有效性时，为什么一定要求估计是无偏的？有效估计和 UMVUE 的关系是什么？

3. 均方误差标准和有效性里的方差标准有什么样的关系？

2.3 区间估计

参数的点估计给出了一个具体的数值，便于计算和使用，但没有给出其精度．如果给出未知参数的取值区间，并给出未知参数落入该区间的可靠程度，就产生了区间估计（interval estimation）的概念．

2.3.1 区间估计的概念

设 θ 是总体的一个参数，$X_1, \cdots, X_n$ 是来自总体的样本，所谓区间估计，就是要估计区间的两个端点，也就是说，要找两个统计量 $\hat{\theta}_1(X_1, \cdots, X_n)$ 和 $\hat{\theta}_2(X_1, \cdots, X_n)$ 构成一个区间 $(\hat{\theta}_1, \hat{\theta}_2)$，希望该区间能够盖住参数 θ．但 $(\hat{\theta}_1, \hat{\theta}_2)$ 是一个随机区间，只能要求 $(\hat{\theta}_1, \hat{\theta}_2)$ 盖住 θ 的概率（置信度）$p = P\{\hat{\theta}_1 < \theta < \hat{\theta}_2\}$ 尽可能地大．区间的长度 $L = \hat{\theta}_2 - \hat{\theta}_1$ 反映了区间估计的精度，L 太大，估计没有多大意义，比如：用区间(1,100)去估计某人的岁数，虽然置信度很高，但不能带来有用的信息．我们当然希望一个区间估计的置信度 p 很大，而估计的精度很高（L 很小）．在样本容量 n 一定的情况下，往往增大了置信度就降低了精度；增加了精度就降低了置信度．如何处理这一矛盾呢？我们要求区间估计的置信度即概率 p 必须达到一定的大小，然后尽量提高精度，根据这个原则，有如下的区间估计定义：

定义 2.10 设 θ 是总体的一个参数，$X_1, \cdots, X_n$ 是来自总体的样本，对给定的一个 $\alpha(0 < \alpha < 1)$，若有两个统计量 $\hat{\theta}_1 = \hat{\theta}_1(X_1, \cdots, X_n)$ 和 $\hat{\theta}_2 = \hat{\theta}_2(X_1, \cdots, X_n)$ 使得

$$P(\hat{\theta}_1 < \theta < \hat{\theta}_2) \geqslant 1 - \alpha \tag{2.17}$$

则称随机区间 $(\hat{\theta}_1, \hat{\theta}_2)$ 为参数 θ 的置信度（置信水平）（confidence level）为 $1-\alpha$ 的置信区间（confidence interval），$\hat{\theta}_1$ 和 $\hat{\theta}_2$ 分别称为 θ 的置信下限（confidence lower limit）和置信上限（confidence upper limit）．

2.3.2 枢轴量法

从定义 2.10 可以看出,要解决区间估计问题,关键是要构造符合不等式(2.17)的两个统计量 $\hat{\theta}_1$ 和 $\hat{\theta}_2$. 常用的构造方法是枢轴量法,其一般步骤为:

(1)设法构造一个样本和待估参数 θ 的函数 $G=G(X_1,\cdots,X_n,\theta)$,使得 G 的分布已知与 θ 无关,且 G 中不再含其他的未知参数. 一般称具有这种性质的 G 为枢轴量(pivot).

(2)因为 G 的分布已知,可以适当地选择两个常数 c,d ,使对给定的置信度 $1-\alpha$,有

$$P(c < G < d) = 1-\alpha \tag{2.18}$$

(3)将不等式 $c < G < d$ 等价地变形为 $\hat{\theta}_1 < \theta < \hat{\theta}_2$,则有

$$P(\hat{\theta}_1 < \theta < \hat{\theta}_2) = 1-\alpha \tag{2.19}$$

于是, $(\hat{\theta}_1,\hat{\theta}_2)$ 是参数 θ 的置信度为 $1-\alpha$ 的置信区间.

上述构造置信区间的关键在于构造枢轴量 G ,故把这种方法称为枢轴量法. 枢轴量的寻找一般从 θ 的点估计入手,满足式(2.18)的两个常数 c,d 的选取方法通常有很多种,尽量选取使区间长度短的.

【例 2.15】 设 $X_1,\cdots,X_n$ 是来自总体 $N(\mu,\sigma_0^2)$ 的样本, μ 是未知参数, σ_0^2 已知. 试求 μ 的置信度为 $1-\alpha$ 的置信区间.

解: μ 的无偏估计为 $\bar{X}$, $\dfrac{\bar{X}-\mu}{\frac{\sigma_0}{\sqrt{n}}} \sim N(0,1)$,可取枢轴量

$$u=\frac{\bar{X}-\mu}{\frac{\sigma_0}{\sqrt{n}}} \tag{2.20}$$

如图 2.1 所示,若取 $c=-u_{\frac{\alpha}{2}}$, $d=u_{\frac{\alpha}{2}}$,则有

$$P\{c < u < d\} = 1-\alpha$$

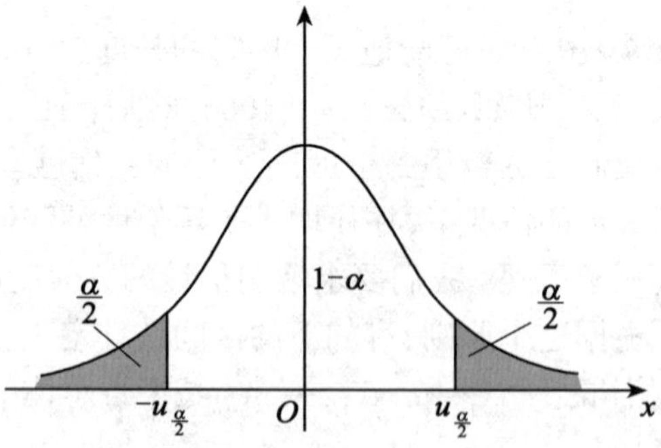

图 2.1

即

$$P\left\{-u_{\frac{\alpha}{2}} < \frac{\bar{X}-\mu}{\frac{\sigma_0}{\sqrt{n}}} < u_{\frac{\alpha}{2}}\right\} = 1-\alpha \tag{2.21}$$

对 $-u_{\frac{\alpha}{2}} < \dfrac{\bar{X}-\mu}{\dfrac{\sigma_0}{\sqrt{n}}} < u_{\frac{\alpha}{2}}$ 等价变形,即得

$$P\left\{\bar{X} - u_{\frac{\alpha}{2}}\frac{\sigma_0}{\sqrt{n}} < \mu < \bar{X} + u_{\frac{\alpha}{2}}\frac{\sigma_0}{\sqrt{n}}\right\} = 1-\alpha$$

所以,μ 的置信度为 $1-\alpha$ 的置信区间为 $\left(\bar{X} - u_{\frac{\alpha}{2}}\dfrac{\sigma_0}{\sqrt{n}}, \bar{X} + u_{\frac{\alpha}{2}}\dfrac{\sigma_0}{\sqrt{n}}\right)$.

本题中的 c 和 d 还有其他的选择方法,比如 $c=-u_{\alpha/3}, d=u_{2\alpha/3}$,但是,采用这种对称的取法得到的置信区间长度最短.

2.3.3 单个正态总体参数的置信区间

设 $X_1,\cdots,X_n$ 是来自正态总体 $N(\mu,\sigma^2)$ 的样本,置信度为 $1-\alpha$,下面讨论关于 μ 和 σ^2 的置信区间.

1. σ 已知时 μ 的置信区间

例 2.15 已经给出了这种情形下 μ 的置信区间为

$$\left(\bar{X} - u_{\frac{\alpha}{2}}\frac{\sigma_0}{\sqrt{n}}, \bar{X} + u_{\frac{\alpha}{2}}\frac{\sigma_0}{\sqrt{n}}\right) \tag{2.22}$$

若记

$$E = u_{\frac{\alpha}{2}}\frac{\sigma_0}{\sqrt{n}}$$

由式(2.21)可得

$$P\left\{-u_{\frac{\alpha}{2}}\frac{\sigma_0}{\sqrt{n}} < \bar{X}-\mu < u_{\frac{\alpha}{2}}\frac{\sigma_0}{\sqrt{n}}\right\} = 1-\alpha$$

即

$$P\{|\bar{X}-\mu| < E\} = 1-\alpha \tag{2.23}$$

上式说明,用 $\bar{X}$ 估计 μ 时,误差不超过 E 的概率为 $1-\alpha$.

置信区间(2.22)以 μ 的无偏估计 $\bar{X}$ 为中心,区间长度

$$L = 2E = 2u_{\frac{\alpha}{2}}\frac{\sigma_0}{\sqrt{n}}$$

在置信度 $1-\alpha$ 不变的情况下,要想减小区间的长度,只有加大样本容量 n.

【例 2.16】 用天平称量某物体的质量 9 次,得平均值为 15.4g,已知天平称量结果服从正态分布,其标准差为 0.1g,试求该物体质量的置信区间(置信度取 0.95).

解:天平称量的结果 $X \sim N(\mu,\sigma^2)$,该物体质量为 μ.

$\bar{x}=15.4, 1-\alpha=0.95, n=9, \sigma=0.1$,查表,得 $u_{\frac{\alpha}{2}}=u_{0.025}=1.96$.

$$\bar{X} \pm u_{\frac{\alpha}{2}}\frac{\sigma_0}{\sqrt{n}} = 15.4 \pm 1.96 \times \frac{0.1}{\sqrt{9}} = 15.4 \pm 0.0653$$

所以该物体质量的置信区间为(15.3347,15.4653).

注意，置信度在此处不能解释为概率，因为 μ，15.3347，15.4653 都是常数，$15.3347<\mu<15.4653$ 不是随机事件，非随机事件的概率要么是0，要么是1，怎么可能有 $P\{15.3347<\mu<15.4653\}=0.95$？置信度0.95可理解为：对不同的样本 $x_1,\cdots,x_n$，用该方法得出的不同置信区间中，大约有95%的区间覆盖 μ，大约有5%的区间没有覆盖 μ（图2.2）.

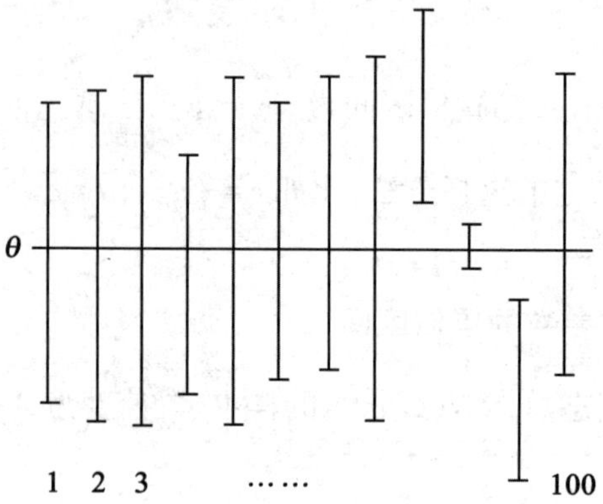

图2.2 置信度示意图

【例2.17】 设总体为正态分布 $N(\mu,1)$，为得到 μ 的置信度为0.95的置信区间长度不超过1.2，试问样本容量 n 至少为多大？

解： 置信区间的长度 $L=2u_{\frac{\alpha}{2}}\frac{\sigma_0}{\sqrt{n}}$，由

$$L\leqslant 1.2\Rightarrow 2u_{\frac{\alpha}{2}}\frac{\sigma_0}{\sqrt{n}}\leqslant 1.2\Rightarrow n\geqslant\left(\frac{2u_{\frac{\alpha}{2}}\sigma_0}{1.2}\right)^2$$

将 $\alpha=0.05,\sigma_0=1,u_{0.025}=1.96$ 代入上式，得 $n\geqslant 10.67$，故样本容量至少为11时才能使 μ 的置信度为0.95的置信区间长度不超过1.2.

2. σ 未知时 μ 的置信区间

σ 未知时，式(2.20)不能再作为枢轴量. σ 用它的点估计样本标准差 S_n 代替，得枢轴量

$$T=\frac{\bar{X}-\mu}{\frac{S}{\sqrt{n}}}\sim t(n-1) \tag{2.24}$$

选取 $c=-t_{\frac{\alpha}{2}}(n-1),d=t_{\frac{\alpha}{2}}(n-1)$，得

$$P\left\{-t_{\frac{\alpha}{2}}(n-1)<\frac{\bar{X}-\mu}{\frac{S}{\sqrt{n}}}<t_{\frac{\alpha}{2}}(n-1)\right\}=1-\alpha$$

即

$$P\left\{\bar{X}-t_{\frac{\alpha}{2}}(n-1)\frac{S}{\sqrt{n}}<\mu<t_{\frac{\alpha}{2}}(n-1)\frac{S}{\sqrt{n}}\right\}=1-\alpha$$

故 μ 的置信度为 $1-\alpha$ 的置信区间为

$$\left(\bar{X}-t_{\frac{\alpha}{2}}(n-1)\frac{S}{\sqrt{n}},\bar{X}+t_{\frac{\alpha}{2}}(n-1)\frac{S}{\sqrt{n}}\right) \tag{2.25}$$

【例 2.18】 某糖厂用自动包装机装糖,设各包重量服从正态分布 $N(\mu,\sigma^2)$. 某日开工后,测得 9 包重量为(单位:kg)99.3、98.7、100.5、101.2、98.3、99.7、99.5、102.1、100.5.

试求 μ 的置信度为 95%的置信区间.

解: σ^2 未知,用公式(2.25), $1-\alpha=0.95$, $n=9$,查表得 $t_{\frac{\alpha}{2}}(n-1)=t_{0.025}(8)=2.306$.

经计算 $\bar{x}=\frac{1}{9}\sum_{i=1}^{9}x_i=99.978$, $S^2=\frac{1}{n-1}\sum_{i=1}^{n}(x_i-\bar{x})^2=1.47$.

代入式(2.25),得 μ 的置信度为 95%的置信区间为(99.046, 100.91).

例 2.18 的 SPSS 操作步骤如下:

(1)录入数据,如图 2.3 所示;

(2)单击 Analyze→Descriptive Statistics→Explore 按钮,将"重量"通过向右的箭头送入 Dependent 矩形框(图 2.4).

图 2.3 数据输入窗口

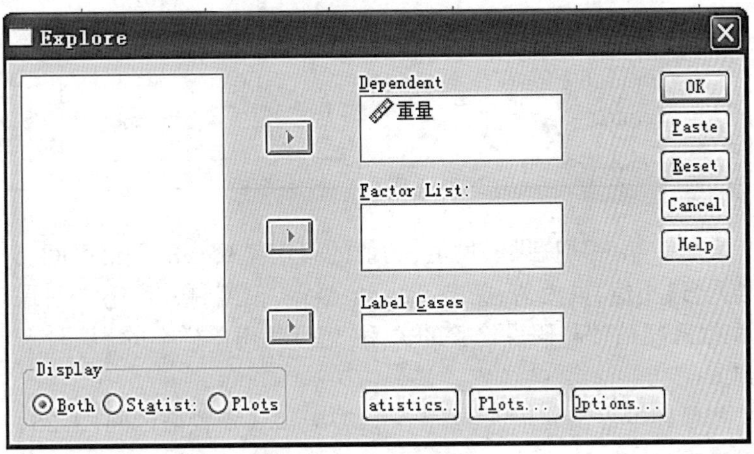

图 2.4 Explore 窗口

单击 Statistics 按钮,选中 Descriptives Confidence Interval for 复选框,可在后面的空格设定不同的置信度(图 2.5).

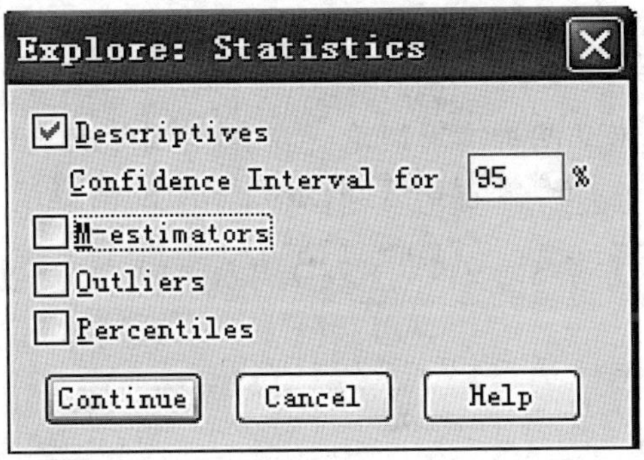

图 2.5 Statistics 选项框窗口

按 Continue 返回主对话框，单击 OK 键，完成操作.

SPSS 结果解释见表 2.2.

表 2.2 **描述性统计**

			Statistic	Std. Error
重量	Mean		99.978	0.4041
	95% Confidence Interval for Mean	Lower Bound	99.046	
		Upper Bound	100.910	
	5% Trimmed Mean		99.953	
	Median		99.700	
	Variance		1.469	
	Std. Deviation		1.2122	
	Minimum		98.3	
	Maximum		102.1	
	Range		3.8	
	Interquartile Range		1.9	
	Skewness		0.399	0.717
	Kurtosis		−0.413	1.400

表 2.2 第一列提供了均值，均值的置信度 95% 的置信区间，5% 切尾均值，中位数，方差，标准差，最小值，最大值，极差，四分位极差，偏度，峰度；第二列是对应数值；第三列是标准误差.根据区间估计与假设检验的关系，也可利用单样本的 t 检验来求得区间估计，这将在后面讲到.

如果样本容量 n 很大，$t_{\frac{\alpha}{2}}(n-1) \approx u_{\frac{\alpha}{2}}$，则置信区间(2.25)成为

$$\left(\bar{X} - u_{\frac{\alpha}{2}}\frac{S}{\sqrt{n}}, \bar{X} + u_{\frac{\alpha}{2}}\frac{S}{\sqrt{n}}\right) \tag{2.26}$$

上式说明：当样本容量 n 很大 σ 未知时，可取 σ 为样本标准差 S，从而当成 σ 已知时的情形求区间估计.

事实上，只要样本容量 n 很大，不管总体服从什么分布，都可以用置信区间(2.26)计算总体均值的近似置信区间.

3. σ^2 的置信区间

虽然可以分 μ 已知和未知两种情形讨论，但在实际中，σ^2 未知时 μ 已知的情形极为少见，所以我们只讨论 μ 未知时 σ^2 的置信区间（μ 已知时的情形读者自己讨论）.

σ^2 的无偏估计是样本方差 S^2，又 $\dfrac{(n-1)S^2}{\sigma^2} \sim \chi^2(n-1)$，故可取枢轴量

$$\chi^2 = \frac{(n-1)S^2}{\sigma^2} \sim \chi^2(n-1) \tag{2.27}$$

为了简便，取 $c = \chi^2_{1-\frac{\alpha}{2}}(n-1)$，$d = \chi^2_{\frac{\alpha}{2}}(n-1)$，如图 2.6 所示（注意，这种取法并不是使置

信区间长度最短的取法),得

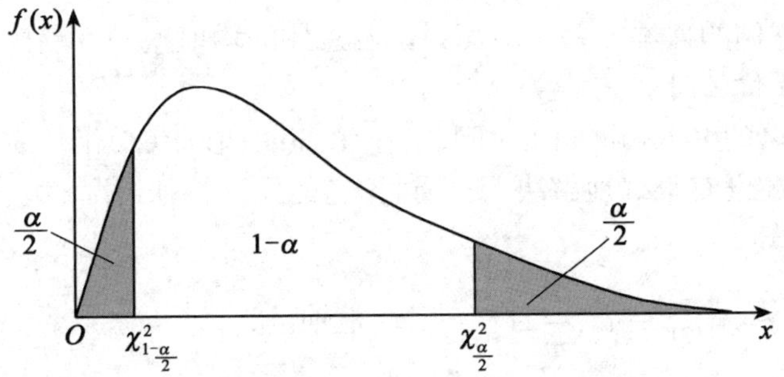

图 2.6

$$P\left(\chi^2_{1-\frac{\alpha}{2}}(n-1) < \frac{(n-1)S^2}{\sigma^2} < \chi^2_{\frac{\alpha}{2}}(n-1)\right) = 1-\alpha \tag{2.28}$$

从而得出 σ^2 的置信度为 $1-\alpha$ 的置信区间为

$$\left(\frac{(n-1)S^2}{\chi^2_{\frac{\alpha}{2}}(n-1)}, \frac{(n-1)S^2}{\chi^2_{1-\frac{\alpha}{2}}(n-1)}\right) \tag{2.29}$$

由式(2.28)又可得

$$P\left\{\sqrt{\frac{(n-1)S^2}{\chi^2_{\frac{\alpha}{2}}(n-1)}} < \sigma < \sqrt{\frac{(n-1)S^2}{\chi^2_{1-\frac{\alpha}{2}}(n-1)}}\right\} = 1-\alpha$$

故 σ 的置信度为 $1-\alpha$ 的置信区间为

$$\left(\sqrt{\frac{(n-1)S^2}{\chi^2_{\frac{\alpha}{2}}(n-1)}}, \sqrt{\frac{(n-1)S^2}{\chi^2_{1-\frac{\alpha}{2}}(n-1)}}\right) \tag{2.30}$$

【例 2.19】 从自动机床加工的同类零件中抽取 16 件,测得长度值为(单位:mm):12.15, 12.12, 12.01, 12.08, 12.09, 12.16, 12.06, 12.13, 12.07, 12.11, 12.08, 12.01, 12.03, 12.01, 12.03, 12.06.

假设零件长度服从正态分布 $N(\mu,\sigma^2)$,分别求零件长度方差 σ^2 和标准差 σ 的置信度为95%的置信区间.

解:根据题意 $n=16$, $1-\alpha=0.95$, $\alpha=0.05$,查表得$\chi^2_{0.025}(15)=27.5$,$\chi^2_{0.975}(15)=6.26$,经计算

$$\bar{x} = \frac{1}{n}\sum_{i=1}^{n} x_i = 12.08$$

$$(n-1)S^2 = \sum_{i=1}^{n}(x_i-\bar{x})^2 = 0.037$$

根据置信区间(2.29),得 σ^2 的置信度为95%的置信区间为(0.0013, 0.0059).

标准差 σ 的置信度为95%的置信区间为(0.036, 0.077).

2.3.4 两个正态总体下的置信区间

设 $X_1,\cdots,X_m$ 是来自 $N(\mu_1,\sigma_1^2)$ 的样本, $Y_1,\cdots,Y_n$ 是来自 $N(\mu_2,\sigma_2^2)$ 的样本,且两个样

本相互独立．$\bar{X},\bar{Y}$ 分别是它们的样本均值，$S_1^2=\frac{1}{m-1}\sum_{i=1}^{m}(X_i-\bar{X})^2$，$S_2^2=\frac{1}{n-1}\sum_{i=1}^{n}(Y_i-\bar{Y})^2$ 分别是它们的样本方差．下面讨论两总体的均值差和方差比的置信区间．

1. $\mu_1-\mu_2$ 的置信区间

这是历史上著名的 Behrens-Fisher 问题，是 Behrens 在 1929 年从实际应有中提出的问题．它的一般情况还没有很好地解决，下面讨论它的几种特殊情况．

1）σ_1^2 和 σ_2^2 已知

此时有 $\bar{X}-\bar{Y}\sim N\left(\mu_1-\mu_2,\frac{\sigma_1^2}{m}+\frac{\sigma_2^2}{n}\right)$，取枢轴量为

$$u=\frac{\bar{X}-\bar{Y}-(\mu_1-\mu_2)}{\sqrt{\frac{\sigma_1^2}{m}+\frac{\sigma_2^2}{n}}}\sim N(0,1)$$

按照求置信区间一般的步骤，可得到 $\mu_1-\mu_2$ 的置信度为 $1-\alpha$ 的置信区间为

$$\left(\bar{X}-\bar{Y}-u_{\frac{\alpha}{2}}\sqrt{\frac{\sigma_1^2}{m}+\frac{\sigma_2^2}{n}},\bar{X}-\bar{Y}+u_{\frac{\alpha}{2}}\sqrt{\frac{\sigma_1^2}{m}+\frac{\sigma_2^2}{n}}\right) \tag{2.31}$$

2）$\sigma_1^2=\sigma_2^2=\sigma^2$ 未知

此时有

$$\bar{X}-\bar{Y}\sim N\left(\mu_1-\mu_2,\left(\frac{1}{m}+\frac{1}{n}\right)\sigma^2\right)$$

$$\frac{(m-1)S_1^2+(n-1)S_2^2}{\sigma^2}\sim\chi^2(m+n-2)$$

记 $S_w^2=\frac{(m-1)S_1^2+(n-1)S_2^2}{m+n-2}$，$S_w=\sqrt{S_w^2}$，由于 $\bar{X},\bar{Y},S_1^2,S_2^2$ 相互独立，故可构造如下服从 $t(m+n-2)$ 分布的枢轴量：

$$t=\frac{\bar{X}-\bar{Y}-(\mu_1-\mu_2)}{S_w\sqrt{\frac{1}{m}+\frac{1}{n}}}\sim t(m+n-2)$$

得 $\mu_1-\mu_2$ 的置信度为 $1-\alpha$ 的置信区间为

$$\left(\bar{X}-\bar{Y}-t_{\frac{\alpha}{2}}(m+n-2)S_w\sqrt{\frac{1}{m}+\frac{1}{n}},\bar{X}-\bar{Y}+t_{\frac{\alpha}{2}}(m+n-2)S_w\sqrt{\frac{1}{m}+\frac{1}{n}}\right) \tag{2.32}$$

3）m,n 都很大

此时可以证明有

$$\frac{\bar{X}-\bar{Y}-(\mu_1-\mu_2)}{\sqrt{\frac{S_1^2}{m}+\frac{S_2^2}{n}}}\overset{\text{近似}}{\sim}N(0,1)$$

取枢轴量

$$u=\frac{\overline{X}-\overline{Y}-(\mu_1-\mu_2)}{\sqrt{\dfrac{S_1^2}{m}+\dfrac{S_2^2}{n}}}\overset{\text{近似}}{\sim}N(0,1)$$

可得 $\mu_1-\mu_2$ 的置信度为 $1-\alpha$ 的近似置信区间为

$$\left(\overline{X}-\overline{Y}-u_{\frac{\alpha}{2}}\sqrt{\frac{S_1^2}{m}+\frac{S_2^2}{n}},\overline{X}-\overline{Y}+u_{\frac{\alpha}{2}}\sqrt{\frac{S_1^2}{m}+\frac{S_2^2}{n}}\right)$$

【例 2.20】 为比较Ⅰ、Ⅱ两种型号步枪子弹的枪口速度，随机地取Ⅰ型子弹10发，得到枪口速度的平均值为 $\bar{x}=500\text{m/s}$，标准差 $S_X=1.10\text{m/s}$，随机地取Ⅱ型子弹20发，得枪口速度的平均值 $\bar{y}=496\text{m/s}$，标准差 $S_Y=1.20\text{m/s}$．假设两总体都服从正态分布，且方差相等，求两均值差 $\mu_1-\mu_2$ 的置信度为95%的置信区间．

解：已知 $m=10,n=20$

$\bar{x}=500,\bar{y}=496,S_1=1.10,S_2=1.20,1-\alpha=0.95,t_{\frac{\alpha}{2}}(m+n-2)=t_{0.025}(28)=2.0484$

$$S_w^2=\frac{9\times1.10^2+19\times1.20^2}{28}=1.3661\text{ , }S_w=\sqrt{S_w^2}=1.1688$$

将以上数据代入置信区间(2.32)，得 $\mu_1-\mu_2$ 的置信度为95%的置信区间为(3.07，4.93)．

2. $\dfrac{\sigma_1^2}{\sigma_2^2}$ 的置信区间

由于

$$\frac{(m-1)S_1^2}{\sigma_1^2}\sim\chi^2(m-1)$$

$$\frac{(n-1)S_2^2}{\sigma_2^2}\sim\chi^2(n-1)$$

且 S_X^2 与 S_Y^2 相互独立，故可构造如下服从 F 分布的枢轴量

$$F=\frac{\dfrac{S_1^2}{\sigma_1^2}}{\dfrac{S_2^2}{\sigma_2^2}}\sim F(m-1,n-1)\tag{2.33}$$

对给定的置信水平 $1-\alpha$，由

$$P\left(F_{1-\frac{\alpha}{2}}(m-1,n-1)\leqslant\frac{S_1^2}{S_2^2}\cdot\frac{\sigma_2^2}{\sigma_1^2}\leqslant F_{\frac{\alpha}{2}}(m-1,n-1)\right)=1-\alpha$$

经不等式变形，即得出 $\dfrac{\sigma_1^2}{\sigma_2^2}$ 的置信区间为

$$\left(\frac{S_1^2}{S_2^2}\frac{1}{F_{\frac{\alpha}{2}}(m-1,n-1)},\frac{S_1^2}{S_2^2}\frac{1}{F_{1-\frac{\alpha}{2}}(m-1,n-1)}\right)\tag{2.34}$$

【例 2.21】 某车间有两台自动机床加工一类套筒，假设套筒直径服从正态分布．现从两个班次的产品中分别检查了5个和6个套筒，得其直径数据(单位：cm)如下：

甲班：5.06　5.08　5.03　5.00　5.07

乙班：4.98 5.03 4.97 4.99 5.02 4.95

(1)求两班加工套筒直径的方差比的置信水平为95%的置信区间.

(2)假设两总体方差相等的情况下,求均值差的置信水平为95%的置信区间.

解:(1)已知 $m = 5, n = 6, 1 - \alpha = 0.95$,查表得

$$F_{0.975}(4,5) = \frac{1}{F_{0.025}(5,4)} = \frac{1}{9.36} = 0.1068$$

$$F_{0.025}(4,5) = 7.39$$

由数据算得 $S_2^2 = 0.00037, S_2^2 = 0.00092$,代入置信区间(2.34),得两个端点分别为

$$\frac{S_1^2}{S_2^2}\frac{1}{F_{0.025}(4,5)} = \frac{0.00037}{0.00092} \cdot \frac{1}{7.39} = 0.0544$$

$$\frac{S_1^2}{S_2^2}\frac{1}{F_{0.975}(4,5)} = \frac{0.00037}{0.00092} \cdot \frac{1}{0.1068} = 3.7657$$

故所求的置信区间为(0.0544,3.7657).

(2)已知 $m = 5, n = 6, \bar{x} = 5.048, \bar{y} = 4.99, S_w^2 = 0.000987, t_{0.025}(9) = 2.2622$.

代入置信区间(2.32)得 $\mu_1 - \mu_2$ 的置信水平为95%的置信区间为(0.016,0.100).

例2.21的SPSS操作步骤如下:

(1)录入数据,如图2.7所示,其中1表示甲班,2表示乙班.

(2)单击 Analyze→Compare Means→Independent-Sample T Test 按钮,将“直径”通过向右的箭头送入 Test 矩形框,将“班次”通过向右的箭头送入 Grouping 矩形框(图2.8).

图2.7 数据输入窗口

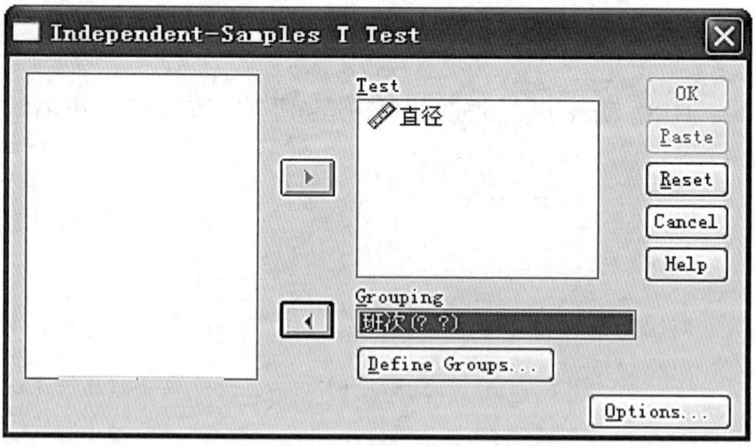

图2.8 独立样本T检验窗口

单击 Define Groups 按钮,选中 Use specified value 单选框,在 group 后面的空格分别填入1、2(图2.9).单击 Continue 返回主对话框.

单击 Options 按钮,Confidence 后空格填入置信度95%,如图2.10所示(SPSS默认).

按 Continue 返回主对话框,单击 OK 键,完成操作.

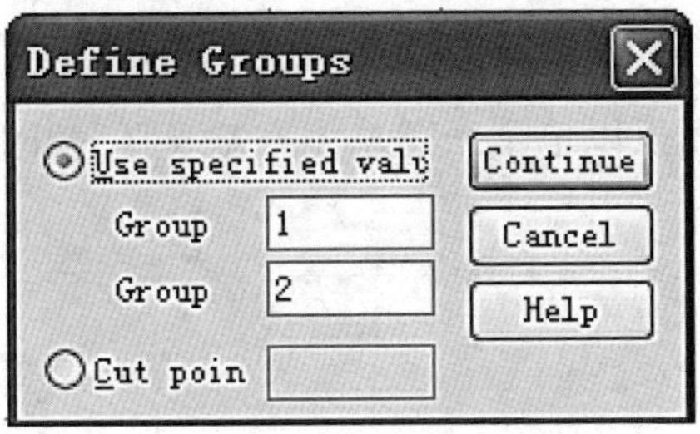

图 2.9 Define Groups 选项框窗口

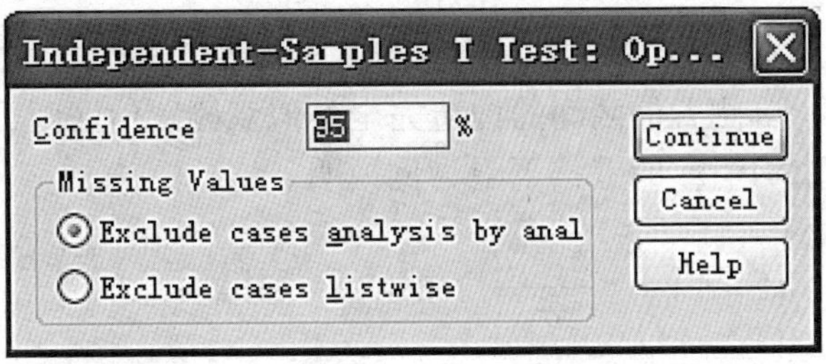

图 2.10

SPSS 结果解释见表 2.3 所示.

表 2.3 **独立样本 T 检验**

	Levene's Test for Equality of Variances		t-test for Equality of Means						
	F	Sig.	t	df	Sig. (2-tailed)	Mean Difference	Std. Error Difference	95% Confidence Interval of the Difference	
								Upper	Lower
直径 Equal variances assumed	0.108	0.749	3.049	9	0.014	0.05800	0.01902	0.01497	0.10103
Equal variances not assumed			3.026	8.354	0.016	0.05800	0.01917	0.01413	0.10187

表 2.3 提供了方差是否相等的检验,F 值为 0.108,显著度为 0.749,没有理由说明两方差不相等,故在方差相等的基础上,做出了均值差 $\mu_1 - \mu_2$ 的置信度 95% 的置信区间 (0.01497,0.10103).

2.3.5 单侧置信区间

在上述讨论中,对于未知参数 θ,我们给出两个统计量 $\hat{\theta}_1$ 和 $\hat{\theta}_2$ 得到 θ 的置信上下限,即采用所谓的双侧置信区间 $(\hat{\theta}_1,\hat{\theta}_2)$ 的形式. 在许多实际问题中,如估计元件、设备的使用寿命,显然平均寿命越长越好,我们关心的则是平均寿命的 θ 的下限;与之相反,对大批产品的废品率的估计,我们关心的则是它的上限. 这就引出了单侧置信区间的概念.

定义 2.11 设 θ 是总体的未知参数, $X_1,\cdots,X_n$ 是来自总体的样本,对于给定值 $\alpha(0 < \alpha < 1)$,若有统计量 $\hat{\theta}_L(X_1,\cdots,X_n)$ $[\hat{\theta}_U(X_1,\cdots,X_n)]$ 满足:

$$P\{\theta > \hat{\theta}_L\} \geqslant 1-\alpha \ (P\{\theta < \hat{\theta}_U\} \geqslant 1-\alpha) \tag{2.35}$$

则称 $\hat{\theta}_L(\hat{\theta}_U)$ 为 θ 的置信度为 $1-\alpha$ 的单侧置信下(上)限.

单侧置信区间的构造完全类似双侧置信区间,下面仅以单个正态总体方差 σ^2 已知的情况求均值 μ 的置信下限为例说明.

还是以 $u=\dfrac{\bar{X}-\mu}{\dfrac{\sigma_0}{\sqrt{n}}}$ 为枢轴量,利用

$$P\left\{\frac{\bar{X}-\mu}{\dfrac{\sigma_0}{\sqrt{n}}} < u_\alpha\right\}=1-\alpha \tag{2.36}$$

如图 2.11 所示.

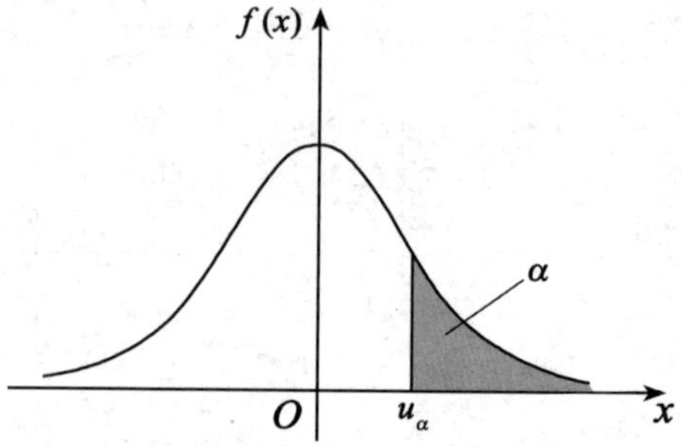

图 2.11

变形为

$$P\left\{\mu > \bar{X}-u_\alpha\frac{\sigma_0}{\sqrt{n}}\right\}=1-\alpha$$

即得 μ 的置信度为 $1-\alpha$ 的置信下限为

$$\hat{\theta}_L=\bar{X}-u_\alpha\frac{\sigma_0}{\sqrt{n}} \tag{2.37}$$

如果把式(2.39)改成

$$P\left\{u_{1-\alpha} < \frac{\bar{X}-\mu}{\dfrac{\sigma_0}{\sqrt{n}}}\right\}=1-\alpha$$

即得 μ 的置信度为 $1-\alpha$ 的置信上限为

$$\hat{\theta}_U=\bar{X}+u_\alpha\frac{\sigma_0}{\sqrt{n}}$$

【例 2.22】 从某批灯泡中随机抽取 9 只做寿命实验,测得 $\bar{x} = 1500$(单位:小时).设灯泡的寿命服从方差为 400 的正态分布,试求灯泡平均寿命的置信度为 95%的单侧置信下限.

解:已知 $n = 9, \bar{x} = 1500, \sigma_0^2 = 400, 1 - \alpha = 0.95$.

查表得,$u_\alpha = u_{0.05} = 1.645$,代入式(2.40),得 $\hat{\theta}_L = 1500 - 1.645 \dfrac{20}{\sqrt{9}} = 1489.03$.

◎ **思考**:

1. 怎样理解置信度?置信度与置信区间的长度有什么样的关系?
2. 简述枢轴量法构造置信区间的基本步骤.
3. 单侧置信区间与双侧置信区间有什么样的联系与区别?

本 章 小 结

1. 参数估计问题分为点估计和区间估计;点估计是用合适的统计量估计未知参数,主要方法有矩估计和最大似然估计.

(1)矩估计:令样本原点矩等于对应的总体原点矩

$$A_k = \alpha_k(\theta_1, \cdots, \theta_m) \qquad (k = 1, 2, \cdots, m)$$

未知参数 $\theta_1, \cdots, \theta_m$ 的解即为矩估计.

(2)最大似然估计:设总体 X 的概率函数为 $f(x;\theta)$,$x_1, x_2, \cdots, x_n$ 是来自总体的样本,似然函数 $L(\theta) = \prod_{i=1}^{n} f(x_i;\theta)$,使 $L(\theta)$ 取得最大值的 $\hat{\theta}$ 即为 θ 的最大似然估计.

2. 点估计的评价标准通常有:

(1)无偏性:$E\hat{\theta} = \theta$

(2)有效性:若 $E\hat{\theta}_1 = \theta, E\hat{\theta}_2 = \theta$,$D\hat{\theta}_1 \leqslant D\hat{\theta}_2$,则称 $\hat{\theta}_1$ 比 $\hat{\theta}_2$ 有效.

θ 的所有无偏估计中方差最小的估计称为一致最小方差无偏估计,简称 UMVUE.C-R 不等式给出了满足正则条件参数的无偏估计的方差下界. 方差能够达到 C-R 下界的无偏估计称为有效估计.有效估计一定是 UMVUE,但 UMVUE 不一定是有效估计.

(3)相合性:相合性反映的是估计随着样本容量的变化而具有的一种性质.

若 $\hat{\theta}_n \xrightarrow{P} \theta$,则称 $\hat{\theta}_n$ 为参数 θ 的相合估计.

(4)均方误差标准:$\mathrm{MSE}(\hat{\theta}) = E(\hat{\theta} - \theta)^2$

3. 点估计不能反映估计的误差,区间估计给出了未知参数的一个置信区间和相应的置信度.构造置信区间的方法是枢轴量法,用该方法得到了正态总体参数的各种情况的置信区间.主要公式见表 2.4.

表2.4 **正态总体均值、方差的置信区间(置信度 $1-\alpha$)**

	待估参数	其他参数	枢轴量的分布	置信区间	单侧置信区间
一个正态总体	μ	σ^2 已知	$u=\dfrac{\bar X-\mu}{\dfrac{\sigma_0}{\sqrt n}}\sim N(0,1)$	$\left(\bar X-u_{\frac{\alpha}{2}}\dfrac{\sigma_0}{\sqrt n},\bar X+u_{\frac{\alpha}{2}}\dfrac{\sigma_0}{\sqrt n}\right)$	$\hat\mu_{LU}=\bar X\pm u_\alpha\dfrac{\sigma}{\sqrt n}$
	μ	σ^2 未知	$T=\dfrac{\bar X-\mu}{\dfrac{S}{\sqrt n}}\sim t(n-1)$	$\left(\bar X-t_{\frac{\alpha}{2}}(n-1)\dfrac{S}{\sqrt n},\bar X+t_{\frac{\alpha}{2}}(n-1)\dfrac{S}{\sqrt n}\right)$	$\hat\mu_{LU}=\bar X\pm t_\alpha(n-1)\dfrac{S}{\sqrt n}$
	σ^2	μ 未知	$\chi^2=\dfrac{(n-1)S^2}{\sigma^2}\sim\chi^2(n-1)$	$\left(\dfrac{(n-1)S^2}{\chi^2_{\frac{\alpha}{2}}(n-1)},\dfrac{(n-1)S^2}{\chi^2_{1-\frac{\alpha}{2}}(n-1)}\right)$	$\hat\sigma^2_L=\dfrac{(n-1)S^2}{\chi^2_\alpha(n-1)}$, $\hat\sigma^2_U=\dfrac{(n-1)S^2}{\chi^2_{1-\alpha}(n-1)}$
两个正态总体	$\mu_1-\mu_2$	σ_1^2,σ_2^2 已知	$u=\dfrac{\bar X-\bar Y-(\mu_1-\mu_2)}{\sqrt{\dfrac{\sigma_1^2}{m}+\dfrac{\sigma_2^2}{n}}}\sim N(0,1)$	$\left(\bar X-\bar Y\pm u_{\frac{\alpha}{2}}\sqrt{\dfrac{\sigma_1^2}{m}+\dfrac{\sigma_2^2}{n}}\right)$	$\bar X-\bar Y\pm u_\alpha\sqrt{\dfrac{\sigma_1^2}{m}+\dfrac{\sigma_2^2}{n}}$
	$\mu_1-\mu_2$	σ_1^2,σ_2^2 相等未知	$t=\dfrac{\bar X-\bar Y-(\mu_1-\mu_2)}{S_w\sqrt{\dfrac{1}{m}+\dfrac{1}{n}}}\sim t(m+n-2)$	$\left(\bar X-\bar Y\pm u_{\frac{\alpha}{2}}\sqrt{\dfrac{S_1^2}{m}+\dfrac{S_2^2}{n}}\right)$	$\bar X-\bar Y\pm t_\alpha(m+n-2)S_w\sqrt{\dfrac{1}{m}+\dfrac{1}{n}}$,
	$\dfrac{\sigma_1^2}{\sigma_2^2}$	μ_1,μ_2 未知	$F=\dfrac{\dfrac{S_1^2}{\sigma_1^2}}{\dfrac{S_2^2}{\sigma_2^2}}\sim F(m-1,n-1)$	$\left(\dfrac{S_1^2}{S_2^2}\dfrac{1}{F_{\frac{\alpha}{2}}(m-1,n-1)},\dfrac{S_1^2}{S_2^2}\dfrac{1}{F_{1-\frac{\alpha}{2}}(m-1,n-1)}\right)$	$\hat\theta_L=\dfrac{S_1^2}{S_2^2}\dfrac{1}{F_\alpha(m-1,n-1)}$, $\hat\theta_U=\dfrac{S_1^2}{S_2^2}\dfrac{1}{F_{1-\alpha}(m-1,n-1)}$

习 题 二

1. 使用的测量仪器对同一值进行了12次独立测量,测量值为(单位:mm):

232.50, 232.48, 232.15, 232.53, 232.24, 232.30
232.48, 232.05, 232.45, 232.60, 232.47, 232.30

试用矩估计法估计测量值的真值与方差.

2. 设总体 X 服从二项分布 $B(N,p)$,N 是正整数,$0<p<1$,N,p 是未知参数,$X_1,\cdots,X_n$ 是来自总体的样本,试求 N 和 p 的矩估计.

3. 设一个试验有三种可能结果,其发生的概率分别为 $p_1 = \theta^2, p_2 = 2\theta(1-\theta), p_3 = (1-\theta)^2$.

现做了 n 次试验,观察到三种结果发生的次数分别为 $n_1, n_2, n_3(n_1+n_2+n_3=n)$,试求 θ 的最大似然估计.

4. 设总体 X 的分布密度为 $p(x)=\begin{cases}(\alpha+1)x^{\alpha}, & 0\leqslant x\leqslant 1\\ 0, & \text{其他}\end{cases}$,其中 $\alpha>-1$, $X_1,\cdots,X_n$,为来自总体的样本,求 α 的矩估计.

5. 设总体 X 的分布密度为 $p(x)=\dfrac{1}{2\sigma}\mathrm{e}^{-\frac{|x|}{\sigma}}$,其中 $\sigma>0$, $X_1,\cdots,X_n$ 为来自总体的样本,试求参数 σ 的最大似然估计.

6. 设总体 X 服从对数正态分布,其密度函数为

$$p(x)=(2\pi\sigma^2)^{-\frac{1}{2}}x^{-1}\exp\left\{-\frac{1}{2\sigma^2}(\ln x-\mu)^2\right\}\qquad(x>0)$$

其中, $-\infty<\mu<+\infty$, $\sigma>0$ 是未知参数, $X_1,\cdots,X_n$ 是来自总体的样本,试求 μ,σ^2 的最大似然估计.

7. 设总体 $X\sim N(\mu,\sigma^2)$, $X_1,\cdots,X_n$ 是来自该总体的一个样本,试确定常数 C ,使 $C\sum\limits_{i=1}^{n-1}(X_{i+1}-X_i)^2$ 为 σ^2 的无偏估计.

8. 设总体 X 的均值 $EX=\mu$ 已知,方差 $DX=\sigma^2$ 未知, $X_1,\cdots,X_n$ 为来自该总体的样本,判断估计 $\hat{\sigma}^2=\dfrac{1}{n}\sum\limits_{i=1}^{n}(X_i-\mu)^2$ 的无偏性.

9. 设总体 $X\sim N(\mu_1,\sigma^2)$,总体 $Y\sim N(\mu_2,\sigma^2)$, $X_1,\cdots,X_m$ 是来自 X 的样本, $Y_1,\cdots,Y_n$ 是来自 Y 的样本,两样本独立,证明:

$$S_w^2=\frac{1}{m+n-2}\left[\sum_{i=1}^{m}(X_i-\bar{X})^2+\sum_{i=1}^{n}(Y_i-\bar{Y})^2\right]$$

是 σ^2 的无偏估计.

10. 设总体 $X\sim U(\theta,2\theta)$,其中 $\theta>0$ 是未知参数, $X_1,\cdots,X_n$ 是来自总体的样本, $\bar{X}$ 为样本均值,证明: $\hat{\theta}=\dfrac{2}{3}\bar{X}$ 是 θ 的无偏估计和相合估计.

11. 设总体 $X\sim N(\theta,1)$, $g(\theta)=\theta^2$,试求 $g(\theta)$ 的无偏估计的方差下界.

12. 设总体 X 服从指数分布,其密度函数为 $p(x)=\begin{cases}\dfrac{1}{\theta}\mathrm{e}^{-\frac{x}{\theta}}, & x>0\\ 0, & x\leqslant 0\end{cases}$,其中 $\theta>0$. 试问: $\bar{X}$ 是否为 θ 的有效估计?

13. 设 $X_1,\cdots,X_n$ 是取自 $N(0,\sigma^2)$ 的一个样本,其中 $0<\sigma<+\infty$,试证:

(1) $\hat{\sigma}^2=\dfrac{1}{n}\sum\limits_{i=1}^{n}X_i^2$ 是 σ^2 的有效估计;

(2) $\hat{\sigma}^2=\dfrac{1}{n-1}\sum\limits_{i=1}^{n}(X_i-\bar{X})^2$ 不是 σ^2 的有效估计,而是 σ^2 的渐近有效估计.

14. 随机地从一批零件中抽取16个,测得其长度(单位:cm)为:

2.14,2.10,2.13,2.15,2.13,2.12,2.13,2.10

2.15,2.12,2.14,2.10,2.13,2.11,2.14,2.11

假设该零件地长度服从正态分布 $N(\mu,\sigma^2)$,试求下列情况下总体均值 μ 的置信度为90%的置信区间:

(1)若已知 $\sigma=0.01$;

(2)若 σ 未知.

15. 随机地从A批导线中抽取4根,又从B批导线中抽取5根,测得电阻为(单位:Ω):

A批:0.143、0.142、0.143、0.137

B批:0.140、0.142、0.136、0.138、0.140

设测定数据分别来自正态总体 $N(\mu_1,\sigma^2)$,$N(\mu_2,\sigma^2)$,两样本独立,μ_1,μ_2,σ^2 均未知,求 $\mu_1-\mu_2$ 置信度为0.95的置信区间.

16. 为估计一批钢索所能承受的平均张力,从其中取样做10次实验.由实验值算得平均张力为6700Pa,标准差为 $S=220$Pa,设张力服从正态分布,求平均张力的单侧置信下限(置信度为0.95).

17. 从一批某型号电子管中抽出容量为10的样本,计算出标准差 $s^*=45h$,设整批电子管寿命服从正态分布,试求这批电子管寿命标准差 σ 的置信度为95%的单侧置信上限.

第3章 假设检验

幸运星座

魔羯水瓶座人最长寿

魔羯座活得最久、双子座非自然死亡率最高、狮子座夭折率最高. 这可不是星座专家的迷信推算, 而是我国台湾卫生署健保局的正式统计. 健保局分析, 岛内魔羯座的人活得最久, 平均寿命74.53岁, 寿命最短的是牧羊座, 平均寿命73.43岁, 两个星座平均相差1年1个月.

1995年台湾地区死亡总数为13.5071人, 过去官方统计死亡人数, 不是以性别、年龄就是县市别, 健保局首度用西洋12星座分类统计. 医审小组组长说, 整体而言, 魔羯座与水瓶座在各项指标都表现良好, 是最幸运的星座; 双子座和狮子座表现都差, 是较不幸运的星座. 但他强调, 这项统计纯粹为了趣味, 各指标之间虽确实有统计上的意义, 但民众大可不必为此计划怀孕时程, 因为统计不能证明星座与死亡的因果关系.

根据统计, 活得最久的星座是魔羯座, 平均死亡年龄为74.53岁, 其次为水瓶座(74.52岁)、天秤座(74.46岁); 寿命最短的则是牧羊座, 平均死亡年龄为73.43岁, 其次为金牛座(73.84岁)、狮子座(73.94岁).

双子座10%可能死于非命

不能寿终正寝的非自然死亡比率, 前三名包括双子座(10.40%)、牧羊座(10.11%)、射手座(9.68%), 几率最低的是水瓶座(8.74%)、魔羯座(8.76%)、双鱼座(9.04%). 非自然死亡包括意外死亡、自杀死亡、他杀死亡. 也就是说, 每100个双子座就有10人可能死于非命, 而最能安心终老的星座则是水瓶座, 每100个水瓶座只有8人会死于非命.

你相信不同星座的人的寿命真的会有明显差异吗? 如何用统计的方法回答这个问题, 相信你学了本章后会有所启发.

未知参数的真值往往是无法知道的, 即使求出了其估计值, 充其量也只是一种假设. 假设究竟与真值是否相符, 还需要检验. 除参数估计之外, 统计推断的另一个主要内容是假设检验, 本章主要阐述假设检验的基本概念、参数的假设检验和非参数的假设检验方法.

3.1 假设检验的思想方法

3.1.1 基本概念

在生产实践活动中，经常会碰到这样的问题：某种药物的疗效显著吗？改善生产条件后农作物的产量有无显著提高？混凝土的抗压强度是否服从正态分布？等等. 为了回答这些问题，就要做试验来进行分析. 根据试验结果，对所考察的问题作出肯定或否定的回答.

【例 3.1】 某工厂在正常情况下生产的某种元件的电阻(单位：Ω)服从正态分布 $N(1600,80^2)$.某天从该厂生产的一批元件中随机抽取 10 个,测得它们的电阻均值 $\bar{x}=1548\Omega$.如果元件电阻的标准差不变,能否认为该天的生产情况正常？

【例 3.2】 研究某种合金抗压强度的分布 $F(x)$. 抽取 200 件合金制件,观测它们的抗压强度,可得到如表 3.1 所列数据.

表 3.1 **抗压强度数据表**

压强区间(kg/cm^2)	频数 n_i
190~200	10
200~210	26
210~220	56
220~230	64
230~240	30
240~250	14

$n=\sum_i n_i=200$,问:能否认为这种合金的抗压强度服从正态分布？

对于例 3.1,如果设该天生产的元件的电阻 $X\sim N(\mu,80^2)$,实际上就是要回答 $\mu=1600$ 还是 $\mu\neq 1600$,真实的 μ 等于多少,是未知的,因此 $\mu=1600$,或 $\mu\neq 1600$ 都只是针对总体的假设.

像这种针对未知分布的总体的假设,称为统计假设,通常简称为假设(hypothesis),如果假设的对象仅涉及总体分布的未知参数,则这样的假设称为参数假设,而其他的如关于总体的分布形式的假设则称为非参数假设.

关于未知参数 θ 的假设,通常可表述为 $\theta\in\Theta_0$,或 $\theta\in\Theta_1$,其中 Θ_0,Θ_1 是未知参数 θ 的两个交集为空的集合,若 Θ_0,Θ_1 只含一个 θ 的值,就称对应的假设为简单假设(simple hypothesis),否则就称为复合假设(composite hypothesis).

例 3.1 的 $\mu=1600$ 是简单假设,$\mu\neq 1600$ 是复合假设,它们都是参数假设,也可分别表述为 $\theta\in\Theta_0$ 和 $\theta\in\Theta_1$,其中 $\Theta_0=\{1600\}$,$\Theta_1=\{\theta\mid\theta>1600 或 \theta<1600\}$.

例 3.2 就是要回答 $F(x)\in N(\mu,\sigma^2)$,还是 $F(x)\notin N(\mu,\sigma^2)$,这是关于总体分布形式的假设,因此是非参数假设.

总是成对出现的,它们互不相容.为了区分,把其中一个称为原假设(null hypothesis),用 H_0 表示;另一个称为备择假设(alternative hypothesis),用 H_1 表示.

例 3.1,可取

$$H_0: \mu = 1600 \ , H_1: \mu \neq 1600 \tag{3.1}$$

例 3.2 可取

$$H_0: F(x) \in N(\mu,\sigma^2) \ , H_1: F(x) \notin N(\mu,\sigma^2)$$

像这种给定了原假设和备择假设,需要在二者之中作出选择,接受其中一个假设(同时意味着拒绝了另一个),这样的问题称为假设检验问题, 或检验问题.根据样本作出接受还是拒绝原假设的判断过程,叫做假设检验(hypothesis testing).根据假设是参数假设还是非参数假设,对应的假设检验分别称为参数假设检验(parameter hypothesis testing)和非参数假设检验(nonparametric hypothesis testing).

3.1.2 检验法则的建立

1. 拒绝域

对待检验问题:

$$H_0: \theta \in \Theta_0, H_1: \theta \in \Theta_1 \tag{3.2}$$

我们的任务是从样本 $X = (X_1, X_2, \cdots, X_n)$ 出发,对原假设 H_0 作出判断,是接受 H_0(同时意味着拒绝 H_1)还是拒绝 H_0(同时意味着接受 H_1).要作出这样的判断,必须制定一个法则,一旦样本的观察值 $x = (x_1, x_2, \cdots, x_n)$ 确定后,能用此法则判断是否接受 H_0. 这种法则就称为一个检验法则,或一个检验.

具体来说,所谓检验法则,就是把每一个样本 $x = (x_1, x_2, \cdots, x_n)$ 都对应一个结果:"接受 H_0"还是"拒绝 H_0".我们把对应"拒绝 H_0"的所有样本作为一个集合,称为拒绝域(rejection region),用 W 表示.建立一个检验法则就是设法把样本空间划分为两个互不相交的集合:$\Omega = W + \overline{W}$,其中 W 作为拒绝域,当观测值 $x \in W$ 时,就拒绝原假设 H_0,认为备择假设 H_1 成立;当观测值 $x \in \overline{W}$(即 $x \notin W$) 时,就接受原假设 H_0. 由此,检验法则的确定也就是拒绝域的确定.

2. 检验统计量

为了确定拒绝域,往往首先由问题的直观背景出发,寻找一个合适的统计量,使得在原假设 H_0 成立时和在备择假设 H_1 成立时,该统计量的取值趋势有差异.从而能够根据这个统计量确定拒绝域.我们称这个统计量为检验统计量(testing statistics).

比如例 3.1,要检验的参数是总体均值 μ ,样本均值 $\overline{X}$ 是 μ 的无偏估计,当 H_0 为真时,$\overline{X}$ 接近 $\mu_0 = 1600$,否则 $\overline{X}$ 偏离 μ_0,或者说当 H_0 为真时,$U = \dfrac{\overline{X} - \mu_0}{\dfrac{\sigma_0}{\sqrt{n}}} = \dfrac{\overline{X} - 1600}{\dfrac{80}{\sqrt{10}}}$ 的取值趋势接近于 0;当 H_0 为假(H_1 为真)时, U 的取值趋势偏离 0,因此,可以选 $\overline{X}$,或 U 作为检验问题(3.1)的检验统计量.由于在 H_0 为真时 $U \sim N(0,1)$,通常选 U 作为检验统计量 .

确定了检验统计量后,如何用它确定拒绝域呢? 分两步:先确定拒绝域的形式,再确定拒绝域形式中的临界值.

3. 拒绝域形式的确定

拒绝域形式的确定方法,往往是根据具体问题的检验统计量采用直观的方法确定. 比如例3.1,经过前面的分析, U 的观察值越偏离0,即 $|U|$ 越大,越有理由相信 H_0 为假,因此 $|U|$ 太大,就要拒绝 H_0,可以设定拒绝域的形式为

$$W: |U| \geqslant k \tag{3.3}$$

其中, k 是一个待定的临界值(critical value).如果 k 的值能够确定,拒绝域 W 就完全确定了.要确定 k ,先要分析假设检验中的错误情形.

4. 两类错误

假设检验都是基于样本,但由于样本的随机性,我们可能作出正确的判断,也可能作出错误的判断.给定一个检验(即给定一个拒绝域 W)正确的判断是原假设 H_0 成立时接受 H_0,或原假设 H_0 不成立时拒绝 H_0;而错误的判断是原假设 H_0 成立时拒绝 H_0,或原假设 H_0 不成立时接受绝 H_0.

原假设 H_0 成立时拒绝 H_0(拒真),即样本观测值落在拒绝域中 W ,从而拒绝原假设.这种错误称为第一类错误(type Ⅰ error). 犯第一类错误的概率为

$$\alpha(\theta)=P_\theta(X\in W|\ H_0\text{ 为真}),\theta\in\Theta_0$$

原假设 H_0 不成立时接受 H_0(取伪),即样本观测值没有落在拒绝域 W 中,从而接受原假设.这种错误称为第二类错误(type Ⅱ error).犯第二类错误的概率为

$$\beta(\theta)=P_\theta(X\notin W|\ H_0\text{ 不真}),\theta\in\Theta_1$$

将两类错误情况列入表3.2.

表3.2 **两类错误情况**

总体情况 由样本判断情况	H_0 为真	H_0 不真
接受 H_0	正确	犯第二类错误
拒绝 H_0	犯第一类错误	正确

这两类错误的概率都可以通过 $P_\theta\{X\in W\}$ 来表示, $P_\theta\{X\in W\}$ 是一个关于未知参数 θ 的函数,我们称这个函数为势函数.

定义3.1 样本观察值落在拒绝域的概率为参数 θ 的函数,记为 $g(\theta)$.称 $g(\theta)$ 为检验的势函数(power function),即

$$g(\theta)=P_\theta\{X\in W\},\theta\in\Theta_0\cup\Theta_1$$

样本 $X\in W$ 等价于拒绝 H_0,因此势函数 $g(\theta)$ 就是拒绝原假设的概率.

显然,当 $\theta\in\Theta_0$ 时, $g(\theta)=P_\theta\{X\in W\}=\alpha(\theta)$ 是犯第一类错误的概率.

当 $\theta\in\Theta_1$ 时,由于 $g(\theta)=P(X\in W|\ \theta\in\Theta_1)$,即 H_0 为假时拒绝 H_0 的概率,此时 $g(\theta)$ 的大小反映了检验法则 W 检验出假的原假设的能力;而 $1-g(\theta)=P(X\notin W|\ \theta\in\Theta_1)$ 即为犯第二类错误的概率 $\beta(\theta)$. 因此,势函数与两类错误的关系是

$$g(\theta)=\begin{cases}\alpha(\theta), & \theta\in\Theta_0\\ 1-\beta(\theta), & \theta\in\Theta_1\end{cases}$$

根据以上分析,只要知道了一个检验的势函数,对给定的参数 θ 就能计算出该检验犯两类错误的概率.

【例 3.3】 设 $X_1,X_2,\cdots,X_{16}$ 是来自 $N(\mu,1)$ 的样本,考虑如下检验问题:

$$H_0:\mu=2,H_1:\mu=3$$

若检验由拒绝域 $W=\{\bar{X}\geqslant c\}$ 确定,则

(1)求检验的势函数;

(2)求犯两类错误的概率 α,β.

解:(1) $g(\mu)=P\{\bar{X}\geqslant c\}=1-\Phi\left(\dfrac{c-\mu}{\sqrt{1/n}}\right)=1-\Phi(4(c-\mu))$

(2)当 $\mu=2$ 时, $\alpha=g(\mu)=g(2)=1-\Phi(4(c-2))$

当 $\mu=3$ 时, $\beta=1-g(3)=\Phi(4(c-3))$

从结果(2)可以看出,要想降低 α, c 越大越好;但 c 变大时, β 却变大了,二者不能同时降低.

5. 拒绝域中临界值 k 的确定

犯两类错误造成的影响很不一样.例如,要求检验某种药物是否具有某致命副作用,若原假设为 H_0:有副作用, H_1:没有副作用,则第二类错误为没有副作用当做有副作用,造成此种药物不能用于治病;但第一类错误将有副作用当做没有副作用,就有可能导致死亡.虽然我们希望犯两类错误的概率同时越小越好,最好为零,但这是不可能的. 像例 3.3 一样,当样本容量 n 固定时,一类错误的减小,必然导致另一类错误的增大.

基于上述情况,奈曼与皮尔逊(Neyman-Pearson)提出一个原则,即在控制犯第一类错误的概率不超过 α 的条件下,尽量使犯第二类错误的概率 β 小,即选择一个正数 $\alpha(0<\alpha<1)$,使得

$$g(\theta)=P_\theta\{X\in W\}\leqslant\alpha,\theta\in\Theta_0 \tag{3.4}$$

一般为了计算的简便,我们只要保证

$$g(\theta)=\alpha,\theta\in\Theta_0 \tag{3.5}$$

然后在条件(3.4)下,使得犯第二类错误的概率 $P_\theta\{X\notin W\}$, $\theta\in\Theta_1$ 尽可能地小,即使势函数 $g(\theta)=P_\theta\{X\in W\}$, $\theta\in\Theta_1$ 尽可能地大. α 通常称为检验水平或显著水平(level of significance),简称水平.

根据式(3.5)可以确定拒绝域中的临界值 k.用这种控制犯第一类错误的概率不超过 α 的方法构造的检验法则,称为显著性检验(test of significance).

至此,拒绝域完全确定,即检验法则完全确定.

在例 3.1 中,根据拒绝域(3.3),对于检验水平 α,该检验的拒绝域 W 中的临界值 k 满足:

$$P_{\mu_0}\{X\in W\}=P_{\mu_0}\left\{\frac{|\bar{X}-\mu_0|}{\dfrac{\sigma_0}{\sqrt{n}}}\geqslant k\right\}=\alpha$$

由上式可得 $k = u_{\frac{\alpha}{2}}$，其中 $u_{\frac{\alpha}{2}}$ 为标准正态分布的上 $\frac{\alpha}{2}$ 分位数(图3.1)，故拒绝域为

$$W: \frac{|\bar{X} - \mu_0|}{\frac{\sigma_0}{\sqrt{n}}} \geqslant u_{\frac{\alpha}{2}} \tag{3.6}$$

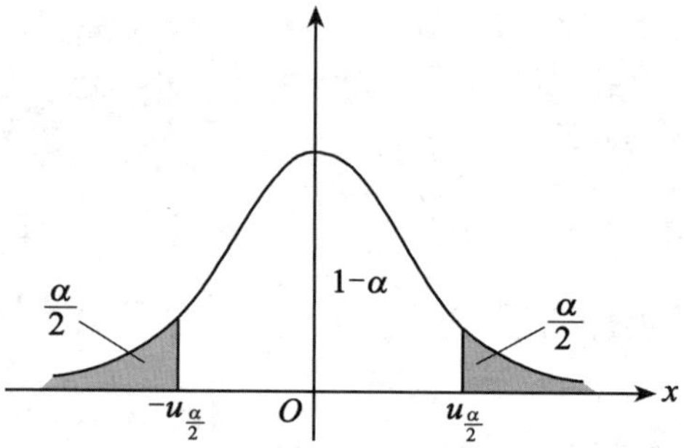

图3.1 标准正态分布双侧分位数图

检验统计量为

$$|U| = \left|\frac{\bar{X} - \mu_0}{\frac{\sigma_0}{\sqrt{n}}}\right| = \left|\frac{1548 - 1600}{\frac{80}{\sqrt{10}}}\right| = 2.055$$

如果取检验水平 $\alpha = 0.05$，$u_{\frac{\alpha}{2}} = u_{0.025} = 1.96$，$|U| = 2.055 > u_{\frac{0.05}{2}} = 1.96$，故拒绝 H_0，如果取 $\alpha = 0.01$，则 $u_{\frac{\alpha}{2}} = u_{0.005} = 2.58$，显然 $|u| = 2.055 < u_{\frac{\alpha}{2}}$，此时要接受 H_0.

因此，检验水平 α 对检验的结果是有影响的，α 越小，越难以拒绝 H_0.

注意：当原假设为真时，样本观察值落入拒绝域是一个小概率事件，其概率不会超过 α，α 通常很小，一般取 $\alpha = 0.01, 0.05$，等等.由实际推断原理，在一次观测中，小概率事件几乎是不可能发生的，所以样本观察值如果落入拒绝域，原假设几乎不可能为真，拒绝原假设的理由是比较充分的.

从以上分析可知，显著性假设检验对待原假设和备择假设是不一样的，我们只限定犯第一类错误的概率不超过 α，实际上是保护原假设 H_0 不要轻易被拒绝，因此，要根据实际问题设取原假设，即不能轻易拒绝的假设要作为原假设，不能轻易接受的假设作为备择假设. 通常把需要求证的假设作为备择假设.

如果对同一检验问题有多个检验，则在检验水平相同的条件下，以犯第二类错误最小，即当 $\theta \in \Theta_1$ 时，势函数 $g(\theta)$ 最大者最优.

◎ 思考：

1. 什么是显著水平？

2. 假设检验中的两类错误是什么？它们之间的数量关系是什么？显著性检验是如何对待这两类错误的？

3. 如果要求犯第一类错误的概率 $\alpha=0$,拒绝域会是什么样?如果要求犯第二类错误的概率 $\beta=0$,拒绝域又会是什么样?

4. 检验水平 α 如果变小,对接受原假设会有什么影响?

5. 两个对立的假设通常用什么原则确定原假设?显著性检验中拒绝原假设犯错的概率最大是多少?

3.2 正态总体均值和方差的假设检验

本节主要介绍总体 X 服从正态分布时关于参数 μ,σ^2 的检验方法.

3.2.1 单个正态总体均值 μ 的检验

设总体 $X \sim N(\mu,\sigma^2)$, $X_1,X_2,\cdots,X_n$ 是取自总体 X 的一个容量为 n 的样本,检验水平为 α,对检验问题

$$H_0: \mu=\mu_0, H_1: \mu \neq \mu_0 \tag{3.7}$$

下面分 σ^2 已知和未知两种情况讨论.

1. *方差 $\sigma^2=\sigma_0^2$ 已知*

由例 3.1 知检验统计量为 $$U=\frac{\bar{X}-\mu_0}{\frac{\sigma_0}{\sqrt{n}}}$$

拒绝域为 $$W: \frac{|\bar{X}-\mu_0|}{\frac{\sigma_0}{\sqrt{n}}} \geqslant u_{\frac{\alpha}{2}}$$

这种利用正态分布作为检验统计量的检验方法称为 u 检验(u test).

2. *方差 σ^2 未知*

由于 σ^2 未知,现在不能用 $U=\dfrac{\bar{X}-\mu_0}{\frac{\sigma}{\sqrt{n}}}$ 作为检验统计量来确定拒绝域了.注意到 $S^2=\dfrac{1}{n-1}\sum\limits_{i=1}^{n}(X_i-\bar{X})^2$ 是 σ^2 的无偏估计,我们用 S 来代替 σ,采用

$$t=\frac{\bar{X}-\mu_0}{\frac{S}{\sqrt{n}}}$$

作为检验统计量, $t=\dfrac{\bar{X}-\mu_0}{\frac{S}{\sqrt{n}}} \overset{H_0\text{为真}}{\sim} t(n-1)$.

在 H_0 为真时,其观察值应该和 0 很接近.当观察值 $|t|=\left|\dfrac{\bar{X}-\mu_0}{\frac{S}{\sqrt{n}}}\right|$ 过分大时,就拒绝

H_0,拒绝域的形式为
$$|t| = \left|\frac{\bar{X}-\mu_0}{\frac{S}{\sqrt{n}}}\right| \geqslant k$$

故由 P(拒绝 H_0 | 当 H_0 为真时) $= P_{H_0}\left\{\left|\frac{\bar{X}-\mu_0}{\frac{S}{\sqrt{n}}}\right| \geqslant k\right\} = \alpha$,得拒绝域为

$$W: \frac{|\bar{X}-\mu_0|}{\frac{S}{\sqrt{n}}} \geqslant t_{\frac{\alpha}{2}}(n-1) \tag{3.8}$$

这种利用服从 t 分布作为检验统计量的方法称为 t 检验(t test).

【例 3.4】 某产品含铅量服从正态分布,今从一批产品中随机抽取 5 个样品,它们的含铅量(%)依次为:3.25,3.27, 3.24,3.26,3.24,问:在显著水平 $\alpha = 0.01$ 下能否接受这批产品铅含量的均值为 3.25?

解:由题意需检验 $H_0:\mu=\mu_0=3.25$,$H_1:\mu\neq\mu_0$,方差未知,则此检验的拒绝域为
$$|t| = \left|\frac{\bar{X}-\mu_0}{\frac{S}{\sqrt{n}}}\right| \geqslant t_{\frac{\alpha}{2}}(n-1)$$

现在 $n=5$,$\bar{x}=3.252$,$s=0.01304$, $\alpha=0.01$, $t_{0.005}(4)=4.6041$, 算得
$$|t| = \left|\frac{\bar{X}-\mu_0}{\frac{S}{\sqrt{n}}}\right| = 0.343 < 4.6041$$

t 未落在拒绝域中,故接受 $H_0:\mu=\mu_0=3.25$,即可认为这批产品的含铅量为 3.25.

例 3.4 的 SPSS 操作步骤(单样本 t 检验)如下:

(1)录入数据,如图 3.2 所示.

(2)单击 Analyze→Compare Means→One-Sample T Test 按钮,在弹出的对话框中将"含铅量"作为检验变量通过向右的箭头送入 Test 矩形框,栏中填入检验值 3.25(图 3.3).

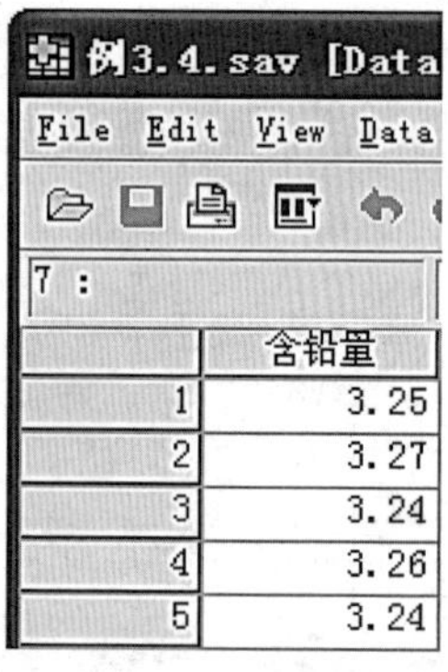

图 3.2 数据输入窗口

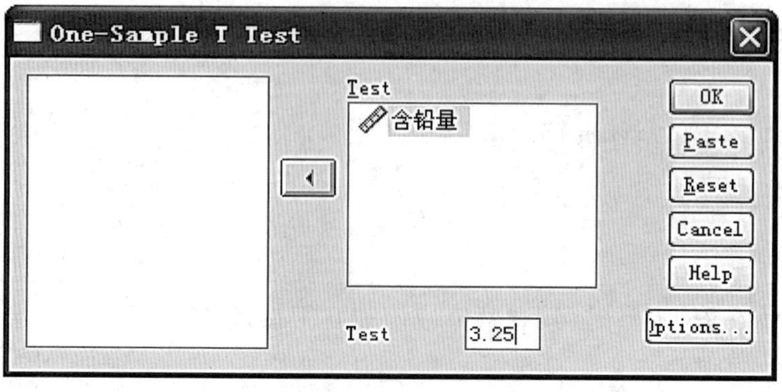

图 3.3 单样本 t 检验对话框

(3)单击 Options 按钮,可在 Confidence(置信区间)后面的空格设定不同的置信度,此例填入置信度 99%(SPSS 默认是 95%),如图 3.4 所示.按 Continue 返回主对话框,单击 OK,完成操作.

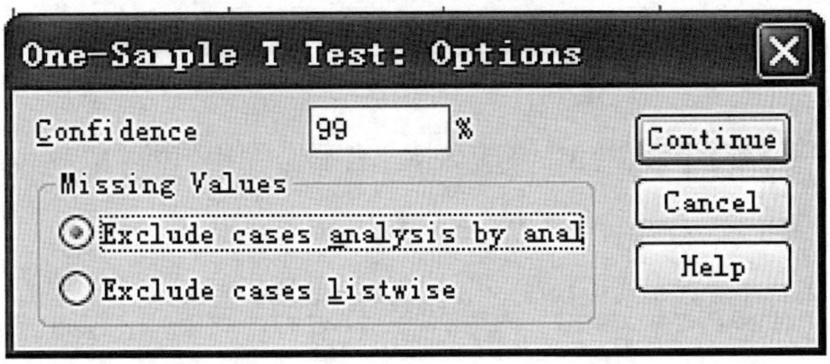

图 3.4 Options 对话框

SPSS 结果解释见表 3.3、表 3.4.

表 3.3 **单样本统计量**

	N	Mean	Std.Deviation	Std.Error Mean
含铅量	5	3.2520	0.01304	0.00583

表 3.3 提供了样本数为 5、样本均值为 3.2520、样本标准差 0.01304、样本标准误 0.00583.

表 3.4 **SPSS 单样本 t 检验的输出结果**

	Test Value = 3.25					
	t	df	Sig. (2-tailed)	Mean Difference	99% Confidence Interval of the Difference	
					Lower	Upper
含铅量	0.343	4	0.749	0.00200	-0.0248	0.0288

表 3.4 提供了 t 统计量的值 0.343、自由度为 4、双侧检验时的 p 值 0.749、均值差异 0.00200、置信度为 99%的置信区间[-0.0248,0.0288].

由于双侧检验时的 p 值 0.749 远大于 0.01,因此,检验的结论是不能拒绝总体均值等于 3.25 的零假设.从 SPSS 给出的置信区间也可得出此结论:如果置信区间包含 0,则不能拒绝零假设.

3.2.2 单个正态总体方差的检验

设总体 $X \sim N(\mu,\sigma^2)$,$X_1,X_2,\cdots,X_n$ 是取自总体 X 的一个容量为 n 的样本,μ 未知,检

验水平为 α ,检验问题为

$$H_0: \sigma^2 = \sigma_0^2, H_1: \sigma^2 \neq \sigma_0^2$$

由于 S^2 是 σ^2 的无偏估计量,从 S^2 入手构造检验统计量.

由前面所学知识:

$$\chi^2 = \frac{(n-1)S^2}{\sigma_0^2} \overset{H_0\text{为真}}{\sim} \chi^2(n-1)$$

在 H_0 为真时, $\dfrac{S^2}{\sigma_0^2}$ 接近于1,故 χ^2 不应太大,也不应太小,所以取 χ^2 为检验统计量,拒绝域为

$$\frac{(n-1)S^2}{\sigma_0^2} \leqslant k_1 \text{ 或} \frac{(n-1)S^2}{\sigma_0^2} \geqslant k_2$$

给定显著性水平 α 后,习惯上可由 $P\{\chi^2 < \chi^2_{1-\frac{\alpha}{2}}(n-1)\} = \dfrac{\alpha}{2}$ 和 $P\{\chi^2 > \chi^2_{\frac{\alpha}{2}}(n-1)\} = \dfrac{\alpha}{2}$ 定出临界值 $k_1 = \chi^2_{1-\frac{\alpha}{2}}(n-1)$, $k_2 = \chi^2_{\frac{\alpha}{2}}(n-1)$. 因此拒绝域为

$$\left[\frac{(n-1)S^2}{\sigma_0^2} \leqslant \chi^2_{1-\frac{\alpha}{2}}(n-1)\right] \cup \left[\frac{(n-1)S^2}{\sigma_0^2} \geqslant \chi^2_{\frac{\alpha}{2}}(n-1)\right]$$

这种检验法称为 χ^2 检验(chi-square test).

【例 3.5】 某种零件的直径(cm)服从正态分布 $N(\mu, \sigma^2)$,今在生产的一批零件中随机抽取 20 个,测得 $s = 0.008558$. 问:在显著水平 $\alpha = 0.05$ 下能否认为零件直径的方差为 0.11^2?

解:由题意总体服从正态分布,需检验 $H_0: \sigma^2 = 0.11^2, H_1: \sigma^2 \neq 0.11^2$.

取 $\chi^2 = \dfrac{(n-1)S^2}{\sigma_0^2}$ 为检验统计量.拒绝域为: $\chi^2 \geqslant \chi^2_{\frac{\alpha}{2}}(19)$ 与 $\chi^2 \leqslant \chi^2_{1-\frac{\alpha}{2}}(19)$,又可算出

$$\chi^2 = \frac{(n-1)S^2}{\sigma_0^2} = \frac{(20-1) \times 0.008558^2}{0.11^2} = 13.4368$$

由于 $\chi^2_{0.025}(19) = 32.852, \chi^2_{0.975}(19) = 8.907$,而 $8.907 < \chi^2 < 32.825$, 故接受 H_0.

3.2.3 两个正态总体均值差的检验

设总体 $X \sim N(\mu_1, \sigma_1^2), Y \sim N(\mu_2, \sigma_2^2)$, X, Y 相互独立, $X_1, X_2, \cdots, X_m$ 和 $Y_1, Y_2, \cdots, Y_n$ 是分别来自总体 X 和 Y 的样本,并以 $\bar{X}, \bar{Y}$ 分别表示两组样本的均值; S_1^2, S_2^2 分别表示两组样本方差,检验问题(水平为 α)为

$$H_0: \mu_1 - \mu_2 = \delta, H_1: \mu_1 - \mu_2 \neq \delta \tag{3.9}$$

1. σ_1, σ_2 都已知

$\mu_1 - \mu_2$ 的点估计为 $\bar{X} - \bar{Y}$,有

$$\bar{X} - \bar{Y} \sim N\left(\mu_1 - \mu_2, \frac{\sigma_1^2}{m} + \frac{\sigma_2^2}{n}\right)$$

选取检验统计量为

$$U=\frac{\overline{X}-\overline{Y}-\delta}{\sqrt{\frac{\sigma_1^2}{m}+\frac{\sigma_2^2}{n}}}\overset{H_0\text{为真}}{\sim}N(0,1) \tag{3.10}$$

仿照前面的步骤,可得检验问题(3.9)的拒绝域为

$$|u|\geqslant u_{\frac{\alpha}{2}}$$

常用的情形是 $\delta=0$,此时的检验问题为

$$H_0:\mu_1=\mu_2,H_1:\mu_1\neq\mu_2$$

拒绝域为

$$|u|=\frac{|\overline{X}-\overline{Y}|}{\sqrt{\frac{\sigma_1^2}{m}+\frac{\sigma_2^2}{n}}}\geqslant u_{\frac{\alpha}{2}}$$

2. $\sigma_1=\sigma_2=\sigma$ 未知

当 $\sigma_1=\sigma_2=\sigma$ 时,检验统计量(3.10)成为

$$U=\frac{\overline{X}-\overline{Y}-\delta}{\sigma\sqrt{\frac{1}{m}+\frac{1}{n}}}$$

但 σ 未知,用统计量 S_w 取代,得

$$T=\frac{(\overline{X}-\overline{Y})-\delta}{S_w\sqrt{\frac{1}{m}+\frac{1}{n}}}\overset{H_0\text{为真}}{\sim}t(m+n-2)$$

其中,

$$S_w^2=\frac{(m-1)S_1^2+(n-1)S_2^2}{m+n-2},S_1^2=\frac{1}{m-1}\sum_{i=1}^{m}(X_i-\overline{X})^2,S_2^2=\frac{1}{n-1}\sum_{i=1}^{n}(Y_i-\overline{Y})^2$$

$$S_w=\sqrt{S_w^2}$$

T 可以作为检验问题(3.9)的检验统计量,拒绝域为

$$W=\{|T|>t_{\frac{\alpha}{2}}(m+n-2)\}$$

【例 3.6】 在针织品漂白工艺过程中,要考察温度对针织品断裂强度的影响. 为了比较 70℃与 80℃的影响有无区别,在这两个温度下,分别重复做了 8 次试验,得数据如表 3.5(单位:N).

表 3.5 **针织品断裂强度数据表**

70℃时的强度	20.5	18.8	19.8	20.9	21.5	19.5	21.0	21.2
80℃时的强度	17.7	20.3	20.0	18.8	19.0	20.1	20.0	19.1

根据经验,温度对针织品断裂强度的波动没有影响. 问:在 70℃时的平均断裂强度与

80℃的平均断裂强度是否有显著差别？（假定断裂强度服从正态分布，检验水平 $\alpha = 0.05$）

解：设 70℃时和 80℃时的断裂强度分别为 X, Y，由题意可设

$X \sim N(\mu_1, \sigma^2)$，$Y \sim N(\mu_2, \sigma^2)$，检验问题为 $H_0: \mu_1 = \mu_2, H_1: \mu_1 \neq \mu_2$.

检验统计量：

$$T = \frac{(\bar{X} - \bar{Y})}{S_w \sqrt{\frac{1}{m} + \frac{1}{n}}}$$

拒绝域：

$$W = \{ |T| > t_{\frac{\alpha}{2}}(m + n - 2) \}$$

经计算，$\bar{x} = 20.4, \bar{y} = 19.375, \sum_{i=1}^{8} (x_i - \bar{x})^2 = 6.2, \sum_{i=1}^{8} (y_i - \bar{y})^2 = 5.515$

$$S_w = \sqrt{\frac{1}{14}(6.2 + 5.515)} = 0.9148$$

图 3.5 数据输入窗口

所以，$t = \frac{20.4 - 19.375}{0.9148\sqrt{\frac{1}{8} + \frac{1}{8}}} = 2.2409$，$t_{\frac{\alpha}{2}}(m + n - 2) = t_{0.025}(14) = 2.1448$.

因 $|t| > t_{\frac{\alpha}{2}}(m + n - 2)$，故拒绝 H_0，即认为 70℃时的平均断裂强度与 80℃的平均断裂强度有显著差别.

例 3.6 的 SPSS 操作步骤（独立双样本的 t 检验）如下：

（1）录入数据，如图 3.5 所示. 在定义变量值标签中定义温度 1 表示 70℃，温度 2 表示 80℃.

（2）单击 Analyze → Compare Means → Indepentdent-Samples T Test 按钮，在弹出的对话框中将“强度”作为检验变量通过向右的箭头送入 Test 矩形框，将“温度”作为分组变量通过向右的箭头送入 Grouping 矩形框（图 3.6）.

（3）单击“Define Groups”按钮来设置分组规则，这里在两个矩形框中分别输入 1 和 2（图 3.7），单击“Continue”返回主对话框，单击 OK，完成操作.

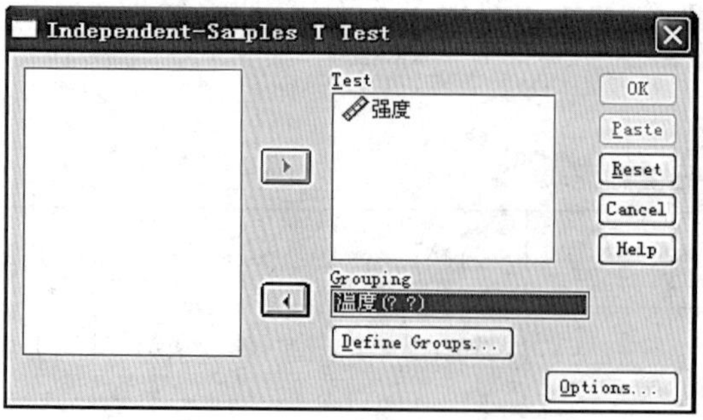

图 3.6 独立双样本的 t 检验对话框

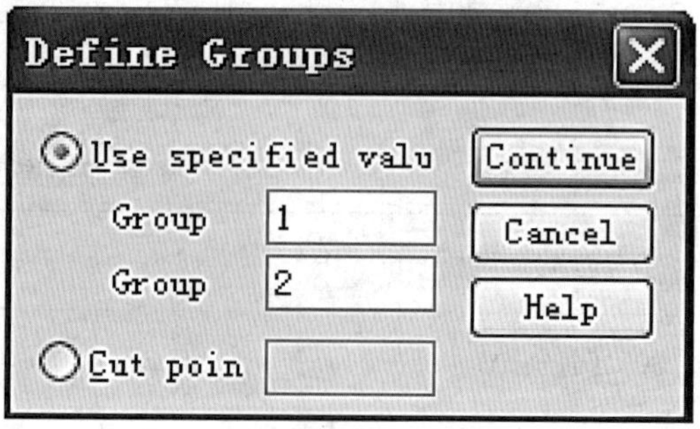

图 3.7 Define Groups 对话框

SPSS 结果解释见表 3.6、表 3.7.

表 3.6 **双样本统计量**

温度	N	Mean	Std.Deviation	Std.Error Mean
70℃	8	20.400	0.9411	0.3327
80℃	8	19.375	0.8876	0.3138

表 3.7 **SPSS 两个独立样本均值 t 检验的输出结果**

	Levene's Test for Equality of Variances		t-test for Equality of Means						
	F	Sig.	t	df	Sig. (2-tailed)	Mean Difference	Std. Error Difference	95% Confidence Interval of the Difference	
								Upper	Lower
强度 Equal variances assumed	0.052	0.823	2.241	14	0.042	1.0250	0.4574	0.0440	2.0060
Equal variances not assumed			2.241	13.952	0.042	1.0250	0.4574	0.0437	2.0063

表 3.6 分别提供了两组样本的样本数、样本均值、样本标准差、样本标准误.

表 3.7 提供了等方差检验、等方差时的 t 检验和异方差时的 t 检验结果.先看等方差检验的结果,SPSS 使用的是 Levene 检验,这种检验不需要正态性的假设条件,比 F 检验更稳健.如果 p 值小于显著性水平(如 5%),则认为总体是异方差的,接下来在 t 检验中要使用方差不等时的检验结果;如果方差检验中认为两个总体是等方差的,则在 t 检验中使用方差相等时的检验结果.

此例等方差检验的 F 值为 0.052, p 值等于 0.823>0.05,因此认为强度的方差相等.接下来的 t 检验使用方差相等的检验结果,依次提供了:t 统计值 2.241、自由度 14、检验的 p 值(双尾)0.042、均值差异 1.0250、均值差异的标准误 0.4574、均值差异的 95%的置信区间[0.0440,2.0060].由于检验的 p 值(双尾)等于 0.042<0.05,因此拒绝 H_0,即认为 70℃时的平均断裂强度与 80℃的平均断裂强度有显著差别.

3.2.4 两个正态总体方差是否相等的检验

检验问题(3.9)在方差未知时假设了两总体方差相等,究竟方差是否相等? 还需要检验.

设总体 $X \sim N(\mu_1,\sigma_1^2)$, $Y \sim N(\mu_2,\sigma_2^2)$, X,Y 相互独立, $X_1,X_2,\cdots,X_m$ 和 $Y_1,Y_2,\cdots,Y_n$

是分别来自总体 X 和 Y 的样本，S_1^2,S_2^2 分别表示两组样本方差，$\mu_1,\mu_2,\sigma_1^2,\sigma_2^2$ 均未知，检验问题（水平为 α）为

$$H_0: \sigma_1^2=\sigma_2^2, H_1: \sigma_1^2 \neq \sigma_2^2$$

也可以写成

$$H_0: \frac{\sigma_1^2}{\sigma_2^2}=1, H_1: \frac{\sigma_1^2}{\sigma_2^2} \neq 1 .$$

由于样本方差 S^2 是总体方差 σ^2 的无偏估计，当 H_0 为真时统计量 $F=\frac{S_1^2}{S_2^2}$ 的观察值应该在 1 附近摆动，且偏离 1 的程度很小，否则，当 $\sigma_1^2>\sigma_2^2$ 时，F 的值有偏大的趋势，当 $\sigma_1^2<\sigma_2^2$ 时，F 的值有偏小的趋势，选择 $F=\frac{S_1^2}{S_2^2}$ 作为检验统计量，当原假设为真时，$F \overset{H_0为真}{\sim} F(m-1,n-1)$，拒绝域的形式为 $F \leqslant k_1$ 或 $F \geqslant k_2$. 给定显著性水平 α 后，可由

$$P\{F \leqslant F_{1-\frac{\alpha}{2}}(m-1,n-1)\}=\frac{\alpha}{2}, P\{F \geqslant F_{\frac{\alpha}{2}}(m-1,n-1)\}=\frac{\alpha}{2}$$

定出临界值

$$k_1=F_{1-\frac{\alpha}{2}}(m-1,n-1), k_2=F_{\frac{\alpha}{2}}(m-1,n-1)$$

因此拒绝域为

$$W=\{F \leqslant F_{1-\frac{\alpha}{2}}(m-1,n-1)\} \cup \{F \geqslant F_{\frac{\alpha}{2}}(m-1,n-1)\} .$$

这种利用 F 分布作为检验统计量的检验方法叫做 F 检验.

【例 3.7】 两批灯管的电阻分别服从 $X_1 \sim N(\mu_1,\sigma_1^2)$，$X_2 \sim N(\mu_2,\sigma_2^2)$，且相互独立. 从两批灯管中分别抽取样本容量为 6 的样本，经观测得 $S_1^2=7.866\times10^{-6}$，$S_2^2=7.1\times10^{-6}$. 问：能否认为 $\sigma_1^2=\sigma_2^2$（显著水平 $\alpha=0.05$）？

解：由题意，即要检验假设 $H_0: \frac{\sigma_1^2}{\sigma_2^2}=1, H_1: \frac{\sigma_1^2}{\sigma_2^2}\neq 1$.

取检验统计量
$$F=\frac{S_1^2}{S_2^2}$$

拒绝域为 $F \leqslant F_{1-\frac{\alpha}{2}}(m-1,n-1)$ 或 $F \geqslant F_{\frac{\alpha}{2}}(m-1,n-1)$

这里 $\alpha=0.05$，$m=n=6$，$s_1^2=7.866\times10^{-6}$，$s_2^2=7.1\times10^{-6}$，$F_{0.025}(5,5)=7.15$，$F_{0.975}(5,5)=\frac{1}{F_{0.025}(5,5)}=0.13968$.

故 $F=\frac{s_1^2}{s_2^2}=\frac{7.866\times10^{-6}}{7.1\times10^{-6}}=1.10789$.

显然 $0.13986=F_{0.975}(5,5)<F=1.10789<7.15=F_{0.025}(5,5)$.

即在 $\alpha=0.05$ 下，F 没有落在拒绝域中，从而接受 $H_0: \frac{\sigma_1^2}{\sigma_2^2}=1$，即在显著水平下能认为 $\sigma_1^2=\sigma_2^2$.

3.2.5　单边检验

前面讨论了原假设 H_0 是简单假设情形的 U 检验，t 检验，χ^2 检验，F 检验.事实上，我们经常碰到原假设 H_0 为复合假设的检验问题，如 $H_0: \mu \leqslant \mu_0, H_1: \mu > \mu_0$；$H_0: \mu \geqslant \mu_0, H_1: \mu < \mu_0$；等等.像这种备择假设参数的区域在原假设参数区域的一侧的检验，称为单边检验(one-sided test)，根据备择假设参数的区域在原假设参数区域的左边还是右边，又分别称这种单边检验为右边检验和左边检验．而把前面讨论的检验称为双边检验(two-sided test).

下面我们以右边检验为例来讨论单边检验的拒绝域.

设 $X_1, X_2, \cdots, X_n$ 是取自正态总体 $N(\mu, \sigma_0^2)$ 的一个样本，σ_0^2 为已知常数．给定显著性水平 α，求检验问题

$$H_0: \mu = \mu_0, H_1: \mu > \mu_0 \tag{3.11}$$

的拒绝域.

和检验问题(3.7)一样，选取 $U = \dfrac{\overline{X} - \mu_0}{\dfrac{\sigma_0}{\sqrt{n}}}$ 作为检验统计量，当 H_0 为假时，U 的取值趋势偏大，因此拒绝域的形式为

$$U \geqslant k$$

根据检验水平，有

$$\alpha = P(\text{拒绝 } H_0 \mid H_0 \text{ 为真}) = P(U \geqslant k \mid \mu = \mu_0) = P_{\mu_0}\left\{\frac{\overline{X} - \mu_0}{\dfrac{\sigma_0}{\sqrt{n}}} \geqslant k\right\}$$

所以，$k = u_\alpha$，即检验问题(3.11)的拒绝域为(图3.8)

$$U = \frac{\overline{X} - \mu_0}{\dfrac{\sigma_0}{\sqrt{n}}} \geqslant u_\alpha \tag{3.12}$$

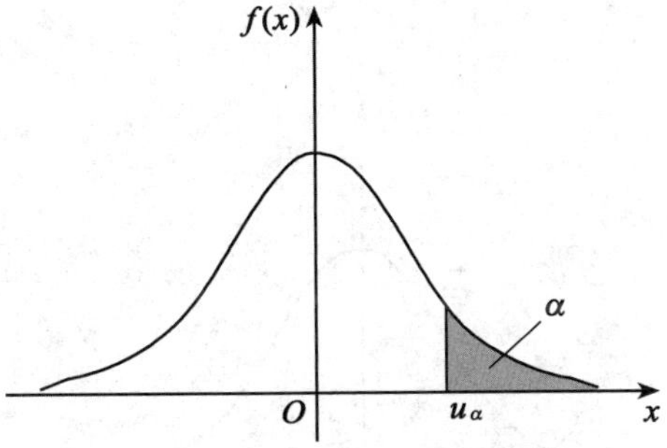

图3.8　标准正态分布分位数图

如果检验问题(3.11)改成

$$H_0: \mu \leqslant \mu_0, H_1: \mu > \mu_0 \tag{3.13}$$

则它的拒绝域又是如何呢?

还是取 $U = \dfrac{\bar{X} - \mu_0}{\dfrac{\sigma_0}{\sqrt{n}}}$ 作为检验统计量,同样拒绝域的形式还是

$$U \geqslant k$$

因为

$$P(\text{拒绝 } H_0 \mid H_0 \text{ 为真}) = P_{\mu \leqslant \mu_0}\left\{\frac{\bar{X} - \mu_0}{\dfrac{\sigma_0}{\sqrt{n}}} \geqslant k\right\} \leqslant P_{\mu \leqslant \mu_0}\left\{\frac{\bar{X} - \mu}{\dfrac{\sigma_0}{\sqrt{n}}} \geqslant k\right\}$$

只要 $P_{\mu \leqslant \mu_0}\left\{\dfrac{\bar{X} - \mu}{\dfrac{\sigma_0}{\sqrt{n}}} \geqslant k\right\} = \alpha$,就能保证 $P(\text{拒绝 } H_0 \mid H_0 \text{ 为真}) \leqslant \alpha$.

由于 $\dfrac{\bar{X} - \mu}{\dfrac{\sigma_0}{\sqrt{n}}} \sim N(0,1)$,可得 $k = u_\alpha$,即得检验的拒绝域为

$$U = \frac{\bar{X} - \mu_0}{\dfrac{\sigma_0}{\sqrt{n}}} \geqslant u_\alpha$$

与拒绝域(3.12)相同,因此检验问题(3.11)与(3.13)的检验完全一样. 这个结论具有普遍性,一般地,对于双边检验问题

$$H_0: \theta \leqslant \theta_0, H_1: \theta > \theta_0 \tag{3.14}$$

只要控制 $\theta = \theta_0$ 处的检验水平就行.

类似地,可得左边检验问题 $H_0: \mu \geqslant \mu_0, H_1: \mu < \mu_0$ 的拒绝域为

$$U = \frac{\bar{X} - \mu_0}{\dfrac{\sigma_0}{\sqrt{n}}} \leqslant -u_\alpha \quad (\text{图 } 3.9)$$

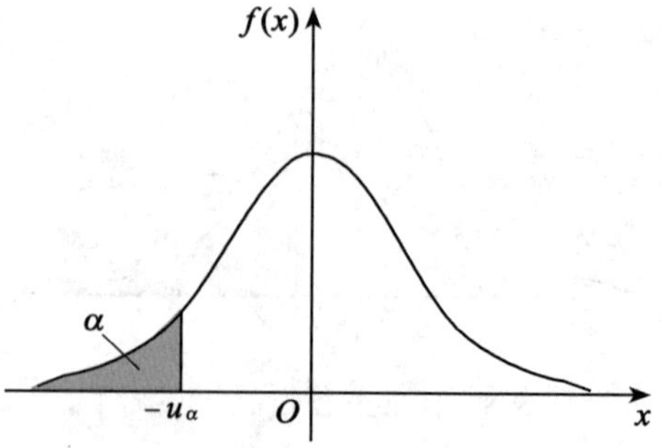

图 3.9 标准正态分布分位数图

其他情形的单边检验问题完全类似,不再一一讨论. 具体结果可查表 3.8.

【例 3.8】 设一批木材小头直径服从正态分布,在该批木材中抽出 100 根测其小头直径. 得样本平均值为 $\bar{x}=11.2$cm,样本标准差 $s=2.6$cm,问:该批木材小头的平均直径能否认为不低于 12cm?($\alpha=0.05$)

解:设木材小头直径为 X,则 $X\sim N(\mu,\sigma^2)$.

$$H_0:\mu\geqslant 12, H_1:\mu<12.$$

由于 σ^2 未知,选用 t 检验. 根据表 3.8,检验统计量 $T=\dfrac{\bar{X}-\mu_0}{S}\sqrt{n}$.

拒绝域:
$$\frac{\bar{x}-\mu_0}{s}\sqrt{n}\leqslant -t_\alpha(n-1)$$

$$t=\frac{11.2-12}{2.6}\sqrt{100}=-3.0769$$

因 n 较大,故 $\quad -t_\alpha(n-1)\approx -u_\alpha=-u_{0.05}=-1.65$

显然,$t=-3.0769<-u_{0.05}$,故拒绝 H_0,即不能认为该批木材小头的平均直径不低于 12cm.

本例说明,当总体方差未知,样本容量较大时,可用样本方差取代总体方差,从而可当成总体方差已知时的情形来考虑.

表 3.8 **正态总体参数的假设检验表**

H_0	H_1	适用范围	检验方法	统计量	拒绝域
$\mu=\mu_0$	$\mu\neq\mu_0$	一个正态总体 $N(\mu,\sigma_0^2)$,σ_0^2 已知	u 检验	$U=\dfrac{\bar{X}-\mu_0}{\sigma_0}\sqrt{n}$	$\dfrac{\lvert\bar{x}-\mu_0\rvert}{\sigma_0}\sqrt{n}\geqslant u_{\frac{\alpha}{2}}$
$\mu\leqslant\mu_0$	$\mu>\mu_0$				$\dfrac{\bar{x}-\mu_0}{\sigma_0}\sqrt{n}\geqslant u_\alpha$
$\mu\geqslant\mu_0$	$\mu<\mu_0$				$\dfrac{\bar{x}-\mu_0}{\sigma_0}\sqrt{n}\leqslant -u_\alpha$
$\mu=\mu_0$	$\mu\neq\mu_0$	一个正态总体 $N(\mu,\sigma^2)$,μ,σ^2 未知	t 检验	$T=\dfrac{\bar{X}-\mu_0}{S}\sqrt{n}$	$\dfrac{\lvert\bar{x}-\mu_0\rvert}{s}\sqrt{n}\geqslant t_{\frac{\alpha}{2}}(n-1)$
$\mu\leqslant\mu_0$	$\mu>\mu_0$				$\dfrac{\bar{x}-\mu_0}{s}\sqrt{n}\geqslant t_\alpha(n-1)$
$\mu\geqslant\mu_0$	$\mu<\mu_0$				$\dfrac{\bar{x}-\mu_0}{s}\sqrt{n}\leqslant -t_\alpha(n-1)$

续表

H_0	H_1	适用范围	检验方法	统计量	拒绝域
$\mu_1 = \mu_2$	$\mu_1 \neq \mu_2$	两个正态总体 $N(\mu_1,\sigma_1^2)$ 和 $N(\mu_2,\sigma_1^2)$，σ_1^2,σ_2^2 已知	u 检验	$U = \dfrac{\overline{X} - \overline{Y}}{\sqrt{\dfrac{\sigma_1^2}{m} + \dfrac{\sigma_2^2}{n}}}$	$\dfrac{\mid \overline{X} - \overline{Y} \mid}{\sqrt{\dfrac{\sigma_1^2}{m} + \dfrac{\sigma_2^2}{n}}} \geqslant u_{\frac{\alpha}{2}}$
$\mu_1 \leqslant \mu_2$	$\mu_1 > \mu_2$				$\dfrac{\overline{X} - \overline{Y}}{\sqrt{\dfrac{\sigma_1^2}{m} + \dfrac{\sigma_2^2}{n}}} \geqslant u_\alpha$
$\mu_1 \geqslant \mu_2$	$\mu_1 < \mu_2$				$\dfrac{\overline{X} - \overline{Y}}{\sqrt{\dfrac{\sigma_1^2}{m} + \dfrac{\sigma_2^2}{n}}} \leqslant -u_\alpha$
$\mu_1 = \mu_2$	$\mu_1 \neq \mu_2$	两个正态总体 $N(\mu_1,\sigma_1^2)$ 和 $N(\mu_2,\sigma_2^2)$，$\mu_1,\mu_2,\sigma_1^2 = \sigma_2^2$ 未知	t 检验	$T = \dfrac{\overline{X} - \overline{Y}}{S_w\sqrt{\dfrac{1}{m} + \dfrac{1}{n}}}$	$\mid t \mid \geqslant t_{\frac{\alpha}{2}}(m + n - 2)$
$\mu_1 \leqslant \mu_2$	$\mu_1 > \mu_2$				$t \geqslant t_\alpha(m + n - 2)$
$\mu_1 \geqslant \mu_2$	$\mu_1 < \mu_2$				$t \leqslant -t_\alpha(m + n - 2)$
$\sigma^2 = \sigma_0^2$	$\sigma^2 \neq \sigma_0^2$	一个正态总体 $N(\mu,\sigma^2)$，μ,σ^2 未知	χ^2 检验	$\chi^2 = \dfrac{(n-1)S_n^2}{\sigma_0^2}$	$\chi^2 \geqslant \chi_{\frac{\alpha}{2}}^2(n-1)$ 或 $\chi^2 \leqslant \chi_{1-\frac{\alpha}{2}}^2(n-1)$
$\sigma^2 \leqslant \sigma_0^2$	$\sigma^2 > \sigma_0^2$				$\chi^2 \geqslant \chi_\alpha^2(n-1)$
$\sigma^2 \geqslant \sigma_0^2$	$\sigma^2 < \sigma_0^2$				$\chi^2 \leqslant \chi_{1-\alpha}^2(n-1)$
$\sigma^2 = \sigma_0^2$	$\sigma^2 \neq \sigma_0^2$	两个正态总体 $N(\mu_1,\sigma_1^2)$ 和 $N(\mu_2,\sigma_2^2)$，μ_1,μ_2,σ_1^2，σ_2^2 未知	F 检验	$F = \dfrac{S_1^2}{S_2^2}$	$F \geqslant F_{\frac{\alpha}{2}}(m-1,n-1)$ 或 $F \leqslant F_{1-\frac{\alpha}{2}}(m-1,n-1)$
$\sigma^2 \leqslant \sigma_0^2$	$\sigma^2 > \sigma_0^2$				$F \geqslant F_\alpha(m-1,n-1)$
$\sigma^2 \geqslant \sigma_0^2$	$\sigma^2 < \sigma_0^2$				$F \leqslant F_{1-\alpha}(m-1,n-1)$

3.2.6 检验的 p 值

在给定检验水平 α 的情况下，假设检验的结论通常是确定的，但随着水平 α 的改变，检验的结论也可能会发生变化.

【例 3.9】 一支香烟中的尼古丁含量 $X \sim N(\mu,1)$，质量标准规定 μ 不能超过 1.5mg. 现从某厂生产的香烟中随机抽取 20 支测得其平均每支香烟的尼古丁含量为 $\overline{X} = 1.97$mg，试问：该厂生产的香烟尼古丁含量是否符合质量标准的规定？

这是一个单边检验问题：

$$H_0: \mu \leqslant 1.5, H_1: \mu > 1.5$$

方差已知，用 u 检验，检验统计量： $u = \dfrac{\bar{X} - \mu_0}{\dfrac{\sigma_0}{\sqrt{n}}} = \dfrac{1.97 - 1.5}{\dfrac{1}{\sqrt{20}}} = 2.10.$

拒绝域：$u \geqslant u_\alpha$.

表 3.9 列出了不同的 α 对应的拒绝域和检验结论 .

表 3.9 **不同检验水平情况表**

检验水平	拒绝域的临界值 u_α	$u = 2.10$ 时的检验结论
$\alpha = 0.05$	1.645	拒绝 H_0
$\alpha = 0.025$	1.96	拒绝 H_0
$\alpha = 0.01$	2.33	接受 H_0
$\alpha = 0.005$	2.58	接受 H_0

可以看到，不同的 α 有不同的结论，必须先给定 α，才能给出检验结论 . 而 α 的给定，是带有主观因素的，α 越小，拒绝 H_0 越难 . 对给定的样本观察值，从拒绝 H_0 到接受 H_0，α 有一个临界值，这个临界值就是该样本观察值的检验 p 值 .

定义 3.2 在一个假设检验问题中，利用样本观察值能够做出拒绝原假设的最小检验水平，称为检验的 p 值(pvalue).

引进 p 值的概念的好处在于：(1) 它是一个客观概念，不像检验水平 α 由主观因素决定；(2) 由检验的 p 值与心目中的检验水平 α 比较，很容易做出检验结论：

若 $\alpha \geqslant p$，则在检验水平 α 下拒绝 H_0；

若 $\alpha < p$，则在检验水平 α 下接受 H_0.

比如例 3.9，在 H_0 为真即 $\mu = 1.5$ 时，检验统计量 $u \sim N(0,1)$，有

$$P\{u \geqslant 2.10\} = 0.0179$$

当 $\alpha < 0.0179$ 时，$u_\alpha > 2.10$，$u = 2.10$ 落在接受域里，此时接受 H_0；

当 $\alpha \geqslant 0.0179$ 时，$u_\alpha \leqslant 2.10$，$u = 2.10$ 落在拒绝域里，此时拒绝 H_0.

故检验 p 值为 $p = 0.0179$. 如图 3.10 所示.

统计软件 SPSS 对待检验问题给出的是检验 p 值，不给出具体的检验水平 α，究竟 α 取多少，由使用者自己决定.

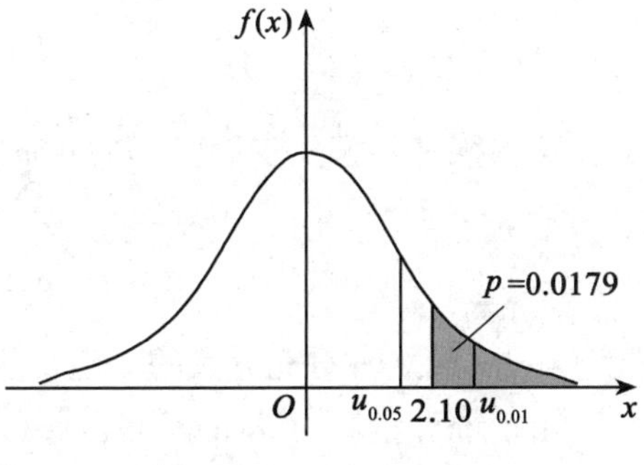

图 3.10 p 值示意图

◎ 思考：

1. 正态总体参数的区间估计和假设检验之间有什么样的关系？
2. 单边检验和双边检验有什么样的联系和区别？
3. 检验 p 值和检验水平 α 之间的关系是什么？

3.3 分布拟合检验

前面介绍的各种统计假设的检验方法几乎都假定了总体服从正态分布，然后再由样本对分布参数进行假设检验，它们都属于参数假设检验问题．但在实际问题中，有时不能预知总体服从什么分布，这就需要根据样本来检验关于总体分布形式的各种假设，这一类检验问题称为分布拟合检验，它们是一类非参数假设检验问题．本节主要介绍χ^2拟合优度检验、柯尔莫哥洛夫-斯米尔洛夫检验法、夏皮洛-威尔克检验法和列联表独立性检验法.

3.3.1 χ^2 拟合优度检验法

1. 检验问题

设总体 X 的可能取值分成 k 类，记为 $A_1, A_2, \cdots, A_k$，现对该总体做了 n 次观察，k 个类出现的频数分别为 $n_1, n_2, \cdots, n_k$，$\sum_{i=1}^{k} n_i = n$．要检验（检验水平为 α）的假设为

$$H_0: P(A_i) = p_i \qquad (i = 1, 2, \cdots, k) \tag{3.15}$$

其中，$p_i \geqslant 0$，$\sum_{i=1}^{k} p_i = 1$．其备择假设是检验问题（3.15）中 k 个等式不全成立，通常省略不写．对检验问题（3.15）的讨论步骤类似前面的参数假设检验，首先是构造检验统计量，然后利用检验统计量确定拒绝域，分两种情况讨论．

2. p_i 中不含未知参数

如果 H_0 成立，则对每一类 A_i 在 n 次观测中出现的频率 $\frac{n_i}{n}$ 与概率 p_i 应该比较接近，或者说观测频数 n_i 与理论频数 np_i 比较接近，故考虑如下统计量：

$$\chi^2 = \sum_{i=1}^{k} C_i \left(\frac{n_i}{n} - p_i\right)^2 = \sum_{i=1}^{k} C_i \frac{(n_i - np_i)^2}{n^2}$$

其中，$C_i > 0 (i = 1, \cdots, k)$ 是加权系数．

英国统计学家皮尔逊（K. Pearson）证明了：若取 $C_i = \frac{n}{p_i} (i = 1, \cdots, k)$，则

$$\chi^2 = \sum_{i=1}^{k} \frac{(n_i - np_i)^2}{np_i} \tag{3.16}$$

在 H_0 成立时对充分大的 n 近似服从$\chi^2(k-1)$，故式（3.16）又称为皮尔逊χ^2统计量．

由于统计量χ^2度量的是观测频数 n_i 与理论频数 np_i 的偏离程度，偏离程度越大（亦即χ^2越大）越倾向于拒绝 H_0，因此拒绝域的形式为

$$\chi^2 = \sum_{i=1}^{k} \frac{(n_i - np_i)^2}{np_i} \geqslant k$$

给定检验水平 α，得临界值 $k = \chi^2_{\alpha}(k-1)$，故该检验的拒绝域为

$$\chi^2 = \sum_{i=1}^{k} \frac{(n_i - np_i)^2}{np_i} \geqslant \chi^2_{\alpha}(k-1) \tag{3.17}$$

【例 3.10】 掷一枚骰子 120 次，得点数的频数分布如表 3.10 所列 .

表 3.10 **频数分布表**

点数	1	2	3	4	5	6
频数	21	28	19	24	16	12

根据试验结果检验这枚骰子 6 个面是否均匀（$\alpha = 0.05$）.

解：设骰子掷出的点数为 X，即要检验

$$H_0: P\{X = i\} = \frac{1}{6} \qquad (i = 1,2,\cdots,6)$$

$$\chi^2 = \sum_{i=1}^{k} \frac{(n_i - np_i)^2}{np_i} = \frac{\left(21 - \frac{120}{6}\right)^2}{\frac{120}{6}} + \cdots + \frac{\left(12 - \frac{120}{6}\right)^2}{\frac{120}{6}} \approx 8.1$$

$$\chi^2_{\alpha}(k-1) = \chi^2_{0.05}(5) = 11.071$$

$$\chi^2 = 8.1 < \chi^2_{0.05}(5)$$

所以，接受 H_0，即认为骰子的六个面是均匀的 .

例 3.10 的 SPSS 操作步骤（χ^2 检验（一））如下：

（1）建立数据文件，定义分析变量.这里只需要定义一个变量即可.定义“点数”为变量名，将出现点数顺次输入文件，此处输入 21 个 1，28 个 2，19 个 3，24 个 4，16 个 5，12 个 6；或定义两个变量：“点数”和“频率”，并定义“频率”为“点数”的加权 .

（2）单击 Analyze→Nonparametric Tests→Chi-square 按钮，打开主对话框，选择变量“点数”移入检验变量框中，如图 3.11 所示 .

（3）单击 Options 按钮，打开选项对话框，选择 Descriptive 和 Quartiles（图 3.12）.单击 Continue 返回主对话框，单击 OK，完成操作.

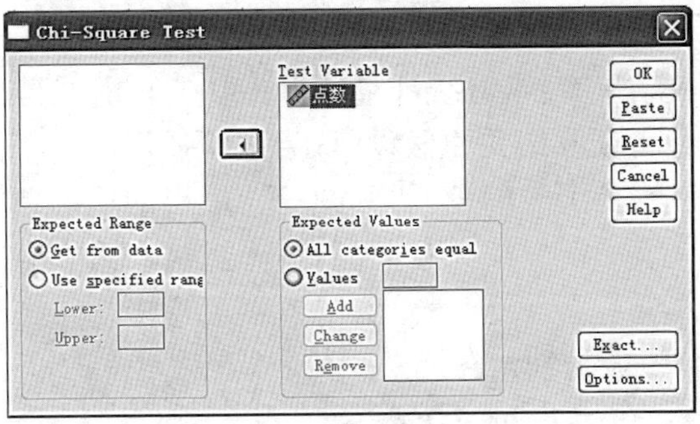

图 3.11 χ^2 检验主对话框

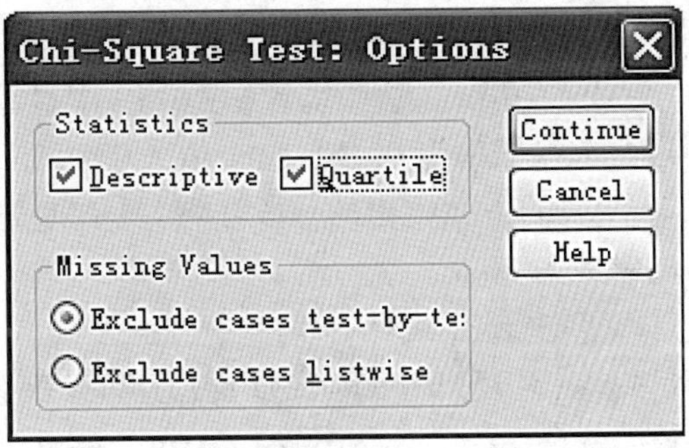

图 3.12 Options 对话框

SPSS 结果解释见表 3.11~表 3.13.

表 3.11 **描述统计表**

	N	Mean	Std. Deviation	Minimum	Maximum	Percentiles		
						25th	50th(Median)	75th
点数	120	3.18	1.598	1	6	2.00	3.00	4.00

表 3.11 中依次列出观测量数 N、均值、标准差、最小值、最大值、分位数(25%,50%,75%).

表 3.12 **掷骰子试验频数表**

	Observed N	Expected N	Residual
1	21	20.0	1.0
2	28	20.0	8.0
3	19	20.0	-1.0
4	24	20.0	4.0
5	16	20.0	-4.0
6	12	20.0	-8.0
Total	120		

表 3.12 中按照掷骰子出现的点数 1,…,6 的 6 个分类显示了各类的实际观测量数 N、期望观测量数以及残值(即实际观测量数和期望观测量数之差).

表 3.13 **卡方检验表**

	点数
Chi-Square[a]	8.100
df	5
Asymp.Sig.	0.151

a. 0 cells(.0%) have expected frequencies less than 5. The minimum expected cell frequency is 20.0.

Test Statistics(检验统计)表 3.13 中显示的结果有:卡方统计量值为 8.100,自由度为 5,渐近显著性概率为 0.151,这个值大于 0.05,因此应该接受原假设,认为试验使用的骰子是均匀的.表的下面给出的一段注释:具有期望频数小于 5 的单元格为 0 个,最小期望的单元格的频数为 20.

3. p_i 中含有未知参数

设式(3.15)中的 p_i 含有 r 个未知参数 $\theta_1,\cdots,\theta_r$,即

$$p_i = p_i(\theta_1,\cdots,\theta_r) \qquad (i = 1,2,\cdots,k)$$

此种情况下,首先利用样本求 $\theta_1,\cdots,\theta_r$ 的最大似然估计 $\hat{\theta}_1,\cdots,\hat{\theta}_r$,然后给出 $p_i(i = 1,$

$2,\cdots,k$) 的最大似然估计 $\hat{p}_i = p_i(\hat{\theta}_1,\cdots,\hat{\theta}_r)$,费歇(Fisher)证明了如下检验统计量:

$$\chi^2 = \sum_{i=1}^{k} \frac{(n_i - n\hat{p}_i)^2}{n\hat{p}_i} \tag{3.18}$$

在 H_0 为真时近似服从 $\chi^2(k - r - 1)$,在检验水平 α 下可得到拒绝域为

$$\chi^2 = \sum_{i=1}^{k} \frac{(n_i - n\hat{p}_i)^2}{n\hat{p}_i} \geqslant \chi^2_{\alpha}(k - r - 1) \tag{3.19}$$

【例 3.11】 卢瑟福在 2608 个等时间间隔内观测一枚放射性物质放射的粒子数 X ,观测结果见表 3.14,其中, n_i 表示 2608 次观测中放射粒子数为 i 的次数 . 试利用该组数据检验该放射物质在单位时间内放射出的粒子数是否服从泊松分布 .

表 3.14 **放射粒子数表**

i	0	1	2	3	4	5	6	7	8	9	10	11
n_i	57	203	383	525	532	408	273	139	45	27	10	6

解:将总体 X 的可能取值分成 $0,1,2,\cdots,10, \geqslant 11$ 共 12 类 .

$$H_0: p_i = P\{X = i\} = \frac{\lambda^i e^{-\lambda}}{i!}(i = 0,1,\cdots,10), p_{11} = P\{X \geqslant 11\} = \sum_{i=11}^{\infty} \frac{\lambda^i e^{-\lambda}}{i!}$$

其中,有一个未知参数 λ ,采用最大似然估计:

$$\hat{\lambda} = \bar{X} = \frac{1}{2608}(1 \times 203 + 2 \times 383 + \cdots + 11 \times 6) = 3.870$$

将 $\hat{\lambda}$ 代入计算式(3.18)中的 χ^2,计算过程见表 3.15.

表 3.15 **计算过程表**

i	n_i	$\hat{p}_i$	$n\hat{p}_i$	$(n_i - n\hat{p}_i)^2/n\hat{p}_i$
0	57	0.0209	54.5	0.1147
1	203	0.0807	210.5	0.2672
2	383	0.1562	407.4	1.4614
3	525	0.2015	525.5	0.0005
4	532	0.1950	508.6	1.0766
5	408	0.1509	393.5	0.5343
6	273	0.0973	253.8	1.4525
7	139	0.0538	140.3	0.0120
8	45	0.0260	67.8	7.6673
9	27	0.0112	29.2	0.1658
10	10	0.0043	11.2	0.1258
$\geqslant 11$	6	0.0022	5.7	0.0158
合计	2608	1.0000	2608	$\chi^2 = 12.8967$

若取检验水平 $\alpha = 0.05$,则$\chi_{\alpha}^{2}(k-r-1)=\chi_{0.05}^{2}(10)=18.307$, 而$\chi^2 = 12.8967 < 18.307$, 故接受 H_0,可以认为该放射物质在单位时间内放射出的粒子数服从泊松分布.

例 3.11 的 SPSS 操作步骤(χ^2 检验(二))如下:

(1)输入数据,如图 3.13 所示.

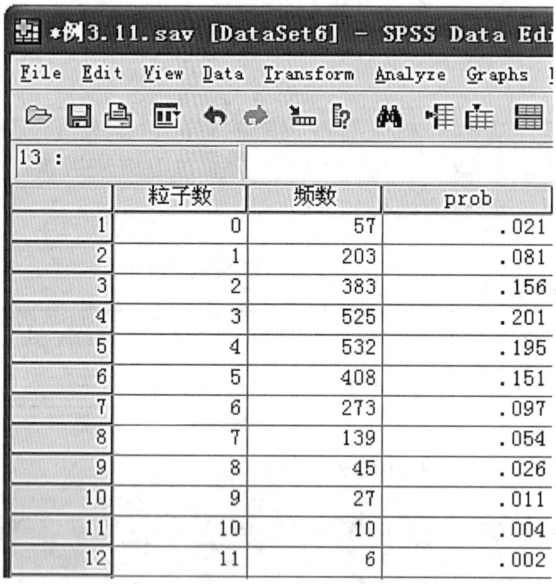

	粒子数	频数	prob
1	0	57	.021
2	1	203	.081
3	2	383	.156
4	3	525	.201
5	4	532	.195
6	5	408	.151
7	6	273	.097
8	7	139	.054
9	8	45	.026
10	9	27	.011
11	10	10	.004
12	11	6	.002

图 3.13 数据输入窗口

对数据进行加权处理,单击 Data→Weight Cases,出现如图 3.14 所示对话框.选择 Weight cases by,并通过向右的箭头将"频数"移入 Frequency 对话框,即将频数作为粒子数的加权,以后所做的统计分析均是在此前提下进行的.如若要取消加权处理,单击 Do not weight cases.

(2)数据的计算处理.

检验假设为 H_0:放射出的粒子数服从泊松分布.由于泊松分布的参数未知,利用加权算术平均公式计算平均粒子数为 3.87,它是泊松分布参数 λ 的无偏估计值.

借助主菜单 Transform 下的 Compute Variable 对话框(图 3.15),选择分布函数 CDF. POISSON (?,?),定义目标变量为"prob",按照下列计算公式:

Prob=CDF. POISSON (粒子数,3.87)-CDF. POISSON (粒子数-1,3.87)

计算泊松分布的理论概率,得到相应的概率值依次为 0.021、0.081、0.156、0.201、0.195、0.151、0.097、0.054、0.026、0.011、0.004、0.002,SPSS 自动将结果输出在数据输入表的第三列,这些数值将用于设置期望频数.

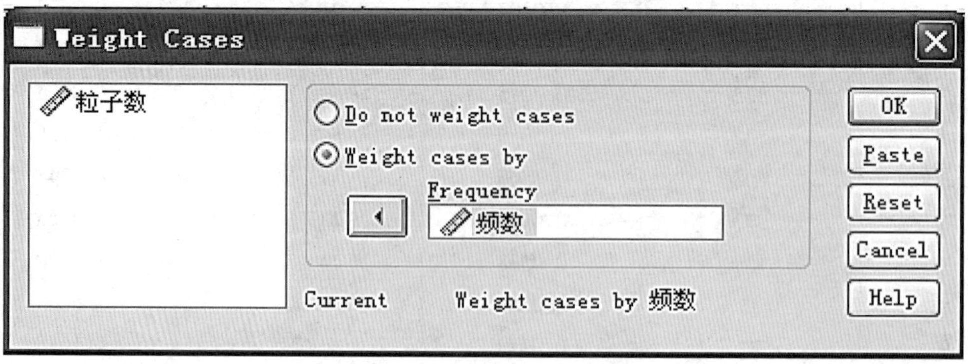

图 3.14 Weight Cases 对话框

(3)选择主菜单 Analyze→Nonparametric Tests→Chi-Square,打开主对话框,选择变量"粒子数"移入检验变量框,在 Expected Values 子栏里选择 Values,输入期望频数值,单击 Add

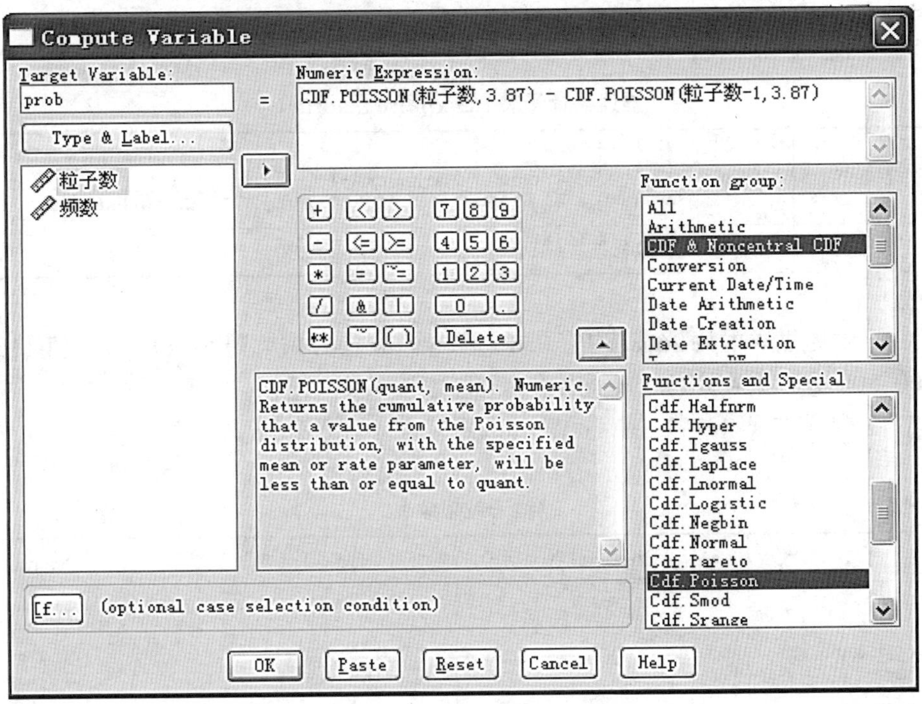

图 3.15　Compute Variable 对话框

添加(图 3.16).

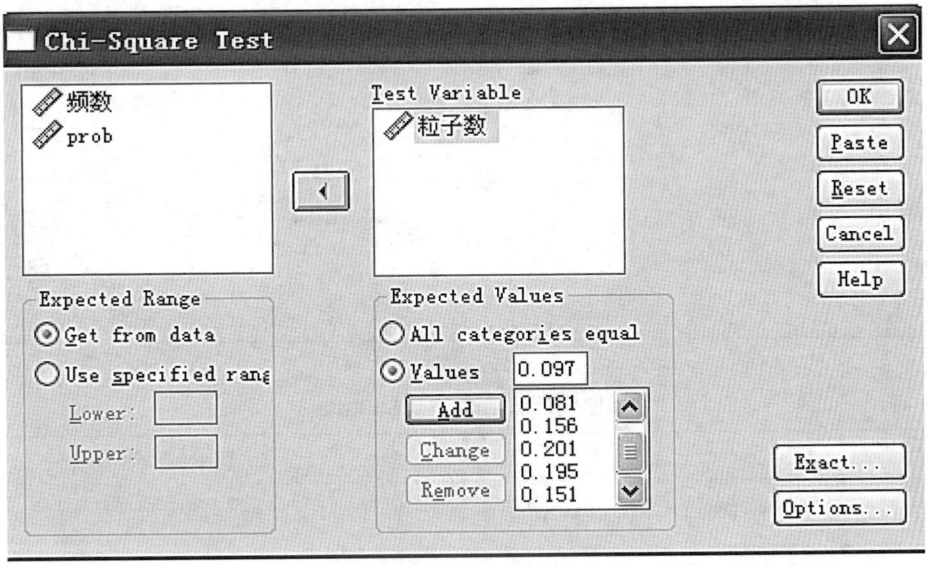

图 3.16　χ^2 检验主对话框

(4)在 Options 对话框里选择 Descriptive(描述统计)和 Quartiles(四分位数).单击

Continue 返回主对话框,单击 OK,完成操作.

SPSS 结果解释见表 3.16~表 3.18.

表 3.16 **描述统计量表 Descriptive Statistics**

	N	Mean	Std. Deviation	Minimum	Maximum	Percentiles		
						25th	50th(Median)	75th
粒子数	2608	3.87	1.914	0	11	3.00	4.00	5.00

表 3.16 中提供样本数 2608、均值 3.87、样本标准差 1.914、最小值 0、最大值 11、25%分位数 3.00、50%分位数 4.00、75%分位数 5.00.

表 3.17 中提供观察频数、期望频数和两者之差.

表 3.17 **粒子数频数表**

	Observed N	Expected N	Residual
0	57	54.8	2.2
1	203	211.5	−8.5
2	383	407.3	−24.3
3	525	524.7	0.3
4	532	509.1	22.9
5	408	394.2	13.8
6	273	253.2	19.8
7	139	141.0	−2.0
8	45	67.9	−22.9
9	27	28.7	−1.7
10	10	10.4	−0.4
11	6	5.2	0.8
Total	2608		

表 3.18 **检验统计结果表 Test Statistics**

	粒子数
Chi-Square[a]	12.904
df	11
Asymp.Sig.	0.300

a. 0 cells(.0%) have expected frequencies less than 5. The minimum expected cell frequency is 5.2.

表3.18中显示的结果依次为：卡方统计量值为12.904，自由度为11，近似的显著性概率为0.300，这个值远大于0.05，因此应该接受原假设，即认为该放射物质在单位时间内放射出的粒子数服从参数为3.87的泊松分布．表下注释是指：具有期望频数小于5的单元格为0个，占0%，最小期望值单元格的频数为5.2.

4. 对总体分布函数的检验

记总体 X 的分布函数为 $F(x)$，利用样本 $X_1,\cdots,X_n$ 检验下列假设：

$$H_0: F(x)=F_0(x), \qquad H_1: F(x)\neq F_0(x) \tag{3.20}$$

可以按照如下方法将 X 的可能取值分成 k 类：

选取 $k-1$ 个实数 $a_1<a_2<\cdots<a_{k-1}$，将 X 的取值范围 (a,b) 分成 k 个互不相容的区间：

$$A_i=(a_{i-1},a_i] \qquad (i=1,2,\cdots,k)$$

其中，$a_0=a, a_k=b$.

这些区间不一定有相同的长度，若原假设 H_0 成立，那么 X 落入区间 $A_i, i=1,2,\cdots,k$ 的概率应为

$$p_i=P(A_i)=F_0(a_i)-F_0(a_{i-1}) \qquad (i=1,2,\cdots,k)$$

假设(3.20)转换成如下形式：

$$H_0: P\{X\in A_i\}=p_i \qquad (i=1,2,\cdots,k)$$

即为检验问题(3.15)，可分为 $F(x)$ 是否含参数两种情况讨论.

下面来考察3.1节中提到的例3.2.

解：原假设中 μ,σ^2 都是未知的，我们由前面的知识知道二者的最大似然估计分别为 $\bar{X}=\frac{1}{n}\sum_{i=1}^{n}X_i, S^2=\frac{1}{n}\sum_{i=1}^{n}(x_i-\bar{X})^2$，设 x_i^* 为第 i 组中的组中值，由组中值代替每组的取值，我们可以计算出 $\bar{X},S^2$ 的观察值分别为221，152，由此可得 $s=12.33$.

不妨认为原假设的分布为 $N(221,12.33^2)$，计算每个区间的理论概率值见表3.19.

表3.19 **计算过程表**

压强区间	频数	标准化区间	$p_i=\varphi(x_{i+1})-\varphi(x_i)$	np_i	$(n_i-np_i)^2$	$\frac{(n_i-np_i)^2}{np_i}$
[190,200]	10	$(-\infty,-1.70]$	0.045	9	1	0.11
(200,210]	26	$(-1.70,-0.89]$	0.142	28.4	5.76	0.20
(210,220]	56	$(-0.89,-0.08]$	0.281	56.2	0.04	0.00
(220,230]	64	$(-0.08,0.73]$	0.299	59.8	17.64	0.29
(230,240]	30	$(0.73,1.54]$	0.171	34.2	17.64	0.52
(240,250]	14	$(1.54,\infty)$	0.062	12.4	2.56	0.23
$\sum$			1.000	200		1.35

由此可得χ^2的观察值为1.35,在显著性水平$\alpha=0.05$下,得到

$$\chi^2=1.35<\chi^2_{0.05}(6-2-1)=7.815$$

因此接受原假设,即认为合金抗压强度的分布为$N(228.3,12.33^2)$.

例3.2的SPSS操作步骤(χ^2检验(三))如下:

(1)输入压强下限、压强上限、频数数据,如图3.17所示.

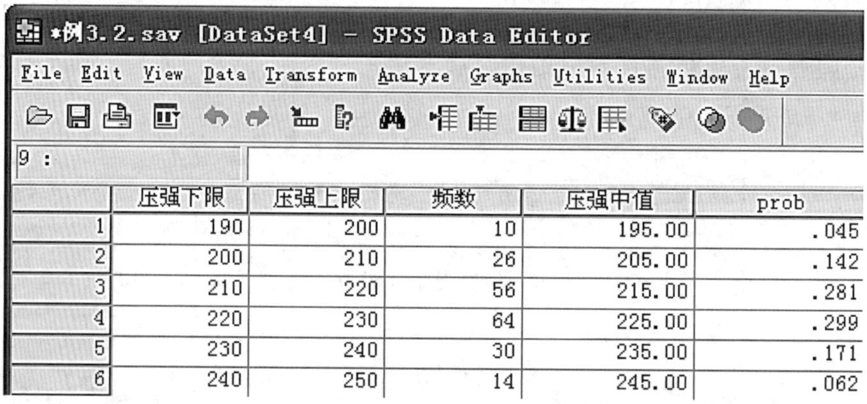

	压强下限	压强上限	频数	压强中值	prob
1	190	200	10	195.00	.045
2	200	210	26	205.00	.142
3	210	220	56	215.00	.281
4	220	230	64	225.00	.299
5	230	240	30	235.00	.171
6	240	250	14	245.00	.062

图3.17 数据输入窗口

对数据进行加权处理,单击Data→Weight Cases,出现对话框,如图3.18所示.选择Weight cases by,并通过向右的箭头将"频数"移入Frequency对话框,即将频数作为压强的加权,以后所做的统计分析均是在此前提下进行的.如若要取消加权处理,单击Do not weight cases.

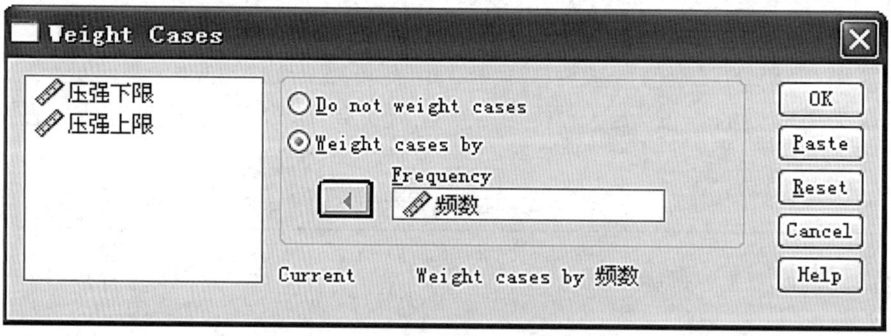

图3.18 Weight Cases对话框

(2)数据的计算处理.

检验假设为H_0:压强服从正态分布.由于正态分布的参数未知,对压强中值进行加权算术平均公式计算平均压强和均方差.

单击Transform→Compute Variable对话框,定义目标变量为"压强中值",按照计算公式:压强中值$=\frac{1}{2}$(压强下限+压强上限),计算出压强中值,SPSS自动将结果输出在数据输入表的第四列,这些数值将用于求正态分布的无偏估计(图3.19).

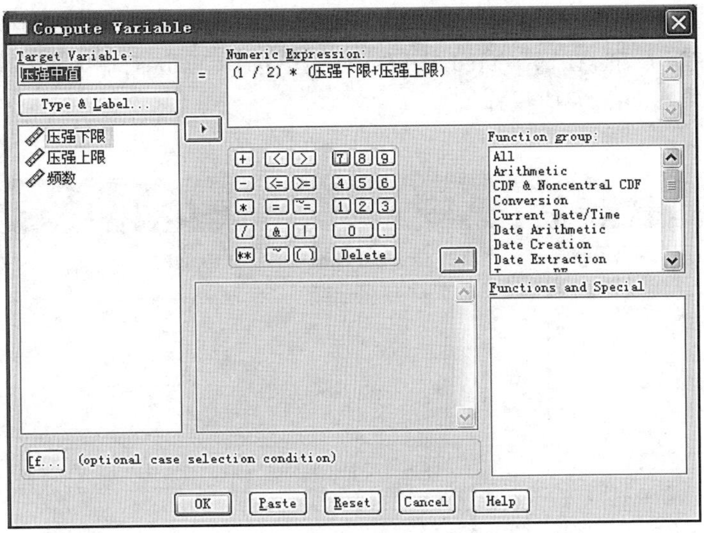

图 3.19 Compute Variable 对话框

单击 Analyze→Descriptive Statistics→Descriptives 选项,将“压强中值”移入变量矩形框,单击 OK,完成操作.计算得平均压强为 221,均方差为 12.36,它是正态分布参数 μ,σ^2 的无偏估计值,结果见表 3.22.

单击 Transform→Compute Variable 对话框,选择分布函数 CDF. NORMAL (?,?,?),定义目标变量为“prob”,按照下列计算公式:

Prob= CDF. NORMAL(压强上限,221,12.36)-CDF. NORMAL(压强上限-10,221,12.36),当 210≤压强上限≤240;Prob=CDF. NORMAL(压强上限,221,12.36),当压强上限=200;Prob= 1-CDF. NORMAL(压强上限-10,221,12.36),当压强上限=250.

计算正态分布的理论概率,得到相应的概率值依次为 0.045、0.142、0.281、0.299、0.171、0.062,SPSS 自动将结果输出在数据输入表的第五列,这些数值将用于设置期望频数(图 3.20).

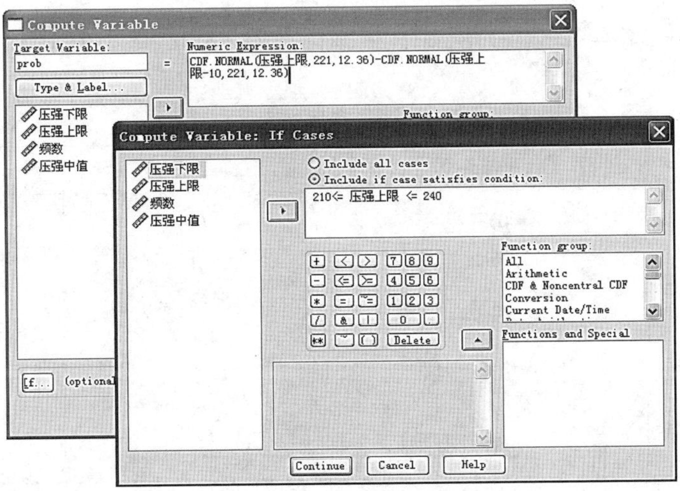

图 3.20

(3)选择主菜单 Analyze→Nonparametric Tests→Chi-square,打开主对话框,选择变量"压强上限"移入检验变量框,在 Expected Values 子栏里选择 Values,输入期望频数值,单击 Add 添加(图 3.21),单击 OK,完成操作.

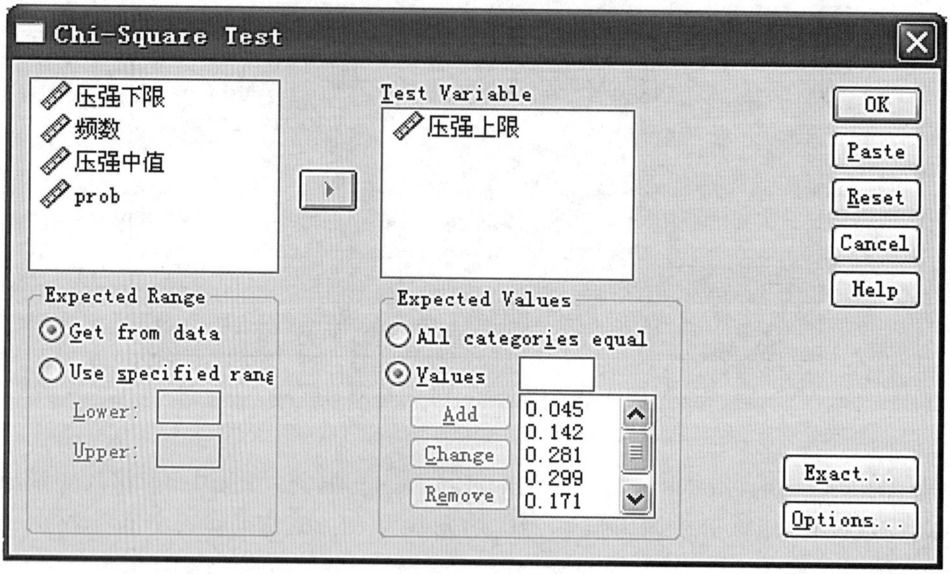

图 3.21 χ^2 检验主对话框

SPSS 结果解释见表 3.20~表 3.22.

表 3.20 **描述统计量表**

	N	Minimum	Maximum	Mean	Std.Deviation
压强中值	200	195.00	245.00	221.0000	12.35977
Valid N(listwise)	200				

表 3.20 中提供样本数 200、均值 221、样本标准差 12.36、最小值 195、最大值 245、25%.

表 3.21 **压强上限频数表**

	Observed N	Expected N	Residual
200	10	9.0	1.0
210	26	28.4	-2.4
220	56	56.2	-0.2
230	64	59.8	4.2
240	30	34.2	-4.2
250	14	12.4	1.6
Toal	200		

表 3.21 中提供观察频数、期望频数和两者之差.

表 3.22 **检验统计结果表**

	压强上限
Chi-Square[a]	1.332
df	5
Asymp.Sig.	0.932

a. 0 cells(.0%) have expected frequencies less than 5. The minimum expected cell frequency is 9.0.

表 3.22 中显示的结果依次为:卡方统计量值为 1.332,自由度为 5,近似的显著性概率为 0.932,这个值远大于 0.05,因此应该接受原假设,即认为合金抗压强度的分布为 $N(221, 12.36^2)$. 表下注释是指:具有期望频数小于 5 的单元格为 0 个,占 0%,最小期望值单元格的频数为 9.0.

3.3.2 柯尔莫哥洛夫与斯米尔洛夫检验

对检验问题(3.20),χ^2 拟合检验是比较样本频率和总体概率的,尽管它对于离散型和连续型总体分布都适用,但它依赖于总体取值的划分,因为即使原假设 $H_0:F(x)=F_0(x)$ 不成立,在某一划分下还是可能有

$$P(A_i)=F(a_i)-F(a_{i-1})=F_0(a_i)-F_0(a_{i-1})=p_i \qquad (i=1,2,\cdots,k)$$

从而不影响χ^2 的值,即 H_0 不真可能接受 H_0. 由此可见,χ^2 检验实际上只是检验了 $F_0(a_i)-F_0(a_{i-1})=p_i$ 是否为真,而并未检验总体的分布 $F(x)$ 是否为 $F_0(x)$,对于总体是连续型的情况,柯尔莫哥洛夫检验克服了上述不足.

1. 柯尔莫哥洛夫检验(Kolmogorov test)

对待检验问题(3.20),如果 $F(x)$ 是连续型总体,柯尔莫哥洛夫提出了一种检验方法,一般称为柯尔莫哥洛夫检验或 D_n 检验.这个检验是通过比较样本经验分布函数 $F_n(x)$ 与总体分布函数 $F(x)$ 的差异构造检验统计量,克服了χ^2 检验依赖于区间划分的缺点.

由格里汶科定理,样本经验分布函数可作为总体理论分布函数的拟合.如果原假设成立,它与 $F(x)$ 的差距一般不大.因此柯尔莫哥洛夫提出一个统计量:

$$D_n=\sup_x|F_n(x)-F(x)|$$

并且得到这个统计量的精确分布,这个分布不依赖于总体的分布.

显然,拒绝域的形式为

$$D_n \geqslant k$$

临界值 k 由检验水平 α 和样本容量 n 确定,记为 $D_{n,\alpha}$,满足 $P_{H_0}\{D_n \geqslant D_{n,\alpha}\}=\alpha$,当 $n \leqslant 100$ 时,它的值可由附表 3.8 查得. 当 $n>100$ 时,利用 $D_{n,\alpha} \approx \dfrac{\lambda_{1-\alpha}}{\sqrt{n}}$,而 $\lambda_{1-\alpha}$ 的值由附表 3.9 查出. 从附表 3.9 中间找到 $1-\alpha$,旁边对应的就是 $\lambda_{1-\alpha}$.

因此,可得检验问题(3.20)的拒绝域

$$D_n \geqslant D_{n,\alpha}$$

如果 $F(x)$ 中含有未知参数,可先用样本估计未知参数的值,再进行检验.

【例 3.12】 一批小动物体重为(单位:g):

356.4　362.5　394.7　356.0　387.6　305.1　385.1　383.2
346.6　314.2　394.8　370.7　370.8　434.2　365.2　377.1
365.9　384.4　297.4　404.3　412.0　349.1　344.5

试检验这批数据是否符合正态分布.

SPSS 操作步骤(单样本 K-S 检验)如下:

(1)在 SPSS 中输入数据,命名为“动物体重”.

(2)单击 Analyze→Nonparametric Tests→One-Sample Kolmogorov-Smirnov Test,进入主对话框,如图 3.22 所示.把变量“动物体重”选入 Test Variable 列表框中,并选择 Test Distribution(检验分布)中的 Normal(正态分布).单击 OK 按钮,完成操作.

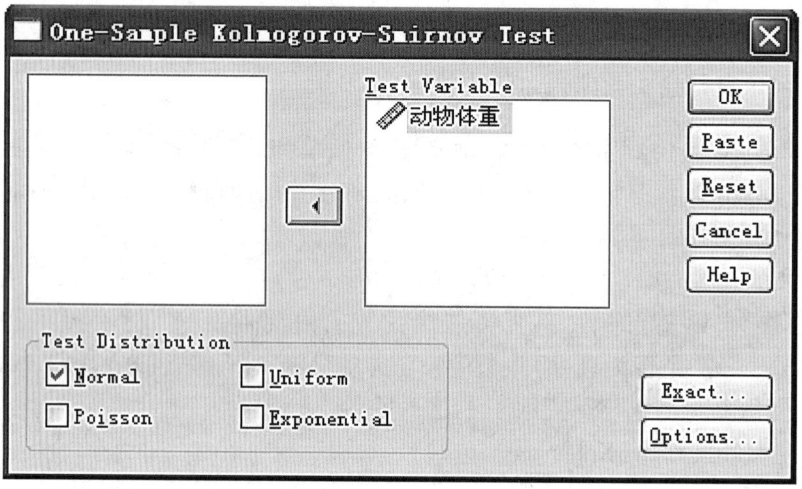

图 3.22　单样本 K-S 检验主对话框

SPSS 结果解释见表 3.23.

表 3.23　**单样本 K-S 检验表**

		动物体重
N		23
Normal Parameters[a,b]	Mean	367.904
	Std.Deviation	32.9361
Most Extreme Differences	Absolute	0.108
	Positive	0.079
	Negative	−0.108
Kolmogorov-Smirnov Z		0.519
Asymp.Sig.(2-tailed)		0.950

a. Test distribution is Normal.

b. Calculated from data.

表3.23提供样本容量23、正态分布均值367.904、标准差32.9361、最极端的差异(绝对值0.108、正值0.079、负值-0.108)、K-S检验的统计量Z值0.519(SPSS采用$Z=\sqrt{n}D$)、近似p值(双侧)0.950 >α,所以认为样本来自正态分布总体.

2. 柯尔莫哥洛夫-斯米尔洛夫检验(Kolmogorov-Smirnove test)

斯米尔洛夫遵循柯尔莫哥洛夫拟合检验的思想方法,比较两个样本经验分布函数,得到检验两个样本是否来自同一总体的检验方法.设X,Y都是连续型总体,分布函数分别为$F_1(x)$和$F_2(x)$,$X_1,X_2,\cdots,X_{n_1}$是来自X的样本,$Y_1,Y_2,\cdots,Y_{n_2}$是来自Y的样本,两样本相互独立,现有检验问题:

$$H_0: F_1(x)=F_2(x) \quad (x\in\mathbf{R}),\ H_1: F_1(x)\neq F_2(x)$$

由两个样本的经验分布

$$F_{1,n_1}(x)=\begin{cases}0, & x<x_{(1)}\\ \dfrac{n_j(x)}{n_1}, & x_{(j)}\leqslant x<x_{(j+1)},j=1,\cdots,n_1-1\\ 1, & x_{(n_1)}\leqslant x\end{cases}$$

$$F_{2,n_2}(y)=\begin{cases}0, & y<y_{(1)}\\ \dfrac{n_l(x)}{n_2}, & y_{(l)}\leqslant y<y_{(l+1)},l=1,\cdots,n_2-1\\ 1, & y_{(n_2)}\leqslant y\end{cases}$$

构造统计量

$$D_{n_1,n_2}=\sup_x|F_{1n_1}(x)-F_{2n_2}(x)| \qquad (x\in\mathbf{R})$$

当H_0为真时,D_{n_1,n_2}应该偏小,故拒绝域的形式为

$$D_{n_1,n_2}\geqslant k$$

斯米尔洛夫得到了这个统计量当n_1,n_2趋于无穷大时的极限分布,且$\sqrt{\dfrac{n_1n_2}{n_1+n_2}}D_{n_1,n_2}$和$\sqrt{n}D_n$有相同的极限分布,所以给定检验水平$\alpha$,只要令$n=\dfrac{n_1n_2}{n_1+n_2}$,由附表3.8查出$D_{n,\alpha}$,或$n$较大(通常$n>100$)由附表3.9查出$\lambda_{1-\alpha}$,$D_{n,\alpha}\approx\dfrac{\lambda_{1-\alpha}}{\sqrt{n}}$,则临界值$k=D_{n,\alpha}$.

【例3.13】 在自动车床上加工某一种零件.在工人刚接班时,抽取$n_1=150$只零件作为第一个样本,在自动车床工作两小时后,再抽取$n_2=100$只零件作为第二个样本.测定每个零件距离标准的偏差x,其数值列入表3.24中.试问此两个样本是否来自同一总体?

表 3.24 **偏差数据表**

偏差 x 的测量区间(微米)	频数 n_{ij}	
	样本 1 n_{1j}	样本 2 n_{2j}
[-15,-10]	10	0
(-10,-5]	27	7
(-5,0]	43	17
(0,5]	38	30
(5,10]	23	29
(10,15]	8	15
(15,20]	1	1
(20,25]	0	1
$\sum$	$n_1 = 150$	$n_2 = 100$

图 3.23 数据输入窗口

SPSS 操作步骤(两独立样本 K-S 检验)如下:

(1)输入数据,如图 3.23 所示.

(2)对数据进行加权处理,单击 Data→Weight Cases,出现如图 3.24 所示对话框.选择 Weight cases by,并通过向右的箭头将"频数"移入 Frequency 对话框,即将频数作为偏差的加权,以后所做的统计分析均是在此前提下进行的.

(3)选择主菜单 Analyze→Nonparametric Tests→Two-Independent-Samples Tests,打开主对话框,选择变量"偏差"移入检验变量框,在统计类型复选框中选择"Kolmogorov-Smirnov Z",如图 3.25 所示.选择"样本来源"移入分组变量框,单击 Define Groups 按钮,弹出定义分组对话框,如图 3.26 所示.在"Group 1"后的空格填入 1,在"Group 2"后的空格填入 2,表明样本来源于哪一组.

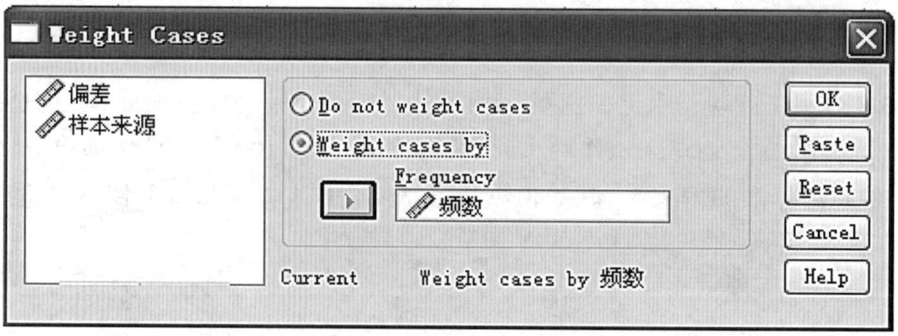

图 3.24 指定加权变量窗口

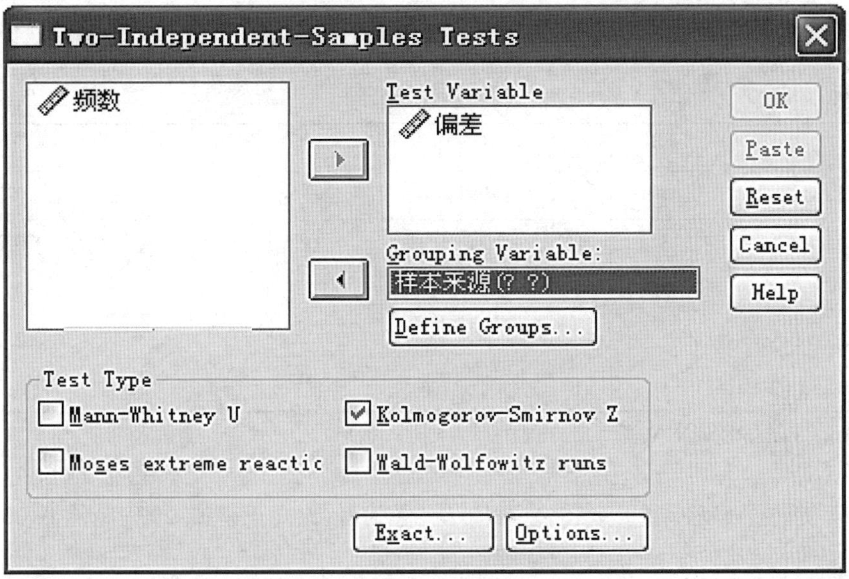

图 3.25 两独立样本检验主对话框

(4)单击 Options(选项)对话框,在 Statistics 复选框中选中 Descriptive(描述统计)和 Quartile(四分位数),单击 Continue 返回主对话框(图 3.27).单击主对话框中的 OK 按钮,完成操作.

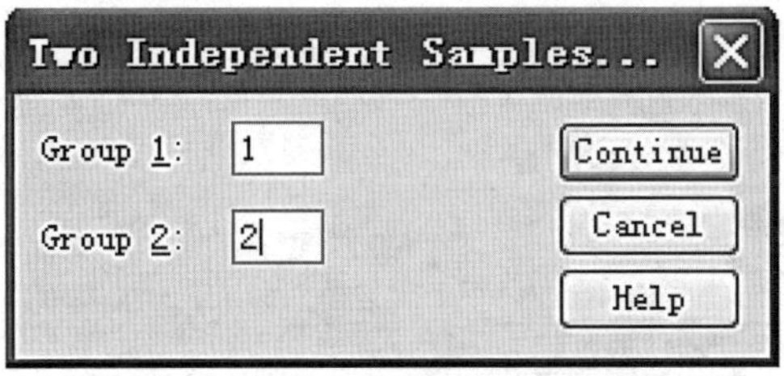

图 3.26 定义分组对话框

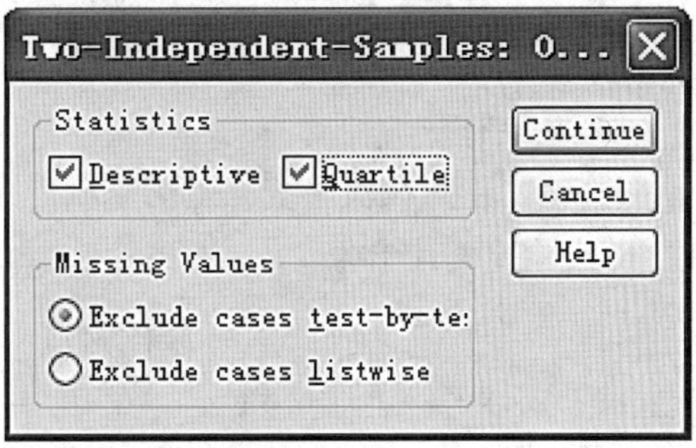

图 3.27 选项对话框

SPSS 结果解释见表 3.25、表 3.26.

表 3.25 **描述性统计**

	N	Mean	Std. Deviation	Minimum	Maximum	Percentiles		
						75th	25h	50th(Median)
偏差	250	4.00	6.751	-10	25	0.00	5.00	10.00
样本来源	250	1.40	0.491	1	2	1.00	1.00	2.00

表3.25提供了两个样本的总样本容量、均值、样本标准差、最小值、最大值、75%分位数、25%分位数、50%分位数.

表3.26 **检验统计量**[a]

		偏差
Most Extreme	Absolute	0.293
Differences	Positive	0.293
	Negative	0.000
Kolmogorov-Smirnov Z		2.272
Asymp.Sig.(2-tailed)		0.000

a. Grouping Variable:样本来源

表3.26提供了最极端的差异(绝对值 D_{n_1,n_2} 为0.293、正值0.293、负值0.000)、K-S检验的统计量 Z 值2.272($= \sqrt{\dfrac{n_1 n_2}{n_1 + n_2}} D_{n_1,n_2}$)、近似 p 值(双侧)0.000<0.05,所以拒绝原假设,认为两个样本来自不同的总体.

3.3.3 夏皮洛-威尔克检验(Shapiro-Wilk test)

夏皮洛-威尔克检验也称为W检验,由Shapiro和Wilk于1965年提出,是用来检验总体是否服从正态分布的一种被广泛应用的检验方法.当样本容量 n 满足 $8 \leqslant n \leqslant 50$ 时,该检验效果较好.

1. 检验统计量

W检验是建立在次序统计量的基础上.设 $x_{(1)}, x_{(2)}, \cdots, x_{(n)}$ 是按从小到大次序排列的样本观察值,检验统计量为

$$W = \frac{\left[\sum_{i=1}^{n}(a_i - \bar{a})(x_{(i)} - \bar{x})\right]^2}{\sum_{i=1}^{n}(a_i - \bar{a})^2 \sum_{i=1}^{n}(x_{(i)} - \bar{x})^2} \tag{3.21}$$

其中,系数 $a_1, a_2, \cdots, a_n$ 在样本容量为 n 时有特定的值,可查附表3.11.

令 $a = (a_1 - \bar{a}, a_2 - \bar{a}, \cdots, a_n - \bar{a})^{\mathrm{T}}$, $x = (x_{(1)} - \bar{x}, x_{(2)} - \bar{x}, \cdots, x_{(n)} - \bar{x})^{\mathrm{T}}$,根据向量的运算:

$$W = \frac{[a \cdot x]^2}{\| a \|^2 \cdot \| x \|^2} = \cos^2\theta$$

其中, θ 为向量 a, x 的夹角.

显然, $W \leqslant 1$.另外,系数 $a_1, a_2, \cdots, a_n$ 具有如下性质:

$$a_i = - a_{n+1-i}, i = 1, 2, \cdots, [n/2]$$

$$\sum_{i=1}^{n} a_i = 0, \sum_{i=1}^{n} a_i^2 = 1$$

利用这些性质,式(3.21)化为

$$W=\frac{\left[\sum_{i=1}^{[n/2]} a_i(x_{(n+1-i)}-x_{(i)})\right]^2}{\sum_{i=1}^{n}(x_{(i)}-\bar{x})^2}=\frac{\left(\sum_{i=1}^{[n/2]} a_i d_i\right)^2}{\sum_{i=1}^{n}(x_{(i)}-\bar{x})^2} \qquad (3.22)$$

其中,

$$d_i=x_{(n+1-i)}-x_{(i)}, i=1,2,\cdots,[n/2].$$

2. 拒绝域

可以证明,在总体服从正态分布时,W 的值应该接近 1,若 W 的值偏小,则拒绝总体服从正态分布这个原假设.给定检验水平 α,可得拒绝域为

$$W \leqslant W_{(n,\alpha)}$$

$W_{(n,\alpha)}$ 为临界值,给定 n,α 其值可查附表 3.12.

【例 3.14】 某气象站收集了 44 个独立的年降雨量数据,资料如下(已排序):

520 556 561 616 635 669 686 692 704 707 711 713 714
719 727 735 740 744 745 750 776 777 786 786 791 794
821 822 826 834 837 851 862 873 879 889 900 904 922
926 952 963 1056 1074

检验这批数据是否服从正态分布($\alpha=0.05$).

解:利用式(3.22)计算 W 值,

$$\bar{x}=785.114, \sum_{i=1}^{44}(x_{(i)}-\bar{x})^2=630872.43$$

W 的计算过程列于表 3.27.

表 3.27 计算过程表

k	$x_{(k)}$	$x_{(n+1-k)}$	d_k	a_k	k	$x_{(k)}$	$x_{(n+1-k)}$	d_k	a_k
1	520	1074	554	0.3872	12	713	862	149	0.0943
2	556	1056	500	0.2667	13	714	851	137	0.0842
3	561	963	402	0.2323	14	719	837	118	0.0745
4	616	952	336	0.2072	15	727	834	107	0.0651
5	635	926	291	0.1868	16	735	826	91	0.0560
6	669	922	253	0.1695	17	740	822	82	0.0471
7	686	904	218	0.1542	18	744	821	77	0.0383
8	692	900	208	0.1405	19	745	794	49	0.0296
9	704	889	185	0.1278	20	750	791	41	0.0211
10	707	879	172	0.1160	21	776	786	10	0.0126
11	711	873	162	0.1049	22	777	786	9	0.0042

$$W=\frac{(0.3872\times 554+0.2667\times 500+\cdots+0.0042\times 9)^2}{630872.43}=0.982$$

查附表3.10,知 $W_{(44,0.05)}=0.944$, $W=0.982>W_{(44,0.05)}=0.944$,故接受原假设,可以认为这批数据服从正态分布.

例3.14 在SPSS中的操作(Shapiro-Wilk test)如下:

(1)建立数据文件,以"降雨量"作为变量名.

(2)单击Analyze→Descriptive Statistics→Explore按钮,打开Explore对话框(图3.28).从源变量清单中选择"降雨量"移至Depndent框中,作为检验变量.

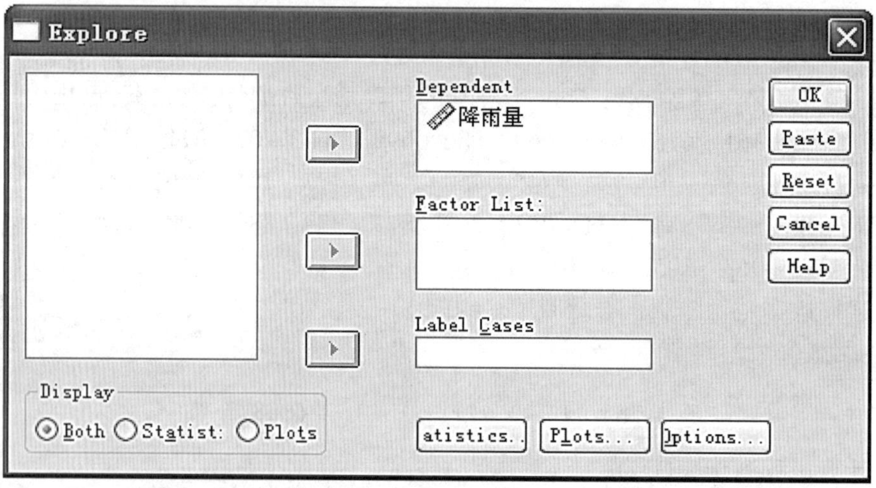

图3.28 Explore对话框

(3)单击Statistics按钮,打开Statistics对话框(图3.29).选择Descriptives,单击Continue按钮,返回Explore主对话框.

(4)单击Plots按钮,进入Plots对话框(图3.30).选择Normality plots with tests(正态检验),单击Continue按钮,返回Explore主对话框.在主对话框中,单击OK按钮,完成操作.

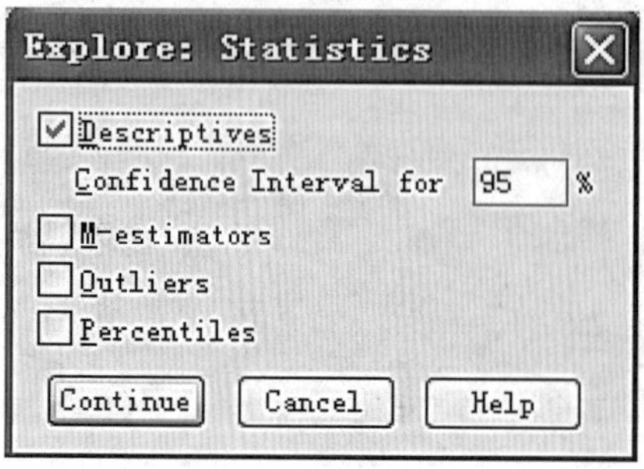

图3.29 Statistics选项框

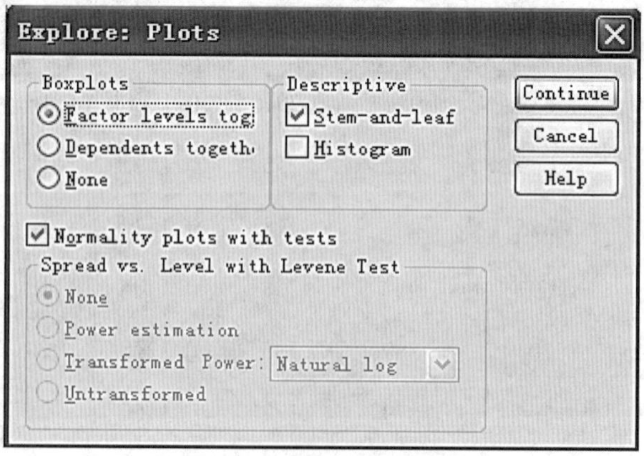

图3.30 Plots选项框

SPSS 结果解释见表 3.28.

表 3.28 **正态检验**

	Kolmogorov-Smirnov[a]			Shapiro-Wilk		
	Statistic	df	Sig.	Statistic	df	Sig.
降雨量	0.078	43	0.200 *	0.986	43	0.864

*. This is a lower bound of the true significance.

a. Lilliefors Significance Correction

表 3.28 提供了 Kolmogorov-Smirnov 检验统计量 0.078,自由度 43,渐近 p 值 0.200;Shapiro-Wilk 检验统计量 0.986,自由度 43,渐近 p 值 0.864. 因为 p 值均大于 0.05,故接受原假设,认为降雨量数据符合正态分布.

3.3.4 列联表独立性的检验

1. 列联表

实际问题中经常要考察两类事物之间是否有关系,比如性别与学习成绩,吸烟与患肺病等,这类问题往往可用列联表独立性的检验方法进行分析.

【例 3.15】 某调查公司想知道性别对某个提案的态度是否会有不同的反应,于是做了调查,结果见表 3.29.

表 3.29 **调查结果表**

性别＼态度	赞成	反对	弃权	合计
男性	1154	475	243	1872
女性	1083	442	362	1887
$\sum$	2237	917	605	3759

问:对提案的态度是否与性别无关($\alpha = 0.05$)?

表 3.29 中将调查对象按照性别分成了 2 类,按对待提案的态度分成了 3 类,共分成了 2×3 类,得到每一类的频数表,像这种按照不同属性对总体中的个体进行交叉分类的频数表称为列联表(contingency tables).

一般地,若总体中的个体可按两个属性 A,B 分类,A 有 m 个类 $A_1,A_2,\cdots,A_m$;B 有 k 个类 $B_1,B_2,\cdots,B_k$,从总体中抽取容量为 n 的样本,设其中有 n_{ij} 个个体属于 (A_i,B_j) $i = 1,2,\cdots,m$;$j = 1,2,\cdots,k$. n_{ij} 称为频数,将 $m \times k$ 个 n_{ij} 排为一个 m 行 k 列的表称为 $m \times k$ 列联表(表 3.30).

表 3.30 **$m\times k$ 列联表**

$A \backslash B$	B_1	B_2	$\cdots$	B_k	$n_{j\cdot}=\sum_{i=1}^{k} n_{ij}$
A_1	n_{11}	n_{12}	$\cdots$	n_{1k}	$n_{1.}$
A_2	n_{21}	n_{22}	$\cdots$	n_{2k}	$n_{2.}$
$\vdots$	$\vdots$	$\vdots$		$\vdots$	$\vdots$
A_m	n_{m1}	n_{m2}	$\cdots$	n_{mk}	$n_{m.}$
$n_{\cdot j}=\sum_{j=1}^{m} n_{ij}$	$n_{.1}$	$n_{.2}$	$\cdots$	$n_{.k}$	

2. 独立性的检验

列联表分析的基本问题是考察属性 A,B 是否有关联,即检验

$$H_0:A,B\text{ 独立} \tag{3.23}$$

若以 $p_{i\cdot},p_{\cdot j}$ 和 p_{ij} 分别表示总体中个体属于 A_i,属于 B_j 和属于 (A_i,B_j) 的概率,得到一个二维的离散分布表(表 3.31).

表 3.31 **二维离散分布表**

$A \backslash B$	B_1	B_2	$\cdots$	B_k	$\sum_{j=1}^{k} p_{ij}$
A_1	p_{11}	p_{12}	$\cdots$	p_{1k}	$p_{1\cdot}$
A_2	p_{21}	p_{22}	$\cdots$	p_{2k}	$p_{2\cdot}$
$\vdots$	$\vdots$	$\vdots$		$\vdots$	$\vdots$
A_m	p_{m1}	p_{m2}	$\cdots$	p_{mk}	$p_{m\cdot}$
$\sum_{i=1}^{m} p_{ij}$	$p_{\cdot 1}$	$p_{\cdot 2}$	$\cdots$	$p_{\cdot k}$	1

假设(3.23)可表述为

$$H_0: p_{ij}=p_{i\cdot}p_{\cdot j}\quad (i=1,2,\cdots,m;j=1,2,\cdots,k)$$

记 X 为总体,$p_{ij}=P\{X\in(A_i,B_j)\}$,因此上述假设又可表述为

$$H_0: P\{X\in(A_i,B_j)\}=p_{i\cdot}p_{\cdot j}\quad (i=1,2,\cdots,m;j=1,2,\cdots,k) \tag{3.24}$$

这是一个对总体 X 做了 $m\times k$ 个分类,要检验总体落入每个分类的概率是否为 $p_{i\cdot}p_{\cdot j}$ 的检验问题,即同检验问题(3.15).

这个假设中并没有明确指出 $m+k$ 个未知参数 $p_{i\cdot},p_{\cdot j}$ 的值.因为这些 $p_{i\cdot},p_{\cdot j}$ 满足两个约束条件 $\sum_{j=1}^{k} p_{\cdot j}=\sum_{i=1}^{m} p_{i\cdot}=1$,所以有 $m+k-2$ 个独立参数. 想要用χ^2 检验来检验假设 H_0,就必须先求出这些未知参数的最大似然估计值,当假设 H_0 为真时,可以得到这些参数的最大似然估计为对应的频率,即

$$\hat{p}_{i\cdot} = \frac{n_{i\cdot}}{n}(i = 1,2,\cdots,m),\quad \hat{p}_{j\cdot} = \frac{n_{\cdot j}}{n}(j = 1,2,\cdots,k)$$

根据χ^2 检验法,得检验统计量

$$\chi^2 = \sum_{i=1}^{m}\sum_{j=1}^{k}\frac{(n_{ij} - n\hat{p}_{ij})^2}{n\hat{p}_{ij}} = \sum_{i=1}^{m}\sum_{j=1}^{k}\frac{\left(n_{ij} - n\frac{n_{i\cdot}}{n}\cdot\frac{n_{j\cdot}}{n}\right)^2}{n\frac{n_{i\cdot}}{n}\cdot\frac{n_{j\cdot}}{n}} = \sum_{i=1}^{m}\sum_{j=1}^{k}\frac{\left(n_{ij} - \frac{n_{i\cdot}n_{\cdot j}}{n}\right)^2}{\frac{n_{i\cdot}n_{\cdot j}}{n}} \tag{3.25}$$

因为利用样本估计了 $m + k - 2$ 个独立参数,类似于式(3.18),上述检验统计量近似服从$\chi^2[mk - (m + k - 2) - 1] = \chi^2[(m - 1)(k - 1)]$ 分布.所以由式(3.19)得拒绝域为

$$\chi^2 \geqslant \chi^2_\alpha[(m - 1)(k - 1)]$$

下面再来看例 3.15.

解:设 A 表示性别,分为 A_1 男性,A_2 女性;B 表示态度,分为 B_1 赞同,B_2 反对,B_3 弃权.H_0:A,B 独立.

由题意可得 $\hat{p}_{1\cdot} = \frac{1872}{3759},\hat{p}_{2\cdot} = \frac{1887}{3759}$;$\hat{p}_{\cdot 1} = \frac{2237}{3759},\hat{p}_{\cdot 2} = \frac{917}{3759},\hat{p}_{\cdot 3} = \frac{605}{3759}$

代入$\chi^2_n = \sum_{i=1}^{m}\sum_{j=1}^{k}\frac{\left(n_{ij} - \frac{n_{i\cdot}n_{\cdot j}}{n}\right)^2}{\frac{n_{i\cdot}n_{\cdot j}}{n}}$,可得

$$\chi^2 = \frac{\left(1154 - \frac{2237\times1872}{3759}\right)^2}{\frac{2237\times1872}{3759}} + \frac{\left(475 - \frac{917\times1872}{3759}\right)^2}{\frac{917\times1872}{3759}} + \frac{\left(243 - \frac{605\times1872}{3759}\right)^2}{\frac{605\times1872}{3759}}$$
$$+ \frac{\left(1083 - \frac{2237\times1887}{3759}\right)^2}{\frac{2237\times1887}{3759}} + \frac{\left(442 - \frac{917\times1887}{3759}\right)^2}{\frac{917\times1887}{3759}} + \frac{\left(362 - \frac{605\times1887}{3759}\right)^2}{\frac{605\times1887}{3759}}$$
$$= 26.781$$

对 $\alpha = 0.05$,$m = 2,k = 3$.

可查得$\chi^2_\alpha[(m-1)(k-1)] = \chi^2_{0.05}(2) = 5.991$,因为$\chi^2 = 26.781 > \chi^2_{0.05}(2) = 5.991$,故拒绝原假设,认为性别对提案的态度有影响.

例 3.15 的 SPSS 操作步骤(列联表独立性检验)如下:

(1)建立数据文件,如图 3.31 所示.

定义变量值标签为:态度 = 1、2、3,分别标示赞成、反对、弃权;性别 = 1、2,分别标示男性、女性.

(2)选择 Data→Weight Cases,进入 Weight Cases 对话框.把“人数”放入 Frequency 栏中,单击 OK 按钮.

(3)单击 Analyze→Descriptive Statistics→Crosstabs(交叉表)按钮,打开 Crosstabs 对话框(图 3.32).从源变量清单中选择“态度”移至 Row 框中,作为交叉表的行变量;选择“性别”

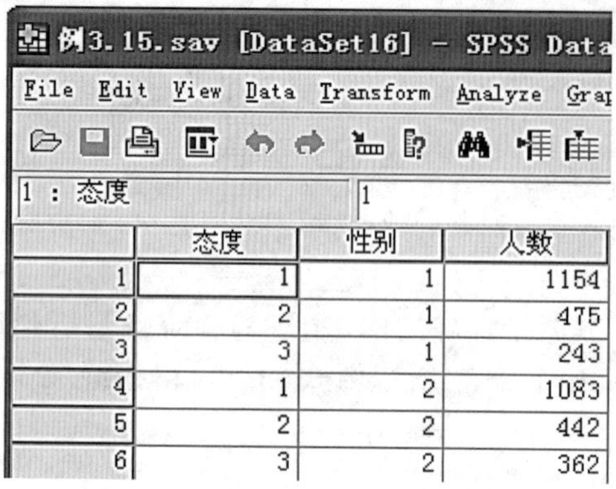

图 3.31 数据文件图

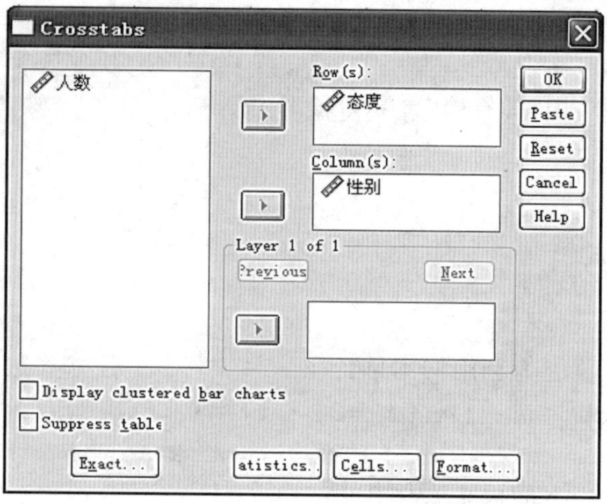

图 3.32 Crosstabs 主对话框

移至 Column(s)框中,作为交叉表的列变量.

(4)单击 Statistics 按钮,打开 Statistics 对话框(图 3.33).选择 Chi-square,单击 Continue 按钮,返回 Crosstabs 主对话框.

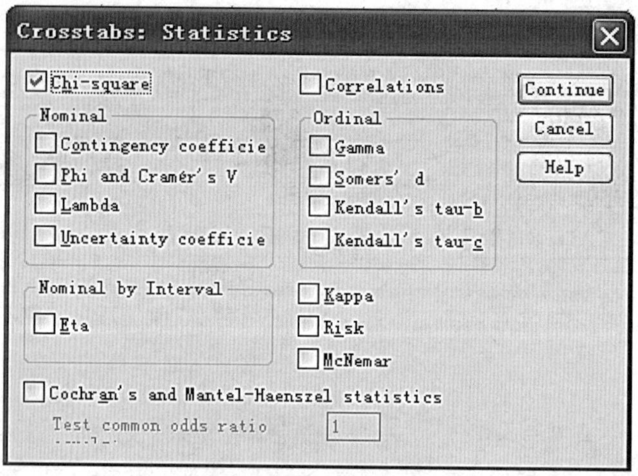

图 3.33 Statistics 选项框

Chi-square:对行变量和列变量的独立性进行卡方检验,包括皮尔逊卡方检验、Likelihood-ratio(似然比)检验、Linear-by-Linear Association(依线性的线性关联)检验等.

Correlations:计算 Pearson 相关系数,用于检验两个变量的线性相关程度;计算 Spearman 相关系数,用于检验秩排序之间的关联度.二者的取值都在-1(完全负相关)和+1(完全正相关)之间,如果取值为 0,则表示二者不存在线性相关关系.

(5)单击 Cell 按钮,进入 Cell Display(单元格显示)对话框(图 3.34). 选择 Observed(观测频数)、Expected(期望频数)、Row(行百分比)、Column(列百分比),单击 Continue 按钮,返

回 Crosstabs 主对话框.在主对话框中,单击 OK 按钮,完成操作.

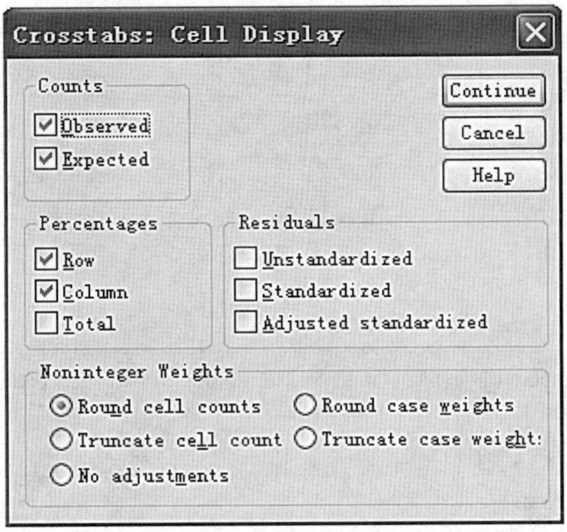

图 3.34 Cell Display 选项框

SPSS 结果解释见表 3.32、表 3.33.

表 3.32 **男性和女性对提案态度的列联表**

			性别		Total
			男性	女性	
态度	赞成	Count	1154	1083	2237
		Expected Count	1114.0	1123.0	2237.0
		%within 态度	51.6%	48.4%	100.0%
		%within 性别	61.6%	57.4%	59.5%
	反对	Count	475	442	917
		Expected Count	456.7	460.3	917.0
		%within 态度	51.8%	48.2%	100.0%
		%within 性别	25.4%	23.4%	24.4%
	弃权	Count	243	362	605
		Expected Count	301.3	303.7	605.0
		%within 态度	40.2%	59.8%	100.0%
		%within 性别	13.0%	19.2%	16.1%
Total		Count	1872	1887	3759
		Expected Count	1872.0	1887.0	3759.0
		%within 态度	49.8%	50.2%	100.0%
		%within 性别	100.0%	100.0%	100.0%

表 3.32 提供了 Count(观测频数)、Expected Count(期望频数)及其所占百分比.

表 3.33 **卡方检验表**

	Value	df	Asymp.Sig.(2-sided)
Pearson Chi-Square	26.788[a]	2	0.000
Likelihood Ratio	26.942	2	0.000
Linear-bt-Linear Association	18.096	1	0.000
N of Valid Cases	3759		

a. 0 cells(.0%) have expected count less than 5. The minimum expected count is 301.29.

表 3.33 提供了卡方检验统计量 26.788,渐近 p 值(双侧)0.000<0.05,故拒绝原假设,认为性别对提案的态度有影响.

◎ **思考:**

1. 皮尔逊χ^2 检验统计量是怎么构造的?它的大小反映了什么?
2. χ^2 拟合优度检验主要检验了总体的什么?
3. 柯尔莫哥洛夫拟合检验是利用什么原理构造检验统计量?
4. 列联表独立性检验是哪一种非参数检验的具体运用?

本章小结

1. 假设检验是依据样本按照一定的法则对关于总体的假设作出接受还是拒绝的判断.检验法则实质就是一个从样本到"拒绝 H_0"和"接受 H_0"的对应(映射)."拒绝 H_0"的所有原像构成的集合就是拒绝域.划分拒绝域是通过检验统计量来完成的,检验统计量的作用是将样本空间的点映射到一维空间.显著性检验的水平 α 是该检验可能犯第一类错误的最大概率,在处理实际问题时,通常把不能轻易否定的假设作为原假设,要论证的命题作为备择假设.

2. 正态总体参数的假设检验与区间估计有密切的联系,所用的检验统计量就是置信区间的枢轴量;假设检验的接受域和置信区间对应.

3. (1)非参数假设检验中χ^2 检验是一种常用的检验方法,它利用频率与概率的关系构造检验统计量.

$$H_0: P\{X \in A_i\} = p_i \qquad (i = 1,2,\cdots,k)$$

$$W: \chi^2 = \sum_{i=1}^{k} \frac{(n_i - np_i)^2}{np_i} \geqslant \chi^2_\alpha(k-1)$$

它检验的实际是:将总体的取值分成若干类,总体取每一类的概率是否为给定的值 p_i,而不是直接检验分布函数.

(2)柯尔莫哥洛夫与斯米尔洛夫检验则是利用经验分布函数与理论分布函数的关系构

造检验统计量,是直接检验分布函数.

$$H_0: X \sim F(x)$$

$$W: D_n = \sup | F_n(x) - F_0(x) | \geqslant D_{n,\alpha}$$

$H_0: F_1(x) = F_2(x), x \in \mathbf{R}$, ($\mathrm{F}_1(\mathrm{x})$, $\mathrm{F}_2(\mathrm{x})$ 分别为两总体的分布函数)

$$W: D_{n_1,n_2} = \sup_x | F_{1n_1}(x) - F_{2n_2}(x) | \geqslant D_{n,\alpha} \quad \left(其中\ n = \frac{n_1 n_2}{n_1 + n_2}\right)$$

(3)夏皮洛-威尔克检验是检验总体是否服从正态分布的一种常用方法.

$$H_0: X \sim N(\mu, \sigma^2)$$

$$W: W = \frac{\left[\sum_{i=1}^{[n/2]} a_i(x_{(n+1-i)} - x_{(i)})\right]^2}{\sum_{i=1}^{n} (x_{(i)} - \bar{x})^2} = \frac{\left(\sum_{i=1}^{[n/2]} a_i d_i\right)^2}{\sum_{i=1}^{n} (x_{(i)} - \bar{x})^2} \leqslant W_{(n,\alpha)}$$

(4)列联表独立性检验是χ^2检验的一种具体情况,是在实际中应用非常广泛的一种检验方法.

$$H_0: A, B\ 独立$$

$$W: \chi^2 = \sum_{i=1}^{m} \sum_{j=1}^{k} \frac{\left(n_{ij} - \frac{n_{i\cdot} n_{\cdot j}}{n}\right)^2}{\frac{n_{i\cdot} n_{\cdot j}}{n}} \geqslant \chi_\alpha^2((m-1)(k-1))$$

习　题　三

1. 总体X服从正态分布$N(\mu, \sigma^2)$,其中μ为未知参数,σ^2为已知参数. $X_1, X_2, \cdots, X_n$为来自总体的一个样本,$\bar{X}$为样本均值,如对检验问题$H_0: \mu = \mu_0, H_1: \mu \neq \mu_0$,取检验的拒绝域:

$$C = \{X : | \bar{X} - \mu_0 | \geqslant c\}.$$

(1)决定常数c,使检验的显著性水平为α;

(2)在显著性水平α下,上述检验问题的拒绝域是否唯一?

2. 设样本$X_1, X_2, \cdots, X_n$取自总体$N(\mu, \sigma_0^2)$,σ_0^2已知.对假设检验问题$H_0: \mu = \mu_0, H_1: \mu > \mu_0$,取临界域$C = \{X: \bar{X} \geqslant c_0\}$.

(1)求此检验犯第一类错误的概率α,犯第二类错误的概率β,并讨论它们之间的关系.

(2)设$\mu_0 = 0.5, \sigma_0^2 = 0.04, \alpha = 0.05, n = 9$,求$\mu = 0.65$时不犯第二类错误的概率.

3. 设某产品寿命服从正态分布$N(\mu, \sigma^2)$,它的均方差σ已知为1500小时. 今由一批产品中随机地抽查了30个产品,测得寿命的平均值为1611小时.问:在0.05的显著性水平下,能否认为这批产品的平均寿命为1600小时?

4. 要求一种元件平均使用寿命不得低于1000小时,生产者从一批这种元件中随机抽取25件,测得其寿命的平均值为950小时.已知该种元件寿命服从标准差为$\sigma=100$小时的正态分布.试在显著性水平$\alpha=0.05$下判定这批元件是否合格.

5. 在改变加工工艺前某冶炼厂炼制某种铜矿的出铜率$X_1 \sim N(\mu_1,\sigma_1^2)$,改变加工工艺后的出铜率$X_2 \sim N(\mu_2,\sigma_2^2)$,认为这两种工艺相互独立.现从原工艺炼制的铜矿中,随机抽取了9批,测得其出铜率为:0.97,0.92,0.93,0.94,0.95,0.92,0.91,0.93,0.95;从现行工艺炼制的铜矿中,随机抽取了8批,测得其出铜率为:0.96,0.93,0.95,0.98,0.96,0.92,0.97,0.94,若这两种加工工艺的方差已知,$\sigma_1^2=0.0144$,$\sigma_2^2=0.0128$,问:在显著性水平$\alpha=0.05$下,可否认为,相较于原工艺,现行工艺平均炼铜率有所提高.

6. 服用某种药物一定剂量可以使人的脉搏增加,增加的次数$X \sim N(\mu,\sigma^2)$,μ、σ^2均未知.今抽查16个病人观测他们每分钟脉搏增加的次数,可得到样本均值$\bar{x}=16$,样本标准差$s=1.80$,问在显著性水平$\alpha=0.05$下能否接受假设:$\mu=15$?

7. 某车间生产滚珠,从长期实践知道,滚珠的直径可以认为服从正态分布$N(\mu,\sigma^2)$,μ、σ^2均未知,现在随机抽取测10个滚珠,观察其直径(单位:mm)为:15.1,14.9,14.8,14.3,15.2,14.4,15.0,14.8,14.9,15.2,问在显著性水平$\alpha=0.05$下能否接受假设:滚珠直径的均值大于15?

8. 某电器厂生产的某种型号电器的电阻$X \sim N(\mu,\sigma^2)$,现此电器厂独立生产了两批同种型号的此类电器,从第一批产品中随机抽取了10个,测得其电阻值(单位:Ω)为:2.5,2.6,2.4,2.3,2.0,2.7,2.8,2.0,2.6,2.3;从第二批产品中随机抽取了9个,测得其电阻值(单位:Ω)为:2.3,2.4,2.8,2.3,2.9,2.5,2.1,2.0,2.6. 若认为方差不变,问:这两批零件的电阻均值有无显著改变?取显著性水平为0.01.

9. 自动车床加工某种零件的直径服从正态分布$N(\mu,\sigma^2)$.原来的加工精度$\sigma^2\leqslant 0.09$.经过一段时间后,需要检验是否保持原来的加工精度,即检验原假设$H_0:\sigma^2\leqslant 0.09$. 为此,从该车床加工的零件中抽取30个,测得样本方差$S^2\approx 0.1344$.问:加工精度是否变差?取显著性水平$\alpha=0.05$.

10. 根据长期的经验,某工厂2006年生产的特种金属丝的折断力X服从正态分布$N(\mu_1,\sigma_1^2)$(单位:kg),2007年改变了加工工艺,生产的特种金属丝的折断力Y服从正态分布$N(\mu_2,\sigma_2^2)$,现从2006年生产的产品中随机抽取8根金属丝,测得其折断力(单位:kg)为:1210,1220,1209,1231,1226,1208,1209,1214,从2007年生产的产品中随机抽取9根金属丝,测得其折断力(单位:kg)为:1241,1243,1256,1231,1234,1228,1229,1232,1225,取显著性水平为$\alpha=0.05$. 问:(1)这二者方差是否相同?(2)改变加工工艺后,能否将金属丝的平均折断力提高25(kg)以上?

11. 已知维尼纶纤度在正常条件下服从正态分布$N(\mu,0.2^2)$,某日抽取5个样品,测得其纤度为:1.31, 1.55, 1.34, 1.40, 1.45,取置信水平$\alpha=0.05$,问:

(1)若已知$\mu=1.39$,纤维度的总体方差是否正常;

(2)μ未知,检验这日纤维度的总体方差是否正常.

12. 在8块条件相同的土地上种植甲、乙两种作物,甲种作物所得产量(kg)分别为:1.2,1.2,1.1,1.4,1.3,1.6,1.2,1.5,乙种作物所得产量(kg)分别为:1.3,1.6,1.2,1.1,

1.0,1.1,1.2,1.3. 假设作物产量服从正态分布,若取显著性水平为 0.05,问:是否可以认为这两个品种的产量没有显著性差别?

(提示:可以用成对数据来讨论问题,即若要比较两个独立总体 X,Y, X_i,Y_i, $(i=1,2,\cdots,n)$ 分别为来自 X,Y 的样本.这样就产生了 n 对独立的观察结果 $(X_i,Y_i)(i=1,2,\cdots,n)$,且 $D_i=X_i-Y_i(i=1,2,\cdots,n)$,是由同一因素引起的,可以认为它们是来自于同一分布 $D=X-Y$ 的一个样本,这样就可以化两个总体为一个总体来考虑问题.)

13. 假设 4 个整数 1,2,3,4 被随机选取,重复 100 次试验中出现 1,2,3,4 的次数分别为 24,20,27,29,问:在 0.05 的显著性水平下可否认为下列假设成立:$H_0: P\{X=i\}=\frac{1}{4}(i=1,2,3,4)$?

14. 为测试某地区三岁男童的身高(单位:cm),从此地区随机抽取 100 个儿童的身高如下表:

身高(cm)	75~80	80~85	85~90	90~95	95-100
儿童数	8	20	35	28	9

(1)用χ^2 拟合检验检验 3 岁男童的身高是否服从正态分布.

(2)用柯尔莫哥洛夫检验检验 3 岁男童的身高是否服从正态分布.

取显著性水平为 $\alpha=0.05$.

15. 某制表生产的日走时误差用 X 表示,从某年第一个月生产的产品中随机抽取 $n_1=100$ 个样品,从第二个月生产的产品中随机抽取 $n_1=120$ 个样品.将两个样本的日走时误差的观察结果列于下表中:

日走时误差 X	频　数	
	样本 1 (n_{1j})	样本 2 (n_{2j})
[-3,-2]	12	10
(-2,-1]	18	20
(-1,-0]	20	32
(0,1]	24	27
(1,2]	18	19
(2,3]	8	12

问:这两个样本是否来自于同一个总体?取显著性水平 $\alpha=0.01$.

16. 调查 1 岁婴儿食用鸡蛋与产生过敏症状有否关系,抽查了 600 名婴儿的调查结果如下表：

	产生过敏症状	未产生过敏症状
食用鸡蛋	136	90
未食用鸡蛋	110	264

在显著性水平 $\alpha = 0.05$ 下，试问1岁儿童服用鸡蛋与产生过敏症状之间是否有关？

第4章　方差分析与正交试验设计

高考语文作文评卷误差的计算机监控

高考语文试题评卷，特别是作文评卷，受评卷教师主观性干扰大，人为误差最难控制. 随着高考内容改革力度不断加大，语文试卷的作文题越来越“活”，这种“活”，一方面为检验考生创新思维，给他们充分发挥写作能力提供了更大的空间，另一方面也增加了阅卷教师评卷难度，使评分标准更难把握.

为了使高考作文评卷更客观公允，实时监控评卷过程中的人为误差成为非常必要的环节.

1. 评分误差监控原理简介

控制高考作文评卷的人为误差，理想的方案应该在较客观一致的评分前提下，获取全省考生的平均参考基准. 例如，以全省考生为总体严格随机抽样，然后组织若干权威评卷者事先判卷，获取能代表当年考生总体的平均参考基准和分布状态，并依此来监控后期数以百计的评卷教师的评卷过程.

然而，高考评卷有较严格的时间限制，各地市考点试卷送达时间先后不一；再加上高考评卷处理的最小单位是密封的“袋”，不能随机抽样到考号，因而几乎没有在事前采取上述步骤获得参考基准和分布状态的可能性. 为此，只能因条件制宜，采取变通的方法，即随机整群抽取不同教师判阅的若干“袋”，用比较评卷结果一致性的方法进行质量监控. 这种方法虽然简单，但比较实用.

(1) 单因方差分析比较一致性. 单因方差分析(F检验)常用来检验一个变异因素对试验结果的显著性. 作为参数检验法的一种，单因方差分析通常需要假设数据为服从正态分布的随机样本和方差齐性. 鉴于高考的考号分布已进行过随机化处理，且同一考点的考生均属同一地区. 若认为从该考点随机抽取的试卷近似服从上述假设，即可用方差分析法判断教师判卷的人为误差，随时监控评卷的一致性. 举例如下：在同一评卷时点，随机抽取已阅试卷5袋，每袋试卷约30份左右，分别为5位教师判分. 录入作文分数后，单因方差分析结果如下表所示.

抽样试卷的统计示例

试卷袋号 N	均值 Mean	标准差 Sd	最小值 Min	最大值 Max	极差 Range
1	44.57	2.22	39.00	51.00	12.00
2	39.57	4.01	27.00	46.00	19.00

续表

试卷袋号 N	均值 Mean	标准差 Sd	最小值 Min	最大值 Max	极差 Range
3	41.07	4.50	30.00	50.00	20.00
4	42.33	3.56	36.00	52.00	16.00
5	38.13	4.59	27.00	48.00	21.00
平均	41.13	4.42	27.00	52.00	25.00

从上例中可初步判定，无论从分数的均值，还是从标准差或极差来分析，5 位教师的评分呈现不一致现象. 其中，第 5 袋均值偏低，且分布离散；第 1 袋均值偏高，且分布集中. 对上述各袋试卷分数进行单因方差分析：

方差分析(F 检验)示例

	平方和	自由度	均 方	F 值	显著性水平
组 间	740.6	4	185.15	12.334	0.00005
组 内	2176.73	145	15.01		

结果表明，显著性水平 $\alpha = 0.00005 < P = 0.01$，判分结果有极显著差异. 该 5 袋样本应该交由质检组按评分标准逐一进行复查，重点复查第 1 袋和第 5 袋试卷，对评分的合理性做出最后的仲裁结论.

(2) K-W 检验比较一致性. 克鲁斯克尔-瓦利斯(Kruskal-Wallis)检验是替代单因方差分析的一种非参数检验法，简称 K-W 检验. K-W 检验通常用于方差分析的前提假定不能满足的情况，它不要求假设为正态分布，对于大样本，它的检验效率约为 95%；如果各组的案例数大于 5，则 K-W 检验的统计量 H 分布近似于卡方分布.

鉴于抽样分布假设的近似性，可增加一次 K-W 检验，以验证单因方差分析检验效果的可靠性. 仍以上例数据为例，计算机输出的 K-W 检验结果如下表：

K-W 非参数检验示例

试卷袋号	平均秩 Rank	试卷数
1	114.08	30
2	58.43	30
3	73.05	30
4	85.17	30
5	46.77	30
试卷数	卡方值 χ^2	显著性水平 Sig
150	43.24	0.00005

卡方检验表明，$\chi^2 = 43.24$，显著性水平 $\alpha = 0.00005 < P = 0.01$，5 袋试卷的判分结果有极显著差异，结论与 F 检验完全相同．

2. 计算机实时监控的方法步骤

(1) 计算机软件．实时监控采取国际通用的统计软件 SPSS for Windows 10.0（社会科学统计软件包）．用软件包提供的 SPSS 语言编写统计分析程序，由专职录入员随时录入抽样的作文分数（包括基础分、发展分和扣分），程序自动汇总并显示输出统计分析结果．

(2) 随机抽样．评卷质检组负责随机抽样，一次采样 5 袋试卷．随机抽样在阅卷期间将不间断进行，以监控阅卷的全过程．

(3) 统计分析．对于每一次采集的 5 袋样本，均实时进行上述统计分析，并以统计表格和形象的图示直观输出，以方便质检组观察．

(4) 复查仲裁．统计分析的结果只能提示问题存在的可能性，不能作为最后仲裁的标准．对于评卷质量是否符合评分标准，必须依靠质量检查人员对可能存在问题的试卷逐一复查，从而衡量该阅卷者是否准确把握了评分的宽严尺度．

采用计算机统计软件实时监控高考作文评分质量，可以更及时准确地发现问题，在一定程度上控制了人为误差．

方差分析是统计分析的一种基本方法，本章会告诉你方差分析的基本思想．

方差分析起源于对农业生产试验结果的分析，由英国统计学家费歇尔在 20 世纪 20 年代创立．目前已被广泛的应用于工农业生产、气象预报、医学、生物学等许多领域．例如，在农业生产中，常常需要比较种子的品种、肥料品种和数量，以提高单位产量；又如，在化工生产中，影响产品产量和质量的因素有原料成分、原料数量、反应温度、反应压力催化剂的种类及试验的环境等，这些因素的影响有大有小，我们希望找到其中影响比较显著的因素，并进而找出最优的生产条件．方差分析就是鉴别各因素对结果有无显著影响以及影响大小的一种有效方法．

影响试验结果的因素大致分为两类：一类是可以控制或测定的，称为可控因素；另一类是人无法定量控制或直接观测的，称为随机因素．实际问题要求方差分析鉴别的主要是可控因素对结果的影响，但随机因素的影响混杂在其中，如何有目的地安排试验，并通过对试验观测数据的分析，将这两类影响有效的区分开来，是问题得以解决的关键．

下面介绍几个方差分析中的常用术语：

(1) 指标：在试验中具体测定的性状或观测的项目称为试验指标．由于试验目的不同，选择的试验指标也不相同．例如，在畜禽、水产试验中常用的试验指标有日增重、产仔数、产奶量、产蛋率、瘦肉率、某些生理生化和体型指标（如血糖含量、体高、体重）等．

(2) 因素（因子）(factor)：试验中所研究的影响试验指标的条件叫做试验因素．因素可以分为两类，一类是可以控制的（可控因素），如反应温度、原料剂量等；另一类是不能控制的，如测量误差、气象条件等．以下我们所探讨的因素都是指可控因素，如研究如何提高猪的日增重时，饲料的配方、猪的品种、饲养方式、环境温湿度等都对日增重有影响，均可作为试验因素来考虑.

(3)水平(level)：试验因素所处的某种特定状态或数量等级称为因素水平，简称水平. 如比较3个品种奶牛产奶量的高低，这3个品种就是奶牛品种这个试验因素的3个水平. 因素水平用代表该因素的字母加添足标1，2，…来表示，如 A_1，A_2，… 及 B_1，B_2，…，等等.

(4)单因素试验、双因素试验和多因素试验：试验中只有一个因素的水平变化，而其他因素不变，称这样的试验为单因素试验；依此类推，若试验中变化的因素为两个或多个，则称为双因素试验和多因素试验. 试验因素常用大写字母A，B，C，…表示.

针对单因素、双因素和多因素试验的方差分析，分别称为单因素方差分析、双因素方差分析和多因素方差分析. 本章在讨论方差分析基本原理的基础上，重点介绍单因素和双因素方差分析、以及正交实验设计的方法.

【例4.1】 某水产研究所为了比较四种不同配合饲料对鱼的饲喂效果，选取了条件基本相同的鱼20尾，随机分成四组，投喂不同饲料，经一个月试验以后，各组鱼的增重结果列于表4.1.

表4.1 **饲喂不同饲料的鱼的增重** (单位：10g)

饲料	鱼的增重(x_{ij})					合计 $T_{i\cdot}$	平均 $\bar{x}_{i\cdot}$
A_1	31.9	27.9	31.8	28.4	35.9	155.9	31.18
A_2	24.8	25.7	26.8	27.9	26.2	131.4	26.28
A_3	22.1	23.6	27.3	24.9	25.8	123.7	24.74
A_4	27.0	30.8	29.0	24.5	28.5	139.8	27.96
合计						550.8	

在这个问题中，实验指标就是鱼的增重；实验因素就是饲料；饲料有4种，也就是饲料这个因素有4个水平，实验中只考虑饲料这个因素在变化，这是一个单因素实验. 实验的主要目的是弄清楚不同的饲料对鱼的增重是否有显著影响.

4.1 单因素方差分析

方差分析有很多类型，无论简单与否，其基本原理与步骤是相似的. 本节介绍单因素方差分析(one-way analysis of variance)的基本原理与步骤.

4.1.1 数学模型与基本假定

将例4.1一般化，假设要考察因素 A 的不同水平对实验指标是否有显著影响，让其他因素保持不变，因素 A 有 r 个水平，每个水平下做了 l 次实验，共有 $n=rl$ 个观测值.这类试验资料的数据模式见表4.2.

表 4.2 **每个水平有 l 个观测值的数据模式**

水平	观测值				总体
A_1	x_{11}	x_{12}	$\cdots$	x_{1l}	X_1
A_2	x_{21}	x_{22}	$\cdots$	x_{2l}	X_2
$\vdots$	$\vdots$	$\vdots$		$\vdots$	$\vdots$
A_r	x_{r1}	x_{r2}	$\cdots$	x_{rl}	X_r

表中 x_{ij} 表示第 i 个水平的第 j 个观测值($i=1,2,\cdots,r$; $j=1,2,\cdots,l$).

对这些数据做如下假定:

(1)由于在同一水平下观测值的变化是由随机因素引起的，故可假设在水平 A_i 下的样本观测值 $x_{ij}(j=1,2,\cdots l)$ 来源于同一正态总体 X_i ;

(2)假定所有的正态总体 X_i ($i=1,2,\cdots,r$)都有相同的方差 σ^2,这种性质称为方差的齐性;

(3)所有数据相互独立.

根据以上假定,设

$$X_i \sim N(\mu_i,\sigma^2) \qquad (i=1,2,\cdots,r)$$

则

$$x_{ij} \sim N(\mu_i,\sigma^2) \qquad (i=1,2,\cdots,r;j=1,2,\cdots,l) \tag{4.1}$$

$x_{ij}-\mu_i \sim N(0,\sigma^2)$,记 $\varepsilon_{ij}=x_{ij}-\mu_i$. 把其视为随机误差,则

$$\begin{cases} x_{ij}=\mu_i+\varepsilon_{ij} \\ \varepsilon_{ij} \sim N(0,\sigma^2),\text{各 } \varepsilon_{ij} \text{ 相互独立} \\ i=1,2,\cdots,r;j=1,2,\cdots,l \end{cases} \tag{4.2}$$

其中,μ_i 与 σ^2 都是未知参数.

为了看出各水平对试验指标的影响大小,将 μ_i 再进行分解,令

$$\mu=\frac{1}{r}\sum_{i=1}^{r}\mu_i\ ,\ \alpha_i=\mu_i-\mu \tag{4.3}$$

则

$$\mu=\mu_i+\alpha_i \tag{4.4}$$

$$x_{ij}=\mu+\alpha_i+\varepsilon_{ij} \tag{4.5}$$

其中,μ 表示所有 r 个总体的总均值,α_i 称为第 i 个水平效应,表示水平 α_i 对试验结果产生的影响.很容易验证:

$$\sum_{i=1}^{r}\alpha_i=0 \tag{4.6}$$

于是模型(4.2)等价于下面的模型:

$$\begin{cases} x_{ij} = \mu + \alpha_i + \varepsilon_{ij} \\ \varepsilon_{ij} \sim N(0,\sigma^2), \varepsilon_{ij} \text{ 之间相互独立} \\ \sum_{i=1}^{r} \alpha_i = 0 \\ \mu, \alpha_i, \sigma^2 \text{ 未知}, i = 1,2,\cdots,r; j = 1,2,\cdots,l \end{cases} \tag{4.7}$$

式(4.2)叫做单因素试验的数学模型,模型(4.7)是其等价形式.在这个模型中, x_{ij} 表示为总均值 μ 、水平效应 α_i 、试验误差 ε_{ij} 之和,这种性质称为效应的可加性.尽管各总体的均值 μ_i 可以不等,而方差 σ^2 则假定是相等的.

我们的目的就是根据观测值来检验因素 A 对试验结果的影响是否显著. 如果影响不显著,则所有样本观测值 x_{ij} 就可以看做是来自相同的总体 $N(\mu,\sigma^2)$,因此要检验的假设是

$$H_0: \mu_1 = \cdots = \mu_r, H_1: \mu_1, \cdots, \mu_r \text{ 不全相同} \tag{4.8}$$

若拒绝 H_0,则称因素 A 显著;否则,称 A 不显著.

对于模型(4.7)检验的假设为

$$H_0: \alpha_1 = \cdots = \alpha_r = 0; H_1: \alpha_1, \cdots, \alpha_r \text{ 不全为零} \tag{4.9}$$

检验问题(4.8)与(4.9)等价.

从以上分析可以看出,方差分析就是一个假设检验问题,检验若干正态总体在方差都为 σ^2 的情况下均值 μ_i 是否全部相同,是两正态总体情况下 t 检验的推广.

4.1.2 平方和与自由度

对于上述假设检验问题(4.9),关键是要找到检验统计量. 我们通过对影响观测数据(指标)波动的原因进行分析,从而构造出检验统计量.

1. 总平方和的分解

引入记号: $T_{i\cdot} = \sum_{j=1}^{l} x_{ij}$ 表示第 i 个水平下 l 个观测值的和;

$T_{\cdot\cdot} = \sum_{i=1}^{r} \sum_{j=1}^{l} x_{ij} = \sum_{i=1}^{r} T_{i\cdot}$ 表示全部观测值的总和;

$\bar{x}_{i\cdot} = \frac{1}{l} \sum_{j=1}^{l} x_{ij} = \frac{T_{i\cdot}}{l}$ 表示第 i 个水平下的观测值的平均数,称为组平均.

$\bar{x} = \frac{1}{rl} \sum_{i=1}^{r} \sum_{j=1}^{l} x_{ij} = \frac{T_{\cdot\cdot}}{n}$ 表示全部观测值的平均数,称为总平均.

若记

$$S_T = \sum_{i=1}^{r} \sum_{j=1}^{l} (x_{ij} - \bar{x})^2 \tag{4.10}$$

则 S_T 反映了所有数据的总波动大小,称为总平方和(sum of squares for total).又因为

$$\sum_{i=1}^{r} \sum_{j=1}^{l} (x_{ij} - \bar{x})^2 = \sum_{i=1}^{r} \sum_{j=1}^{l} \left[(\bar{x}_{i\cdot} - \bar{x}) + (x_{ij} - \bar{x}_{i\cdot}) \right]^2$$

$$= \sum_{i=1}^{r} \sum_{j=1}^{l} \left[(\bar{x}_{i\cdot} - \bar{x})^2 + 2(\bar{x}_{i\cdot} - \bar{x})(x_{ij} - \bar{x}_{i\cdot}) + (x_{ij} - \bar{x}_{i\cdot})^2 \right]$$

$$=l\sum_{i=1}^{r}(\bar{x}_i-\bar{x})^2+2\sum_{i=1}^{r}\left[(\bar{x}_{i\cdot}-\bar{x})\sum_{j=1}^{l}(x_{ij}-\bar{x}_{i\cdot})\right]+\sum_{i=1}^{r}\sum_{j=1}^{l}(x_{ij}-\bar{x}_{i\cdot})^2$$

其中

$$\sum_{j=1}^{l}(x_{ij}-\bar{x}_{i\cdot})=0$$

所以

$$\sum_{i=1}^{r}\sum_{j=1}^{l}(x_{ij}-\bar{x})^2=l\sum_{i=1}^{r}(\bar{x}_{i\cdot}-\bar{x})^2+\sum_{i=1}^{r}\sum_{j=1}^{l}(x_{ij}-\bar{x}_{i\cdot})^2$$

记

$$S_A=l\sum_{i=1}^{r}(\bar{x}_{i\cdot}-\bar{x})^2$$

$$S_e=\sum_{i=1}^{r}\sum_{j=1}^{l}(x_{ij}-\bar{x}_{i\cdot})^2$$

于是有总平方和的分解式

$$S_T=S_A+S_e \tag{4.11}$$

S_A 称为因子 A 的效应平方和(sum of squares for factor A),反映了由于水平的变化而导致的数据波动;S_e 称为误差平方和(sum of squares for error),反映的是因随机误差的影响导致的数据波动.式(4.11)说明,单因素实验中,实验指标(数据)的波动来自两方面:水平的变化和随机误差.

这个关系式中三种平方和的简便计算公式如下:

$$\left.\begin{aligned}S_T&=\sum_{i=1}^{r}\sum_{j=1}^{l}x_{ij}^2-C\\S_A&=\frac{1}{l}\sum_{i=1}^{r}T_{i\cdot}^2-C\\S_e&=S_T-S_A\end{aligned}\right\} \tag{4.12}$$

其中,$C=\dfrac{T_{\cdot\cdot}^2}{n}$ 称为矫正数.

2. 自由度(degree of freedom)

在计算总平方和时,资料中的各个观测值要受 $\sum_{i=1}^{r}\sum_{j=1}^{l}(x_{ij}-\bar{x})=0$ 这一条件的约束,故总自由度等于资料中观测值的总个数减1,即 $n-1$.总自由度记为 $\mathrm{d}f_T$,即有

$$\mathrm{d}f_T=n-1$$

在计算效应平方和时,各水平均数 $\bar{x}_i$ 要受 $\sum_{i=1}^{r}(\bar{x}_i-\bar{x})=0$ 这一条件的约束,故效应平方和的自由度为水平数减1,即 $r-1$.效应平方和的自由度记为 $\mathrm{d}f_A$,则有

$$\mathrm{d}f_A=r-1$$

在计算误差平方和时,要受 r 个条件的约束,即 $\sum_{j=1}^{l}(x_{ij}-\bar{x}_{i\cdot})=0(i=1,2,\cdots,r)$,故误差平方和的自由度为观测值的总个数减 r,即 $n-r$.误差平方和的自由度记为 $\mathrm{d}f_e$,即

$$\mathrm{d}f_e=n-r$$

所以有自由度的分解式

$$\mathrm{d}f_T=\mathrm{d}f_t+\mathrm{d}f_e \tag{4.13}$$

综合以上各式,得

$$\begin{aligned} \mathrm{d}f_T &= n - 1 \\ \mathrm{d}f_t &= r - 1 \\ \mathrm{d}f_e &= \mathrm{d}f_T - \mathrm{d}f_t = n - r \end{aligned} \tag{4.14}$$

各部分平方和分别除以各自的自由度便得到相应的总均方和,分别记为 $\bar{S}_T$、$\bar{S}_A$、$\bar{S}_e$,即

$$\bar{S}_T = \frac{S_T}{\mathrm{d}f_T}, \quad \bar{S}_A = \frac{S_A}{\mathrm{d}f_t}, \quad \bar{S}_e = \frac{S_e}{\mathrm{d}f_e} \tag{4.15}$$

一般情况下 $\bar{S}_T \neq \bar{S}_A + \bar{S}_e$.

3. 统计量 S_A, S_E 的统计特性

定理 4.1 $\dfrac{S_e}{\sigma^2} \sim \chi^2(n-r)$, $E(S_E) = (n-r)\sigma^2$

证明:因为 $\dfrac{1}{\sigma^2}\sum_{j=1}^{l}(x_{ij} - \bar{x}_{i\cdot})^2 \sim \chi^2(l-1)$, $\dfrac{S_e}{\sigma^2} = \dfrac{1}{\sigma^2}\sum_{i=1}^{r}\sum_{j=1}^{l}(x_{ij} - \bar{x}_{i\cdot})^2 = \sum_{i=1}^{r}\left(\dfrac{1}{\sigma^2}\sum_{j=1}^{l}(x_{ij} - \bar{x}_{i\cdot})^2\right)$

又

$$\frac{1}{\sigma^2}\sum_{j=1}^{l}(x_{ij} - \bar{x}_{i\cdot})^2 \sim \chi^2(l-1)$$

根据χ^2 分布的可加性得:

$$\frac{S_e}{\sigma^2} \sim \chi^2(n-r) \Rightarrow E(S_E) = (n-r)\sigma^2$$

定理 4.2 $E(S_A) = \sum_{i=1}^{r} l\alpha_i^2 + (r-1)\sigma^2$,当 H_0: $\alpha_1 = \cdots = \alpha_r = 0$ 为真时,$\dfrac{S_A}{\sigma^2} \sim \chi^2(r-1)$,且 S_A, S_e 相互独立.

证明 略.

4.1.3 *F* 检验

根据 S_A, S_e 的统计特性,构造如下统计量:

$$F = \frac{\bar{S}_A}{\bar{S}_e} \tag{4.16}$$

根据定理 4.1 和定理 4.2,当 H_0 为真时,$F \sim F(r-1, n-r)$;当 H_0 为假时,根据定理 4.2,$\bar{S}_A$ 有偏大的趋势,而 $\bar{S}_e$ 与 H_0 的真假无关,故 H_0 为假时,F 有偏大的趋势.

所以,在检验水平为 α 时,检验的拒绝域为

$$F \geqslant F_\alpha(r-1, n-r)$$

通常分别取 $\alpha = 0.05$ 和 $\alpha = 0.01$.

表 4.3 **方差分析的显著性判断**

条 件	显 著 性
$F \leqslant F_{0.05}(r-1,n-r)$	不显著
$F_{0.05}(r-1,n-r) < F \leqslant F_{0.01}(r-1,n-r)$	显著(可用“ * ”表示)
$F > F_{0.01}(r-1,n-r)$	高度显著(可用“ * * ”表示)

通常还根据计算结果,列出如下方差分析表(analysis of variance table),见表 4.4.

表 4.4 **单因素方差分析表**

方差来源	平方和	自由度	均方和	F 值	临界值	显著性
效应	S_A	$r-1$	$\bar{S}_A = \dfrac{S_A}{r-1}$	$F = \dfrac{\bar{S}_A}{\bar{S}_e}$	$F_{0.05}(r-1,n-r)$	
误差	S_e	$n-r$	$\bar{S}_e = \dfrac{S_e}{n-r}$		$F_{0.01}(r-1,n-r)$	
总和	S_T	$n-1$				

4.1.4 多重比较

F 值显著,否定了假设 H_0,表明试验数据的总变化主要来源于水平间的变化,试验中各水平平均数间存在显著差异,但并不意味着每两个水平平均数间的差异都显著,也不能具体说明哪些水平平均数间有显著差异,哪些差异不显著.因而,有必要进行两两水平平均数间的比较,以具体判断两两水平平均数间的差异显著性.统计上把多个平均数两两间的相互比较称为多重比较(multiple comparison).

多重比较的方法甚多,常用的有最小显著差数法(least significant difference)简称 LSD 法 . 此法的基本做法是:在 F 检验显著的前提下,先计算出显著水平为 α 的最小显著差数 LSD_{α},然后将任意两个水平平均数的差数的绝对值 $|\bar{x}_{i\cdot} - \bar{x}_{j\cdot}|$ 与其比较.若 $|\bar{x}_{i\cdot} - \bar{x}_{j\cdot}| > \mathrm{LSD}_{\alpha}$ 时,则 $\bar{x}_{i\cdot}$ 与 $\bar{x}_{j\cdot}$ 在 α 水平上差异显著;反之,则在 α 水平上差异不显著.最小显著差数由下式计算:

$$\mathrm{LSD}_{\alpha} = t_{\frac{\alpha}{2}}(\mathrm{d}f_e) S_{\bar{x}_{i\cdot} - \bar{x}_{j\cdot}} \tag{4.17}$$

式中,$t_{\alpha}(\mathrm{d}f_e)$ 是自由度为 $\mathrm{d}f_e$ 的 t 分布的右侧 α 分位数,$S_{\bar{x}_{i\cdot} - \bar{x}_{j\cdot}}$ 为均数差异标准误差,由下式算得:

$$S_{\bar{x}_{i\cdot} - \bar{x}_{j\cdot}} = \sqrt{\frac{2\bar{S}_e}{l}} \tag{4.18}$$

其中,$\bar{S}_e$ 为 F 检验中的误差均方,l 为各水平的重复数.

当显著水平 $\alpha = 0.05$ 和 0.01 时,从 t 值表中查出 $t_{0.025}(\mathrm{d}f_e)$ 和 $t_{0.005}(\mathrm{d}f_e)$,代入式(4.17)得:

$$\begin{aligned} LSD_{0.05} &= t_{0.025}(df_e) S_{\bar{x}_{i\cdot} - \bar{x}_{j\cdot}} \\ LSD_{0.01} &= t_{0.005}(df_e) S_{\bar{x}_{i\cdot} - \bar{x}_{j\cdot}} \end{aligned} \tag{4.19}$$

利用 LSD 法进行多重比较时,可按如下步骤进行:

(1)列出平均数的多重比较表,比较表中各水平按其平均数从大到小自上而下排列;

(2)计算最小显著差数 $LSD_{0.025}$ 和 $LSD_{0.005}$;

(3)将平均数多重比较表中两两平均数的差数与 $LSD_{0.025}$、$LSD_{0.005}$ 比较,作出统计推断.

再看例 4.1,这是一个单因素试验,水平数 $r=4$,重复数 $l=5$.各项平方和及自由度计算如下:

矫正数 $$C = \frac{T_{\cdot\cdot}^2}{rl} = \frac{550.8^2}{4\times 5} = 15169.03$$

总平方和 $$S_T = \sum\sum x_{ij}^2 - C = 31.9^2 + 27.9^2 + \cdots + 28.5^2 - C = 15368.7 - 15169.03 = 199.67$$

效应平方和 $$S_A = \frac{1}{l}\sum T_{i\cdot}^2 - C = \frac{1}{5}(155.9^2 + 131.4^2 + 123.7^2 + 139.8^2) - C = 15283.3 - 15169.03 = 114.27$$

误差平方和 $$S_e = S_T - S_A = 199.67 - 114.27 = 85.40$$

总自由度 $$df_T = rl - 1 = 5\times 4 - 1 = 19$$

效应平方和自由度 $$df_A = r - 1 = 4 - 1 = 3$$

误差平方和自由度 $$df_e = df_T - df_A = 19 - 3 = 16$$

用 S_A、S_e 分别除以 df_A 和 df_e 便得到

$$\bar{S}_A = \frac{S_A}{df_A} = \frac{114.27}{3} = 38.09$$

$$\bar{S}_e = \frac{S_e}{df_e} = \frac{85.40}{16} = 5.34$$

因为 $F = \frac{\bar{S}_A}{\bar{S}_e} = \frac{38.09}{5.34} = 7.13$,查附表 3.7,得 $F_{0.01}(df_A, df_e) = F_{0.01}(3,6) = 5.29$,$F>5.29$,$P<0.01$,表明四种不同饲料对鱼的增重效果差异极显著,用不同的饲料饲喂,增重是不同的.

方差分析表见表 4.5.

表 4.5 **方差分析表**

方差来源	平方和	自由度	均方	F 值
水平效应	114.27	3	38.09	7.13**
误 差	85.40	16	5.34	
总 和	199.67	19		

表 4.5 中的 F 值应与相应的被检验因素齐行. 因为经 F 检验差异极显著, 故在 F 值 7.13 右上方标记"* *".

各水平的多重比较见表 4.6.

表 4.6 **四种饲料平均增重的多重比较表(LSD 法)**

水平	平均数 $\bar{x}_{i\cdot}$	$\bar{x}_{i\cdot}-24.74$	$\bar{x}_{i\cdot}-26.28$	$\bar{x}_{i\cdot}-27.96$
A_1	31.18	6.44^{**}	4.90^{**}	3.22^{*}
A_4	27.96	3.22^{*}	1.68^{ns}	
A_2	26.28	1.54^{ns}		
A_3	24.74			

因为, $S_{\bar{x}_{i\cdot}-\bar{x}_{j\cdot}} = \sqrt{\dfrac{2\bar{S}_e}{l}} = \sqrt{\dfrac{2\times 5.34}{5}} = 1.462$; 查附表 3.2 得: $t_{0.025}(16) = 2.120$, $t_{0.005}(16) = 2.921$.

所以, 显著水平为 0.05 与 0.01 的最小显著差数分别为

$$\mathrm{LSD}_{0.05} = t_{0.025}(\mathrm{d}f_e)S_{\bar{x}_{i\cdot}-\bar{x}_{j\cdot}} = 2.120\times 1.462 = 3.099$$

$$\mathrm{LSD}_{0.01} = t_{0.005}(\mathrm{d}f_e)S_{\bar{x}_{i\cdot}-\bar{x}_{j\cdot}} = 2.921\times 1.462 = 4.271$$

将表 4.6 中的 6 个差数与 $\mathrm{LSD}_{0.05}$、$\mathrm{LSD}_{0.01}$ 比较: 小于 $\mathrm{LSD}_{0.05}$ 者不显著, 在差数的右上方标记"ns", 或不标记符号; 介于 $\mathrm{LSD}_{0.05}$ 与 $\mathrm{LSD}_{0.01}$ 之间者显著, 在差数的右上方标记"*"; 大于 $\mathrm{LSD}_{0.01}$ 者极显著, 在差数的右上方标记"* *". 检验结果除差数 1.68、1.54 不显著、3.22 显著外, 其余两个差数 6.44、4.90 极显著. 表明 A_1 饲料对鱼的增重效果极显著高于 A_2 和 A_3, 显著高于 A_4; A_4 饲料对鱼的增重效果极显著高于 A_3 饲料; A_4 与 A_2、A_2 与 A_3 的增重效果差异不显著, 以 A_1 饲料对鱼的增重效果最佳.

例 4.1 的 SPSS 操作步骤如下:

(1) 录入例 4.1 单因素方差分析的 SPSS 数据, 如图 4.1 所示.

(2) 单击 Analyze → Compare Means → One-Way ANOVA, 在单因素方差分析对话框中将变量"增重"移入 Dependent List 框, 将变量"饲料"移入 Factor 栏, 如图 4.2 所示.

(3) 单击对话框中的 Options 按钮, 在弹出的对话框中选中 Descriptive (描述统计)、Homogeneity of variance

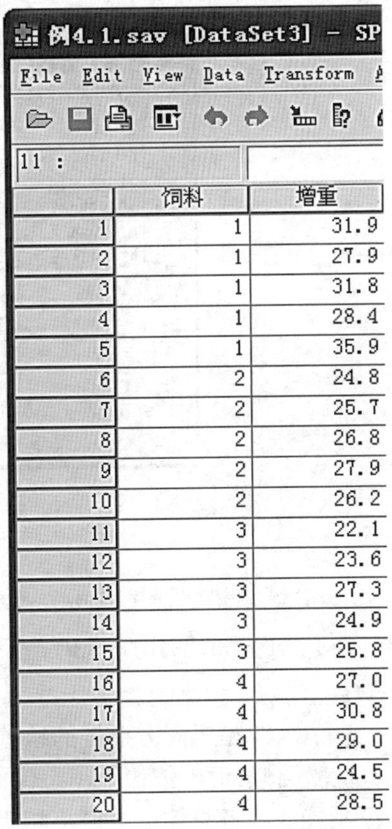

图 4.1

test(同方差检验)和 Means plot(均值的图形)复选框(图 4.3).

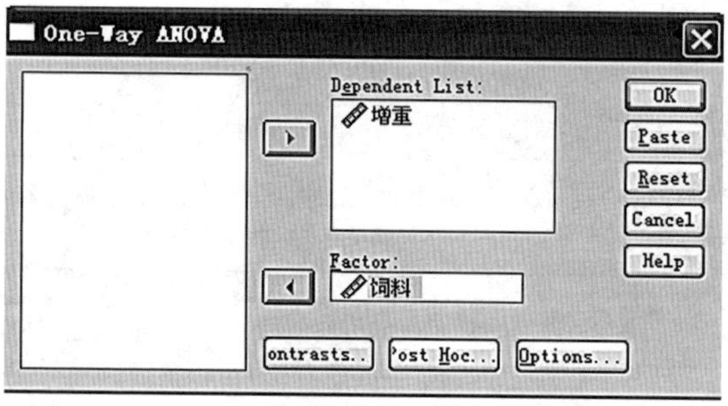

图 4.2 单因素方差分析对话框

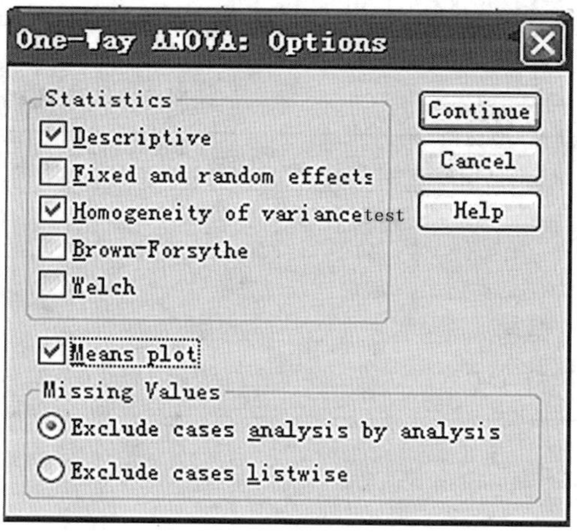

图 4.3 单因素方差分析的选项设定

(4)单击主对话框中的 Post Hoc(事后多重比较),选中 LSD(最小显著差异方法)复选框(图 4.4).单击主对话框中的 OK 按钮,就可以得到相应的分析结果了.

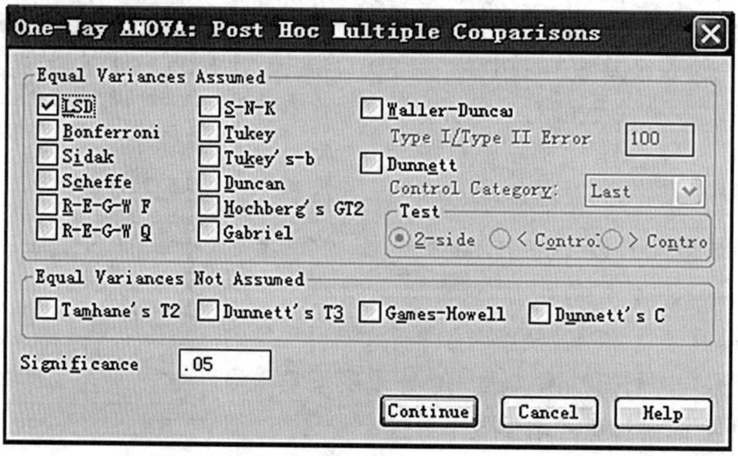

图 4.4 事后多重比较

SPSS 结果解释见表 4.7~表 4.10 以及图 4.5.

在 SPSS 的输出结果中,表 4.7 是描述统计,从均值粗略看,饲料各水平对增重有影响.

表 4.8 是对同方差性的检验.SPSS 采用的是 Levene 检验,这是一种非参数检验方法,与 F 检验类似,但不依赖于正态性假设,比 F 检验更稳健.从检验结果看,在 5%的显著性水平下不能认为各总体的方差不相等.

表 4.7 **描述统计**

	N	Mean	Std. Deviation	Std. Error	95% Confidence Interval for Mean		Minimum	Maximum
					Lower Bound	Upper Bound		
1	5	31.180	3.2275	1.4434	27.172	35.188	27.9	35.9
2	5	26.280	1.1649	0.5210	24.834	27.726	24.8	27.9
3	5	24.740	1.9982	0.8936	22.259	27.221	22.1	27.3
4	5	27.960	2.3628	1.0567	25.026	30.894	24.5	30.8
Total	20	27.540	3.2417	0.7249	26.023	29.057	22.1	35.9

表 4.8 **同方差性检验**

Levene Statistic	df1	df2	Sig.
1.330	3	16	0.299

表 4.9 是 SPSS 生成的方差分析表，饲料的 p 值小于 0.05，检验结论是在 5%的显著性水平下饲料影响显著．

表 4.9 **SPSS 输出的方差分析表**

	Sum of Squares	df	Mean Square	F	Sig.
Between Groups	114.268	3	38.089	7.136	0.003
Within Groups	85.400	16	5.337		
Total	199.668	19			

表 4.10 是用 LSD 法进行多重比较的结果．在表 4.10 中的均值差（Mean Difference）一栏中加有"＊"的值是在 5%的显著性水平下显著不等于零的值．例如，饲料 1 与饲料 2 的平均增重相差 4.9000，这一差异在 5%的显著性水平下是显著的．在加有"＊"的行中，相应的置信区间不包含"0"值．

表 4.10 **LSD 法多重比较的结果**

(I)饲料	(J)饲料	Mean Difference (I-J)	Std. Error	Sig.	95% Confidence Interval	
					Lower Bound	Upper Bound
1	2	4.9000(＊)	1.4612	0.004	1.802	7.998
	3	6.4400(＊)	1.4612	0.000	3.342	9.538
	4	3.2200(＊)	1.4612	0.043	0.122	6.318
2	1	−4.9000(＊)	1.4612	0.004	−7.998	−1.802
	3	1.5400	1.4612	0.308	−1.558	4.638

续表

(I)饲料	(J)饲料	Mean Difference (I-J)	Std. Error	Sig.	95% Confidence Interval	
					Lower Bound	Upper Bound
	4	-1.6800	1.4612	0.267	-4.778	1.418
3	1	-6.4400(*)	1.4612	0.000	-9.538	-3.342
	2	-1.5400	1.4612	0.308	-4.638	1.558
	4	-3.2200(*)	1.4612	0.043	-6.318	-0.122
4	1	-3.2200(*)	1.4612	0.043	-6.318	-0.122
	2	1.6800	1.4612	0.267	-1.418	4.778
	3	3.2200(*)	1.4612	0.043	0.122	6.318

* The mean difference is significant at the 0.05 level.

图 4.5 是以饲料(因素)水平为横轴,以各组平均增重为纵轴绘制的散点图,可看出各组均数的分布状况. 从图中可以看出,总体来说饲料 1 的平均增重最多,饲料 3 的平均增重最少.

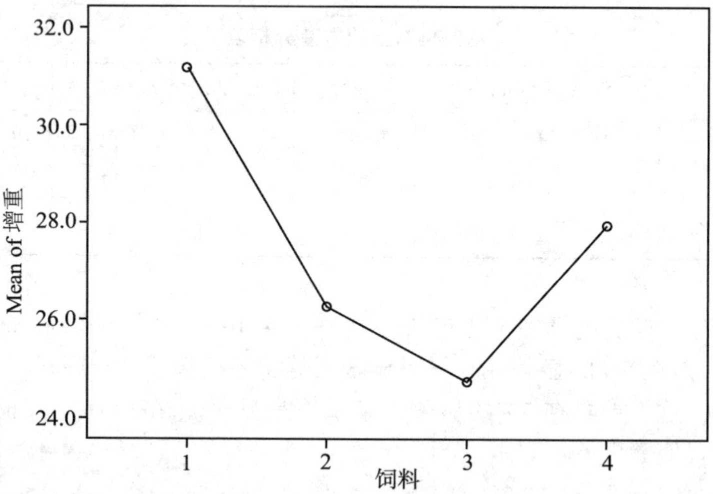

图 4.5 不同饲料鱼的平均增重

4.1.5 各水平重复数不等的方差分析

这种情况下方差分析步骤与各水平重复数相等的情况相同,只是在有关计算公式上略有差异.

设水平数为 r;各水平下重复试验次数分别为 $n_1, n_2, \cdots, n_r$,试验观测值总数为 $n = n_1 + \cdots + n_r$,则

$$\left.\begin{aligned}
S_T &= \sum_{i=1}^{r}\sum_{j=1}^{n_i}(x_{ij}-\bar{x})^2 = \sum_{i=1}^{r}\sum_{j=1}^{n_i}x_{ij}^2 - C\\
S_A &= \sum_{i=1}^{r}n_i(\bar{x}_{i\cdot}-\bar{x})^2 = \sum_{i=1}^{r}\frac{T_{i\cdot}^2}{n_i} - C\\
S_e &= \sum_{i=1}^{r}\sum_{j=1}^{n_i}(x_{ij}-\bar{x}_{i\cdot})^2 = S_T - S_A\\
\mathrm{d}f_T &= n-1, \mathrm{d}f_A = r-1, \mathrm{d}f_e = \mathrm{d}f_T - \mathrm{d}f_A = n-r
\end{aligned}\right\} \tag{4.20}$$

其中，$C=\dfrac{T_{\cdot\cdot}^2}{n}$.

【例 4.2】 5 个不同品种猪的育肥试验，后期 30 天增重(kg)如表 4.11 所示.试比较品种间增重有无差异.

表 4.11　**5 个品种猪 30 天增重**

品种	增重 (kg)						n_i	$T_{i\cdot}$	$\bar{x}_{i\cdot}$
B_1	21.5	19.5	20.0	22.0	18.0	20.0	6	121.0	20.2
B_2	16.0	18.5	17.0	15.5	20.0	16.0	6	103.0	17.2
B_3	19.0	17.5	20.0	18.0	17.0		5	91.5	18.3
B_4	21.0	18.5	19.0	20.0			4	78.5	19.6
B_5	15.5	18.0	17.0	16.0			4	66.5	16.6
合计							25	460.5	

解：此例水平数 $r=5$，各水平重复数不等.现对此试验结果进行方差分析如下：

(1)计算各项平方和与自由度，利用公式(4.20)计算 .

$$C=\frac{T_{\cdot\cdot}^2}{n}=\frac{460.5^2}{25}=8482.41$$

$$\begin{aligned}
S_T &= \sum\sum x_{ij}^2 - C = (21.5^2+19.5^2+\cdots+17.0^2+16.0^2) - 8482.41\\
&= 8567.75 - 8482.41 = 85.34
\end{aligned}$$

$$\begin{aligned}
S_A &= \frac{\sum T_{i\cdot}^2}{n_i - C} = \left(\frac{121.0^2}{6}+\frac{103.0^2}{6}+\frac{91.5^2}{5}+\frac{78.8^2}{4}+\frac{66.5^2}{4}\right) - 8482.41\\
&= 8528.91 - 8482.41 = 46.50
\end{aligned}$$

$$S_e = S_T - S_A = 85.34 - 46.50 = 38.84$$

$$\mathrm{d}f_T = n-1 = 25-1 = 24$$

$$\mathrm{d}f_A = r-1 = 5-1 = 4$$

$$\mathrm{d}f_e = \mathrm{d}f_T - \mathrm{d}f_A = 24-4 = 20$$

(2)列出方差分析表(表 4.12)，进行 F 检验 . 临界值为：$F_{0.05}(4,20)=2.87$，$F_{0.01}(4,20)=4.43$，$F=5.99>F_{0.01}(4,20)=4.43$，$P<0.01$，表明品种间差异极显著.

表4.12 **5个品种育肥猪增重方差分析表**

方差来源	平方和	自由度	均方	F 值
水平效应	46.50	4	11.63	5.99**
误 差	38.84	20	1.94	
总 和	85.34	24		

◎ **思考：**

1. 方差分析主要研究什么？有些什么样的基本假定？
2. 要检验多个总体均值是否相等时，为什么不作两两比较？
3. 单因素方差分析和两正态总体均值差的 t 检验有什么异同？
4. 如何解释总平方和的分解式？总平方和、效应平方和、误差平方和各反映了什么？
5. 为什么经过 F 检验后还要做多重比较？

4.2 两因素方差分析

如果在试验中，有两个试验因素变化，而要考察这两个因素对指标是否有显著影响，就要用到两因素方差分析(two-way analysis of variance)。两因素方差分析又分为无交互作用的方差分析和有交互作用的方差分析。

4.2.1 无交互作用的两因素方差分析

假设因素 A 有 r 个水平 $A_1,A_2,\cdots,A_r$，因素 B 有 s 个水平 $B_1,B_2,\cdots,B_s$，共有 rs 个水平组合 (A_i,B_j)，$i=1,2,\cdots,r;j=1,2,\cdots,s$，其水平组合下的实验数据看成来自同一正态总体 X_{ij}。

设 $X_{ij}\sim N(\mu_{ij},\sigma^2)$，$i=1,2,\cdots,r;j=1,2,\cdots,s$，并记：

$$\left.\begin{aligned}&\mu=\frac{1}{rs}\sum_{i=1}^{r}\sum_{j=1}^{s}\mu_{ij},\mu_{i\cdot}=\frac{1}{s}\sum_{j=1}^{s}\mu_{ij},\mu_{\cdot j}=\frac{1}{r}\sum_{i=1}^{r}\mu_{ij}\\&\alpha_i=\mu_{i\cdot}-u;\beta_j=\mu_{\cdot j}-\mu\\&\gamma_{ij}=\mu_{ij}-\mu-\alpha_i-\beta_j(i=1,2,\cdots,r;j=1,2,\cdots,s)\end{aligned}\right\}\tag{4.21}$$

式中，α_i 称为因素 A 的第 i 个水平效应，反映因素 A 的第 i 个水平对指标产生的影响；β_j 称为因素 B 的第 j 个水平效应，反映因素 B 的第 j 个水平对指标产生的影响；γ_{ij} 称为因素 A 的第 i 个水平与因素 B 的第 j 个水平的交互效应(interaction)，反映 (A_i,B_j) 组合对指标产生的影响。

容易验证：

$$\sum_{i=1}^{r}\alpha_i=0,\ \sum_{j=1}^{s}\beta_j=0,\ \sum_{i=1}^{r}\gamma_{ij}=\sum_{j=1}^{s}\gamma_{ij}=0$$

若 $\gamma_{ij}=0$，即 $\mu_{ij}=\mu+\alpha_i+\beta_j$，称因素 A、B 无交互作用，此时因素 A、B 对指标的作用是相互独立的，只需在每个水平组合下做一次实验得到一个观测值 x_{ij}，全试验共有 rs 个观测值，其数据模式见表4.13。

表 4.13 两因素无重复试验数据模式

	B_1	B_2	$\cdots$	B_s	$\overline{X}_{i\cdot}$
A_1	x_{11}	x_{12}	$\cdots$	x_{1s}	$\overline{x}_{1\cdot}$
A_2	x_{21}	x_{22}	$\cdots$	x_{2s}	$\overline{x}_{2\cdot}$
$\vdots$	$\vdots$	$\vdots$		$\vdots$	$\vdots$
A_r	x_{r1}	x_{r2}	$\cdots$	x_{rs}	$\overline{x}_{r\cdot}$
$\overline{X}_{\cdot j}$	$\overline{x}_{\cdot 1}$	$\overline{x}_{\cdot 2}$	$\cdots$	$\overline{x}_{\cdot s}$	$\overline{x}$

由 $x_{ij} \sim N(\mu_{ij},\sigma^2)$ ，$i=1,2,\cdots,r;j=1,2,\cdots,s$ ，利用式(4.21)的记号，可得数据结构模型为：

$$\begin{cases} x_{ij}=\mu+\alpha_i+\beta_j+\varepsilon_{ij}(i=1,2,\cdots,r;j=1,2,\cdots,s) \\ \sum_{i=1}^{r}\alpha_i=0,\ \sum_{j=1}^{s}\beta_j=0 \\ \varepsilon_{ij} \sim N(0,\sigma^2),\text{各 } \varepsilon_{ij} \text{ 之间相互独立} \end{cases} \tag{4.22}$$

检验问题为

$$\left.\begin{aligned} H_{01}:\alpha_1=\cdots=\alpha_r=0 \\ H_{02}:\beta_1=\cdots=\beta_s=0 \end{aligned}\right\} \tag{4.23}$$

模型(4.22)称为无交互作用两因素方差分析模型.

为了得到检验统计量，也对数据的总平方和与自由度进行分解：

$$\left.\begin{aligned} S_T=S_A+S_B+S_e \\ \mathrm{d}f_T=\mathrm{d}f_A+\mathrm{d}f_B+\mathrm{d}f_e \end{aligned}\right\} \tag{4.24}$$

记

$$T_{i\cdot}=\sum_{j=1}^{s}x_{ij},\ \overline{x}_{i\cdot}=\frac{1}{s}\sum_{j=1}^{s}x_{ij}$$

$$T_{\cdot j}=\sum_{i=1}^{r}x_{ij},\ \overline{x}_{\cdot j}=\frac{1}{r}\sum_{i=1}^{r}x_{ij}$$

$$T_{\cdot\cdot}=\sum_{i=1}^{r}\sum_{j=1}^{s}x_{ij},\ \overline{x}=\frac{1}{rs}\sum_{i=1}^{r}\sum_{j=1}^{s}x_{ij}$$

矫正数 $C=\dfrac{T_{\cdot\cdot}^2}{rs}$

$$\left.\begin{aligned} &\text{总平方和} && S_T=\sum_{i=1}^{r}\sum_{j=1}^{s}(x_{ij}-\overline{x})^2=\sum_{i=1}^{r}\sum_{j=1}^{s}x_{ij}^2-C \\ &A\text{ 因素平方和} && S_A=s\sum_{i=1}^{r}(\overline{x}_{i\cdot}-\overline{x})^2=\frac{1}{s}\sum_{i=1}^{r}T_{i\cdot}^2-C \\ &B\text{ 因素平方和} && S_B=r\sum_{j=1}^{s}(\overline{x}_{\cdot j}-\overline{x})^2=\frac{1}{r}\sum_{j=1}^{s}T_{\cdot j}^2-C \end{aligned}\right\} \tag{4.25}$$

误差平方和 $S_e=\sum_{i=1}^{r}\sum_{j=1}^{s}(x_{ij}-\bar{x}_{i\cdot}-\bar{x}_{\cdot j}+\bar{x})^2=S_T-S_A-S_B$

总自由度 $\mathrm{d}f_T=n-1$

A 因素自由度 $\mathrm{d}f_A=r-1$

B 因素自由度 $\mathrm{d}f_B=s-1$

误差自由度 $\mathrm{d}f_e=\mathrm{d}f_T-\mathrm{d}f_A-\mathrm{d}f_B=(r-1)(s-1)$

相应均方和为 $\bar{S}_A=\dfrac{S_A}{\mathrm{d}f_A},\bar{S}_B=\dfrac{S_B}{\mathrm{d}f_B},\bar{S}_e=\dfrac{S_e}{\mathrm{d}f_e}$

对于这些平方和,也有如下统计性质:

定理 4.3 (1) $\dfrac{S_e}{\sigma^2}\sim\chi^2((r-1)(s-1))$;

(2) $H_{01}:\alpha_1=\cdots=\alpha_r=0$ 为真时, $\dfrac{S_A}{\sigma^2}\sim\chi^2(r-1)$;

(3) $H_{02}:\beta_1=\cdots=\beta_s=0$ 为真时, $\dfrac{S_B}{\sigma^2}\sim\chi^2(s-1)$;

(4)统计量 S_A,S_B,S_e 相互独立.

对检验问题(4.23),检验统计量可分别取

$$F_A=\frac{\bar{S}_A}{\bar{S}_e},\quad F_B=\frac{\bar{S}_B}{\bar{S}_e}$$

当 H_{01} 为真时, $F_A\sim F(r-1,(r-1)(s-1))$;

当 H_{02} 为真时, $F_B\sim F(s-1,(r-1)(s-1))$.

拒绝域分别为 $F_A\geqslant F_\alpha(r-1,(r-1)(s-1))$. $F_B\geqslant F_\alpha(s-1,(r-1)(s-1))$.

根据计算结果,列出方差分析表(表 4.14).

表 4.14 **无交互作用的两因素方差分析表**

方差来源	平方和	自由度	均方和	F 值	临界值	显著性
因素 A	S_A	$r-1$	$\bar{S}_A=\dfrac{S_A}{r-1}$	$F_A=\dfrac{\bar{S}_A}{\bar{S}_e}$	$F_{A0.05}$	
					$F_{A0.01}$	
因素 B	S_B	$s-1$	$\bar{S}_B=\dfrac{S_B}{s-1}$	$F_B=\dfrac{\bar{S}_B}{\bar{S}_e}$	$F_{B0.05}$	
					$F_{B0.01}$	
误差	S_e	$(r-1)(s-1)$	$\bar{S}_e=\dfrac{S_e}{(r-1)(s-1)}$			
总和	S_T	$n-1$				

【例 4.3】 为研究雌激素对子宫发育的影响,现有 4 窝不同品系未成年的大白鼠,每窝 3 只,随机分别注射不同剂量的雌激素,然后在相同条件下试验,并称得它们的子宫重量,见表 4.15. 试作方差分析.

表 4.15 各品系大白鼠不同剂量雌激素的子宫重量 （单位:g）

品系(A)	雌激素注射剂量(mg/100g)(B)			合计 $T_{i\cdot}$	平均 $\bar{x}_{i\cdot}$
	B_1(0.2)	B_2(0.4)	B_3(0.8)		
A_1	106	116	145	367	122.3
A_2	42	68	115	225	75.0
A_3	70	111	133	314	104.7
A_4	42	63	87	192	64.0
合计 $T_{\cdot j}$	260	358	480	1098	
平均 $\bar{x}_{\cdot j}$	65.0	89.5	120.0		

这是一个两因素单独观测值试验结果.A 因素(品系)有 4 个水平,即 $r=4$;B 因素(雌激素注射剂量)有 3 个水平,即 $s=3$,共有 $rs=12$ 个观测值.方差分析如下：

(1)计算各项平方和与自由度.

根据公式(4.25)有：

$$C=\frac{T_{\cdot\cdot}^2}{ab}=\frac{1098^2}{4\times 3}=100467.0000$$

$$S_T=\sum\sum x_{ij}^2-C=(106^2+116^2+\cdots+63^2+87^2)-100467.0000$$
$$=113542-100467.0000=13075.0000$$

$$S_A=\frac{1}{s}\sum T_{i\cdot}^2-C=\frac{1}{3}(367^2+225^2+314^2+192^2)-100467.0000$$
$$=106924.6667-100467.0000=6457.6667$$

$$S_B=\frac{1}{r}\sum T_{\cdot j}^2-C=\frac{1}{4}(260^2+358^2+480^2)-100467.0000$$
$$=106541.0000-100467.0000=6074.0000$$

$$S_e=S_T-S_A-S_B=13075.0000-6457.6667-6070000=543.3333$$

$$\mathrm{d}f_T=rs-1=4\times 3-1=11,\mathrm{d}f_A=r-1=4-1=3$$

$$\mathrm{d}f_B=s-1=3-1=2,\mathrm{d}f_e=\mathrm{d}f_T-\mathrm{d}f_A-\mathrm{d}f_B=11-3-2=6$$

(2)列出方差分析表,进行 F 检验(表 4.16).

表 4.16 资料的方差分析表

方差来源	平方和	自由度	均方	F 值
A 因素(品系)	6457.6667	3	2152.5556	23.77**
B 因素(剂量)	6074.0000	2	3037.0000	33.54**
误差	543.3333	6	90.5556	
总和	13075.0000	11		

查 F 分布分位数,得 $F_{0.01}(3,6)=9.78$; $F_{0.01}(2,6)=10.92$.

因为 A 因素的 F 值 $23.77>F_{0.01}(3,6)$,$P<0.01$,差异极显著;B 因素的 F 值 $33.54>F_{0.01}(2,6)$,$P<0.01$,差异极显著,说明不同品系和不同雌激素剂量对大白鼠子宫的发育均有极显著影响,进一步地,也可以仿照单因素方差分析对平均测定结果进行多重比较,具体做法可参看相关资料.

例 4.3 的 SPSS 操作步骤如下:

(1)先将数据整理成表 4.17 的形式,录入 SPSS 数据文件.

表 4.17 **SPSS 需要的数据格式**

编号	品系	雌激素注射剂量	重量
1	1	1	106
2	1	2	116
3	1	3	145
4	2	1	42
5	2	2	68
6	2	3	115
7	3	1	70
8	3	2	111
9	3	3	133
10	4	1	42
11	4	2	63
12	4	3	87

(2)在 SPSS 中建立数据表以后,选择 Analyze→General Linear Model→Univariate,在主对话框中将“重量”放入 Dependent Variable 矩形框,将“品系”和“雌激素注射剂量”放入 Fixed Factor(s)矩形框中(图 4.6).

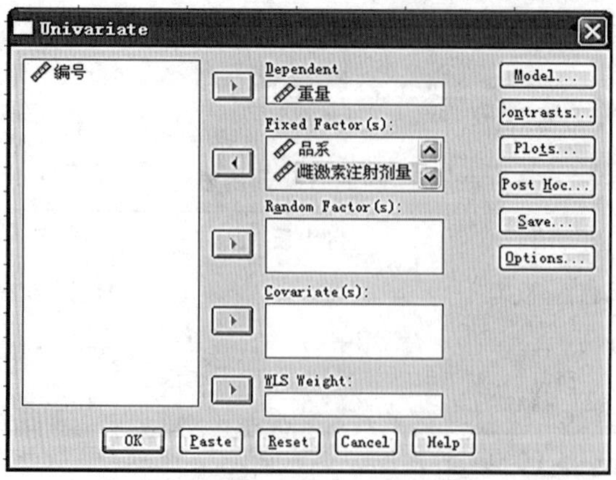

图 4.6 Univariate 主对话框

(3)单击 Plots 按钮,在弹出的对话框中把"品系"变量指定为 Horizontal Axis,把"雌激素注射剂量"指定为 Spearate Lines,点击下面的 Add 按钮,表示我们需要做一个以品系为横轴,注射剂量按剂量的平均值为一条线的图形(图 4.7).返回主对话框,单击 OK 按钮.

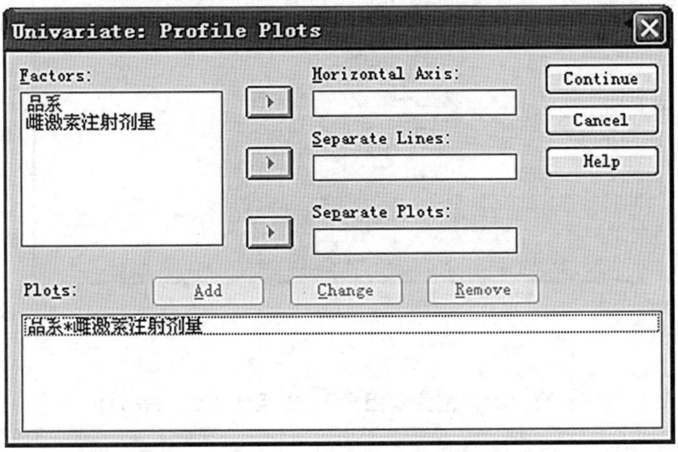

图 4.7 要求 SPSS 输出均值图形的设定

图 4.8 反映了品系和雌激素注射剂量对子宫的平均重量.从图中可以看出,三条线平行,说明品系和雌激素注射剂量之间不存在交互影响.

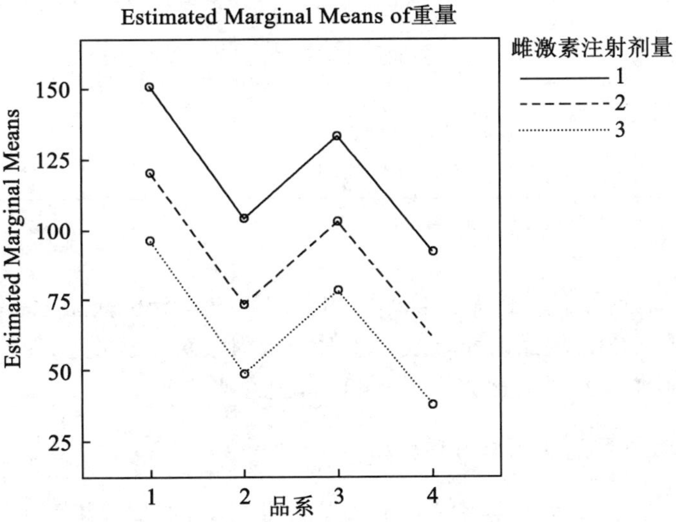

图 4.8 品系和雌激素注射剂量对子宫的平均重量

在主对话框中点击 Model 按钮,进入 Model 对话框,选择 Custom(非饱和模型,不含交互项),在效应下拉框中选择 Main effect,把"品系"和"雌激素注射剂量"变量选入右边的模型框中,单击 Continue 返回主对话框(图 4.9).其他选项采用默认值,单击主对话框中的 OK 按钮,可以得到无交互作用的双因素方差分析结果,分析结果见表 4.18.

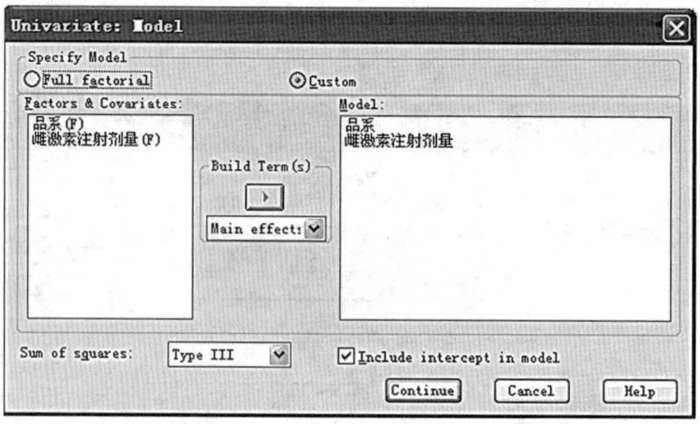

图 4.9 Univariate 过程的模型定义对话框

表 4.18 **SPSS 输出的有重复双因素、无交互作用的方差分析表**

Source	Type III Sum of Squares	df	Mean Square	F	Sig.
Corrected Model	12531.667(a)	5	2506.333	27.677	0.000
Intercept	100467.000	1	100467.000	1109.452	0.000
品系	6457.667	3	2152.556	23.771	0.001
雌激素注射剂量	6074.000	2	3037.000	33.537	0.001
Error	543.333	6	90.556		
Total	113542.000	12			
Corrected Total	13075.000	11			

a:R Squared = 0.958 (Adjusted R Squared = 0.924)

根据表 4.18 的分析结果,在无交互作用的双因素方差分析模型中,品系和雌激素注射剂量的 p 值都等于 0.001,故品系和雌激素注射剂量因素对子宫重量都有显著影响.表中的 Corrected Total 是我们常用的总离差平方和,Total 是总平方和.

4.2.2 有交互作用的两因素方差分析

在上面的分析中,假定两个因素对指标的影响是独立的,但如果两个因素搭配在一起会对指标产生一种新的效应,就需要考虑交互作用对指标的影响,这就是有交互作用的两因素方差分析.记号 $\mu,\alpha_i,\beta_j,\gamma_{ij}$ 的含义同式(4.21),此时 $\gamma_{ij}\neq 0$,即 $\mu_{ij}=\mu+\alpha_i+\beta_j+\gamma_{ij}$. 有交互作用时,每个水平组合 (A_i,B_j) 下至少要进行两次重复实验.

设因素 A 与 B 的每个水平组合 (A_i,B_j) 下有 t 次重复实验,得观察值为 x_{ijk},并设 $x_{ijk}\sim N(\mu_{ij},\sigma^2)$, $k=1,2,\cdots,t$,则全试验共有 rst 个观测值.这类试验结果方差分析的数据模式见表 4.19.

表 4.19 两因素有重复观测值试验数据模式

A \ B	B_1	B_2	$\cdots$	B_s
A_1	$x_{111},x_{112},\cdots,x_{11t}$	$x_{121},x_{122},\cdots,x_{12t}$	$\cdots$	$x_{1s1},x_{1s2},\cdots,x_{1st}$
A_2	$x_{211},x_{212},\cdots,x_{21t}$	$x_{221},x_{222},\cdots,x_{22t}$	$\cdots$	$x_{2s1},x_{2s2},\cdots,x_{2st}$
$\vdots$	$\vdots$	$\vdots$		$\vdots$
A_r	$x_{r11},x_{r12},\cdots,x_{r1t}$	$x_{r21},x_{r22},\cdots,x_{r2t}$	$\cdots$	$x_{rs1},x_{rs2},\cdots,x_{rst}$

其数据结构模型为：

$$\begin{cases} x_{ijk}=\mu+\alpha_i+\beta_j+\gamma_{ij}+\varepsilon_{ijk}(i=1,2,\cdots,r;j=1,2,\cdots,s,k=1,2,\cdots,t) \\ \sum_{i=1}^{r}\alpha_i=0,\ \sum_{j=1}^{s}\beta_j=0,\ \sum_{i=1}^{r}\gamma_{ij}=\sum_{j=1}^{s}\gamma_{ij}=0 \\ \varepsilon_{ijk}\sim N(0,\sigma^2),\text{各 }\varepsilon_{ijk}\text{ 之间相互独立} \end{cases} \tag{4.26}$$

我们要检验因素 A、B 及其交互作用 $I=A\times B$ 对试验结果的影响是否显著．相当于检验原假设：

$$H_{01}:\alpha_1=\cdots=\alpha_r=0$$
$$H_{02}:\beta_1=\cdots=\beta_s=0$$
$$H_{03}:\gamma_{ij}=0 \qquad (i=1,\cdots,r;j=1,\cdots,s)$$

模型(4.26)称为有交互作用两因素方差分析模型．

仿照无交互作用两因素方差分析模型,可得总平方和 S_T 与自由度的分解式为

$$\left.\begin{aligned} S_T&=S_A+S_B+S_{A\times B}+S_e \\ \mathrm{d}f_T&=\mathrm{d}f_A+\mathrm{d}f_B+\mathrm{d}f_{A\times B}+\mathrm{d}f_e \end{aligned}\right\} \tag{4.27}$$

其中, $S_{A\times B}$, $\mathrm{d}f_{A\times B}$ 分别为因素 A 与 B 的交互作用平方和与自由度.

若用 S_{AB}, $\mathrm{d}f_{AB}$ 分别表示 A、B 水平组合间的平方和与自由度,则因水平变化可分为 A 因素、B 因素及 A、B 交互作用变化三部分,于是 S_{AB}、$\mathrm{d}f_{AB}$ 可分为

$$\left.\begin{aligned} S_{AB}&=S_A+S_B+S_{A\times B} \\ \mathrm{d}f_{AB}&=\mathrm{d}f_A+\mathrm{d}f_B+\mathrm{d}f_{A\times B} \end{aligned}\right\} \tag{4.28}$$

记

$$T_{ij\cdot}=\sum_{k=1}^{t}x_{ijk}, \qquad \bar{x}_{ij\cdot}=\frac{1}{t}\sum_{k=1}^{t}x_{ijk}$$

$$T_{i\cdot\cdot}=\sum_{j=1}^{s}\sum_{k=1}^{t}x_{ijk}, \qquad \bar{x}_{i\cdot\cdot}=\frac{1}{st}\sum_{j=1}^{s}\sum_{k=1}^{t}x_{ijk}$$

$$T_{\cdot j\cdot}=\sum_{i=1}^{r}\sum_{k=1}^{t}x_{ijk}, \qquad \bar{x}_{\cdot j\cdot}=\frac{1}{rt}\sum_{i=1}^{r}\sum_{k=1}^{t}x_{ijk}$$

$$T_{\cdots}=\sum_{i=1}^{r}\sum_{j=1}^{s}\sum_{k=1}^{t}x_{ijk}, \qquad \bar{x}=\frac{1}{n}\sum_{i=1}^{r}\sum_{j=1}^{s}\sum_{k=1}^{t}x_{ijk}$$

矫正数 $C = T_{\cdots}^2 / rst$

各项平方和、自由度及均方的计算公式如下：

总平方和与自由度 $S_T = \sum_{i=1}^{r}\sum_{j=1}^{s}\sum_{k=1}^{t}(x_{ijk} - \bar{x})^2 = \sum\sum\sum x_{ijk}^2 - C$

$$\mathrm{d}f_T = rst - 1$$

水平组合平方和与自由度 $S_{AB} = \sum_{i=1}^{r}\sum_{j=1}^{s}\sum_{k=1}^{t}(\bar{x}_{ij\cdot} - \bar{x})^2 = \frac{1}{t}\sum_{i=1}^{r}\sum_{j=1}^{s}T_{ij\cdot}^2 - C$

$$\mathrm{d}f_{AB} = rs - 1$$

A 因素平方和与自由度 $S_A = \sum_{i=1}^{r}\sum_{j=1}^{s}\sum_{k=1}^{t}(\bar{x}_{i\cdot\cdot} - \bar{x})^2 = \frac{1}{st}\sum T_{i\cdot\cdot}^2 - C$

$$\mathrm{d}f_A = r - 1$$

B 因素平方和与自由度 $S_B = \sum_{i=1}^{r}\sum_{j=1}^{s}\sum_{k=1}^{t}(\bar{x}_{\cdot j\cdot} - \bar{x})^2 = \frac{1}{rt}\sum T_{\cdot j\cdot}^2 - C$

$$\mathrm{d}f_B = s - 1$$

交互作用平方和与自由度 $S_{A\times B} = \sum_{i=1}^{r}\sum_{j=1}^{s}\sum_{k=1}^{t}(\bar{x}_{ij\cdot} - \bar{x}_{i\cdot\cdot} - \bar{x}_{\cdot j\cdot} + \bar{x})^2 = S_{AB} - S_A - S_B$

$$\mathrm{d}f_{A\times B} = (r-1)(s-1)$$

误差平方和与自由度 $S_e = \sum_{i=1}^{r}\sum_{j=1}^{s}\sum_{k=1}^{t}(x_{ijk} - \bar{x}_{ij\cdot})^2 = S_T - S_{AB} = S_T - S_A - S_B - S_{A\times B}$

$$\mathrm{d}f_e = rs(t-1)$$

相应均方和分别为 $\bar{S}_A = \frac{S_A}{\mathrm{d}f_B}, \bar{S}_B = \frac{S_B}{\mathrm{d}f_B},$

$$\bar{S}_{A\times B} = \frac{S_{A\times B}}{\mathrm{d}f_{A\times B}}, \bar{S}_e = \frac{S_e}{\mathrm{d}f_e}$$

方差分析表见表 4.20.

表 4.20 **两因素有交互作用方差分析表**

方差来源	平方和	自由度	均方和	F 值	临界值	显著性
因素 A	S_A	$r-1$	$\bar{S}_A = \frac{S_A}{r-1}$	$F_A = \frac{\bar{S}_A}{\bar{S}_e}$	$F_{A0.05}$ $F_{A0.01}$	
因素 B	S_B	$s-1$	$\bar{S}_B = \frac{S_B}{s-1}$	$F_B = \frac{\bar{S}_B}{\bar{S}_e}$	$F_{B0.05}$ $F_{B0.01}$	
交互作用 $A\times B$	$S_{A\times B}$	$(r-1)(s-1)$	$\bar{S}_{A\times B} = \frac{S_{A\times B}}{(r-1)(s-1)}$	$F_I = \frac{\bar{S}_I}{\bar{S}_e}$	$F_{I0.05}$ $F_{I0.01}$	
误差	S_e	$rs(t-1)$	$\bar{S}_e = \frac{S_e}{rs(t-1)}$			
总和	S_T	$rs(t-1)$				

其中，临界值 $F_{A\alpha}=F_{\alpha}(r-1,rs(t-1))$，$F_{B\alpha}=F_{\alpha}(s-1,rs(t-1))$，$F_{I\alpha}=F_{\alpha}((r-1)(s-1),rs(t-1))$.

【例 4.4】 为了研究饲料中钙磷含量对幼猪生长发育的影响，将钙(A)、磷(B)在饲料中的含量各分 4 个水平进行交叉分组试验.先用品种、性别、日龄相同，初始体重基本一致的幼猪 48 头，随机分成 16 组，每组 3 头，用能量、蛋白质含量相同的饲料在不同钙磷用量搭配下各喂一组猪，经两月试验，幼猪增重结果(单位:kg)列于表 4.21，试分析钙磷对幼猪生长发育的影响.

本例 A 因素钙的含量分 4 个水平，即 $r=4$；B 因素磷的含量分 4 个水平，即 $s=4$；共有 $rs=4\times4=16$ 个水平组合；每个组合重复数 $t=3$；全试验共有 $rst=4\times4\times3=48$ 个观测值.现对本例资料进行方差分析如下：

表 4.21 **不同钙磷用量(%)的试验猪增重结果(kg)**

		$B_1(0.8)$	$B_2(0.6)$	$B_3(0.4)$	$B_4(0.2)$	A_i合计 $T_{i\cdot\cdot}$	A_i平均 $\bar{x}_{i\cdot\cdot}$
		22.0	30.0	32.4	30.5		
	x_{1jk}	26.5	27.5	26.5	27.0	324.9	27.1
$A_1(1.0)$		24.4	26.0	27.0	25.1		
	$T_{1j\cdot}$	72.9	83.5	85.9	82.6		
	$\bar{x}_{1j\cdot}$	24.3	27.8	28.6	27.5		
		23.5	33.2	38.0	26.5		
	x_{2jk}	25.8	28.5	35.5	24.0	350.1	29.2
$A_2(0.8)$		27.0	30.1	33.0	25.0		
	$T_{2j\cdot}$	76.3	91.8	106.5	75.5		
	$\bar{x}_{2j\cdot}$	25.4	30.6	35.5	25.2		
		30.5	36.5	28.0	20.5		
	x_{3jk}	26.8	34.0	30.5	22.5	332.4	27.7
$A_3(0.6)$		25.5	33.5	24.6	19.5		
	$T_{3j\cdot}$	82.8	104.0	83.1	62.5		
	$\bar{x}_{3j\cdot}$	27.6	34.7	27.7	20.8		
		34.5	29.0	27.5	18.5		
	x_{4jk}	31.4	27.5	26.3	20.0	319.5	26.6
$A_4(0.4)$		29.3	28.0	28.5	19.0		
	$T_{4j\cdot}$	95.2	84.5	82.3	57.5		
	$\bar{x}_{4j\cdot}$	31.7	28.2	27.4	19.2		
B_j合计 $T_{\cdot j\cdot}$		327.2	363.8	357.8	278.1	1326.9	
B_j平均 $\bar{x}_{\cdot j\cdot}$		27.3	30.3	29.8	23.2		27.6

(1)计算各项平方和与自由度.

$$C=\frac{T_{\cdots}^2}{rst}=\frac{1326.9^2}{4\times4\times3}=36680.4919$$

$$S_T=\sum\sum\sum x_{ijk}^2-C=(22.0^2+26.5^2+\cdots+20.0^2+19.0^2)-36680.4919$$
$$=37662.8100-36680.4919=982.3181$$

$$S_{AB}=\frac{1}{t}\sum T_{ij\cdot}^2-C=\frac{1}{3}(72.9^2+83.5^2+\cdots+57.5^2)-36680.4919$$
$$=37515.3967-36680.4919=834.9048$$

$$S_A=\frac{1}{st}\sum T_{i\cdot\cdot}^2-C=\frac{1}{4\times3}(324.9^2+350.1^2+332.4^2+319.5^2)-36680.4919$$
$$=36725.0025-36680.4919=44.5106$$

$$S_B=\frac{1}{rt}\sum T_{\cdot j\cdot}^2-C=\frac{1}{4\times3}(327.2^2+363.8^2+357.8^2+278.1^2)-36680.4919$$
$$=37064.2275-36680.4919=383.7356$$

$$S_{A\times B}=S_{AB}-S_A-S_B=834.9048-44.5106-383.7356=406.6586$$

$$S_e=S_T-S_{AB}=982.3181-834.9048=147.4133$$

$$\mathrm{d}f_T=rst-1=4\times4\times3-1=47$$

$$\mathrm{d}f_{AB}=rs-1=4\times4-1=15$$

$$\mathrm{d}f_A=r-1=4-1=3$$

$$\mathrm{d}f_B=s-1=4-1=3$$

$$\mathrm{d}f_{A\times B}=(r-1)(s-1)=(4-1)(4-1)=9$$

$$\mathrm{d}f_e=rs(t-1)=4\times4(3-1)=32$$

(2)列出方差分析表,进行 F 检验(表 4.22).

表 4.22 **不同钙磷用量方差分析表**

方差来源	平方和	自由度	均方	F 值
钙(A)	44.5106	3	14.8367	3.22*
磷(B)	383.7356	3	127.9119	27.77**
($A\times B$)	406.6586	9	45.1843	9.81**
误差	147.4133	32	4.6067	
总和	982.3181	47		

查临界值 F 的分位数:$F_{0.05}(3,32)=2.90$,$F_{0.01}(3,32)=4.47$,$F_{0.01}(9,32)=3.02$.因为,$F_A>F_{0.05}(3,32)$;$F_B>F_{0.01}(3,32)$;$F_{A\times B}>F_{0.01}(9,32)$,表明钙、磷及其互作对幼猪的生长发育均有显著或极显著影响.

例 4.4 的 SPSS 操作步骤如下:

(1)先将数据整理成表 4.23 的形式,录入 SPSS 数据文件.

表 4.23 **数据表**

编号	钙(A)	磷(B)	增重	编号	钙(A)	磷(B)	增重	编号	钙(A)	磷(B)	增重	编号	钙(A)	磷(B)	增重
1	1	1	22.0	13	2	1	23.5	25	3	1	30.5	37	4	1	34.5
2	1	1	26.5	14	2	1	25.8	26	3	1	26.8	38	4	1	31.4
3	1	1	24.4	15	2	1	27.0	27	3	1	25.5	39	4	1	29.3
4	1	2	30.0	16	2	2	33.2	28	3	2	36.5	40	4	2	29.0
5	1	2	27.5	17	2	2	28.5	29	3	2	34.0	41	4	2	27.5
6	1	2	26.0	18	2	2	30.1	30	3	2	33.5	42	4	2	28.0
7	1	3	32.4	19	2	3	38.0	31	3	3	28.0	43	4	3	27.5
8	1	3	26.5	20	2	3	35.5	32	3	3	30.5	44	4	3	26.3
9	1	3	27.0	21	2	3	33.0	33	3	3	24.6	45	4	3	28.5
10	1	4	30.5	22	2	4	26.5	34	3	4	20.5	46	4	4	18.5
11	1	4	27.0	23	2	4	24.0	35	3	4	22.5	47	4	4	20.0
12	1	4	25.1	24	2	4	25.0	36	3	4	19.5	48	4	4	19.0

(2)在 SPSS 中建立数据表以后，选择 Analyze→General Linear Model→Univariate，在主对话框中将“增重”放入 Dependent Variable 矩形框，将“A”和“B”放入 Fixed Factor(s)矩形框中(图 4.10).

(3)单击 Model 按钮，在模型设置对话框中选择 Full factorial(饱和模型，SPSS 默认项，含有交互项)见图 4.11，按 Continue 按钮，返回主对话框.

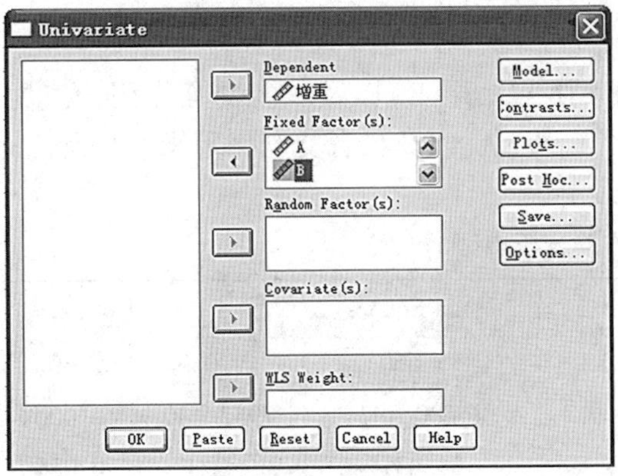

图 4.10

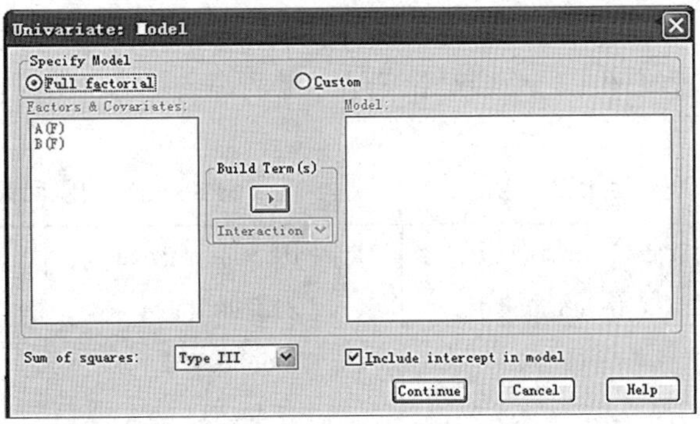

图 4.11 有交互作用的双因素模型设定

单击 Plots 按钮，在弹出的对话框中把“地区”变量指定为 Horizontal Axis，把“险种”指定为 Spearate Lines，点击下面的 Add 按钮，表示做一个以钙(A)为横轴，每个磷(B)按磷(B)的平均值为一条线的图形(图 4.12).返回主对话框.

单击 Post Hoc，在对话框中选中 LSD 法(图 4.13)，进一步明确钙(A)之间及磷(B)之间对猪的增重的影响程度，作多重比较.

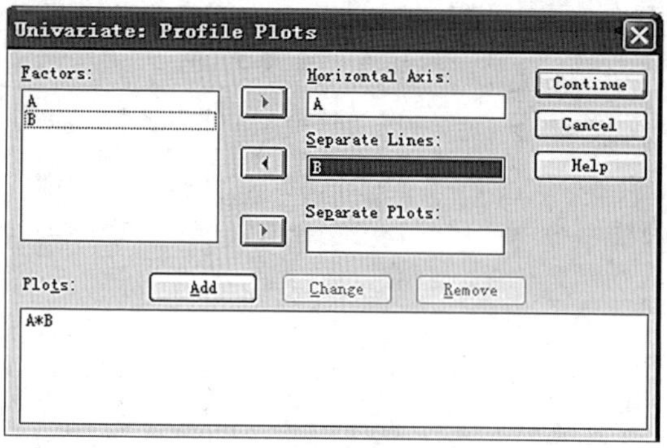

图 4.12 要求 SPSS 输出均值图形的设定

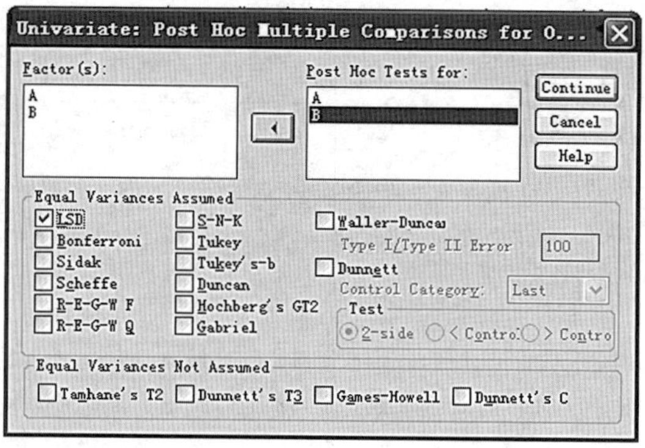

图 4.13 事后多重比较

单击 Options，在对话框中选中 Homogeneity test（同方差检验）复选框.最后单击主对话框中的 OK 按钮，就可以得到有交互作用的双因素方差分析结果了.

SPSS 结果解释见表 4.24～表 4.26 及图 4.14.

表 4.24 是同方差性检验的结果，检验的 p 值等于 0.518，表明没有证据表明各个总体的方差不相等.

表 4.24 **同方差性的 Levene 检验**

F	df1	df2	Sig.
0.957	15	32	0.518

Tests the null hypothesis that the error variance of the dependent variable is equal across groups.

a Design：Intercept+A+B+A ＊ B

表 4.25 是 SPSS 输出的方差分析表.表中关于钙（A）、磷（B）以及二者交互作用 p 值均小于 0.05，检验结论是在 5%的显著性水平下钙（A）、磷（B）以及二者交互作用影响显著.

表 4.25 **SPSS 输出的双因素方差分析模型**

Source	Type III Sum of Squares	df	Mean Square	F	Sig.
Corrected Model	834.905(a)	15	55.660	12.083	0.000
Intercept	36680.492	1	36680.492	7962.480	0.000
A	44.511	3	14.837	3.221	0.036
B	383.736	3	127.912	27.767	0.000
A ＊ B	406.659	9	45.184	9.808	0.000
Error	147.413	32	4.607		
Total	37662.810	48			
Corrected Total	982.318	47			

a R Squared = 0.850 (Adjusted R Squared = 0.780)

图 4.14 反映了钙(A)、磷(B)对猪的平均增重.从图中可以看出,在 B4 下不同钙量之间的差异较大,但在 B2,B3 差异很小.四条线并非平行线,说明钙(A)和磷(B)之间存在交互影响.从图形可以看出,在 A1 下 B4 对猪的增重最高,在 A2 下 B3 对猪的增重最高,在 A3 下 B2 对猪的增重最高,在 A4 下 B1 对猪的增重最高.

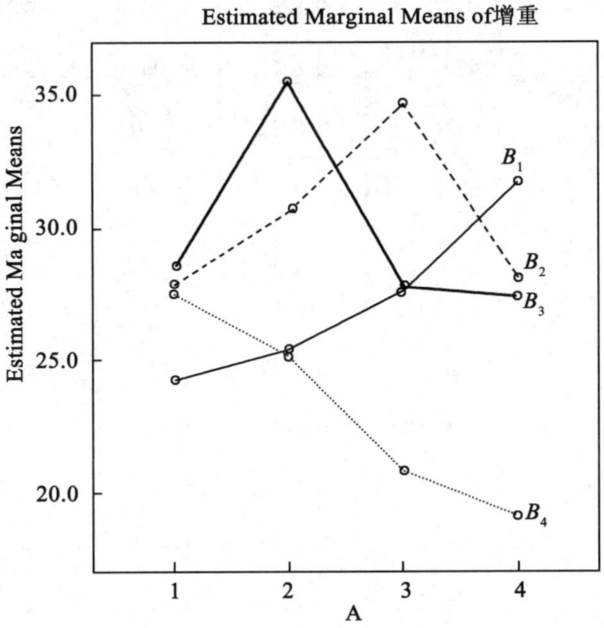

图 4.14 钙(A)和磷(B)对猪的平均增重

表 4.26 是用 LSD 法进行多重比较的结果.

表 4.26 **LSD 法多重比较的结果**

(I) A	(J) A	Mean Difference (I-J)	Std. Error	Sig.	95% Confidence Interval	
					Upper Bound	Lower Bound
1	2	-2.100(*)	0.8762	0.023	-3.885	-0.315
	3	-0.625	0.8762	0.481	-2.410	1.160
	4	0.450	0.8762	0.611	-1.335	2.235
2	1	2.100(*)	0.8762	0.023	0.315	3.885
	3	1.475	0.8762	0.102	-0.310	3.260
	4	2.550(*)	0.8762	0.007	0.765	4.335
3	1	0.625	0.8762	0.481	-1.160	2.410
	2	-1.475	0.8762	0.102	-3.260	0.310
	4	1.075	0.8762	0.229	-0.710	2.860
4	1	-0.450	0.8762	0.611	-2.235	1.335
	2	-2.550(*)	0.8762	0.007	-4.335	-0.765
	3	-1.075	0.8762	0.229	-2.860	0.710

续表

(I) B	(J) B	Mean Difference (I-J)	Std. Error	Sig.	95% Confidence Interval	
					Upper Bound	Lower Bound
1	2	-3. 050(*)	0. 8762	0. 001	-4. 835	-1. 265
	3	-2. 550(*)	0. 8762	0. 007	-4. 335	-0. 765
	4	4. 092(*)	0. 8762	0. 000	2. 307	5. 876
2	1	3. 050(*)	0. 8762	0. 001	1. 265	4. 835
	3	0. 500	0. 8762	0. 572	-1. 285	2. 285
	4	7. 142(*)	0. 8762	0. 000	5. 357	8. 926
3	1	2. 550(*)	0. 8762	0. 007	0. 765	4. 335
	2	-0. 500	0. 8762	0. 572	-2. 285	1. 285
	4	6. 642(*)	0. 8762	0. 000	4. 857	8. 426
4	1	-4. 092(*)	0. 8762	0. 000	-5. 876	-2. 307
	2	-7. 142(*)	0. 8762	0. 000	-8. 926	-5. 357
	3	-6. 642(*)	0. 8762	0. 000	-8. 426	-4. 857

Based on observed means.

*. The mean difference is significant at the 0. 05 level.

◎ **思考:**

1. 什么是交互作用?
2. 试比较两因素方差分析和单因素方差分析,它们有什么异同?
3. 有交互作用和无交互作用的两因素方差分析有何异同?

4. 3 正交试验设计

4. 3. 1 试验设计方法概述

试验设计是数理统计学的一个重要的分支.多数数理统计方法主要用于分析已经得到的数据,而试验设计却是用于决定数据收集的方法.试验设计方法主要讨论如何合理地安排试验以及试验所得的数据如何分析等.

【例 4. 5】 在人造再生木材工艺中,为了提高抗弯强度,对工艺中三个主要因素各按三个水平进行试验(见表 4. 27),寻求较优生产条件.

表 4.27

水平	因素	配比	温度	时间
	符号	A	B	C
1	$A_1(1:1)$		$B_1(150)$	$C_1(30)$
2	$A_2(2:3)$		$B_2(165)$	$C_2(35)$
3	$A_3(3:7)$		$B_3(180)$	$C_3(40)$

对此实例该如何进行试验方案的设计呢?

很容易想到的是每一水平组合下都进行一次实验, 此方案数据点分布的均匀性极好,因素和水平的搭配十分全面,但实验次数多达 $3^3=27$ 次. 因素、水平数愈多,则实验次数就愈多. 例如,做一个 6 因素 3 水平的试验,就需 $3^6=729$ 次实验,显然难以做到.因此,需要寻找一种合适的试验设计方法,减少实验次数.

常用的试验设计方法有正交试验设计法、均匀试验设计法、单纯形优化法、双水平单纯形优化法、回归正交设计法、序贯试验设计法等.可供选择的试验方法很多,各种试验设计方法都有其一定的特点.所面对的任务与要解决的问题不同,选择的试验设计方法也应有所不同,我们只讨论正交试验设计方法.正交试验设计(orthogonal experimental design)是研究多因素多水平的一种设计方法,它是根据正交性从全面试验中挑选出部分有代表性的水平组合进行试验,这些有代表性的水平组合具备了均匀分散,齐整可比的特点,正交试验设计是一种高效率、快速、经济的实验设计方法.日本著名的统计学家田口玄一将正交试验选择的水平组合列成表格,称为正交表.

4.3.2 正交表(orthogonal table)

正交试验设计是用正交表来安排试验的.通过代表性很强的少数次实验,摸清各个因素对实验指标的影响情况.正交表是一个由数字构成的有若干行和列的特殊表格,见表 4.28.

表 4.28 **正交表 $L_9(3^4)$**

实验号 \ 列号	1	2	3	4
1	1	1	1	1
2	1	2	2	2
3	1	3	3	3
4	2	1	2	3
5	2	2	3	1
6	2	3	1	2
7	3	1	3	2
8	3	2	1	3
9	3	3	2	1

所有的正交表与 $L_9(3^4)$ 正交表一样,都具有以下两个特点:

(1)在每一列中,各个不同的数字出现的次数相同,不同的数字在实验中代表不同水平.在表 $L_9(3^4)$ 中,每一列有三个水平,水平1、2、3都是各出现3次.

(2)表中任意两列并列在一起形成若干个数字对,不同数字对出现的次数也都相同.在表 $L_9(3^4)$ 中,任意两列并列在一起形成的数字对共有9个,如一、二两列并在一起:(1,1),(1,2),(1,3),(2,1),(2,2),(2,3),(3,1),(3,2),(3,3),每一个数字对出现的次数相同.

这两个特点称为正交性.

正交表的代号为 $L_n(t^q)$.

L:正交表的代号;

n:正交表的行数,选用该正交表安排实验时需要实验的次数;

q:正交表的列数,实验时用来安放因素和交互作用;

t:正交表中每列数字的种类数,代表实验中因素的水平数.

各列水平数均为2的常用正交表有:$L_4(2^3)$,$L_8(2^7)$,$L_{12}(2^{11})$,$L_{16}(2^{15})$,$L_{20}(2^{19})$,$L_{32}(2^{31})$.

各列水平数均为3的常用正交表有:$L_9(3^4)$,$L_{27}(3^{13})$.

各列水平数均为4的常用正交表有:$L_{16}(4^5)$.

各列水平数均为3的常用正交表有:$L_{25}(5^6)$.

至于正交表是如何构造出来的,我们不去讨论,常用的正交表可以查附表3.10.

4.3.3 正交实验设计的基本方法

1. 选择合适的正交表

先确定试验的因素、水平然后选择适用的 L 表.

根据水平数选择 $L_n(t^q)$ 中的 t,若各因素全是2水平,就选用 $L_n(2^*)$ 表;若各因素全是3水平,就选 $L_n(3^*)$ 表.若各因素的水平数不相同,就选择适用的混合水平表,这种情况不做讨论.根据因素的个数选择 $L_n(t^q)$ 中的 q,q 要大于或等于因素的个数;如例4.5,有3个水平、3个因素,可供选择的正交表有 $L_9(3^4)$、$L_{18}(3^7)$、$L_{27}(3^{13})$ 等,但选 $L_9(3^4)$ 实验次数最少.

2. 表头设计

所谓表头设计,就是确定试验所考虑的因素在正交表中该放在哪一列的问题.

若试验不考虑交互作用,因素排在列的位置可以是任意的.如在例4.5中,对 $L_9(3^4)$ 表头设计,表4.29所列的各种方案都是可用的.

3. 水平翻译

每一列中不同数字代表该因素不同的水平,将数字换成实际的水平.

表 4.29　　$L_9(3^4)$表头设计方案

列　号		1	2	3	4
方案	1	A	B	C	空
	2	空	A	B	C
	3	C	空	A	B
	4	B	C	空	A

4. 列出实验方案表

画去表中未排因素的列，每一行就是一次实验方案，见表 4.30，共需进行 9 次实验.

表 4.30　　**实验方案表**

试验号	列号	1	2	3	指标
	因素	配比	温度	时间	
	符号	A	B	C	y_i
1		1(1∶1)	1(150)	1(30)	35
2		1(1∶1)	2(165)	2(35)	30
3		1(1∶1)	3(180)	3(40)	29
4		2(2∶3)	1(150)	2(35)	26.4
5		2(2∶3)	2(165)	3(40)	26
6		2(2∶3)	3(180)	1(30)	15
7		3(3∶7)	1(150)	3(40)	20
8		3(3∶7)	2(165)	1(30)	20
9		3(3∶7)	3(180)	2(35)	23
I_j		94	81.4	70	
II_j		67.4	76	79.4	
III_j		63	67	75	$T=224.4$
R		31	14.4	9.4	

按照实验方案进行实验，记录每次实验结果，以供后面分析.

4.3.4　正交试验结果分析方法

1. 极差分析方法

下面以表 4.30 为例介绍正交试验结果的极差分析方法.

表中记号，I_j、II_j、III_j 分别指的是对应 j 列因素取水平“1”、“2”、“3”的指标和，如：

$$\text{I}_A = y_1 + y_2 + y_3 = 35+30+29 = 94;$$

$$\text{II}_B = y_2 + y_5 + y_8 = 30 + 26 + 20 = 76;$$

……

$$R_j = \max\{\mathrm{I}_j, \mathrm{II}_j, \mathrm{III}_j\} - \min\{\mathrm{I}_j, \mathrm{II}_j, \mathrm{III}_j\}$$

如 $R_A = 94 - 63 = 31$.

1)对水平效应的估计

实验数据的数学模型为

$$\begin{cases} Y_1 = \mu + a_1 + b_1 + c_1 + \varepsilon_1 \\ Y_2 = \mu + a_1 + b_2 + c_2 + \varepsilon_2 \\ Y_3 = \mu + a_1 + b_3 + c_3 + \varepsilon_3 \\ Y_4 = \mu + a_2 + b_1 + c_2 + \varepsilon_4 \\ Y_5 = \mu + a_2 + b_2 + c_3 + \varepsilon_5 \\ Y_6 = \mu + a_2 + b_3 + c_1 + \varepsilon_6 \\ Y_7 = \mu + a_3 + b_1 + c_3 + \varepsilon_7 \\ Y_8 = \mu + a_3 + b_2 + c_1 + \varepsilon_8 \\ Y_9 = \mu + a_3 + b_3 + c_2 + \varepsilon_9 \end{cases} \tag{4.29}$$

其中,$\varepsilon_i \sim N(0,\sigma^2)(i=1,2,\cdots,9)$ 为实验的随机误差;$a_i, b_i, c_i(i=1,2,3)$ 分别为因素 A, B, C 的水平效应,满足 $\sum_{i=1}^{3} a_i = \sum_{i=1}^{3} b_i = \sum_{i=1}^{3} c_i = 0$;$\mu$ 为实验数据的总均值.

将式(4.29)中的9个式子相加,得

$$\sum_{i=1}^{9} Y_i = 9\mu + \sum_{i=1}^{9} \varepsilon_i \Rightarrow \hat{\mu} = \bar{Y}$$

将含 a_1 的式子相加,得 $\hat{a}_1 = \frac{1}{3}(Y_1 + Y_2 + Y_3) - \bar{Y} = \frac{\mathrm{I}_A}{3} - \bar{Y}$

将含 a_2 的式子相加,得 $\hat{a}_2 = \frac{1}{3}(Y_4 + Y_5 + Y_6) - \bar{Y} = \frac{\mathrm{II}_A}{3} - \bar{Y}$

将含 a_3 的式子相加,得 $\hat{a}_3 = \frac{1}{3}(Y_7 + Y_8 + Y_9) - \bar{Y} = \frac{\mathrm{III}_A}{3} - \bar{Y}$

类似可得其他参数的估计:

$$\begin{cases} \hat{\mu} = \bar{Y} \\ \hat{a}_1 = \frac{\mathrm{I}_A}{3} - \bar{Y}, \hat{a}_2 = \frac{\mathrm{II}_A}{3} - \bar{Y}, \hat{a}_3 = \frac{\mathrm{III}_A}{3} - \bar{Y} \\ \hat{b}_1 = \frac{\mathrm{I}_B}{3} - \bar{Y}, \hat{b}_2 = \frac{\mathrm{II}_B}{3} - \bar{Y}, \hat{b}_3 = \frac{\mathrm{III}_B}{3} - \bar{Y} \\ \hat{c}_1 = \frac{\mathrm{I}_C}{3} - \bar{Y}, \hat{c}_2 = \frac{\mathrm{II}_C}{3} - \bar{Y}, \hat{c}_3 = \frac{\mathrm{III}_C}{3} - \bar{Y} \end{cases} \tag{4.30}$$

2)确定因素的主次顺序

因素极差 R 的大小反映相应因素对指标作用的大小,极差大的因素意味着其不同水平对指标的影响大,通常是主要因素;反之,极差小的因素通常是次要因素,可以根据极差的大小对因素的主次顺序进行排列.因本例中 $R_A > R_B > R_C$,故因素的主次顺序为 $A \to B \to C$.

3)选取较优生产条件

从所做的9次实验中,可以挑选指标最优的水平组合作为较优生产条件,经观察, $y_1=35$ 最大, $y_2=30$ 次之,故 $A_1B_1C_1$ 为较优生产条件.由于是通过观察找出的,故称为"看一看"的好条件.

还有其他的水平组合没有进行实验(共有27个水平组合,正交试验只选了其中的9个组合做实验),因此"看一看"的好条件并不一定是全面实验中的最好条件,故可以通过简单的计算寻找全面实验中的最好条件.

本例中指标越高越好,因 $\mathrm{I}_A=94>\mathrm{II}_A=67.4>\mathrm{III}_A=63$,所以因素 A 选水平 A_1,同样地分析,因素 B,C 选水平 B_1C_2,综合得到"算一算"的好生产条件 $A_1B_1C_2$,注意,该水平组合在正交试验中并未进行实验.

4)估计较优生产条件的指标值

参照数据模型(4.29),有

$$\hat{Y}_{A_1B_1C_2}=\bar{y}+\hat{a}_1+\hat{b}_1+\hat{c}_2$$

由(4.30),得

$$\begin{aligned}\hat{Y}_{A_1B_1C_2}&=\bar{y}+\left(\frac{\mathrm{I}_A}{3}-\bar{Y}\right)+\left(\frac{\mathrm{I}_B}{3}-\bar{Y}\right)+\left(\frac{\mathrm{II}_C}{3}-\bar{Y}\right)\\&=\frac{\mathrm{I}_A}{3}+\frac{\mathrm{I}_B}{3}+\frac{\mathrm{II}_C}{3}-2\bar{y}=35.06\end{aligned}$$

上述对实验数据的分析方法称为极差分析法,极差分析法直观、简单.

2. *方差分析方法*

极差分析法虽然直观、简单,但只能分析出因素对指标影响的主次顺序,而不能给出哪些因素的影响是显著的,哪些因素的影响是不显著的.方差分析法就能克服上述不足,判断出每一个因素对指标的影响是否显著.下面结合具体实例介绍方差分析法的基本方法.

【例4.6】 为了提高某种农药的收率,需进行实验设计与分析.根据以往生产经验,发现影响农药收率的因素有4个,每个因素取两个水平,具体如下:

A:反应温度(℃)	60,	80
B:反应时间(小时)	2.5,	3.5
C:配比	1.1∶1,	1.2∶1
D:真空度(mmHg)	500,	600

又根据经验,因素 A,B 之间可能存在交互作用,通过实验结果判断交互作用是否对收率有显著影响,找出较优生产条件,并预测在较优生产条件下的收率.

这是考察4个两水平因素加1个两水平间的交互作用,我们从两水平正交表中去找,暂选 $L_8(2^7)$.做表头设计时,先安放有交互作用的因素,因素 A,B 安放在第1、2列上(也可放在其他两列上),然后再安放 A,B 的交互作用 $A\times B$,注意的是 $A\times B$ 不能随便安放在空余列,而必须通过查 $L_8(2^7)$ 的交互作用列表来确定,查表可知, $A\times B$ 必须安放在第3列.最后把没有交互作用的因素 C,D 排在余下的第4、5、6、7列中的任何两列,比如第4、7列,这就得到了表头设计(表4.31).

表 4.31 **表头设计**

因素	A	B	$A\times B$	C			D
列号	1	2	3	4	5	6	7

把正交表中排有因素 A,B,C,D 的 1,2,4,7 列抽出,即得实验方案(表 4.32).

表 4.32 **数据计算表**

表头设计	A	B	$A\times B$	C			D	指标 y_i
实验号 \ 列号	1	2	3	4	5	6	7	$y_i' = y_i - 90$
1	1	1	1	1	1	1	1	−4
2	1	1	1	2	2	2	2	5
3	1	2	2	1	1	2	2	1
4	1	2	2	2	2	1	1	4
5	2	1	2	1	2	1	2	1
6	2	1	2	2	1	2	1	6
7	2	2	1	1	2	2	1	−1
8	2	2	1	2	1	1	2	−2
I_j	6	8	−8	−9	1	−1	−1	$T = 4$
II_j	−2	−4	12	13	3	5	5	$\sum_{i=1}^{8} y_i^2 = 148$
S_j	8	18	50	60.5	0.5	4.5	4.5	$S_T = 146$

(1)数学模型.要进行方差分析,必须要建立数学模型．实验观察到的指标 y_i 的数据结构模型为

$$\begin{cases} y_1 = \mu + a_1 + b_1 + (ab)_{11} + c_1 + d_1 + \varepsilon_1 \\ y_2 = \mu + a_1 + b_1 + (ab)_{11} + c_2 + d_2 + \varepsilon_2 \\ y_3 = \mu + a_1 + b_2 + (ab)_{12} + c_1 + d_2 + \varepsilon_3 \\ y_4 = \mu + a_1 + b_2 + (ab)_{12} + c_2 + d_1 + \varepsilon_4 \\ y_5 = \mu + a_2 + b_1 + (ab)_{21} + c_1 + d_2 + \varepsilon_5 \\ y_6 = \mu + a_2 + b_1 + (ab)_{21} + c_2 + d_1 + \varepsilon_6 \\ y_7 = \mu + a_2 + b_2 + (ab)_{22} + c_1 + d_1 + \varepsilon_7 \\ y_8 = \mu + a_2 + b_2 + (ab)_{22} + c_2 + d_2 + \varepsilon_8 \end{cases} \tag{4.31}$$

其中,$a_1 + a_2 = b_1 + b_2 = c_1 + c_2 = d_1 + d_2 = 0$;$(ab)_{11} + (ab)_{12} = (ab)_{11} + (ab)_{21} = (ab)_{12} + (ab)_{22} = (ab)_{21} + (ab)_{22} = 0$;$\varepsilon_i \sim N(0,\sigma^2)(i = 1,2,\cdots,8)$ 相互独立．

用这些数据检验下列假设:

$$H_{01}: a_1 = a_2 = 0$$
$$H_{02}: b_1 = b_2 = 0$$
$$H_{03}: c_1 = c_2 = 0$$
$$H_{04}: d_1 = d_2 = 0$$
$$H_{05}: (ab)_{11} = (ab)_{12} = (ab)_{21} = (ab)_{22} = 0$$

(2)偏差平方和的分解．假设检验问题,关键是构造出检验统计量．按照方差分析的思路,可以通过对总偏差平方和分解,找到检验统计量．

总偏差平方和 $S_T = \sum_{i=1}^{8}(y_i - \bar{y})^2$ 反映了所有实验数据的波动大小,引起数据的这种波动原因有各因素的水平效应、交互效应、随机误差.为了弄清楚它们之间的关系,先计算每一列的偏差平方和:

$$S_j = 4\left(\frac{\mathrm{I}_j}{4} - \bar{y}\right)^2 + 4\left(\frac{\mathrm{II}_j}{4} - \bar{y}\right)^2 = \frac{\mathrm{I}_j^2 + \mathrm{II}_j^2}{4} - CT \quad (j = 1,2,\cdots,7) \tag{4.32}$$

其中,
$$CT = \frac{\left(\sum_{i=1}^{8} y_i\right)^2}{8}$$

经过代数运算,可以验证:

$$S_T = \sum_{i=1}^{8}(y_i - \bar{y})^2 = \sum_{i=1}^{8} y_i^2 - CT = \sum_{j=1}^{7} S_j \tag{4.33}$$

也就是说,总偏差平方和等于每一列的偏差平方和相加.

为了弄清每列偏差平方和的实质,将数据结构式(4.31)代入式(4.32),得

$$S_1 = 4\left[a_1 + \frac{1}{4}(\varepsilon_1 + \varepsilon_2 + \varepsilon_3 + \varepsilon_4) - \bar{\varepsilon}\right]^2 + 4\left[a_2 + \frac{1}{4}(\varepsilon_5 + \varepsilon_6 + \varepsilon_7 + \varepsilon_8) - \bar{\varepsilon}\right]^2$$

$$\bar{\varepsilon} = \frac{1}{8}\sum_{i=1}^{8}\varepsilon_i$$

可见,除了误差的影响外, S_1 主要反映了因素 A 的两个水平效应对指标 y 的影响,所以有 $S_A = S_1$. 同理, $S_B = S_2, S_C = S_4, S_D = S_7$.

对于 A,B 交互作用所在列的偏差平方和 S_3,有

$$\begin{aligned} S_3 &= 4\left(\frac{y_1 + y_2 + y_7 + y_8}{4} - \bar{y}\right)^2 + 4\left(\frac{y_3 + y_4 + y_5 + y_6}{4} - \bar{y}\right)^2 \\ &= 4\left[\frac{(ab)_{11} + (ab)_{22}}{2} + \frac{\varepsilon_1 + \varepsilon_2 + \varepsilon_7 + \varepsilon_8}{4} - \bar{\varepsilon}\right]^2 \\ &\quad + 4\left[\frac{(ab)_{12} + (ab)_{21}}{2} + \frac{\varepsilon_3 + \varepsilon_4 + \varepsilon_5 + \varepsilon_6}{4} - \bar{\varepsilon}\right]^2 \end{aligned}$$

S_3 主要是因素 A,B 的交互作用对指标 y 的影响,因而

$$S_{A\times B} = S_3$$

读者可自行验证,空白列的偏差平方和 S_5, S_6 只有误差的影响,因而

$$S_e = S_5 + S_6$$

即有

$$S_T = S_A + S_B + S_C + S_D + S_{A\times B} + S_e \tag{4.34}$$

也就是说,排有因素的列的偏差平方和就是该因素的效应平方和;没有排因素的列的效应是由误差引起的,这些列的偏差平方和之和就是误差平方和,这个规律对按其他正交表所做的试验设计也是适应的.

对一般的正交表 $L_n(t^q)$, S_j 的计算公式为

$$S_j = \frac{\mathrm{I}_j^2 + \mathrm{II}_j^2 + \cdots + t_j^2}{n/t} - \frac{T^2}{n} \tag{4.35}$$

其中, $\frac{n}{t}$ 为同一水平下重复实验次数 .

(3)检验统计量和拒绝域的确定 . 根据方差分析法,

$$F_A = \frac{\bar{S}_A}{\bar{S}_e}, F_B = \frac{\bar{S}_B}{\bar{S}_e}, F_C = \frac{\bar{S}_C}{\bar{S}_e}, F_D = \frac{\bar{S}_D}{\bar{S}_e}, F_{A\times B} = \frac{\bar{S}_{A\times B}}{\bar{S}_e} \tag{4.36}$$

可以作为检验统计量.其中 $\bar{S}_A = \frac{S_A}{f_A}$, f_A 为因素 A 的偏差平方和的自由度,其他依此类推.

每列偏差平方和的自由度 f_j 为该列水平数 - 1,例如 $f_A = A$ 的水平数 - 1; f_B, f_C, f_D 依次类推.

$f_{A\times B} = (a-1)(b-1)$ (a, b 分别为因素 A, B 的水平数)

$f_T = n - 1$ (n 为总数据的个数)

$f_e = f_5 + f_6 = f_T - f_A - f_B - f_C - f_D - f_{A\times B}$

当 H_0 为真时,它们都服从 F 分布,在 H_0 为假时,这些统计量都有变大的趋势,从而可以确定拒绝域:

$$F_A \geqslant F_\alpha(f_A, f_e), \ F_B \geqslant F_\alpha(f_B, f_e), F_C \geqslant F_\alpha(f_C, f_e), \ F_D \geqslant F_\alpha(f_D, f_e)$$

$$F_{A\times B} \geqslant F_\alpha(f_{A\times B}, f_e)$$

将分析过程列成一个表,得到例 4.6 的方差分析表(表 4.33).

表 4.33 **方差分析表**

来源	偏差平方和 S	自由度 f	均方和 V	F 比	显著性
A	$S_A = S_1 = 8$	1	8	3.2	
B	$S_B = S_2 = 18$	1	18	7.2	
C	$S_C = S_4 = 60.5$	1	60.5	24.2	*
D	$S_D = S_7 = 4.5$	1	4.5	1.8	
$A\times B$	$S_{A\times B} = S_3 = 50$	1	50	20	*
e	$S_e = S_5 + S_6 = 5$	2	2.5		
T	146	7	$F_{0.05}(1,2) = 18.5$		$F_{0.01}(1,2) = 98.5$

(4)较优水平组合的选择.

方差分析表明,交互作用 $A\times B$ 与因素 C 对收率有显著影响,为此,我们要寻找 C 的最好水平及 A 与 B 的最好搭配.比较 I_4 和 II_4 即知 C_2 好.为找 $A\times B$ 的最好搭配,要比较 A_iB_j 条件下的平均收率(表 4.34).

表 4.34 **$A\times B$ 交互作用搭配表**

	A_1	A_2
B_1	$\dfrac{y_1+y_2}{2}=90.5$	$\dfrac{y_5+y_6}{2}=93.5$
B_2	$\dfrac{y_3+y_4}{2}=92.5$	$\dfrac{y_7+y_8}{2}=85.8$

由此可知, A_2B_1 较好,故生产条件选为 $A_2B_1C_2$.

如果按 A,B 的水平效应选出的较优水平与按 $A\times B$ 的搭配选出的较优水平不一致时,以 $A\times B$ 的搭配选出的为准.

(5)指标均值的估计.

点估计:对模型(4.31)中的参数估计类似于模型(4.29),部分参数估计如下:

$$\hat{\mu}=\bar{y}\ ,\hat{c}_i=\bar{C}_i-\bar{y},i=1,2\ ,(\widehat{ab})_{ij}=\overline{A_iB_j}-\hat{a}_i-\hat{b}_j-\bar{y}$$

其中, $\bar{y}=\dfrac{1}{n}\sum\limits_{i=1}^{n}y_i$; $\bar{C}_i$ 表示应用了水平 C_i 的实验指标均值; $\overline{A_iB_j}$ 表示应用了水平组合 A_i,B_j 的实验指标均值.

当某因素不显著时,可以认为其效应为零,所以实际模型为

$$y_{ijk}=\mu+(ab)_{ij}+c_k+\varepsilon_{ijk}$$

$$\begin{aligned}\hat{y}_{优}&=\hat{\mu}+(\widehat{ab})_{21}+\hat{c}_2=\bar{y}+\overline{A_2B_1}-\bar{y}+\bar{C}_2-\bar{y}=\overline{A_2B_1}+\bar{C}_2-\bar{y}\\&=93.5+93.25-90.5=96.25\end{aligned}$$

区间估计:若记

$$\begin{cases}S'_e=S_e+\text{不显著因素的偏差平方和}\\ f'_e=f_e+\text{不显著因素的自由度之和}\\ n_e=\dfrac{\text{实验总次数}}{1+\text{显著因素的自由度之和}}\end{cases}$$

可以证明:

$$\frac{n_e(Y_{优}-\hat{y}_{优})^2}{\dfrac{S'_e}{f'_e}}\sim F(1,f'_e)$$

对于置信度 $1-\alpha$,有

$$P\left\{\frac{n_e(Y_{优}-\hat{y}_{优})^2}{\dfrac{S'_e}{f'_e}}<F_\alpha(1,f')\right\}=1-\alpha$$

$$P\left\{-\sqrt{\frac{F_\alpha(1,f')S'_e}{n_ef'}}<Y_{优}-\hat{y}_{优}<\sqrt{\frac{F_\alpha(1,f')S'_e}{n_ef'}}\right\}=1-\alpha$$

于是 $Y_{优}$ 的置信度为 $1-\alpha$ 的置信区间为

$$(\hat{y}_{优}-\delta, \hat{y}_{优}+\delta) \tag{4.37}$$

其中,

$$\delta=\sqrt{\frac{F_{\alpha}(1,f'_{e})S'_{e}}{n_{e}f'}}.$$

本例中,

$$S'_{e}=S_{e}+S_{A}+S_{B}+S_{D}=35.5$$

$$f'_{e}=f_{e}+f_{A}+f_{B}+f_{D}=5$$

$$n_{e}=\frac{8}{1+2}=\frac{8}{3}$$

取 $\alpha=0.05$, $F_{0.05}(1,5)=6.61$,得

$$\delta=\sqrt{\frac{6.61\times 35.5\times 3}{5\times 8}}=4.20$$

由式(4.37)得 $y_{优}$ 的置信度为95%的置信区间为(92.05,100.45).

◎ **思考**:

1. 为什么要进行正交试验设计?正交试验设计的主要优点是什么?
2. 正交试验设计是根据什么决定哪些水平组合进行试验,哪些水平组合不进行试验?
3. 正交试验设计的基本步骤是什么?
4. 设有 4 个因素 A,B,C,D 均为两水平,需要考察交互作用 $A\times B, C\times D$,能否用 $L_8(2^7)$ 安排实验?
5. 正交试验设计的结果有哪些分析方法?

本 章 小 结

1. 方差分析是用来检验因素对实验指标是否有显著影响的一种统计分析方法. 这种分析方法是建立在三个基本假设之上的,即数据的独立性,分布的正态性,方差的齐性. 因此,方差分析是检验两正态总体在方差相等的情况下均值是否相等的 t 检验的推广.方差分析是通过分析用偏差平方和度量的数据变异,利用均方效应平方和与均方误差平方和的比做检验统计量的.

2. 本章介绍了三个方差分析模型

(1)单因素方差分析.

模型:

$$\begin{cases} x_{ij}=\mu+\alpha_i+\varepsilon_{ij} \\ \varepsilon_{ij}\sim N(0,\sigma^2), \varepsilon_{ij}\text{ 之间相互独立} \\ \sum_{i=1}^{r}\alpha_i=0 \\ \mu,\alpha_i,\sigma^2\text{ 未知}, i=1,2,\cdots,r; j=1,2,\cdots,l \end{cases}$$

$$H_0:\alpha_i=0, i=1,2,\cdots,r$$

平方和分解式:

$$S_T=S_A+S_e$$

拒绝域:

$$F=\frac{\overline{S}_A}{\overline{S}_e}\geqslant F_{\alpha}(r-1,n-r)$$

(2)两因素无交互作用方差分析.

模型：
$$\begin{cases} x_{ij} = \mu + \alpha_i + \beta_j + \varepsilon_{ij}(i = 1,2,\cdots,r;j = 1,2,\cdots,s) \\ \sum_{i=1}^{r} \alpha_i = 0,\ \sum_{j=1}^{s} \beta_j = 0 \\ \varepsilon_{ij} \sim N(0,\sigma^2),\quad \text{各 } \varepsilon_{ij} \text{ 之间相互独立} \end{cases}$$

$$\left.\begin{array}{l} H_{01}:\alpha_1 = \cdots = \alpha_r = 0 \\ H_{02}:\beta_1 = \cdots = \beta_s = 0 \end{array}\right\}$$

平方和分解式：
$$S_T = S_A + S_B + S_e$$

拒绝域：
$$F_A = \frac{\bar{S}_A}{\bar{S}_e} \geqslant F_\alpha(r-1,(r-1)(s-1))$$

$$F_B = \frac{\bar{S}_B}{\bar{S}_e} \geqslant F_\alpha(s-1,(r-1)(s-1))$$

(3)两因素有交互作用方差分析.

模型：
$$\begin{cases} x_{ijk} = \mu + \alpha_i + \beta_j + \gamma_{ij} + \varepsilon_{ijk}(i = 1,2,\cdots,r;j = 1,2,\cdots,s,k = 1,2,\cdots,t) \\ \sum_{i=1}^{r} \alpha_i = 0,\ \sum_{j=1}^{s} \beta_j = 0,\ \sum_{i=1}^{r} \gamma_{ij} = \sum_{j=1}^{s} \gamma_{ij} = 0 \\ \varepsilon_{ijk} \sim N(0,\sigma^2),\quad \text{各 } \varepsilon_{ijk} \text{ 之间相互独立} \end{cases}$$

$$H_{01}:\alpha_1 = \cdots = \alpha_r = 0$$
$$H_{02}:\beta_1 = \cdots = \beta_s = 0$$
$$H_{03}:\gamma_{ij} = 0,i = 1,\cdots,r;j = 1,\cdots,s$$

平方和分解式：
$$S_T = S_A + S_B + S_{A\times B} + S_e$$

拒绝域：
$$F_A = \frac{\bar{S}_A}{\bar{S}_e} \geqslant F_\alpha(r-1,rs(t-1))$$

$$F_B = \frac{\bar{S}_B}{\bar{S}_e} \geqslant F_\alpha(s-1,rs(t-1))$$

$$F_{A\times B} = \frac{\bar{S}_{A\times B}}{\bar{S}_e} \geqslant F_\alpha((r-1)(s-1),rs(t-1))$$

3. 正交试验设计是处理多因素问题的一种有效方法,它利用正交表安排较少的水平组合进行实验,利用这些典型的,有代表性的实验数据对因素的作用进行统计分析.分析的方法有两种:极差分析法和方差分析法.极差分析法简单直观;方差分析法精确,但较复杂.

习　题　四

1. 在一个单因素实验中,因素 A 有三个水平,每个水平下各重复 4 次,具体数据如下:

水平	数据			
1	8	5	7	4
2	6	10	12	9
3	0	1	5	2

计算误差平方和 S_e、效应平方和 S_A 与总平方和 S_T，并指出自由度.

2. 在单因素实验中，因素 A 有 4 个水平，每个水平下重复次数分别为 5、7、6、8. 问：误差平方和、因素 A 的效应平方和及总平方和的自由度各是多少？

3. 在单因素方差分析中，因素 A 有 3 个水平，每个水平各做 4 次重复实验，完成下列方差分析表，在显著水平 $\alpha = 0.05$ 下对因素 A 是否显著做检验.

来源	平方和	自由度	均方和	F 比
因素 A	4.2			
误差	2.5			
总和	6.7			

4. 抽查某地区三所小学五年级男生的身高，得如下数据：

小学	身高					
1	128.1	134.1	133.1	138.9	140.8	127.4
2	150.3	147.9	136.8	126.0	150.7	155.8
3	140.6	143.1	144.5	143.7	148.5	146.4

(1)该地区三所小学五年级男生平均身高是否有显著差异？($\alpha = 0.05$)

(2)分别求这三所小学五年级男生的平均身高及方差的点估计.

5. 在同样饲养管理条件下，3 个品种猪的增重如下表，试对三个品种增重差异是否显著进行检验.

品种	增重 x_{ij}(kg)									
A_1	16	12	18	18	13	11	15	10	17	18
A_2	10	13	11	9	16	14	8	15	13	8
A_3	11	8	13	6	7	15	9	12	10	11

6. 为了比较 4 种饲料(A)和猪的 3 个品种(B)，从每个品种随机抽取 4 头猪(共 12 头)

分别喂以 4 种不同饲料.随机配置,分栏饲养,位置随机排列.从 60 日龄起到 90 日龄的时期内分别测出每头猪的日增重(单位:g),数据如下,试检验饲料及品种间的差异显著性.

4 种饲料 3 个品种猪 60～90 日龄日增重

	A_1	A_2	A_3	A_4
B_1	505	545	590	530
B_2	490	515	535	505
B_3	445	515	510	495

7. 研究酵解作用对血糖浓度的影响,从 8 名健康人体中抽取血液并制备成血滤液.每个受试者的血滤液又可分成 4 份,然后随机地将 4 份血滤液分别放置 0min、45min、90min、135min 测定其血糖浓度,资料如下表,试检验不同受试者和放置不同时间的血糖浓度有无显著差异.

不同受试者、放置不同时间血滤液的血糖浓度　　(单位:mg/100ml)

受试者编号	放置时间(min)			
	0	45	90	135
1	95	95	89	83
2	95	94	88	84
3	106	105	97	90
4	98	97	95	90
5	102	98	97	88
6	112	112	101	94
7	105	103	97	88
8	95	92	90	80

8. 为了从 3 种不同原料和 3 种不同温度中选择使酒精产量最高的水平组合,设计了两因素试验,每一水平组合重复 4 次,结果如下表,试进行方差分析.

用不同原料及不同温度发酵的酒精产量

原料	温　度 B											
	B_1(30℃)				B_2(35℃)				B_3(40℃)			
A_1	41	49	23	25	11	12	25	24	6	22	26	11
A_2	47	59	50	40	43	38	33	36	8	22	18	14
A_3	48	35	53	59	55	38	47	44	30	33	26	19

9. 一位经济学家对生产电子计算机设备的企业收集了在一年内生产力提高指数(用0~100内的数表示),并按过去三年时间在科研和开发上的平均花费分为三类: A_1:花费少; A_2:花费中等; A_3:花费多. 生产力提高的指数如下表所示:

水平	生产力提高指数											
A_1	7.6	8.2	6.8	5.8	6.9	6.6	6.3	7.7	6.0			
A_2	6.7	8.1	9.4	8.6	7.8	7.7	8.9	7.9	8.3	8.7	7.1	8.4
A_3	8.5	9.7	10.1	7.8	9.6	9.5						

列出方差分析表,并进行多重比较.

10. 某轴承厂为了提高轴承圈退火的质量,制定因素水平分级如下表所示:

因素水平	上升温度(℃)	保温时间(h)	出炉温度(℃)
1	800	6	400
2	820	8	500

试问:应选用哪一张正交表来安排实验?并写出第三号实验条件;如果实验结果为下表所列:

实验号	1	2	3	4
硬度合格率	100%	45%	85%	70%

试对实验结果进行极差分析和方差分析,找出最优生产条件.

11. 某良种繁殖场为了提高水稻产量,制定实验的因素级表如下:

因素 水平	品种	密度(颗/100m^2)	施肥量(kg/100m^2)
1	窄叶青8号	4.50	0.75
2	南二矮5号	3.75	0.375
3	珍珠矮11号	3.00	1.125

试问:选用什么样的正交表安排实验?如果9组实验结果(单位:kg/100m^2:62.925,57.075,51.6,55.05,58.05,56.55,63.225,50.7,54.45. 试对实验结果进行极差分析和方差分析.

第5章 回归分析

eHarmony谱写新的篇章

eHarmony是新近兴起的一种新的预测方式，它利用集体智慧来分析潜意识的偏好，从而进行婚恋匹配. 传统的婚姻媒介引导人们有意识地表达自己的偏好，并根据这种偏好把人们配对. 与此相反，eHarmony努力弄清楚你是什么样的人，然后再把你配给从数据分析中得出的最为匹配的人. eHarmony从一个包含大量信息的数据库里查询什么性格类型的人结为夫妻会真正幸福.

20世纪90年代后期，eHarmony的创始人和推动者尼尔·克拉克·沃伦(Neil Clark Warren)对5000多对夫妻进行了研究，并首次提出一个用来预测适应性的统计模型，这个模型包括29个与个人情感秉性、社会风格、认知模式以及关系技巧等相关的不同变量.

eHarmony使用的是数据分析中最早的工具——回归分析. 回归分析是使用历史数据估计不同的原因变量对某个感兴趣的变量的影响大小. 对eHarmony来说，感兴趣的变量是夫妻之间的适应程度，而原因变量就是反映夫妻二人的感情、社会及认知特征的29个变量.

回归技术是100多年前由查尔斯·达尔文(Charles Darwin)的表兄弟弗朗西斯·高尔顿(Francis Galton)建立的. 高尔顿1877年就拟合了第一条回归直线，他的回归方程是用甜豌豆的亲本种子的大小来预测其种子大小. 他发现，大种子的后代往往比中等或小种子的后代要大，但是其后代不会像其亲本种子那么大.

高尔顿用另一个回归方程发现，儿子和父亲的身高有类似的趋同现象. 高个父亲的儿子身高一般高于平均水平，但不像他父亲那样高. 这意味着用于预测儿子身高的回归方程需要在父亲的身高上乘以一个小于1的因子. 实际上，高尔顿估计出父亲每高于平均值1英寸，儿子的预测身高就能高出三分之二英寸.

当他计算预测父母和孩子IQ之间的关系的回归方程时，再次发现了这个现象. 聪明父母的孩子比智力一般的父母的孩子聪明，但却没有他们的父母那么聪明. “回归”这个词语与技术本身没有任何关系. 高尔顿之所以把这个技术称为回归，是因为他正好预测的第一组对象显示了这种趋势，高尔顿称之为“走向平庸的回归”，我们现在称之为“向平均的回归”. 回归产生了一个最适合这些数据的方程式. 尽管回归方程是根据历史资料来估计的，但它可以用于预测未来.

eHarmony利用回归分析也建立了一个用于预测偏好的公式. 与Netflix或亚马逊的偏好引擎不同，eHarmony的回归方程通过使用人们甚至不了解、无法说出的个性和性格特征把最适合的人相互匹配.

使用数据分析进行匹配的不只有 eHarmony 一个. Perfectmatch 使用迈尔斯-布里格斯(Myers-Briggs)性格测试量表修订版来匹配用户. 20 世纪 40 年代, 伊莎贝尔·布里格斯·迈尔斯(Isabel Briggs Myers)及其母亲凯瑟琳·布里格斯(Katherine Briggs)根据心理分析学家荣格(Carl Jung)的性格类型理论开发了一个量表. 迈尔斯-布里格斯量表把人的性格分成 16 种不同的基本类型. Perfectmatch 就根据 M-B 分类法把最有可能形成持久关系的人配在一起.

True. tom 收集了其客户关于 99 个关系因素的数据, 人们并把这些数据输入一个回归方程, 从而计算出任意两人之间的适应性指数. True. com 实际上就是告诉人们跟其他人会相处得怎么样.

回归分析的应用非常普遍, 几乎到了"泛滥"的程度, 它为何有如此大的魅力? 学习本章就会对它有深入了解.

在实际问题中, 我们会遇到各种变量, 这些变量之间往往是相互联系、相互制约的. 它们之间的关系大致可以分为两类: (1)确定性关系, 即函数关系, 例如, 电路中的电压 V、电流 I、电阻 R 三者间有关系 $I=\dfrac{V}{R}$, 圆的半径 R 和圆的面积 S 的关系 $S=\pi R^2$, 自由落体下落的时间 t 与落体下落的距离 h 之间的关系 $h=\dfrac{1}{2}gt^2$, 等等, 在这些关系中, 只要自变量的值确定了, 因变量的值也随之完全确定. (2)非确定性关系, 即相关关系, 这类变量之间有一定的关系却并不能完全确定, 不能用精确的函数来表示, 例如人的血压与年龄有关, 农作物产量与施肥量有关, 孩子的身高与父母的身高有关, 但是这些关系都不能用函数来表达, 这几个例子中变量之间的关系就是相关关系.

回归分析(regression analysis)就是研究相关关系的一种数学工具, 是数理统计学中最基本的方法之一, 它从自变量和因变量的一组观测数据出发, 寻找一个函数式, 将变量之间的相关关系近似地表达出来. 这个能够近似表达自变量与因变量之间关系的函数式, 称为回归方程或回归函数.

回归方程可以是线性的, 也可以是非线性的, 若回归方程为线性的, 称为线性回归(linear regression); 若回归方程为非线性的, 称为非线性回归(nonlinear Regression). 在回归方程中, 可以只有一个自变量, 也可以有多个自变量, 只有一个自变量的回归称为一元回归(simple regression), 有多个自变量的回归称为多元回归(multiple regression).

5.1 一元线性回归分析

5.1.1 一元线性回归模型

先看一个实例:

【例 5.1】 K. Pearson 测量了 9 对父子的身高,所得数据见表 5.1(单位:英寸,1 英寸=2.54cm).

表 5.1 **父子身高数据表**

父亲身高 x_i	60	62	64	66	67	68	70	82	74
儿子身高 y_i	63.6	65.2	66	66.9	67.1	67.4	68.3	70.1	70

为了了解其相关关系的表达形式，在坐标平面上以 (x_i, y_i)，$i = 1,2,\cdots,9$ 为坐标描点，画出 9 个点，称这张图为散点图（图 5.1）.

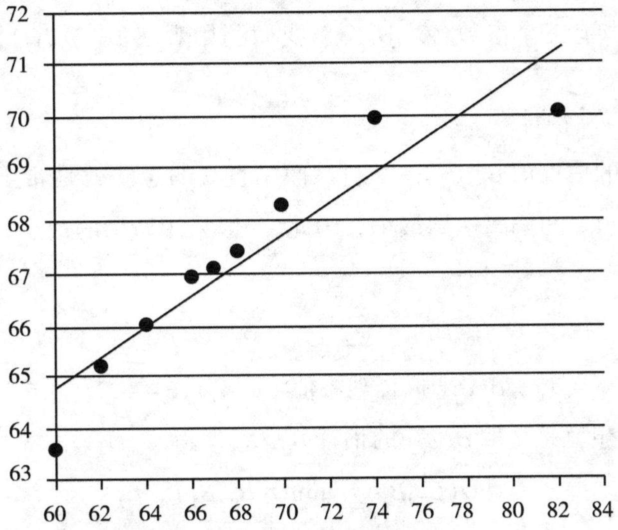

图 5.1 散点图

现在的问题是，如何根据这些数据，用一个合理的形式来表达 y 和 x 之间的关系？

从点的分布可以看出，这些点大致散布在某条直线的周围，但又不完全在一条直线上，从而可以认为 y 和 x 的关系可以分为两部分，一部分是由 x 的变化引起的 y 的线性变化部分，记为 $\beta_0 + \beta_1 x$，而另一部分是由其他一切随机因素引起的，记为 ε，即

$$y = \beta_0 + \beta_1 x + \varepsilon \tag{5.1}$$

其中，β_0, β_1 为与 x 无关的未知参数，ε 为其值不可观测的随机变量，并假定

$$\varepsilon \sim N(0, \sigma^2)$$

一般说来，父亲的身高是一个可观测或可控制的普通变量，而对任一个父亲的身高 x，相应的儿子的身高是一个随机变量 Y，实际观测值 y 是 Y 的一个可能取值.

为了对模型（5.1）进行分析，取 x 为一组互不相同的值 $x_1, x_2, \cdots, x_n$，通过试验得到相应的随机变量 Y 的值 $y_1, y_2, \cdots, y_n$. 这样就得到 n 对观察值 (x_i, y_i)，$i = 1,2,\cdots,n$. 将每对观察值 (x_i, y_i) 在直角坐标系中描出它们对应的点，这种图称为散点图（scatter diagram）.

由模型（5.1）可以认为 x_i 与 y_i 之间有如下关系：

$$\begin{cases} y_i = \beta_0 + \beta_1 x_i + \varepsilon_i \\ \varepsilon_i \sim N(0, \sigma^2) \qquad (i = 1,2,\cdots,n) \\ \text{且各 } \varepsilon_i \text{ 相互独立} \end{cases} \tag{5.2}$$

式(5.2)就是一元线性回归的数学模型,由上述模型可知 $y_i \sim N(\beta_0+\beta_1 x_i,\sigma^2)$.

回归分析的基本问题是根据样本 $(x_i,y_i), i=1,2,\cdots,n$,解决如下问题:

(1)未知参数 β_0,β_1 及 σ^2 的估计;

(2)回归方程的显著性检验,即检验 Y 与 x 之间是否有显著的线性关系;

(3)利用回归方程进行预测和控制 .

下面分别进行介绍.

5.1.2 未知参数的估计

模型(5.2)中一共有三个参数: β_0,β_1,σ^2 ,我们利用观察值 $(x_i,y_i), i=1,2,\cdots,n$ 分别对它们进行估计 .

1. β_0,β_1 的最小二乘估计

为了得到 β_0,β_1 的估计值 $\hat\beta_0,\hat\beta_1$,一个自然而又直观的想法就是希望对一切的 x_i ,观测值 y_i 与直线 $\hat y=\hat\beta_0+\hat\beta_1 x$ 的偏离达到最小 . 为此,一般采用所谓的最小二乘法来求 β_0,β_1 的估计 . 对已知样本 $(x_i,y_i), i=1,2,\cdots,n$,令

$$Q(\beta_0,\beta_1)=\sum_{i=1}^{n}(y_i-\beta_0-\beta_1 x_i)^2$$

它表示当用直线 $y=\beta_0+\beta_1 x$ 来拟合观察值 $(x_i,y_i), i=1,2,\cdots,n$ 时总误差的平方和 . 最小二乘法的基本思想就是选取 β_0,β_1 的估计 $\hat\beta_0,\hat\beta_1$,使得

$$Q(\hat\beta_0,\hat\beta_1)=\min_{\beta_0,\beta_1}Q(\beta_0,\beta_1)$$

由于 $Q(\beta_0,\beta_1)$ 是 β_0,β_1 的非负二次函数,其最小值必定存在,同时它是 β_0,β_1 的可微函数,由微积分中求极值的方法知, $\hat\beta_0,\hat\beta_1$ 应是下列方程组的解:

$$\begin{cases}\dfrac{\partial Q}{\partial\beta_0}=-2\sum\limits_{i=1}^{n}(y_i-\beta_0-\beta_1 x_i)=0\\[2ex]\dfrac{\partial Q}{\partial\beta_1}=-2\sum\limits_{i=1}^{n}(y_i-\beta_0-\beta_1 x_i)x_i=0\end{cases}\tag{5.3}$$

整理式(5.3)可得

$$\begin{cases}\beta_0+\bar x\beta_1=\bar y\\ \left(\sum\limits_{i=1}^{n}x_i\right)\beta_0+\left(\sum\limits_{i=1}^{n}x_i^2\right)\beta_1=\sum\limits_{i=1}^{n}x_i y_i\end{cases}\tag{5.4}$$

其中, $\bar x=\dfrac{1}{n}\sum\limits_{i=1}^{n}x_i, \bar y=\dfrac{1}{n}\sum\limits_{i=1}^{n}y_i$,这是一个关于 β_0,β_1 的二元一次线性方程组,我们称它为正规方程组(normal equations system),它的系数行列式在样本 x_i 不全相等时,有

$$D=\begin{vmatrix}1 & \bar x\\ n\bar x & \sum\limits_{i=1}^{n}x_i^2\end{vmatrix}=\sum_{i=1}^{n}x_i^2-n\bar x^2=\sum_{i=1}^{n}(x_i-\bar x)^2\neq 0$$

故可得到正规方程组的唯一解

$$\begin{cases} \hat{\beta}_1 = \dfrac{\sum\limits_{i=1}^{n}(x_i - \bar{x})(y_i - \bar{y})}{\sum\limits_{i=1}^{n}(x_i - \bar{x})^2} \\ \hat{\beta}_0 = \bar{y} - \hat{\beta}_1 \bar{x} \end{cases}$$

若引进记号

$$\begin{cases} l_{xx} = \sum\limits_{i=1}^{n}(x_i - \bar{x})^2 = \sum\limits_{i=1}^{n} x_i^2 - n\bar{x}^2 \\ l_{xy} = \sum\limits_{i=1}^{n}(x_i - \bar{x})(y_i - \bar{y}) = \sum\limits_{i=1}^{n} x_i y_i - n\bar{x}\,\bar{y} \\ l_{yy} = \sum\limits_{i=1}^{n}(y_i - \bar{y})^2 = \sum\limits_{i=1}^{n} y_i^2 - n\bar{y}^2 \end{cases}$$

则 β_0, β_1 的最小二乘估计(least squares estimator, LSE)可以记为

$$\begin{cases} \hat{\beta}_1 = \dfrac{l_{xy}}{l_{xx}} \\ \hat{\beta}_0 = \bar{y} - \hat{\beta}_1 \bar{x} \end{cases} \tag{5.5}$$

利用 $\hat{\beta}_0, \hat{\beta}_1$ 得到的直线方程 $\hat{y} = \hat{\beta}_0 + \hat{\beta}_1 x = \bar{y} + \hat{\beta}_1(x - \bar{x})$ 在平面直角坐标系中的图像称为回归直线(regression line),它一定经过 $(0, \hat{\beta}_0)$ 和 $(\bar{x}, \bar{y})$ 两点,$(\bar{x}, \bar{y})$ 是散点图的形心.

给定一个 x 的一个观察值 x_0,利用回归方程 $\hat{y}_0 = \hat{\beta}_0 + \hat{\beta}_1 x_0$ 算出的 $\hat{y}_0$,称为 y 在 x_0 处的回归值,回归值 $\hat{y}_0$ 与 y 的实际观察值 y_0 一般是不相等的.

【例 5.2】 根据例 5.1 中父子身高的数据,求线性回归方程.

解: $n = 9$, $\bar{x} = 68.11$, $l_{xx} = 356.89$, $\bar{y} = 67.18$, $l_{yy} = 35.996$, $l_{xy} = 105.92$,所以

$$\hat{\beta}_1 = \frac{l_{xy}}{l_{xx}} = \frac{105.92}{356.89} = 0.297$$

$$\hat{\beta}_0 = \bar{y} - \hat{\beta}_1 \bar{x} = 67.18 - 0.297 \times 68.11 = 46.951$$

所以回归方程为 $\hat{y} = \hat{\beta}_0 + \hat{\beta}_1 x = 46.951 + 0.297x$.

如果一个父亲的身高 $x = 69$ 英寸,则儿子的身高的回归值为 $\hat{y} = 46.951 + 0.297 \times 69 = 67.444$ 英寸.

2. σ^2 的无偏估计

对给定的 x_i,观察值 y_i 与回归值 $\hat{y}_i$ 的差 $y_i - \hat{y}_i$ 称为 x_i 处的残差(residual)(图 5.2 中竖线段),称

$$S_e = \sum_{i=1}^{n}(y_i - \hat{y}_i)^2$$

为残差平方和或剩余平方和(residual sum of squares). 残差平方和是图 5.2 中所有竖线段长度的平方和,它的大小反映了散点偏离回归直线的程度,即回归直线的拟合程度,散点完

全在回归直线上,则残差平方和为零.

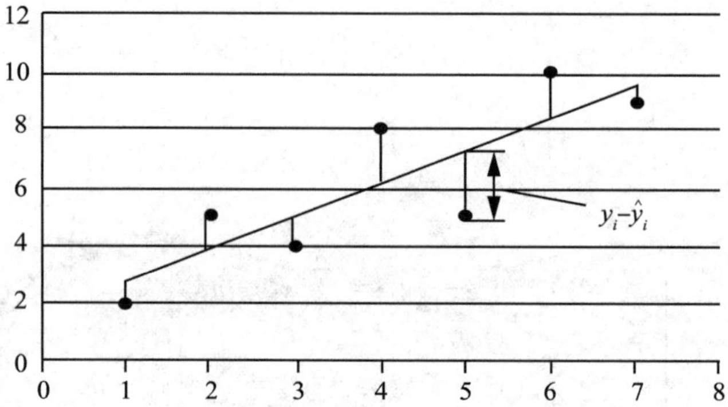

图5.2 残差示意图

残差平方和 S_e 有如下统计特性:

定理5.1 $\frac{S_e}{\sigma^2} \sim \chi^2(n-2)$,且 S_e,$\hat{\beta}_1$,$\bar{y}$ 相互独立.

本定理的证明可参见参考文献[2].

根据 χ^2 分布的性质,由上述定理很容易得到

$$E\left(\frac{S_e}{\sigma^2}\right) = (n-2), \sigma^2 = \frac{E(S_e)}{n-2}$$

自然想到用 $\frac{S_e}{n-2}$ 作为 σ^2 的估计,即

$$\hat{\sigma}^2 = \frac{S_e}{n-2} \tag{5.6}$$

因 $E\hat{\sigma}^2 = \sigma^2$,所以 $\hat{\sigma}^2$ 是 σ^2 的无偏估计. $\hat{\sigma} = \sqrt{\frac{S_e}{n-2}}$,显然, $\hat{\sigma}$ 越小,说明 S_e 越小,回归直线的拟合程度越好,回归分析的效果也就越好.

5.1.3 参数估计的统计分析

1. 最小二乘估计 $\hat{\beta}_0,\hat{\beta}_1$ 的性质

下面的定理给出了 $\hat{\beta}_0,\hat{\beta}_1$ 的数字特征.

定理5.2 一元线性回归模型(5.2)中, β_0,β_1 的最小二乘估计 $\hat{\beta}_0,\hat{\beta}_1$ 满足:

(1) $E\hat{\beta}_0 = \beta_0, E\hat{\beta}_1 = \beta_1$;

(2) $D(\hat{\beta}_1) = \frac{1}{l_{xx}}\sigma^2, D(\hat{\beta}_0) = \left(\frac{1}{n} + \frac{\bar{x}^2}{l_{xx}}\right)\sigma^2$;

(3) $\text{cov}(\hat{\beta}_0,\hat{\beta}_1) = -\frac{\bar{x}}{l_{xx}}\sigma^2$.

证明:(1) 注意到对任意 $i = 1,2,\cdots,n$,有

$$Ey_i = \beta_0 + \beta_1 x_i, E\overline{y} = \beta_0 + \beta_1 \overline{x}$$

于是

$$E\hat{\beta}_1 = \frac{1}{l_{xx}} E\sum_{i=1}^{n}(x_i - \overline{x})(y_i - \overline{y}) = \frac{\beta_1 \sum_{i=1}^{n}(x_i - \overline{x})^2}{l_{xx}} = \beta_1$$

$$E\hat{\beta}_0 = E\overline{y} - \overline{x}E\hat{\beta}_1 = \beta_0 + \beta_1\overline{x} - \beta_1\overline{x} = \beta_0$$

(2)由于 $\sum_{i=1}^{n}(x_i - \overline{x}) = 0$,将 $\hat{\beta}_0,\hat{\beta}_1$ 表示为

$$\hat{\beta}_1 = \frac{1}{l_{xx}}\sum_{i=1}^{n}(x_i - \overline{x})(y_i - \overline{y}) = \frac{1}{l_{xx}}\sum_{i=1}^{n}(x_i - \overline{x})y_i \tag{5.7}$$

$$\hat{\beta}_0 = \frac{1}{n}\sum_{i=1}^{n}y_i - \overline{x}\hat{\beta}_1 = \sum_{i=1}^{n}\left(\frac{1}{n} - \frac{(x_i - \overline{x})\overline{x}}{l_{xx}}\right)y_i \tag{5.8}$$

由于 $y_1,y_2,\cdots,y_n$ 相互独立,有

$$D(\hat{\beta}_1) = \frac{1}{l_{xx}^2}\sum_{i=1}^{n}(x_i - \overline{x})^2\sigma^2 = \frac{\sigma^2}{l_{xx}}$$

$$D(\hat{\beta}_0) = \sum_{i=1}^{n}\left(\frac{1}{n} - \frac{(x_i - \overline{x})\overline{x}}{l_{xx}}\right)^2\sigma^2 = \left(\frac{1}{n} + \sum_{i=1}^{n}\frac{(x_i - \overline{x})^2\overline{x}^2}{l_{xx}^2}\right)\sigma^2 = \left(\frac{1}{n} + \frac{\overline{x}^2}{l_{xx}}\right)\sigma^2$$

$$\operatorname{cov}(\hat{\beta}_0,\hat{\beta}_1) = \sum_{i=1}^{n}\frac{(x_i - \overline{x})}{l_{xx}}\left(\frac{1}{n} - \frac{(x_i - \overline{x})\overline{x}}{l_{xx}}\right)\sigma^2 = -\sum_{i=1}^{n}\frac{(x_i - \overline{x})^2\overline{x}}{l_{xx}^2}\sigma^2 = -\frac{\overline{x}}{l_{xx}}\sigma^2$$

定理 5.2 表明,β_0,β_1 的最小二乘估计 $\hat{\beta}_0,\hat{\beta}_1$ 是无偏的,由式(5.7)和式(5.8)又知道它们是线性的,因此最小二乘估计 $\hat{\beta}_0,\hat{\beta}_1$ 分别是 β_0,β_1 的线性无偏估计.

下面的定理 5.3 给出了 $\hat{\beta}_0,\hat{\beta}_1$ 的分布.

定理 5.3 $\hat{\beta}_1 \sim N\left(\beta_1,\frac{\sigma^2}{l_{xx}}\right)$,$\hat{\beta}_0 \sim N\left(\beta_0,\left(\frac{1}{n} + \frac{\overline{x}^2}{l_{xx}}\right)\sigma^2\right)$

证明:由于 $\hat{\beta}_1 = \frac{l_{xy}}{l_{xx}} = \frac{\sum_{i=1}^{n}(x_i - \overline{x})y_i}{l_{xx}}$,且 $\hat{\beta}_0 = \overline{y} - \hat{\beta}_1\overline{x}$ 都是 $y_1,y_2,\cdots,y_n$ 的线性函数,而 $y_1,y_2,\cdots,y_n$ 独立同分布于正态分布,所以 $\hat{\beta}_0$ 和 $\hat{\beta}_1$ 也都服从正态分布. 而由定理 5.2 可知,$E(\hat{\beta}_1) = \beta,D(\hat{\beta}_1) = \frac{1}{l_{xx}}\sigma^2$,因此有 $\hat{\beta}_1 \sim N\left(\beta_1,\frac{\sigma^2}{l_{xx}}\right)$;$E(\hat{\beta}_0) = \beta_0,D(\hat{\beta}_0) = \left(\frac{1}{n} + \frac{\overline{x}^2}{l_{xx}}\right)\sigma^2$,因此 $\hat{\beta}_0 \sim N\left(\beta_0,\left(\frac{1}{n} + \frac{\overline{x}^2}{l_{xx}}\right)\sigma^2\right)$.

利用定理 5.1 和定理 5.3 很容易推出下面的定理 5.4.

定理 5.4 $\frac{\hat{\beta}_1 - \beta_1}{\hat{\sigma}}\sqrt{l_{xx}} \sim t(n-2),\frac{\hat{\beta}_0 - \beta_0}{\hat{\sigma}\sqrt{\frac{1}{n} + \frac{\overline{x}^2}{l_{xx}}}} \sim t(n-2)$

证明:由定理5.3可得$\hat{\beta}_1 \sim N\left(\beta_1, \frac{\sigma^2}{l_{xx}}\right)$,因此$\frac{\hat{\beta}_1 - \beta_1}{\sqrt{\frac{\sigma^2}{l_{xx}}}} \sim N(0,1)$. 由定理5.1知,$\frac{S_e}{\sigma^2} \sim \chi^2(n-2)$,且$\hat{\beta}_1$与$S_e$相互独立. 因此有$\frac{\hat{\beta}_1 - \beta_1}{\sqrt{\frac{\sigma^2}{l_{xx}}}}$与$\frac{S_e}{\sigma^2}$独立. 所以,根据$t$分布的定义有

$$\frac{\hat{\beta}_1 - \beta_1}{\hat{\sigma}} \sqrt{l_{xx}} = \frac{(\hat{\beta}_1 - \beta_1) \Big/ \sqrt{\frac{\sigma^2}{l_{xx}}}}{\sqrt{\frac{S_e}{\sigma^2(n-2)}}} \sim t(n-2)$$

$\frac{\hat{\beta}_0 - \beta_0}{\hat{\sigma}\sqrt{\frac{1}{n} + \frac{\bar{x}^2}{l_{xx}}}} \sim t(n-2)$的证明类似,请读者自行证明.

2. β_0,β_1的区间估计

由定理5.4知,$\frac{\hat{\beta}_1 - \beta_1}{\hat{\sigma}} \sqrt{l_{xx}} \sim t(n-2)$. 对给定的置信水平$1-\alpha$,从$t$分布的分位数表可以查到$t_{\frac{\alpha}{2}}(n-2)$,使得

$$P\left\{\left|\frac{\hat{\beta}_1 - \beta_1}{\hat{\sigma}} \sqrt{l_{xx}}\right| \leqslant t_{\frac{\alpha}{2}}(n-2)\right\} = 1-\alpha$$

即

$$P\left\{\hat{\beta}_1 - t_{\frac{\alpha}{2}}(n-2)\frac{\hat{\sigma}}{\sqrt{l_{xx}}} \leqslant \beta_1 \leqslant \hat{\beta}_1 + t_{\frac{\alpha}{2}}(n-2)\frac{\hat{\sigma}}{\sqrt{l_{xx}}}\right\} = 1-\alpha$$

则β_1的置信水平为$1-\alpha$的置信区间为

$$\left[\hat{\beta}_1 - t_{\frac{\alpha}{2}}(n-2)\frac{\hat{\sigma}}{\sqrt{l_{xx}}}, \hat{\beta}_1 + t_{\frac{\alpha}{2}}(n-2)\frac{\hat{\sigma}}{\sqrt{l_{xx}}}\right] \tag{5.9}$$

类似地,由定理5.4可知$\frac{\hat{\beta}_0 - \beta_0}{\hat{\sigma}\sqrt{\frac{1}{n} + \frac{\bar{x}^2}{l_{xx}}}} \sim t(n-2)$,对给定的置信水平$1-\alpha$,从$t$分布的分位数表可以查到$t_{\frac{\alpha}{2}}(n-2)$,使得

$$P\left\{\frac{|\hat{\beta}_0 - \beta_0|}{\hat{\sigma}\sqrt{\frac{1}{n} + \frac{\bar{x}^2}{l_{xx}}}} \leqslant t_{\frac{\alpha}{2}}(n-2)\right\} = 1-\alpha$$

即

$$P\left\{\hat{\beta}_0 - t_{\frac{\alpha}{2}}(n-2)\hat{\sigma}\sqrt{\frac{1}{n} + \frac{\bar{x}^2}{l_{xx}}} \leqslant \beta_0 \leqslant \hat{\beta}_0 + t_{\frac{\alpha}{2}}(n-2)\hat{\sigma}\sqrt{\frac{1}{n} + \frac{\bar{x}^2}{l_{xx}}}\right\} = 1-\alpha$$

则 β_0 的置信水平为 $1-\alpha$ 的置信区间为

$$\left[\hat{\beta}_0 - t_{\frac{\alpha}{2}}(n-2)\ \hat{\sigma}\sqrt{\frac{1}{n}+\frac{\bar{x}^2}{l_{xx}}},\ \hat{\beta}_0 + t_{\frac{\alpha}{2}}(n-2)\ \hat{\sigma}\sqrt{\frac{1}{n}+\frac{\bar{x}^2}{l_{xx}}}\right] \tag{5.10}$$

下面看一个例子 .

【例 5.3】 (续例 5.2)计算例 5.2 中 β_0,β_1 的置信水平为 95% 的置信区间 .

解:对所求的置信区间 ,$\alpha = 1 - 0.95 = 0.05$,查 t 分布表可得 $t_{\frac{\alpha}{2}}(n-2) = 2.3646$,由例 5.2 的计算可知,$n=9$, $\bar{x} = 68.11$, $l_{xx} = 356.89$, $l_{yy} = 35.996$, $l_{xy} = 105.92$, $\hat{\beta}_1 = 0.297$, $\hat{\beta}_0 = 46.951$,根据置信区间(5.9)及(5.10)还需要计算标准差的估计 $\hat{\sigma}$. 由于 $\hat{\sigma} = \sqrt{\frac{S_e}{n-2}}$,而 $S_e = l_{yy} - \hat{\beta}_1 l_{xy} = 35.996 - 0.297 \times 105.92 = 4.538$,所以 $\hat{\sigma} = \sqrt{\frac{S_e}{n-2}} = \sqrt{\frac{4.538}{7}} = 0.805$. 因此

$$t_{\frac{\alpha}{2}}(n-2)\ \frac{\hat{\sigma}}{\sqrt{l_{xx}}} = 2.3646 \times \frac{0.805}{\sqrt{356.89}} = 0.101$$

$$\hat{\beta}_1 - t_{\frac{\alpha}{2}}(n-2)\ \frac{\hat{\sigma}}{\sqrt{l_{xx}}} = 0.297 - 0.101 = 0.189$$

$$\hat{\beta}_1 + t_{\frac{\alpha}{2}}(n-2)\ \frac{\hat{\sigma}}{\sqrt{l_{xx}}} = 0.297 + 0.101 = 0.398$$

所以 β_1 的置信水平为 95% 的置信区间为 [0.189,0.398].

$$t_{\frac{\alpha}{2}}(n-2)\ \hat{\sigma}\sqrt{\frac{1}{n}+\frac{\bar{x}^2}{l_{xx}}} = 2.3646 \times 0.805 \times \sqrt{\frac{1}{9}+\frac{68.11^2}{356.89}} = 6.892$$

$$\hat{\beta}_0 - t_{\frac{\alpha}{2}}(n-2)\ \hat{\sigma}\sqrt{\frac{1}{n}+\frac{\bar{x}^2}{l_{xx}}} = 46.951 - 6.892 = 40.059$$

$$\hat{\beta}_0 + t_{\frac{\alpha}{2}}(n-2)\ \hat{\sigma}\sqrt{\frac{1}{n}+\frac{\bar{x}^2}{l_{xx}}} = 46.951 + 6.892 = 53.843$$

所以 β_0 的置信水平为 95% 的置信区间为 [40.059,53.843].

5.1.4 回归方程的显著性检验

前面的讨论都是在假定 y 与 x 呈现线性相关关系的前提下进行的,若这个假定不成立,则我们建立的回归直线方程也失去意义,为此,必须对 y 与 x 之间的线性相关关系作检验 . y 与 x 之间是否有线性关系,主要取决于 x 前面的系数 β_1 是否为零,因此需要检验假设

$$H_0:\beta_1 = 0, \quad H_1:\beta_1 \neq 0 \tag{5.11}$$

这是一个假设检验问题,在一元线性回归中有三种等价的检验方法,下面分别介绍 .

1. F 检验

为了构造检验统计量,我们研究引起观察值 $y_i(i = 1,2,\cdots,n)$ 波动的原因 .

记 $S_T = \sum_{i=1}^{n}(y_i - \bar{y})^2 = l_{yy}$,称为总偏差平方和或总平方和(total sum of squares),反映了数据 y_i 的总波动 .

$S_R=\sum_{i=1}^{n}(\hat{y}_i-\bar{y})^2$,称为回归平方和(regression sum of squares),反映了因 x 的变动而导致数据 y_i 的波动.

$S_e=\sum_{i=1}^{n}(y_i-\hat{y}_i)^2$,称为残差平方和(residual sum of squares),反映了因随机误差而导致数据 y_i 的波动.

经代数推导,易得有如下分解式:

$$S_T=S_R+S_e \tag{5.12}$$

因为

$$l_{yy}=\sum_{i=1}^{n}(y_i-\hat{y}_i+\hat{y}_i-\bar{y})^2=\sum_{i=1}^{n}(y_i-\hat{y}_i)^2+\sum_{i=1}^{n}(\hat{y}_i-\bar{y})^2+2\sum_{i=1}^{n}(y_i-\hat{y}_i)(\hat{y}_i-\bar{y})$$

右边的交叉项:

$$\begin{aligned}2\sum_{i=1}^{n}(y_i-\hat{y}_i)(\hat{y}_i-\bar{y})&=2\sum_{i=1}^{n}[y_i-(\hat{\beta}_0+\hat{\beta}_1x_i)][\hat{\beta}_0+\hat{\beta}_1x_i-\bar{y}]\\&=2\sum_{i=1}^{n}[(y_i-\bar{y})-\hat{\beta}_1(x_i-\bar{x})][\hat{\beta}_1(x_i-\bar{x})]\\&=2\hat{\beta}_1[\sum_{i=1}^{n}(y_i-\bar{y})(x_i-\bar{x})-\hat{\beta}_1\sum_{i=1}^{n}(x_i-\bar{x})^2]\\&=2\hat{\beta}_1(l_{xy}-\hat{\beta}_1l_{xx})=0\end{aligned}$$

式(5.12)说明:引起变量 y 的观察值的波动有两原因,一个是自变量 x 的值的改变导致的,这一部分主要反映在回归平方和里;另一个是随机误差导致的,这一部分主要反映在残差平方和里.

利用式(5.5),回归平方和 S_R 与残差平方和 S_e 还有如下计算公式:

$$S_R=\sum_{i=1}^{n}(\hat{y}_i-\bar{y})^2=\sum_{i=1}^{n}[\bar{y}+\hat{\beta}_1(x_i-\bar{x})-\bar{y}]^2=\hat{\beta}_1^2l_{xx}=\frac{l_{xy}^2}{l_{xx}} \tag{5.13}$$

$$S_e=\sum_{i=1}^{n}(y_i-\hat{\beta}_0-\hat{\beta}_1x_i)^2=S_T-S_R=l_{yy}-\frac{l_{xy}^2}{l_{xx}} \tag{5.14}$$

定理 5.5 沿用前面的记号

(1)当 $H_0:\beta_1=0$ 成立时,$\frac{S_R}{\sigma^2}\sim\chi^2(1)$;

(2) S_e 与 S_R 相互独立.

证明:(1)当 H_0 成立时,由定理5.3知,$\hat{\beta}_1\sim N\left(0,\frac{\sigma^2}{l_{xx}}\right)$.

所以 $\frac{\hat{\beta}_1\sqrt{l_{xx}}}{\sigma}\sim N(0,1)$,于是 $\frac{S_R}{\sigma^2}=\frac{\hat{\beta}_1^2l_{xx}}{\sigma^2}\sim\chi^2(1)$

(2)证明略.

由 S_R,S_e 的定义可知,S_R 越大,S_e 就越小,说明数据 y_i 的波动主要是由 x_i 的变动引起的,x,y 间相互关系就越显著;反之,x,y 之间的关系越不显著.

由定理5.1,$(n-2)\frac{\hat{\sigma}^2}{\sigma^2}=\frac{S_e}{\sigma^2}\sim\chi^2(n-2)$,再根据定理5.5,当 H_0 为真时,

$$F = \frac{S_R}{\frac{S_e}{n-2}} = \frac{\hat{\beta}_1^2 l_{xx}}{\hat{\sigma}^2} \sim F(1,n-2) \tag{5.15}$$

当 H_0 为真时，F 有偏小的趋势；反之，当 H_0 为假时，F 偏大，因此可选它作检验问题(5.11)的检验统计量，对选定的水平 $\alpha > 0$，可得拒绝域：

$$F > F_\alpha(1,n-2)$$

2. 相关系数检验

定义一个反映样本 x_i，$y_i(i=1,2,\cdots,n)$ 之间线性关系的统计量 r，称其为样本相关系数(sample correlation coefficient)：

$$r = \frac{\sum_{i=1}^{n}(x_i-\bar{x})(y_i-\bar{y})}{\sqrt{\sum_{i=1}^{n}(x_i-\bar{x})^2\sum_{i=1}^{n}(y_i-\bar{y})^2}} = \frac{l_{xy}}{\sqrt{l_{xx}l_{yy}}} \tag{5.16}$$

如果 $(x_i,y_i)(i=1,2,\cdots,n)$ 完全在一条直线上，则 $|r|=1$；$|r|$ 越小，x_i 与 y_i 之间的线性关系就越弱.

根据式(5.14)，$S_e = l_{yy} - \hat{\beta}_1^2 l_{xx} = l_{yy}\left(1-\frac{l_{xy}^2}{l_{xx}l_{yy}}\right) = l_{yy}(1-r^2)$. 因此

$$r^2 = 1-\frac{S_e}{l_{yy}} = 1-\frac{S_e}{S_T} = \frac{S_R}{S_T} \leqslant 1 \tag{5.17}$$

即

$$|r| \leqslant 1$$

$\frac{S_R}{S_T}$ 通常又称为决定系数(coefficient of determination)，用 R^2 表示，即

$$R^2 = \frac{S_R}{S_T} = 1-\frac{S_e}{S_T}$$

决定系数就是回归平方和占总偏差平方和的比率，反映了自变量解释因变量变异的比例.在一元线性回归分析情形下有 $R^2 = r^2$.

$|r|$ 越接近 1，说明 S_e 越小，回归分析的效果也越好，用样本相关系数来衡量回归分析的效果还有一个好处，即 $\hat{\sigma}$ 是一个有量纲的量，而 r 是一个无量纲的量.

根据 F 检验法可以推出 r 检验法. 由式(5.17)，有

$$r^2 = 1-\frac{S_e}{S_T} = \frac{S_R}{S_T}$$

由(5.12)可得

$$\frac{S_R}{S_e} = \frac{r^2}{1-r^2}$$

进一步，由式(5.15)，有

$$F = \frac{S_R}{\frac{S_e}{n-2}} = (n-2)\frac{r^2}{1-r^2}$$

而 $F > F_\alpha(1,n-2)$ 等价于 $(n-2)\dfrac{r^2}{1-r^2} > F_\alpha(1,n-2)$

即

$$F > F_\alpha(1,n-2) \Leftrightarrow |r| > \sqrt{\frac{F_\alpha(1,n-2)}{n-2+F_\alpha(1,n-2)}}$$

因此,检验问题(5.11)也可用式(5.16)的相关系数作为检验统计量,拒绝域为

$$|r| > \sqrt{\frac{F_\alpha(1,n-2)}{n-2+F_\alpha(1,n-2)}}$$

3. t 检验

由定理5.4, $T=\dfrac{\hat{\beta}_1-\beta_1}{\hat{\sigma}}\sqrt{l_{xx}} \sim t(n-2)$,当 H_0 为真时,有 $T=\dfrac{\hat{\beta}_1}{\hat{\sigma}}\sqrt{l_{xx}} \sim t(n-2)$,取 $T=\dfrac{\hat{\beta}_1}{\hat{\sigma}}\sqrt{l_{xx}}$ 作为检验问题式(5.11)的检验统计量, H_0 为真时 T 偏小,于是对给定的显著水平 α ,得拒绝域:

$$|T| > t_{\frac{\alpha}{2}}(n-2)$$

【例5.4】 (续例5.2),根据例5.2计算的结果,给定显著水平 $\alpha = 0.05$,检验 $H_0:\beta_1 = 0$.

解:前面我们已经计算出 $n=9$, $l_{xx}=356.89$, $l_{yy}=35.996$, $\hat{\beta}_1=0.297$, $S_e=4.538$, $\hat{\sigma}=0.805$.

(1)用 t 检验:

$$T=\frac{\hat{\beta}_1}{\hat{\sigma}}\sqrt{l_{xx}}=\frac{0.297}{0.805}\times\sqrt{356.89}=6.970$$

对于给定的显著水平 $\alpha=0.05$,查 t 分布分位数表得 $t_{\frac{\alpha}{2}}(n-2)=t_{0.025}(7)=2.3646$,由于 $|T|=6.970 > 2.3646$,所以拒绝 H_0,说明在给定的显著水平下,回归效果显著.

(2)用 F 分布检验:

$$F=\frac{S_R}{\dfrac{S_e}{n-2}}=\frac{35.996-4.538}{4.538/7}=48.525$$

对给定的显著水平 $\alpha=0.05$,查 F 分布分位数表得 $F_\alpha(1,n-2)=F_{0.05}(1,7)=5.59$,由于 $|F|=48.525 > 5.59$,所以拒绝 H_0,说明在给定的显著水平下,回归效果显著.

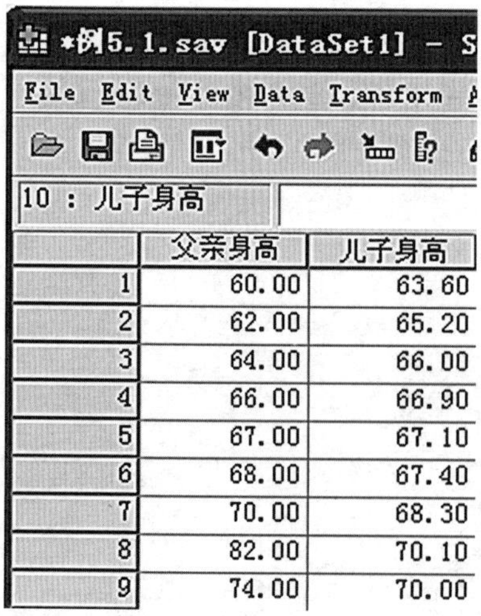

图5.3 数据输入窗口

例5.1至例5.4的SPSS操作步骤如下:

(1)将数据输入到SPSS工作表中,如图5.3所示.

(2)单击Analyze→Regression→Linear打开线性回归对话框,如图5.4所示.从左侧源变量窗口中选择“儿子身高”作为因变量进入Dependent(s)窗口,选择“父亲身高”作为自变量进入Independent(s)窗口.在Method下拉列表中选择对自变量的选入方法,有Enter(强行进入法)、

Stepwise(逐步法)、Remove(强制剔除法)、Backward(向后法)、Forward(向前法)五种.该选项对当前 Independent 框中的所有变量均有效.此例只有一个自变量,故选择 Enter(强行进入法).

(3)单击 Statistics 按钮,打开 Statistics 对话框,选择所需要的描述统计量,如图 5.5 所示.该对话框包括三部分:

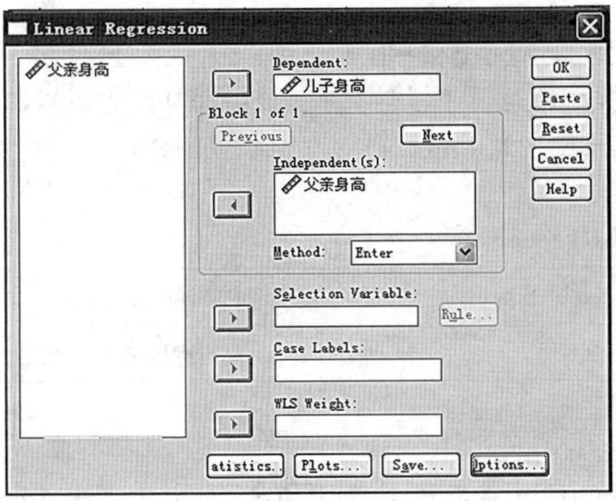

图 5.4 线性回归对话框

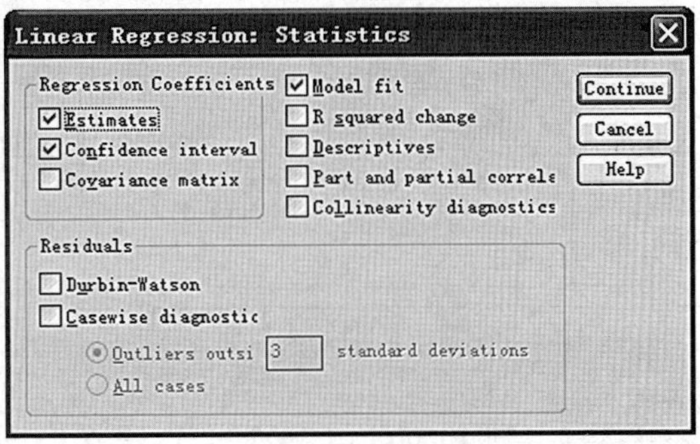

图 5.5 回归分析统计量输出对话框

①Regression Coefficients 是回归系数选项栏.该栏中包括三项内容,与一元回归有关的选项是:

a. Estimates 是输出估计值的选项.若选择此项,则在输出文件中输出回归系数 B、B 的标准误、标准化回归系数 beta、B 的 T 检验值以及 T 值的双侧检验的显著性水平 Sig.这是系统默认选项.

b. Confidence intervals 是输出回归系数 95%的置信区间的选项.

c. Covariance matrix 是输出各个自变量的相关矩阵和方差、协方差矩阵的选项.

②在对话框中右上方的五个复选框选项分别是:

a. Model fit 是模型的配置选项.选择此项后,系统将在输出文件中输出进入模型或从模型中剔除的变量,以及一些有关拟合优度的检验,提供复相关系数 R、及调整的 R^2,估计值的标准误,方差分析表.这是系统的默认选项.

b. R squared change 复选框:显示模型拟合过程中 R^2、F 值和 p 值的改变情况.

c. Descriptives 是输出描述统计结果的选项.选择此项后,系统将输出所有变量的个案数、均值、标准差和相关系数矩阵及单侧检验的显著性水平矩阵.

d. Part and partial correlations 复选框:显示自变量间的相关、部分相关和偏相关系数.

e. Collinearity diagnostics 复选框:给出一些用于共线性诊断的统计量,如特征根(Eigenvalues)、方差膨胀因子(VIF)等.

③Residuals 是残差选项栏.用于选择输出残差诊断的信息,该栏包括两项内容:

a. Durbin-Watson 是 Durbin-Watson 残差序列相关性检验,选择该项后系统将在模型中输出 Durbin-Watson 的值.

b. Casewise diagnostics 是输出个案诊断表的选项.

(4)上述选项作完以后,单击 Continue 按钮,返回回归分析对话框.单击 OK,完成操作.

SPSS 结果解释见表 5. 2~表 5. 5.

表 5. 2 **变量进入/退出表 Variables Entered/Removed[b]**

Model	Variables Entered	Variables Removed	Method
1	父亲身高[a]		Enter

表 5. 2 表明拟合过程中变量进入/退出模型的情况记录,由于只引入了一个自变量,所以只出现了一个模型 1(在多元回归中就会依次出现多个回归模型),该模型中"父亲身高"为进入的变量,没有移出变量,具体的进入/退出方法为 Enter.

表 5. 3 **模型一览表 Model Summary**

Model	R	R Square	Adjusted R Square	Std.Error of the Estimate
1	0.935[a]	0.873	0.855	0.80698

a.Predictors:(constant),父亲身高.

表 5. 3 表明模型的拟合效果,显示在模型 1 中相关系数 R 为 0. 935,而决定系数 R^2 为 0. 873,校正的决定系数为 0. 855,回归方差的估计标准误差 0. 80698.

表 5. 4 **方差分析表 ANOVA[b]**

Model		Sum of Squares	df	Mean Square	F	Sig.
1	Regression	31.437	1	31.437	48.274	0.000[a]
	Residual	4.559	7	0.651		
	Total	35.996	8			

a. Predictors:(Constant),父亲身高;

b. Dependent Variable: 儿子身高.

表 5. 4 是对回归模型进行检验的结果,是一个标准方差分析表.从表中可见所用回归模型 F 值为 48. 274,p 值为 0. 000,因此所用的这个回归模型具有统计学意义,可以继续分析各个系数的检验结果.

表 5. 5 **回归系数表 Coefficients[a]**

Model	Unstandardized Coefficients		Standardized Coefficients	t	Sig.	95% Confidence Interval for B	
	B	Std.Error	Beta			Lower Bound	Upper Bound
1 (Constant)	46.963	2.922		16.073	0.000	40.054	53.872
父亲身高	0.297	0.043	0.935	6.948	0.000	0.196	0.398

a. Dependent Variable: 儿子身高.

回归系数表依次给出了未标准化的回归系数、系数的标准误差、标准化的回归系数、回归系数显著性检验 t 统计量、对应的概率 p 值、回归系数的 95% 的置信区间及标准误.由于 t 检验的 p 值均为 0.000,故得到父亲身高与儿子身高之间的线性回归模型:

$$\hat{y} = 46.963 + 0.297x$$

注意:一元线性回归分析中的这三种显著性检验方法是等价的,在实际应用中,仅需要选取一种就可以了.对检验问题(5.11)如果拒绝 H_0,则说明回归效果显著;如果接受 H_0,则说明回归效果不显著,这时可能有以下几种情况:

(1)影响 y 的除了 x 外,可能还有其他变量;

(2) y 与 x 有关系,但不是线性的;

(3) y 与 x 无关.

5.1.5 预测与控制

1. 预测问题

对于一元线性回归模型

$$\begin{cases} y = \beta_0 + \beta_1 x + \varepsilon \\ \varepsilon \sim N(0,\sigma^2) \end{cases}$$

我们根据观测数据 $(x_i, y_i), i = 1,\cdots,n$,得到经验回归方程 $\hat{y} = \hat{\beta}_0 + \hat{\beta}_1 x$,并通过检验回归效果显著后,当自变量 x 取值 $x_0(x_0 \neq x_i, i = 1,\cdots,n)$,如何预测相应的 y_0 呢?这就是所谓的预测问题,自然我们想到用经验公式,取 $\hat{y}_0 = \hat{\beta}_0 + \hat{\beta}_1 x_0$ 作为实际的 $y_0 = \beta_0 + \beta_1 x_0 + \varepsilon_0$ 的预测值,并称 $\hat{y}_0$ 为 y_0 的点预测.

定理 5.6 $\hat{y}_0 = \hat{\beta}_0 + \hat{\beta}_1 x_0 \sim N\left(\beta_0 + \beta_1 x_0, \left[\frac{1}{n} + \frac{(x_0 - \bar{x})^2}{l_{xx}}\right]\sigma^2\right)$

证明:因为 $\hat{y}_0 = \hat{\beta}_0 + \hat{\beta}_1 x_0 = (\bar{y} - \hat{\beta}_1 \bar{x}) + \hat{\beta}_1 x_0 = \bar{y} + \hat{\beta}_1(x_0 - \bar{x})$.

而 $\bar{y}$ 和 $\hat{\beta}_1$ 都服从正态分布,且相互独立,所以 $\hat{y}_0 = \bar{y} + \hat{\beta}_1(x_0 - \bar{x})$ 也服从正态分布,根据定理 5.2:

$$E\hat{\beta}_0 = \beta_0, \quad E\hat{\beta}_1 = \beta_1, \quad D(\hat{\beta}_1) = \frac{\sigma^2}{l_{xx}}, \quad D(\bar{y}) = \frac{\sigma^2}{n}$$

$$E\hat{y}_0 = E\hat{\beta}_0 + x_0 E\hat{\beta}_1 = \beta_0 + \beta_1 x_0$$

$$D\hat{y}_0 = D(\bar{y}) + (x_0 - \bar{x})^2 \cdot D(\hat{\beta}_1) = \left[\frac{1}{n} + \frac{(x_0 - \bar{x})^2}{l_{xx}}\right]\sigma^2$$

所以

$$\hat{y}_0 = \hat{\beta}_0 + \hat{\beta}_1 x_0 \sim N\left(\beta_0 + \beta_1 x_0, \left[\frac{1}{n} + \frac{(x_0 - \bar{x})^2}{l_{xx}}\right]\sigma^2\right)$$

在实际应用中,若因变量 y 比较难观测,而自变量 x 却比较容易观察或测量,那么根据观测资料得到经验公式后,只要观测 x 就能求得 y 的预测值,这是回归分析最重要的应用之一.

但是,上面这样的点预测不知道其精度、误差,于是就有考虑给出一个类似于置信区间的预测区间的想法.

设自变量 x 的取值为 x_0,与 $x=x_0$ 对应的因变量 y 的取值为

$y_0=\beta_0+\beta_1x_0+\varepsilon_0,\varepsilon_0\sim N(0,\sigma^2)$,$\varepsilon_0$ 与 $\varepsilon_1,\varepsilon_2,\cdots,\varepsilon_n$ 相互独立.

下面求 y_0 的置信水平为 $1-\alpha$ 的置信区间,我们称之为预测区间(prediction interval).

跟构造置信区间的步骤完全类似,首先构造枢轴量.因为

$$y_0=\beta_0+\beta_1x_0+\varepsilon_0,\varepsilon_0\sim N(0,\sigma^2)$$

所以

$$y_0\sim N(\beta_0+\beta_1x_0,\sigma^2)$$

另一方面,由定理5.6,有

$$\hat{y}_0=\hat{\beta}_0+\hat{\beta}_1x_0\sim N\left(\beta_0+\beta_1x_0,\left[\frac{1}{n}+\frac{(x_0-\bar{x})^2}{l_{xx}}\right]\sigma^2\right)$$

由于 y_0 与 $\hat{y}_0$ 相互独立($\hat{y}_0$ 只与 $y_1,y_2,\cdots,y_n$ 有关),所以

$$y_0-\hat{y}_0\sim N\left(0,\left[1+\frac{1}{n}+\frac{(x_0-\bar{x})^2}{l_{xx}}\right]\sigma^2\right)$$

由定理5.1知,$y_0-\hat{y}_0$ 与 $(n-2)\dfrac{\hat{\sigma}^2}{\sigma^2}$ 独立,故

$$T=\frac{y_0-\hat{y}_0}{\sqrt{\hat{\sigma}^2\left[1+\frac{1}{n}+\frac{(x_0-\bar{x})^2}{l_{xx}}\right]}}\sim t(n-2)$$

上式 T 就是构造预测区间的枢轴量.

对于给定的置信水平 $1-\alpha$,可得

$$P\{|T|<t_{\frac{\alpha}{2}}(n-2)\}=1-\alpha$$

对上式进行不等式的恒等变形,可得 y_0 的置信度为 $1-\alpha$ 的预测区间为

$$\left(\hat{y}_0-t_{\frac{\alpha}{2}}(n-2)\hat{\sigma}\sqrt{1+\frac{1}{n}+\frac{(x_0-\bar{x})^2}{l_{xx}}},\quad \hat{y}_0+t_{\frac{\alpha}{2}}(n-2)\hat{\sigma}\sqrt{1+\frac{1}{n}+\frac{(x_0-\bar{x})^2}{l_{xx}}}\right) \tag{5.18}$$

若记

$$\delta(x_0)=t_{\frac{\alpha}{2}}(n-2)\hat{\sigma}\sqrt{1+\frac{1}{n}+\frac{(x_0-\bar{x})^2}{l_{xx}}} \tag{5.19}$$

区间(5.18)成为

$$(\hat{y}_0-\delta(x_0),\hat{y}_0+\delta(x_0))$$

将预测点 x_0 换成变量 x,得预测区间下限 $y_1(x)$、上限 $y_2(x)$ 为

$$y_1(x)=\hat{y}-\delta(x)$$

$$y_2(x)=\hat{y}+\delta(x)$$

它是以 $\hat{y}$ 为中心,长度为 $2\delta(x)$ 的区间,区间的中点 $\hat{y}=\hat{\beta}_0+\hat{\beta}_1 x$ 随 x 而线性变化,区间的长度 $2\delta(x)$ 在 $x=\bar{x}$ 处最短, x 越远离 $\bar{x}$,预测区间的长度就越长,预则区间的上限与下限曲线落在关于经验回归直线对称的两条曲线上, 呈喇叭状(图 5.6).

当 n 较大时(如 $n>30$) , t 分布可用标准正态分布近似,若 x_0 与 $\bar{x}$ 相差不大时, $1+\frac{1}{n}+\frac{(x_0-\bar{x})^2}{l_{xx}}\approx 1$ 可得 y_0 的近似预测区间(图 5.7):

$$(\hat{y}_0-u_{\frac{\alpha}{2}}\hat{\sigma},\hat{y}_0+u_{\frac{\alpha}{2}}\hat{\sigma}) \tag{5.20}$$

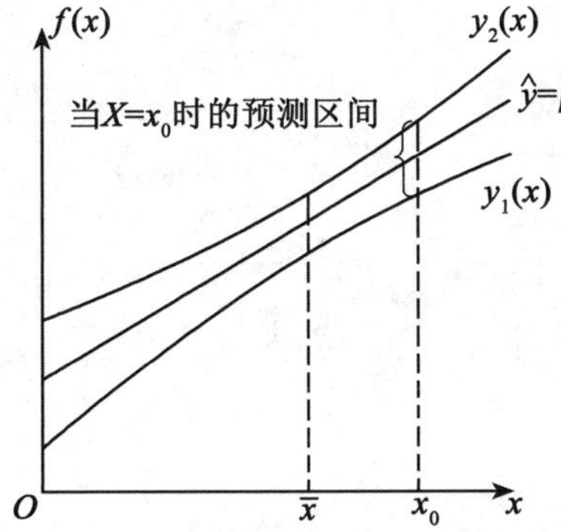

图 5.6 预测区间示意图

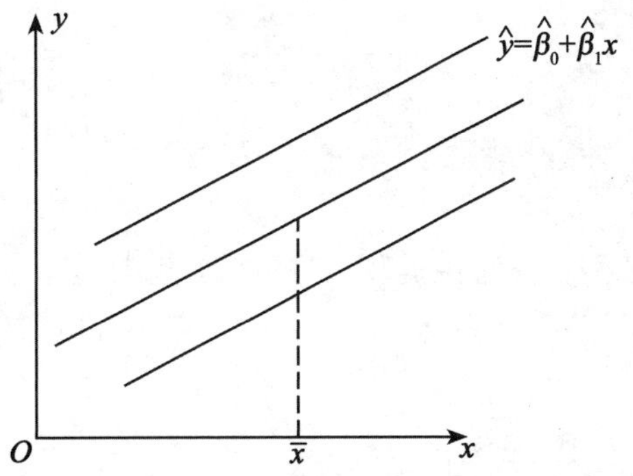

图 5.7 预测近似区间示意图

从式(5.19)可看出,预测的精度即 $\delta(x_0)$ 的大小主要由 $\hat{\sigma}$ 确定,因此在预测中, $\hat{\sigma}$ 是一个基本而重要的量,其次要减小 $\delta(x_0)$,可

(1)加大样本容量 n ;

(2)样本要分散,使 $l_{xx}=\sum_{i=1}^{n}(x_i-\bar{x})^2$ 变大;

(3)预测的点 x_0 离样本均值 $\bar{x}$ 要近.

2. 控制问题

在实际应用中,往往还需要考虑预测的反问题,即要以不小于 $1-\alpha$ 的概率将 y_0 控制在 (y_1,y_2) 内,也就是使

$$P(y_1<y_0<y_2)\geqslant 1-\alpha$$

相应的 x_0 应控制在什么范围内,这类问题称为控制问题(control problem).根据前一段的讨论,若 x_0 满足:

$$(\hat{y}_0-\delta(x_0),\hat{y}_0+\delta(x_0))\subset(y_1,y_2) \tag{5.21}$$

则可有 $P\{y_1<y_0<y_2\}\geqslant 1-\alpha$,因此控制问题一般是找满足条件(5.21)的 x_0 的范围.但求解很麻烦.一种近似的处理法是:由 $y_0\sim N(\beta_0+\beta_1 x_0,\sigma^2)$,将 β_0,β_1,σ^2 分别用其无偏

估计$\hat{\beta}_0,\hat{\beta}_1,\hat{\sigma}^2$取代，有$y_0 \overset{近似}{\sim} N(\hat{\beta}_0+\hat{\beta}_1 x_0,\hat{\sigma}^2)$，即$y_0 \overset{近似}{\sim} N(\hat{y}_0,\hat{\sigma}^2)$从而

$$\frac{y_0-\hat{y}_0}{\hat{\sigma}} \overset{近似}{\sim} N(0,1)$$

根据$P\left\{\left|\frac{y_0-\hat{y}_0}{\hat{\sigma}}\right| \leqslant u_{\frac{\alpha}{2}}\right\}=1-\alpha$，于是$y_0$的置信度为$1-\alpha$的预测区间可近似认为是$\left(\hat{y}_0-u_{\frac{\alpha}{2}}\hat{\sigma},\hat{y}_0+u_{\frac{\alpha}{2}}\hat{\sigma}\right)$.

要解决前述问题，可以从满足：

$$\left(\hat{y}_0-u_{\frac{\alpha}{2}}\hat{\sigma},\hat{y}_0+u_{\frac{\alpha}{2}}\hat{\sigma}\right) \subset (y_1,y_2)$$

的x_0去寻找x_0的控制范围.显然，当$2u_{\frac{\alpha}{2}}\hat{\sigma}>y_2-y_1$时，问题无解，当$2u_{\frac{\alpha}{2}}\hat{\sigma} \leqslant y_2-y_1$时，方程组

$$\begin{cases} y_1=\hat{\beta}_0+\hat{\beta}_1 x'-u_{\frac{\alpha}{2}}\hat{\sigma} \\ y_2=\hat{\beta}_0+\hat{\beta}_1 x''+u_{\frac{\alpha}{2}}\hat{\sigma} \end{cases}$$

有解x',x''，由此得x_0的控制范围是

$$(\min(x',x''),\max(x',x''))$$

◎ 思考：

1 一元线性回归模型与一次函数有什么联系和差别？

2. 一元线性回归模型有哪些基本假定？

3. 什么叫散点图？画散点图的目的是什么？

4. 最小二乘估计的原理是什么？

5. 一元线性回归方程显著性检验有哪几种方法？它们之间的关系是什么？

6. 回归平方和S_R，残差平方和S_e的大小反映了什么？解释$S_T=S_R+S_e$的含义.

5.2 一元非线性回归分析

前面讨论的线性回归分析问题，是在回归模型为线性这一基本假定下给出的. 然而，在实用中，还经常碰到非线性回归(nonlinear regression)的情形，这里只讨论可以化为线性回归分析的问题.我们通过对某些常见的可化为线性回归分析问题的讨论来阐明解决这类问题的基本思想和方法.

5.2.1 曲线改直

【例5.5】 炼钢过程中用来盛钢水的钢包，由于受钢水的浸蚀作用，容积会不断扩大.表5.6给出了使用次数和容积增大量的15对试验数据.

表 5.6　　数　据　表

使用次数(x_i)	增大容积(y_i)	使用次数(x_i)	增大容积(y_i)
2	6.42	9	9.99
3	8.20	10	10.49
4	9.58	11	10.59
5	9.50	12	10.60
6	9.70	13	10.80
7	10.00	14	10.60
8	9.93	15	10.90
		16	10.76

试求 y 关于 x 的经验公式(回归函数).

解:先画散点图(图 5.8),从点的分布上看,开始侵蚀速度较快,然后逐渐减缓,呈现一个明显的向上且上凸的趋势.我们必须了解常见的曲线函数的图形,选择一个大致与散点图的趋势相近的函数关系.

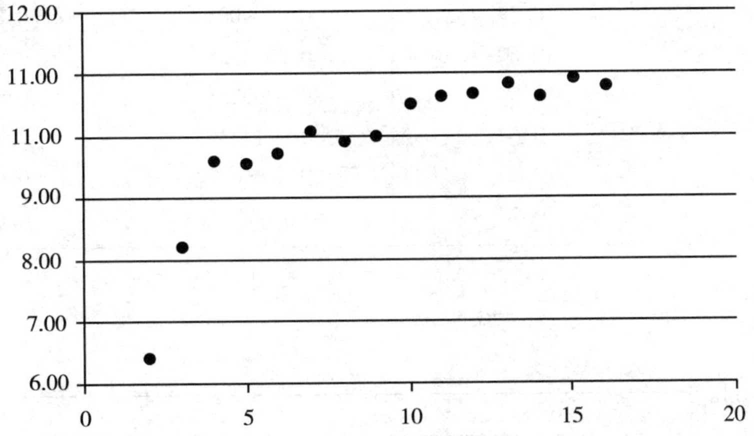

图 5.8　散点图

本题选择函数

$$\frac{1}{y} = a + b\frac{1}{x} \tag{5.22}$$

作为回归函数的类型(参看图 5.13),即假设 y 与 x 满足:

$$\frac{1}{y} = a + b\frac{1}{x} + \varepsilon \tag{5.23}$$

令

$$\xi = \frac{1}{x}, \eta = \frac{1}{y} \tag{5.24}$$

则式(5.23)变成

$$\eta = a + b\xi + \varepsilon \tag{5.25}$$

这样,非线性回归分析模型(5.23)经过变换,变成了线性回归分析模型(5.25). 观察数据(x_i, y_i)取倒数,可得 ξ,η 的观察数据,见表 5.7.

表 5.7 **数 据 表**

使用次数(x_i)	增大容积(y_i)	$\xi_i = 1/x_i$	$\eta_i = 1/y_i$
2	6.42	0.5	0.1557632
3	8.20	0.3333333	0.1219512
4	9.58	0.25	0.1043841
5	9.50	0.2	0.1052632
6	9.70	0.1666667	0.1030928
7	10.00	0.1428571	0.1
8	9.93	0.125	0.1007049
9	9.99	0.1111111	0.1001001
10	10.49	0.1	0.0953289
11	10.59	0.0909091	0.0944287
12	10.60	0.0833333	0.0943396
13	10.80	0.0769231	0.0925926
14	10.60	0.0714286	0.0943396
15	10.90	0.0666667	0.0917431
16	10.76	0.0625	0.0929368

绘制 (ξ_i, η_i) 的散点图,如图 5.9 所示.

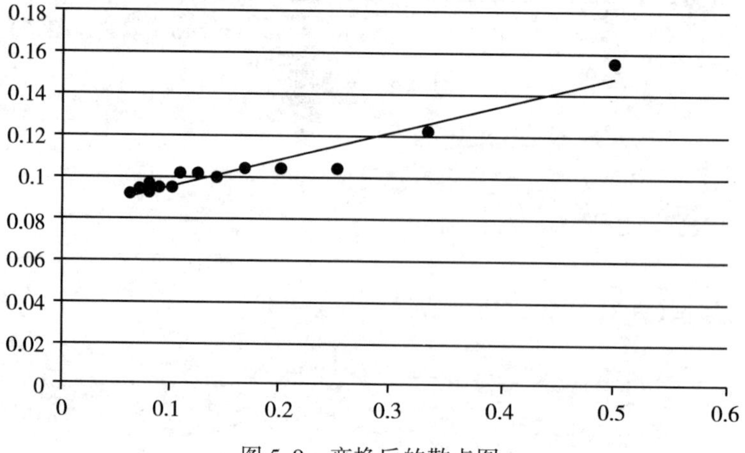

图 5.9 变换后的散点图

可以看到,这些点大致分布在一条直线上. 对得到的 15 对新数据,用最小二乘法可得线性回归方程 $\hat{\eta} = 0.0823 + 0.1312\xi$ 后,代回原变量得

$$\frac{1}{y} = 0.0823 + 0.1312 \cdot \frac{1}{x} = \frac{0.1312 + 0.0823x}{x}$$

即

$$\hat{y} = \frac{x}{0.1312 + 0.0823x} \tag{5.26}$$

例 5.5 的 SPSS 操作步骤如下:

(1)将数据输入到 SPSS 工作表中,如图 5.10 所示.

(2)单击 Transform→Compute Variable 按钮,弹出计算变量对话框,如图 5.11 所示. 在 Target Variable(目标变量)对话框中定义目标变量名为"次数倒数",在"="后的 Numeric Expression(算数表达式)中输入计算公式为"1/使用次数",单击 OK,完成操作,结果出现在图 5.10 第三列. 类似可计算容积的倒数,结果在图 5.10 第四列.

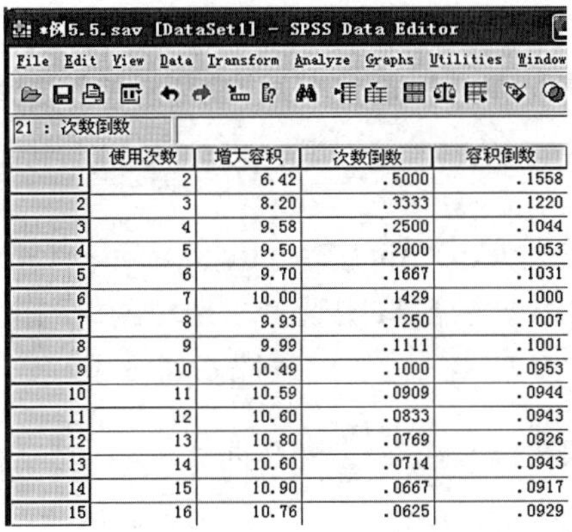

	使用次数	增大容积	次数倒数	容积倒数
1	2	6.42	.5000	.1558
2	3	8.20	.3333	.1220
3	4	9.58	.2500	.1044
4	5	9.50	.2000	.1053
5	6	9.70	.1667	.1031
6	7	10.00	.1429	.1000
7	8	9.93	.1250	.1007
8	9	9.99	.1111	.1001
9	10	10.49	.1000	.0953
10	11	10.59	.0909	.0944
11	12	10.60	.0833	.0943
12	13	10.80	.0769	.0926
13	14	10.60	.0714	.0943
14	15	10.90	.0667	.0917
15	16	10.76	.0625	.0929

图 5.10 数据输入图

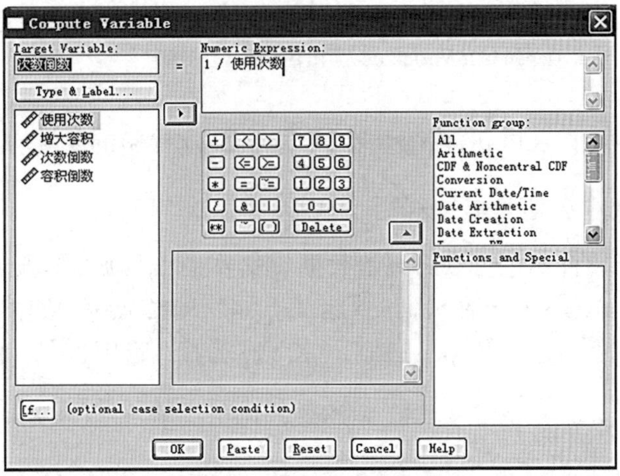

图 5.11 计算变量对话框

(3)对次数倒数和容积倒数进行线性回归分析,同上例,此略.得到线性回归分析结果,见表 5.8~表 5.10.

表 5.8 **模型一览表 Model Summary**

Model	R	R Square	Adjusted R Square	Std.Error of the Estimate
1	0.968[a]	0.938	0.933	0.0042568

a. Predictors: (Constant),次数倒数.

表 5.9 **方差分析表**

Model	Sum of Squares	df	Mean Square	F	Sig.
1 Regression	0.004	1	0.004	196.227	0.000[a]
Residual	0.000	13	0.000		
Total	0.004	14			

a. Predictors:(Constant),次数倒数;

b. Dependent Variable:容积倒数.

表 5.10 **回归系数表 Coefficients[a]**

Model	Unstandardized Coefficients		Standardized Coefficients	t	Sig.
	B	Std.Error	Beta		
1 (Constant)	0.082	0.002		44.514	0.000
次数倒数	0.131	0.009	0.968	14.008	0.000

a. Dependent Variable:容积倒数.

由表可知,该统计模型 F 检验及 t 检验的 p 值均为 0.000,故该模型具有统计意义,且经验公式为 $\frac{1}{y} = 0.131\frac{1}{x} + 0.082$.

此例也可以用原始数据直接作曲线回归,步骤如下:单击 Analyze→Regression→Curve Estimate 打开曲线回归对话框,如图 5.12 所示.从左侧源变量窗口中选择“增大容积”作为因变量进入 Dependent(s)窗口,选择“使用次数”作为自变量进入 Independent 窗口.在 Models 复选框选择模型类别.此例根据散点图,选择逆函数 $y = \beta_0 + \frac{\beta_1}{x}$ 和 S 曲线 $y = e^{\beta_0 + \beta_1/x}$ 来进行估计.单击 OK 按钮,完成操作.结果见表 5.11.

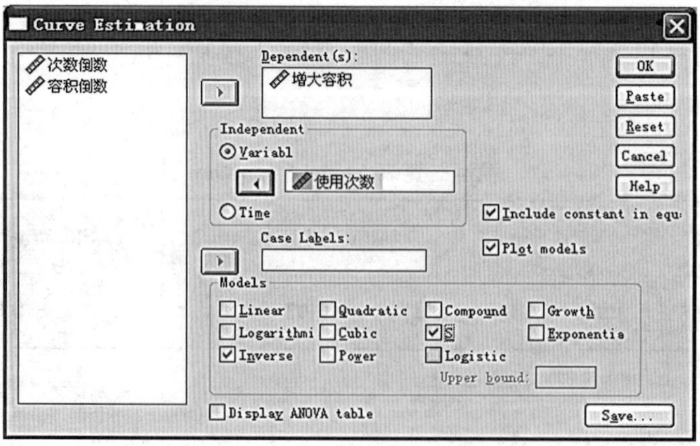

图 5.12 曲线估计对话框

表 5.11 **模型与参数估计 Model Summary and Parameter Estimates**

Dependent Variable：增大容积

Equation	Model Summary					Parameter Estimates	
	R Square	F	df1	df2	Sig.	Constant	b1
Inverse	0.968	392.622	1	13	0.000	11.394	-9.601
S	0.959	303.190	1	13	0.000	2.458	-1.111

The indepentdent variable is 使用次数.

模型一览表依次提供了逆函数和 S 曲线的决定系数 R^2、F 值、自由度、p 值、参数估计.由于两个模型 p 值均为 0.000，因此，所用的两个回归模型具有统计学意义，故得到逆函数估计 $y = 11.394 - \dfrac{9.601}{x}$ 和 S 曲线估计 $y = e^{2.458-1.111/x}$.

5.2.2 曲线回归方程的比较

在例 5.5 中，假设了 y 与 x 之间满足双曲线回归模型(5.23)，显然这是一种主观判断，因此所求得的回归曲线不一定是最佳的拟合曲线.在实际问题中，往往选用几种不同的曲线进行拟合，然后选择最优者.例如，通过 SPSS 软件可得例 5.5 的另外两条拟合曲线为

$$\hat{y} = 11.394 - \frac{9.601}{x} \tag{5.27}$$

$$\hat{y} = e^{2.458-1.111/x} \tag{5.28}$$

这三条拟合曲线哪一条更好呢？通常采用如下两个指标进行选择：

1. 决定系数

$$R^2 = 1 - \frac{\sum_{i=1}^{n}(y_i - \hat{y}_i)^2}{\sum_{i=1}^{n}(y_i - \bar{y})^2}$$

决定系数 R^2 从总体上给出了拟合优劣程度的度量，R^2 越大，说明残差越小，回归曲线拟合效果越好.

2. 剩余标准差

$$s = \sqrt{\frac{\sum_{i=1}^{n}(y_i - \hat{y}_i)^2}{n-2}}$$

剩余标准差 s 给出了观测点 y_i 与由曲线给出的拟合值 $\hat{y}_i$ 间的平均偏离程度的度量，s 越小，拟合效果越好.

这两种评价指标实质是一致的，R^2 越大，残差平方和 $\sum_{i=1}^{n}(y_i - \hat{y}_i)^2$ 越小，从而 s 越小，它们只是从两个不同侧面进行评价.

从表 5.8、表 5.11 可知，曲线方程(5.26)、(5.27)、(5.28)的决定系数 R^2 分别为 0.938，0.968，0.959. 比较决定系数 R^2 可知，曲线方程(5.27)的拟合效果最好.

5.2.3 常见可改直的曲线

下面介绍一些可通过变量替换化为线性回归的曲线回归模型.

(1)双曲线 $\frac{1}{y}=a+\frac{b}{x}$，作变换 $y'=\frac{1}{y},x'=\frac{1}{x}$ 则回归函数化为：$y'=a+bx'$. 如图 5.13 所示.

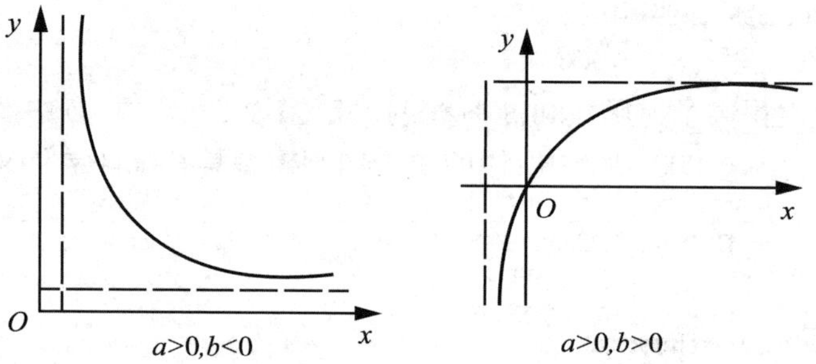

图 5.13 双曲线图形

(2)幂函数 $y=ax^b$，对幂函数两边取对数 $\ln y=\ln a+b\ln x$，作变换 $y'=\ln y,x'=\ln x,a'=\ln a$，则回归函数为 $y'=a'+bx'$. 如图 5.14 所示.

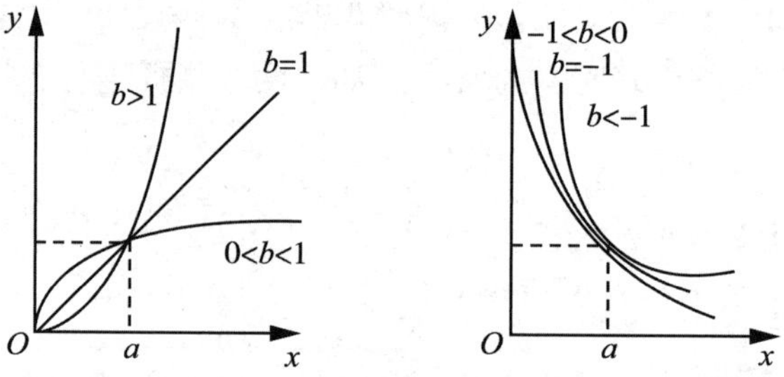

图 5.14 幂函数图形

(3)指数函数 $y=ae^{bx}$，两边取对数 $\ln y=\ln a+bx$，令 $y'=\ln y,a'=\ln a$，则回归函数为 $y'=a'+bx$. 如图 5.15 所示.

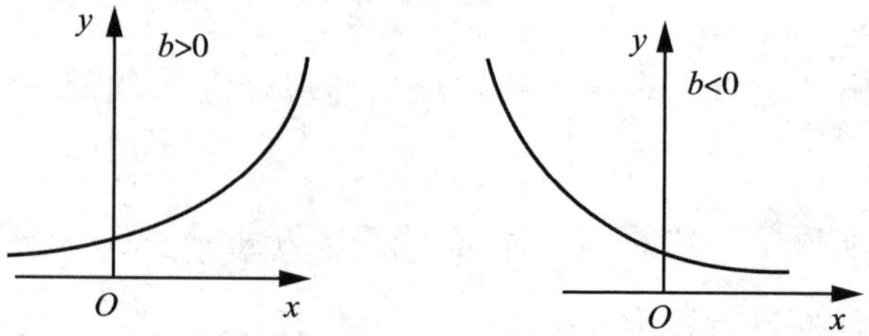

图 5.15 指数函数图形

(4)倒指数函数 $y = ae^{\frac{b}{x}}$，两边取对数后作变换 $y' = \ln y$，$x' = \frac{1}{x}$，$a' = \ln a$，则回归函数为 $y' = a' + bx'$. 如图 5.16 所示.

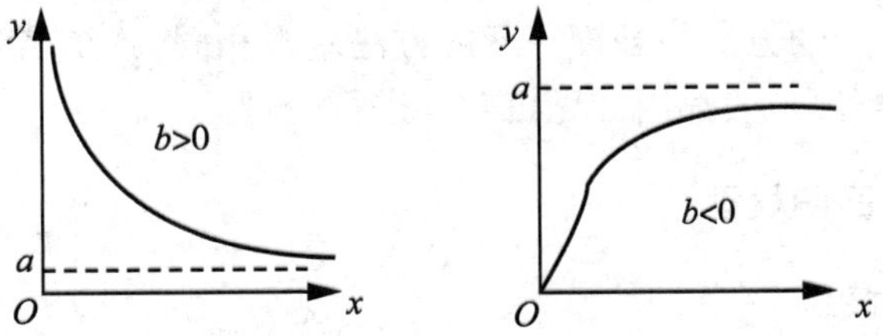

图 5.16 倒指数函数图形

(5)对数函数 $y = a + b\ln x$，作变换 $x' = \ln x$，则有 $y = a + bx'$. 如图 5.17 所示.

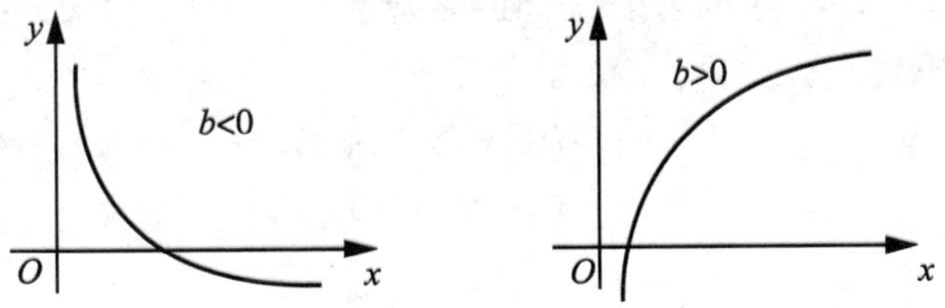

图 5.17 对数函数图形

(6)S 形曲线 $y = \frac{1}{a + be^{-x}}$，作变换 $x' = e^{-x}$，$y' = \frac{1}{y}$ 变为 $y' = a + bx'$. 如图 5.18 所示.

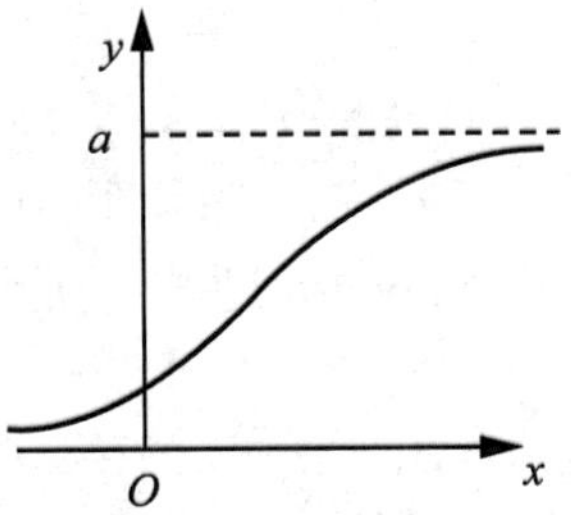

图 5.18 S 形曲线图形

另外还有一些可化为线性回归的曲线回归，这里不再一一介绍.

◎ 思考：

1. 非线性回归是如何转化为线性回归的？
2. 设曲线的函数形式为 $y = a + e^{bx}$，能否找到一个变换将它化为一元线性回归的形式？
3. 常用的曲线回归方程的好坏评价标准有哪些？是否等价？

5.3 多元线性回归分析

实际应用中,很多情况要用到多元回归分析的方法才能更好地描述变量间的关系,就方法的实质来说,处理多元的方法与处理一元的方法基本相同,只是多元线性回归分析的方法复杂些,计算量也大得多,一般都用计算机软件进行处理.

5.3.1 多元线性回归模型

1. 多元线性回归模型

设随机变量 y 与自变量 $x_1,x_2,\cdots,x_k$ 之间有关系式:

$$\begin{cases} y=\beta_0+\beta_1x_1+\cdots+\beta_kx_k+\varepsilon \\ \varepsilon \sim N(0,\sigma^2) \end{cases} \tag{5.29}$$

其中,$\beta_0,\beta_1,\cdots,\beta_k,\sigma^2$ 都是未知参数, $k>1$,一般称式(5.29)为多元线性回归模型;$x_1,x_2,\cdots,x_k$ 为回归变量;$\beta_0,\beta_1,\cdots,\beta_k$ 为回归系数.

抽样得 n 组观测数据:

$$\begin{gathered} (y_1;x_{11},x_{12},\cdots,x_{1k}) \\ (y_2;x_{21},x_{22},\cdots,x_{2k}) \\ \cdots\cdots \\ (y_n;x_{n1},x_{n2},\cdots,x_{nk}) \end{gathered}$$

其中,x_{ij} 是自变量 x_j 的第 i 个观测值,y_i 是因变量 y 的第 i 个值,代入式(5.29),得数据结构模型:

$$\begin{cases} y_1=\beta_0+\beta_1x_{11}+\beta_2x_{12}+\cdots+\beta_kx_{1k}+\varepsilon_1 \\ y_2=\beta_0+\beta_1x_{21}+\beta_2x_{22}+\cdots+\beta_kx_{2k}+\varepsilon_2 \\ \qquad\cdots\cdots \\ y_n=\beta_0+\beta_1x_{n1}+\beta_2x_{n2}+\cdots+\beta_kx_{nk}+\varepsilon_n \\ \quad \varepsilon_1,\varepsilon_2,\cdots,\varepsilon_n \text{ 独立同分布 } N(0,\sigma^2) \end{cases} \tag{5.30}$$

对 k 元线性回归模型式(5.29),需讨论的问题与一元线性回归模型类似. 由式(5.29)可知:

$$E(y)=\beta_0+\beta_1x_1+\cdots+\beta_kx_k \tag{5.31}$$

我们称式(5.31)为回归函数. 为了处理的方便,通常采用矩阵来表示,并通过矩阵来进行研究. 令

$$\boldsymbol{Y}=\begin{bmatrix} y_1 \\ y_2 \\ \vdots \\ y_n \end{bmatrix},\ \boldsymbol{X}=\begin{bmatrix} 1 & x_{11} & \cdots & x_{1k} \\ 1 & x_{21} & \cdots & x_{2k} \\ \vdots & \vdots & & \vdots \\ 1 & x_{n1} & \cdots & x_{nk} \end{bmatrix},\ \boldsymbol{\beta}=\begin{bmatrix} \beta_0 \\ \beta_1 \\ \vdots \\ \beta_k \end{bmatrix},\ \varepsilon=\begin{bmatrix} \varepsilon_1 \\ \varepsilon_2 \\ \vdots \\ \varepsilon_n \end{bmatrix},$$

则方程组(5.30)可以写成

$$\begin{cases} \boldsymbol{Y}=\boldsymbol{X\beta}+\varepsilon \\ \varepsilon \sim N_n(\boldsymbol{0},\sigma^2\boldsymbol{I}) \end{cases}$$

其中，$N_n(\mathbf{0},\sigma^2\boldsymbol{I})$ 表示 n 元正态分布，$\mathbf{0}$ 为 n 维零向量，为 $\boldsymbol{\varepsilon}$ 的数学期望向量，$\sigma^2\boldsymbol{I}=\begin{bmatrix}\sigma^2 & \cdots & 0\\ \vdots & \ddots & \vdots\\ 0 & \cdots & \sigma^2\end{bmatrix}$ 为 $\boldsymbol{\varepsilon}$ 的协方差矩阵.

2. 未知参数的估计

与一元的情形一样，采用最小二乘法估计回归系数 $\beta_0,\beta_1,\cdots,\beta_k$，称使

$$
\begin{aligned}
Q(\beta_0,\beta_1,\cdots,\beta_k) &\hat{=} \sum_{i=1}^{n}[y_i-(\beta_0+\beta_1x_{i1}+\beta_2x_{i2}+\cdots+\beta_kx_{ik})]^2\\
&=\begin{bmatrix}y_1-\beta_0-\beta_1x_{11}-\beta_2x_{12}-\cdots-\beta_kx_{1k}\\ \vdots\\ y_n-\beta_0-\beta_1x_{n1}-\beta_2x_{n2}-\cdots-\beta_kx_{nk}\end{bmatrix}^{\mathrm{T}}\begin{bmatrix}y_1-\beta_0-\beta_1x_{11}-\beta_2x_{12}-\cdots-\beta_kx_{1k}\\ \vdots\\ y_n-\beta_0-\beta_1x_{n1}-\beta_2x_{n2}-\cdots-\beta_kx_{nk}\end{bmatrix}\\
&=(\boldsymbol{Y}-\boldsymbol{X\beta})^{\mathrm{T}}(\boldsymbol{Y}-\boldsymbol{X\beta})=\boldsymbol{Y}^{\mathrm{T}}\boldsymbol{Y}-2\boldsymbol{\beta}\boldsymbol{X}^{\mathrm{T}}\boldsymbol{Y}+\boldsymbol{\beta}^{\mathrm{T}}\boldsymbol{X}^{\mathrm{T}}\boldsymbol{X\beta}
\end{aligned}
$$

达到最小的 $\hat{\beta}_0,\hat{\beta}_1,\cdots,\hat{\beta}_k$ 为参数 $\beta_0,\beta_1,\cdots,\beta_k$ 的最小二乘估计. 由于 Q 是 $\beta_0,\beta_1,\cdots,\beta_k$ 的函数，可以通过求偏导数来确定 Q 的最小值点. 令

$$
\begin{cases}
\dfrac{\partial Q}{\partial\beta_0}=0\\
\dfrac{\partial Q}{\partial\beta_1}=0\\
\cdots\cdots\\
\dfrac{\partial Q}{\partial\beta_k}=0
\end{cases}
\tag{5.32}
$$

即

$$
\begin{cases}
\dfrac{\partial Q}{\partial\beta_0}=-2\sum\limits_{i=1}^{n}(y_i-\beta_0-\beta_1x_{i1}-\cdots-\beta_kx_{ik})=0\\
\dfrac{\partial Q}{\partial\beta_1}=-2\sum\limits_{i=1}^{n}(y_i-\beta_0-\beta_1x_{i1}-\cdots-\beta_kx_{ik})x_{i1}=0\\
\cdots\cdots\\
\dfrac{\partial Q}{\partial\beta_k}=-2\sum\limits_{i=1}^{n}(y_i-\beta_0-\beta_1x_{i1}-\cdots-\beta_kx_{ik})x_{ik}=0
\end{cases}
\tag{5.33}
$$

整理得

$$
\begin{cases}
\beta_0n+\beta_1\sum\limits_{i=1}^{n}x_{i1}+\beta_2\sum\limits_{i=1}^{n}x_{i2}\cdots+\beta_k\sum\limits_{i=1}^{n}x_{ik}=\sum\limits_{i=1}^{n}y_i\\
\beta_0\sum\limits_{i=1}^{n}x_{i1}+\beta_1\sum\limits_{i=1}^{n}x_{i1}^2+\beta_2\sum\limits_{i=1}^{n}x_{i1}x_{i2}+\cdots+\beta_k\sum\limits_{i=1}^{n}x_{i1}x_{ik}=\sum\limits_{i=1}^{n}x_{i1}y_i\\
\cdots\cdots\\
\beta_0\sum\limits_{i=1}^{n}x_{ik}+\beta_1\sum\limits_{i=1}^{n}x_{ik}x_{i1}+\beta_2\sum\limits_{i=1}^{n}x_{ik}x_{i2}+\cdots+\beta_k\sum\limits_{i=1}^{n}x_{ik}^2=\sum\limits_{i=1}^{n}x_{ik}y_i
\end{cases}
\tag{5.34}
$$

称式(5.34)为正规方程组，为了得到具体的解，我们将上式改成矩阵的形式，由矩阵 $\boldsymbol{X}$

的定义可得

$$X^{\mathrm{T}}X=\begin{bmatrix}1&1&\cdots&1\\x_{11}&x_{21}&\cdots&x_{n1}\\\vdots&\vdots&&\vdots\\x_{1k}&x_{2k}&\cdots&x_{nk}\end{bmatrix}\begin{bmatrix}1&x_{11}&\cdots&x_{1k}\\1&x_{21}&\cdots&x_{2k}\\\vdots&\vdots&&\vdots\\1&x_{n1}&\cdots&x_{nk}\end{bmatrix}=\begin{bmatrix}n&\sum\limits_{i=1}^{n}x_{i1}&\cdots&\sum\limits_{i=1}^{n}x_{ik}\\\sum\limits_{i=1}^{n}x_{i1}&\sum\limits_{i=1}^{n}x_{i1}^{2}&\cdots&\sum\limits_{i=1}^{n}x_{i1}x_{ip}\\\vdots&\vdots&&\vdots\\\sum\limits_{i=1}^{n}x_{ik}&\sum\limits_{i=1}^{n}x_{ik}x_{i1}&\cdots&\sum\limits_{i=1}^{n}x_{ik}^{2}\end{bmatrix}.$$

而另一方面,

$$X^{\mathrm{T}}Y=\begin{bmatrix}1&1&\cdots&1\\x_{11}&x_{21}&\cdots&x_{n1}\\\vdots&\vdots&&\vdots\\x_{1k}&x_{2k}&\cdots&x_{nk}\end{bmatrix}\begin{bmatrix}y_1\\y_2\\\vdots\\y_n\end{bmatrix}=\begin{bmatrix}\sum\limits_{i=1}^{n}y_i\\\sum\limits_{i=1}^{n}x_{i1}y_i\\\vdots\\\sum\limits_{i=1}^{n}x_{ik}y_i\end{bmatrix}$$

因此,正规方程组(5.34)就可以写成

$$X^{\mathrm{T}}X\boldsymbol{\beta}=X^{\mathrm{T}}Y \tag{5.35}$$

这就是正规方程组的矩阵形式,假设方阵 $X^{\mathrm{T}}X$ 可逆,在上述矩阵方程两边同乘以 $(X^{\mathrm{T}}X)^{-1}$,得 $\boldsymbol{\beta}$ 的最小二乘估计

$$\hat{\boldsymbol{\beta}}=\begin{bmatrix}\hat{\beta}_0\\\hat{\beta}_1\\\vdots\\\hat{\beta}_k\end{bmatrix}=(X^{\mathrm{T}}X)^{-1}X^{\mathrm{T}}Y \tag{5.36}$$

代入模型(5.29),略去随机项得经验回归方程为

$$\hat{y}=\hat{\beta}_0+\hat{\beta}_1x_1+\cdots+\hat{\beta}_kx_k \tag{5.37}$$

【例5.6】 设有多元线性回归模型

$$y_i=\beta_0+\beta_1x_{i1}+\beta_2x_{i2}+\varepsilon_i\qquad(i=1,2,3)$$

其中 β_0,β_1,β_2 为未知的常数,$\varepsilon_i\sim N(0,\sigma^2)$,$i=1,2,3$,且 $\varepsilon_i(i=1,2,3)$ 相互独立,且已知

$$x_{11}=-1,x_{12}=0,y_1=1$$
$$x_{21}=0,x_{22}=-1,y_2=3$$
$$x_{31}=1,x_{32}=0,y_3=3$$

试求 β_0,β_1,β_2 的最小二乘估计.

解:

$$X=\begin{bmatrix}1&x_{11}&x_{12}\\1&x_{21}&x_{22}\\1&x_{31}&x_{32}\end{bmatrix}=\begin{bmatrix}1&-1&0\\1&0&-1\\1&1&0\end{bmatrix},\ Y=\begin{bmatrix}y_1\\y_2\\y_2\end{bmatrix}=\begin{bmatrix}1\\3\\3\end{bmatrix}$$

则
$$X^{\mathrm{T}}X=\begin{bmatrix}1&1&1\\-1&0&1\\0&-1&0\end{bmatrix}\begin{bmatrix}1&-1&0\\1&0&-1\\1&1&0\end{bmatrix}=\begin{bmatrix}3&0&-1\\0&2&0\\-1&0&1\end{bmatrix}$$

$$(X^{\mathrm{T}}X)^{-1}=\begin{bmatrix}3&0&-1\\0&2&0\\-1&0&1\end{bmatrix}^{-1}=\begin{bmatrix}\frac{1}{2}&0&\frac{1}{2}\\0&\frac{1}{2}&0\\\frac{1}{2}&0&\frac{3}{2}\end{bmatrix}$$

$$X^{\mathrm{T}}Y=\begin{bmatrix}1&x_{11}&x_{12}\\1&x_{21}&x_{22}\\1&x_{31}&x_{32}\end{bmatrix}\begin{bmatrix}y_1\\y_2\\y_3\end{bmatrix}=\begin{bmatrix}1&1&1\\-1&0&1\\0&-1&0\end{bmatrix}\begin{bmatrix}1\\3\\3\end{bmatrix}=\begin{bmatrix}7\\2\\-3\end{bmatrix}$$

所以
$$\begin{bmatrix}\beta_0\\\beta_1\\\beta_2\end{bmatrix}=(X^{\mathrm{T}}X)^{-1}X^{\mathrm{T}}Y=\begin{bmatrix}\frac{1}{2}&0&\frac{1}{2}\\0&\frac{1}{2}&0\\\frac{1}{2}&0&\frac{3}{2}\end{bmatrix}\begin{bmatrix}7\\2\\-3\end{bmatrix}=\begin{bmatrix}2\\1\\-1\end{bmatrix}$$

即 β_0,β_1,β_2 的最小二乘估计分别为 $\hat{\beta}_0=2,\hat{\beta}_1=1,\hat{\beta}_2=-1$.

5.3.2 多元线性回归分析中一些统计量的分布

同一元线性回归分析一样,本节我们来推导多元线性回归分析中一些统计量的性质.

定理 5.7 $E\hat{\boldsymbol{\beta}}=\boldsymbol{\beta}$, $D\hat{\boldsymbol{\beta}}=\sigma^2(X^{\mathrm{T}}X)^{-1}$

证明: 由于 $Y\sim N_n(X\boldsymbol{\beta},\sigma^2 I)$, 所以 $E(Y)=X\boldsymbol{\beta}$, $D(Y)=\sigma^2 I$,因此

$$E(\hat{\boldsymbol{\beta}})=E[(X^{\mathrm{T}}X)^{-1}X^{\mathrm{T}}Y]=(X^{\mathrm{T}}X)^{-1}X^{\mathrm{T}}E(Y)=(X^{\mathrm{T}}X)^{-1}X^{\mathrm{T}}X\boldsymbol{\beta}=\boldsymbol{\beta}$$

$$D(\hat{\boldsymbol{\beta}})=D[(X^{\mathrm{T}}X)^{-1}X^{\mathrm{T}}Y]=(X^{\mathrm{T}}X)^{-1}X^{\mathrm{T}}\mathrm{D}(Y)X(X^{\mathrm{T}}X)^{-1}$$
$$=(X^{\mathrm{T}}X)^{-1}X^{\mathrm{T}}\sigma^2 IX(X^{\mathrm{T}}X)^{-1}=\sigma^2(X^{\mathrm{T}}X)^{-1}X^{\mathrm{T}}X(X^{\mathrm{T}}X)^{-1}=\sigma^2(X^{\mathrm{T}}X)^{-1}$$

定理 5.8 $\hat{\boldsymbol{\beta}}\sim N_{k+1}(\boldsymbol{\beta},\sigma^2(X^{\mathrm{T}}X)^{-1})$

证明: 由于 Y 服从正态分布, $\hat{\boldsymbol{\beta}}=(X^{\mathrm{T}}X)^{-1}X^{\mathrm{T}}Y$ 是 Y 的线性函数,所以 $\hat{\boldsymbol{\beta}}$ 也服从正态分布,由定理 5.7 知, $E\hat{\boldsymbol{\beta}}=\boldsymbol{\beta}$, $D\hat{\boldsymbol{\beta}}=\sigma^2(X^{\mathrm{T}}X)^{-1}$,因此有

$$\hat{\boldsymbol{\beta}}\sim N_{k+1}(\boldsymbol{\beta},\sigma^2(X^{\mathrm{T}}X)^{-1})$$

令 $\tilde{Y}=Y-X\hat{\boldsymbol{\beta}}$,称 $\tilde{Y}$ 为残差向量.

令 $S_e=\tilde{Y}^{\mathrm{T}}\tilde{Y}=\|\tilde{Y}\|^2=\sum_{i=1}^{n}(y_i-\hat{y}_i)^2$, S_e 称为残差平方和,即

$$S_e=\sum_{i=1}^{n}(y_i-\hat{y}_i)^2 \tag{5.38}$$

定理 5.9 $\dfrac{S_e}{\sigma^2}\sim\chi^2(n-k-1)$,且 S_e 与 $\hat{\boldsymbol{\beta}}$ 独立.

证明: 本定理的证明可参见参考文献[1].

定理 5.10 $E(S_e)=(n-k-1)\sigma^2$,因此 σ^2 的无偏估计为

$$\hat{\sigma}^2=\frac{S_e}{n-k-1} \tag{5.39}$$

证明:由定理 5.9 知,$\dfrac{S_e}{\sigma^2}\sim\chi^2(n-k-1)$,所以 $E\left(\dfrac{S_e}{\sigma^2}\right)=n-k-1$,故

$$E(S_e)=(n-k-1)\sigma^2$$

$\hat{\sigma}^2$ 是 σ^2 的无偏估计显然成立.

定理 5.11 $\dfrac{\hat{\beta}_j-\beta_j}{\hat{\sigma}\sqrt{c_{jj}}}\sim t(n-k-1)$,$j=1,2,\cdots,k$,其中 c_{jj} 是矩阵

$$(\boldsymbol{X}^{\mathrm{T}}\boldsymbol{X})^{-1}=\begin{bmatrix}c_{00}&c_{01}&\cdots&c_{0k}\\c_{10}&c_{11}&\cdots&c_{1k}\\\vdots&\vdots&&\vdots\\c_{k0}&c_{k1}&\cdots&c_{kk}\end{bmatrix} \tag{5.40}$$

主对角线上的第 $j+1$ 个元素.

证明:由定理 5.8 可知 $\hat{\boldsymbol{\beta}}\sim N_{k+1}(\boldsymbol{\beta},\sigma^2(\boldsymbol{X}^{\mathrm{T}}\boldsymbol{X})^{-1})$,其中 $\hat{\boldsymbol{\beta}}=\begin{bmatrix}\hat{\beta}_0\\\hat{\beta}_1\\\vdots\\\hat{\beta}_k\end{bmatrix}$,数学期望向量

$E\hat{\boldsymbol{\beta}}=\begin{bmatrix}\beta_0\\\beta_1\\\vdots\\\beta_k\end{bmatrix}$,协方差矩阵 $D\hat{\boldsymbol{\beta}}=\sigma^2(\boldsymbol{X}^{\mathrm{T}}\boldsymbol{X})^{-1}=\sigma^2\begin{bmatrix}c_{00}&c_{01}&\cdots&c_{0k}\\c_{10}&c_{11}&\cdots&c_{1k}\\\vdots&\vdots&&\vdots\\c_{k0}&c_{k1}&\cdots&c_{kk}\end{bmatrix}$.

因此,可知 $\hat{\beta}_j\sim N(\beta_j,\sigma^2c_{jj})$,标准化得 $\dfrac{\hat{\beta}_j-\beta_j}{\sigma\sqrt{c_{jj}}}\sim N(0,1)$. 另一方面,由定理 5.9 可知 $\dfrac{S_e}{\sigma^2}\sim\chi^2(n-k-1)$,且 $\hat{\boldsymbol{\beta}}$ 与 S_e 独立,从而 $\dfrac{\hat{\beta}_j-\beta_j}{\sigma\sqrt{c_{jj}}}$ 与 $\dfrac{S_e}{\sigma^2}$ 独立,由 t 分布的定义知:

$$t=\frac{\dfrac{\hat{\beta}_j-\beta_j}{\sigma\sqrt{c_{jj}}}}{\sqrt{\dfrac{\dfrac{S_e}{\sigma^2}}{n-k-1}}}=\frac{\hat{\beta}_j-\beta_j}{\hat{\sigma}\sqrt{c_{jj}}}\sim t(n-k-1)$$

5.3.3 多元线性回归分析中的显著性检验

与一元的情形一样,上面的讨论是在 y 与 $x_1,x_2\cdots,x_k$ 之间呈现线性相关的前提下进行的,所求的经验方程是否有显著意义,还需对如下显著性问题进行检验:

(1)变量 y 与 $x_1,x_2,\cdots,x_k$ 之间是否确有线性关系?如果它们之间没有线性关系,那么一切 $\beta_i(i=1,2,\cdots,k)$ 均应为 0,相当于检验假设:

$$H_0:\beta_1=\beta_2=\cdots=\beta_k=0 \tag{5.41}$$

是否成立.

(2)假如 y 与 $x_1,x_2,\cdots,x_k$ 之间确有线性关系,但是否每个变量 x_i 都起着显著作用?如果 x_i 对 y 的作用不显著,β_i 应该为0. 因此,还要检验假设:

$$H_{0j}:\beta_j=0 \qquad (j=1,2,\cdots,k) \tag{5.42}$$

1. 回归方程的显著性检验

检验问题(5.41)检验的是回归方程是否显著,与一元的情形类似,可以通过对总平方和的分解,找到检验统计量. 同样,记:

总平方和 $$S_T=\sum_{i=1}^{n}(y_i-\bar{y})^2 \tag{5.43}$$

回归平方和 $$S_R=\sum_{i=1}^{n}(\hat{y}_i-\bar{y})^2 \tag{5.44}$$

残差平方和 $$S_e=\sum_{i=1}^{n}(y_i-\hat{y}_i)^2 \tag{5.45}$$

经过代数推导,仍然有总平方和的分解式

$$S_T=S_R+S_e$$

可以证明如下定理:

定理 5.12 在假设(5.41)的 H_0 成立下,$\dfrac{S_R}{\sigma^2}\sim\chi^2(k)$;$S_R$ 与 S_e 相互独立.

证明 略.

根据定理 5.9,定理 5.12,有

$$F=\frac{\dfrac{S_R}{k}}{\dfrac{S_e}{n-k-1}}\overset{H_0\text{真}}{\sim}F(k,n-k-1) \tag{5.46}$$

当 H_0 为真时,F 的值有偏小的趋势,取 F 作 H_0 的检验计量,对给定的水平 α,可得检验问题(5.41)的拒绝域:

$$F>F_{\alpha}(k,n-k-1) \tag{5.47}$$

如果拒绝 H_0,即认为 y 与 $x_1,x_2,\cdots,x_k$ 之间确有线性关系;如果接受 H_0,认为 y 与 $x_1,x_2,\cdots,x_k$ 之间没有线性关系.

同一元线性回归分析的情形一样,回归平方和占总平方和的比称为决定系数,用 R^2 表示,即

$$R^2=\frac{S_R}{S_T}=1-\frac{S_e}{S_T}$$

并称 $R=\sqrt{R^2}$ 为样本复相关系数或多元相关系数,它度量了因变量同 k 个自变量的线性相关程度.

2. 回归系数的显著性检验

上一段所作的检验 $H_0:\beta_1=\beta_2=\cdots=\beta_k=0$ 被拒绝,并不能说明所有的自变量 x_i 都对因变量 y 有显著影响,因此还需要对假设(5.42)进行检验.

由定理 5.11 知,$\dfrac{\hat{\beta}_j-\beta_j}{\hat{\sigma}\sqrt{c_{jj}}}\sim t(n-k-1)$,$j=1,2,\cdots,k$,当 H_{0j} 为真时:

$$T_j = \frac{\hat{\beta}_j}{\hat{\sigma}\sqrt{c_{jj}}} \sim t(n-k-1) \tag{5.48}$$

T_j 可作为 H_{0j} 的检验统计量,对给定的显著水平 α,得拒绝域:

$$|T_j| > t_{\frac{\alpha}{2}}(n-k-1) \tag{5.49}$$

拒绝 H_{0j} 时,说明变量 x_j 和 y 的线性关系显著;否则,x_j 和 y 的线性关系不显著,可以从线性回归模型(5.29)中剔除 x_j,重建新的线性回归模型.

但在实用中,多元回归中剔除变量的问题比上面所做的讨论要复杂得多,因为有些变量单个讨论时,对因变量的作用很小,但它与某些自变量联合起来,共同对因变量的作用却很大,因此,在剔除变量时,还应考虑变量交互作用对 y 的影响,对这一问题的深入讨有兴趣的可参见多元统计分析相关教材.

【例 5.7】 在平炉炼钢中,由于矿石与炉气的氧化作用,铁水的总含碳量在不断降低.一炉钢在冶炼初期总的去碳量 y 与所加的两种矿石的量 x_1,x_2 及熔化时间 x_3 有关.经实测某号平炉的 49 组数据如表 5.12 所列,利用 SPSS 求 y 对 x_1,x_2,x_3 的线性回归方程,σ^2 的估计,并对回归方程和回归系数做显著性检验.

表 5.12 **数据表**

编号	x_1	x_2	x_3	y	编号	x_1	x_2	x_3	y
1	2	18	50	4.3302	26	9	6	39	2.7066
2	7	9	40	3.6485	27	12	5	51	5.6314
3	5	14	46	4.4830	28	6	13	41	5.8152
4	12	3	43	4.4830	29	12	7	47	5.1302
5	1	20	64	5.4970	30	0	24	61	5.3910
6	3	12	40	3.1125	31	5	12	37	4.4533
7	3	17	64	5.1182	32	4	15	49	4.6569
8	6	5	39	3.8759	33	0	20	45	4.5212
9	7	8	37	4.6700	34	6	16	42	4.8650
10	0	23	55	4.9536	35	4	17	48	5.3566
11	3	16	60	5.0060	36	10	4	48	4.6098
12	0	18	49	5.2710	37	4	14	36	2.3815
13	8	4	50	5.3772	38	5	13	36	3.8746
14	6	14	51	5.4849	39	9	8	51	4.5919
15	0	21	51	4.5960	40	6	13	54	5.1588
16	3	14	51	5.6645	41	5	8	100	5.4373
17	7	12	56	6.0795	42	5	11	44	3.9960
18	16	0	48	3.2194	43	8	6	63	4.3970
19	6	16	45	5.8076	44	2	13	55	4.0622
20	0	15	52	4.07306	45	7	8	50	2.2905
21	9	0	40	4.6805	46	4	10	45	4.7115
22	4	6	32	3.1272	47	10	5	40	4.5310
23	0	17	47	2.6104	48	3	17	64	5.3637
24	9	0	44	3.7174	49	4	15	72	6.0771
25	2	16	39	3.8946					

例 5.7 的 SPSS 操作步骤如下：

将数据输入到 SPSS 工作表中.单击 Analyze→Regression→Linear 打开线性回归对话框，从左侧源变量窗口中选择“y”作为因变量进入 Dependent(s)窗口，选择“x_1，x_2，x_3”作为自变量进入 Independent 窗口，进行线性回归分析.结果见表 5.13～表 5.15.

表 5.13 **模型一览表 Model Summary**

Model	R	R Square	Adjusted R Square	Std.Error of the Estimate
1	0.594[a]	0.353	0.310	0.7952196

a. Predictors：(Constant)，x3，x1，x2.

表 5.14 **方差分析表 ANOVA[b]**

Model		Sum of Squares	df	Mean Square	F	Sig.
1	Regression	15.506	3	5.169	8.173	0.000[a]
	Residual	28.457	45	0.632		
	Total	43.963	48			

a. Predictors：(Constant)，x3，x1，x2；

b. Dependent Variable：y.

从方差分析表中知，F 值为 8.173，p 值为 0.000，说明回归效果显著，该模型具有统计意义.从平均残差平方和得到 $\hat{\sigma}^2 = 0.632$.

表 5.15 **回归系数表 Coefficients[a]**

Model	Unstandardized Coefficients		Standardized Coefficients	t	Sig.
	B	Std.Error	Beta		
1 (Constant)	0.733	0.847		0.865	0.392
x_1	0.148	0.059	0.575	2.509	0.016
x_2	0.106	0.037	0.671	2.899	0.006
x_3	0.036	0.010	0.434	3.517	0.001

a. Dependent Variable：y.

从系数表中，得到模型为 $y = 0.733 + 0.148x_1 + 0.106x_2 + 0.036x_3$，及各估计的 t 检验与其 p 值.

如果取检验水平 $\alpha = 0.05$，p 值均小于 0.05，故三个变量对去碳量都有显著影响.

◎ **思考：**

1. 试比较多元线性回归分析和一元线性回归分析，指出它们之间的相似与不同之处.

2. 多元线性回归分析的显著性检验中,回归方程的检验和回归系数的检验是否等价?

3. 解释复相关系数的统计意义.

本章小结

1. 回归分析是研究自变量 x 为可控变量,而因变量 Y 为随机变量时两者之间的相关关系的一种统计分析方法,为了研究这种关系,通常研究 $EY=\mu(x)$ 的函数关系. $\mu(x)$ 称为 Y 关于 x 的回归函数.当 $\mu(x)$ 为线性函数时,称为线性回归分析;否则,称为非线性回归分析.

2. 一元线性回归模型为

$$y=\beta_0+\beta_1 x+\varepsilon,\varepsilon\sim N(0,\sigma^2)$$

其中, β_0,β_1,σ^2 为未知参数.

(1) β_0,β_1 的最小二乘估计为: $\begin{cases}\hat{\beta}_1=\dfrac{l_{xy}}{l_{xx}}\\ \hat{\beta}_0=\bar{y}-\hat{\beta}_1\bar{x}\end{cases}$

σ^2 的无偏估计为: $\hat{\sigma}^2=\dfrac{S_e}{n-2}$

其中, $S_e=\sum\limits_{i=1}^{n}(y_i-\hat{\beta}_0-\hat{\beta}_1 x_i)^2=S_T-S_R=l_{yy}-\hat{\beta}_1^2 l_{xx}$

(2)一元线性回归方程的显著性检验问题 $H_0:\beta_1=0,H_1:\beta_1\neq 0.$

有三种等价的检验方法:

① F 检验:

$$W:F=\frac{S_R}{S_e/(n-2)}=\frac{\hat{\beta}_1^2 l_{xx}}{\hat{\sigma}^2}>F_\alpha(1,n-2)$$

②相关系数检验:

$$W:|r|>\sqrt{\frac{F_\alpha(1,n-2)}{n-2+F_\alpha(1,n-2)}}$$

其中,

$$r=\frac{\sum\limits_{i=1}^{n}(x_i-\bar{x})(y_i-\bar{y})}{\sqrt{\sum\limits_{i=1}^{n}(x_i-\bar{x})^2\sum\limits_{i=1}^{n}(y_i-\bar{y})^2}}=\frac{l_{xy}}{\sqrt{l_{xx}l_{yy}}}$$

③ t 检验:

$$W:T=\frac{\hat{\beta}_1}{\hat{\sigma}}\sqrt{l_{xx}}>t_{\frac{\alpha}{2}}(n-2)$$

(3)给定 x_0, y 的点预测为其回归值 $\hat{y}_0=\hat{\beta}_0+\hat{\beta}_1 x_0$.

预测区间为

$$\left(\hat{y}_0-t_{\frac{\alpha}{2}}(n-2)\hat{\sigma}\sqrt{1+\frac{1}{n}+\frac{(x_0-\bar{x})^2}{l_{xx}}},\quad \hat{y}_0+t_{\frac{\alpha}{2}}(n-2)\hat{\sigma}\sqrt{1+\frac{1}{n}+\frac{(x_0-\bar{x})^2}{l_{xx}}}\right)$$

3. 对一元非线性回归分析问题，通常是通过变换，引进新的变量转化为线性回归分析模型.

4. 多元线性回归模型是一元线性回归模型的推广：

$$\begin{cases} y = \beta_0 + \beta_1 x_1 + \cdots + \beta_k x_k + \varepsilon \\ \varepsilon \sim N(0, \sigma^2) \end{cases}$$

数据结构模型为

$$\begin{cases} \boldsymbol{Y} = \boldsymbol{X\beta} + \boldsymbol{\varepsilon} \\ \boldsymbol{\varepsilon} \sim N_n(0, \sigma^2 I) \end{cases}$$

(1) 回归系数 $\boldsymbol{\beta} = (\beta_0, \beta_1, \cdots, \beta_k)^{\mathrm{T}}$ 的最小二乘估计为

$$\hat{\boldsymbol{\beta}} = \begin{bmatrix} \hat{\beta}_0 \\ \hat{\beta}_1 \\ \vdots \\ \hat{\beta}_k \end{bmatrix} = (\boldsymbol{X}^{\mathrm{T}}\boldsymbol{X})^{-1}\boldsymbol{X}^{\mathrm{T}}\boldsymbol{Y}$$

σ^2 的无偏估计为：$\hat{\sigma}^2 = \dfrac{S_e}{n-k-1}$

(2) 显著性检验问题：

①关于回归方程的检验：$H_0: \beta_1 = \beta_2 = \cdots = \beta_k = 0$

$$W: F = \frac{\dfrac{S_R}{k}}{\dfrac{S_e}{n-k-1}} > F_\alpha(k, n-k-1)$$

②关于回归系数的检验：$H_{0j}: \beta_j = 0 \quad (j = 1, 2, \cdots, k)$

$$W: |T_j| = \frac{|\hat{\beta}_j|}{\hat{\sigma}\sqrt{c_{jj}}} > t_{\frac{\alpha}{2}}(n-k-1)$$

习　题　五

1. 考察硫酸铜在水中的溶解度 y 与温度 x 的关系时，做了 9 组实验，其数据如下表：

x (℃)	0	10	20	30	40	50	60	70	80
y (克)	14.0	17.5	21.2	26.1	29.2	33.3	40.0	48.0	54.8

试求：(1) 经验回归方程 $\hat{y} = \hat{\beta}_0 + \hat{\beta}_1 x$；

(2) 相关系数 r；

(3) σ^2 的估计 $\hat{\sigma}^2$.

2. 以家庭为单位,某种商品年需求量与该商品价格之间的一组调查数据如下表:

价格 x(元)	5	2	2	2.3	2.5	2.6	2.8	3	3.3	3.5
需求量 y(千克)	1	3.5	3	2.7	2.4	2.5	2	1.5	1.2	1.2

(1)求回归直线方程;

(2)检验线性关系的显著性.

3. 通过原点的一元线性回归分析模型为 $y_i=\beta x_i+\varepsilon_i(i=1,2,\cdots,n)$,其中 $\varepsilon_i\sim N(0,\sigma^2)(i=1,2,\cdots,n)$ 且相互独立,用最小二乘法估计 β.

4. 设回归分析模型为

$$\begin{cases}y_i=\beta_0+\beta_1x_i+\varepsilon_i\\ \varepsilon_i\sim N(0,\sigma^2)\\ i=1,2,\cdots,n;\varepsilon_i\text{ 之间相互独立}\end{cases}$$

试求 β_0,β_1,σ^2 的最大似然估计.

5. 现收集了16组合金钢中的碳含量 x 及强度 y 的数据,求得

$\bar{x}=0.125,\bar{y}=45.7886,l_{xx}=0.3024,l_{xy}=25.5218,l_{yy}=2432.4566.$

(1)建立 y 关于 x 的一元线性回归方程 $\hat{y}=\hat{\beta}_0+\hat{\beta}_1x$;

(2)写出 $\hat{\beta}_0,\hat{\beta}_1$ 的分布;

(3)求 $\hat{\beta}_0,\hat{\beta}_1$ 的相关系数;

(4)列出对回归方程做显著性检验的方差分析表($\alpha=0.05$);

(5)给出 β_1 的0.95置信区间;

(6)在 $x=0.15$ 时求对应的 y 的预测区间.

6. 在生产中积累了32组某种铸件在不同腐蚀时间 x 下腐蚀深度 y 的数据,求得回归方程为 $\hat{y}=-0.4441+0.002263x$,且误差方差的无偏估计 $\hat{\sigma}^2=0.001452$,总偏差平方和 $S_T=0.1246$.

(1)对回归方程作显著性检验($\alpha=0.05$),列出方差分析表;

(2)求样本相关系数;

(3)若腐蚀时间 $x=870$,试给出 y 的0.95近似预测区间.

7. 为了检验X射线的杀菌作用,用200kV的X射线照射杀菌,每次照射6min,照射次数为 x,照射后所剩细菌数为 y,下表是一组实验结果:

x	1	2	3	4	5	6	7	8	9	10
y	783	621	483	431	287	251	175	154	129	103
x	11	12	13	14	15	16	17	18	19	20
y	72	50	43	31	28	20	16	12	9	7

根据经验知道 y 关于 x 的曲线回归方程形式可能有

$$\hat{y}=ae^{bx}\ ,\ \hat{y}=a+b\ln x\ ,\ \sqrt{\hat{y}}=a+b\sqrt{x}\ .$$

试给出具体的回归方程,并求其对应的决定系数 R^2 和剩余标准差.

8. 研究同一地区土壤所含植物可给态磷的情况,回归变量 x_1 为土壤内所含无机磷浓度;x_2 为土壤内溶于 K_2CO_3 溶液并受溴化物水解的有机磷浓度;x_3 为土壤内溶于 K_2CO_3 溶液但不受溴化物水解的有机磷浓度;y 为 20℃ 土壤内的玉米中的可给态磷 . 18 组数据如下表:

序号	x_1	x_2	x_3	y
1	0.4	53	158	64
2	0.4	23	163	60
3	3.1	19	37	71
4	0.6	34	157	61
5	4.7	24	59	54
6	1.7	65	123	77
7	9.4	44	46	81
8	10.1	31	117	93
9	11.6	29	173	93
10	12.6	58	112	51
11	10.9	37	111	76
12	23.1	46	114	96
13	23.1	50	134	77
14	21.6	44	73	93
15	23.1	56	168	95
16	1.9	36	143	54
17	26.8	58	202	168
18	29.9	51	124	99

试求 y 关于 x_1,x_2,x_3 的线性回归方程,并检验回归方程的显著性($\alpha=0.05$).

第 6 章　多元统计分析初步

美国大学如何排名

在美国,《美国新闻和世界报导》主办的年度大学排名是最有权威性的. 每年初,这家报纸就将全美大学的基本情况以排名的方式组合在一起,出版一本专辑,题名为《美国最佳大学排名榜》,常常被列为全美最佳畅销书.《美国新闻和世界报导》在长期的评比实践中,不断地总结经验,汲取各方面的批评和建议,确定了 7 项评比标准.

(1) 同行评价和学校声誉(25%). 邀请各大学的校长、教务长、招生处主任为同类学校进行评定,给出 1~5 分:1 分表示"最低水平",5 分表示"最高水平",学校声誉按积分高低排名. 评定主要根据学校对教学的重视程度来评分. 此项标准在排名中占很大比重,因为学校声誉或知名度对毕业生寻找好的职业有很大影响.

(2) 在校生的回返率和毕业率(20%~25%). 其中包括两个指标:其一是一年级新生的回返率. 对学生来讲,第一年是最困难的一年,退学率往往是 4 年中最高的. 回返率占这一标准的 20%. 其二是 6 年的毕业率. 美国大学实行学分制,学生毕业少至 3 年,多至 7、8 年. 缩短学业年限意味着个人和政府都能够节省投资,因此,6 年毕业率成为衡量大学质量的另一重要标准,占此项的 80%. 回返率和毕业率高,表明学校能够为学生提供高质量的教学和服务工作,从而帮助他们顺利完成大学学业.

(3) 师资质量(20%). 根据有关的研究,学生对教授的教学和指导的满意程度,与他们的学习成绩和毕业率成正比. 这项指标包括 6 个数据:小班课(20 人以下)的百分比、大班课(50 人以上)的百分比、教授平均工资和福利、持有博士学位的教授人数的百分比、学生和教授的比率以及全日制和半日制教授的比率. 一般来说,小班教学比大班教学的效果要好得多,学生可以得到充分的帮助. 而教师工资的高低、学位程度、师生比率以及全日制或半日制的地位等,则决定着教师的责任感和投入量,对教学质量有直接影响.

(4) 新生质量(15%). 这项指标包括:新生大学入学考试(SAT 或 ACT)的平均分数、新生录取率等. 美国大学的入学可分为两种:有选择性和无选择性. 后者是指那些只要交学费就可以入学的大学,前者则是指根据入学考试分数和其他标准来挑选新生.

(5) 学校资金(10%). 这项指标是指一个财政年度内在教学、科研、服务以及其他有关方面为学生支出的人均费用. 人均费用高,表明学校可以为学生提供广泛的多样化的课程和服务设施.

(6) 毕业率的增长(5%). 这项指标是指预测的毕业率和实际达到的毕业率之间的差别,如果一个学校的实际毕业率高于预测的毕业率,就表明这所学校在教学方面有所成就,称为"增加值". 预测的毕业率是以新生入学考试的平均分数和学生人均费用为基础的. 这项指标只用于第一榜和第三榜的排名.

(7)校友捐款人数的百分比(5%). 这项指标是指最近两年内有多少校友为本校捐款. 如果捐款的人多,则间接地表明了校友对母校工作的满意程度,另外还取决于校友的富裕程度和个人收入等多种因素.

确立标准之后,还需要采用数量化的计分方法,使排名更为准确. 尽管采用了比较精确的计分方法,在每年的排名中,两个以上的学校并列的情况并不少见.

多元分析(multivariate analysis)是多变量的统计分析方法,是数理统计近几十年发展起来的最重要的分支之一. 它在社会经济、工农业、生物医药、环保、气象、地质等各领域都有广泛的应用,尤其在信息和计算机技术迅猛发展的今天,更凸显这一分支的重要作用. 本章简单介绍一些多元分析的主要分析原理和应用方法,包括多元正态分布的概念与参数估计、聚类分析和判别分析、主成分分析和因子分析.

6.1 多元正态分布

在多元统计分析中,因为很多随机向量服从正态分布,或近似服从正态分布,所以,多元正态分布(multivariate normal distribution)占有相当重要的地位. 本节介绍多元正态分布的一些基本结论.

6.1.1 多元正态分布及性质

1. 随机向量的基本概念和性质

定义 6.1 由 p 个随机变量 $X_1,\cdots,X_p$ 构成的 p 维列向量

$$\boldsymbol{X}=(X_1,\cdots,X_p)^{\mathrm{T}}=\begin{pmatrix}X_1\\ \vdots\\ X_p\end{pmatrix}$$

称为 p 维随机向量.

由 pn 个随机变量 $X_{ij}(i=1,\cdots,p;j=1,\cdots,n)$ 构成的 $p\times n$ 矩阵

$$\boldsymbol{X}=(X_{ij})_{p\times n}=\begin{pmatrix}X_{11} & \cdots & X_{1n}\\ \vdots & & \vdots\\ X_{p1} & \cdots & X_{pn}\end{pmatrix}$$

称为 $p\times n$ 随机矩阵.

定义 6.2 (1)设 $\boldsymbol{X}=(X_1,\cdots,X_p)^{\mathrm{T}}$,称 $E\boldsymbol{X}=\begin{pmatrix}EX_1\\ \vdots\\ EX_p\end{pmatrix}$ 为 p 维随机向量 $\boldsymbol{X}$ 的均值向量;

(2)设 $\boldsymbol{X}=(X_{ij})_{p\times n}$,称 $E\boldsymbol{X}=\begin{pmatrix}EX_{11} & \cdots & EX_{1n}\\ \vdots & & \vdots\\ EX_{p1} & \cdots & EX_{pn}\end{pmatrix}$ 为随机矩阵 $\boldsymbol{X}$ 的均值矩阵;

(3)设 $\boldsymbol{X}=(X_1,\cdots,X_p)^{\mathrm{T}}$,称 $D\boldsymbol{X}=\mathrm{Cov}(\boldsymbol{X},\boldsymbol{X})\triangleq E[(\boldsymbol{X}-E\boldsymbol{X})(\boldsymbol{X}-E\boldsymbol{X})^{\mathrm{T}}]=$

$(\mathrm{Cov}(X_i,X_j))_{p\times p}$ 为 p 维随机向量 $\boldsymbol{X}$ 的协方差阵. 显然,协方差阵 $\boldsymbol{DX}$ 是对称方阵,且对角线上的元素就是 X_i 的方差,而且还可以证明, $\boldsymbol{DX}$ 是非负定的(记为 $\boldsymbol{DX}\geqslant 0$);

(4)称随机向量 $\boldsymbol{X}=(X_1,\cdots,X_p)^{\mathrm{T}}$ 的协方差阵的行列式 $|\boldsymbol{DX}|=|\mathrm{Cov}(X_i,X_j)|_{p\times p}$ 为 p 维随机向量 $\boldsymbol{X}$ 的广义方差;

(5)设 $\boldsymbol{X}=(X_1,\cdots,X_p)^{\mathrm{T}}$ 与 $\boldsymbol{Y}=(Y_1,\cdots,Y_q)^{\mathrm{T}}$ 分别为 p 维和 q 维随机向量,则称 $\mathrm{Cov}(\boldsymbol{X},\boldsymbol{Y})=E(\boldsymbol{X}-\boldsymbol{EX})(\boldsymbol{Y}-\boldsymbol{EY})^{\mathrm{T}}=E(\boldsymbol{XY}^{\mathrm{T}})-(\boldsymbol{EX})(\boldsymbol{EY})^{\mathrm{T}}=(\mathrm{Cov}(X_i,Y_j))_{p\times q}$ 为随机向量 $\boldsymbol{X}$ 与随机向量 $\boldsymbol{Y}$ 的协方差矩阵;

(6) p 维随机向量 $\boldsymbol{X}=(X_1,\cdots,X_p)^{\mathrm{T}}$ 中任意两个分量 X_i,X_j 之间的相关系数定义为

$$r_{ij}=\frac{\mathrm{Cov}(X_i,X_j)}{\sqrt{DX_i}\sqrt{DX_j}}\quad(i,j=1,2,\cdots,p)$$

$\boldsymbol{R}=(r_{ij})_{p\times p}$ 称为 $\boldsymbol{X}=(X_1,\cdots,X_p)^{\mathrm{T}}$ 的相关矩阵.

随机向量数字特征的常用性质(其中 a 为常数, $\boldsymbol{A},\boldsymbol{B}$ 为常数矩阵):

① $E(a\boldsymbol{X})=a\boldsymbol{EX}$;

② $E(\boldsymbol{AX}+\boldsymbol{B})=\boldsymbol{AEX}+\boldsymbol{B}$;

③ $D(a\boldsymbol{X})=a^2\boldsymbol{DX}$;

④ $D(\boldsymbol{AX}+\boldsymbol{B})=\boldsymbol{AD}(\boldsymbol{X})\boldsymbol{A}^{\mathrm{T}}$;

⑤ $\mathrm{Cov}(\boldsymbol{AX},\boldsymbol{BY})=\boldsymbol{A}\mathrm{Cov}(\boldsymbol{X},\boldsymbol{Y})\boldsymbol{B}^{\mathrm{T}}$.

证明略.

2. 多元正态分布

定义 6.3 若 p 维随机向量 $\boldsymbol{X}=(X_1,\cdots,X_p)$ 的概率密度为

$$f(x_1,x_2,\cdots,x_p)=\frac{1}{(2\pi)^{\frac{p}{2}}|\boldsymbol{\Sigma}|^{\frac{1}{2}}}\exp\left\{-\frac{1}{2}(\boldsymbol{X}-\boldsymbol{\mu})^{\mathrm{T}}\boldsymbol{\Sigma}^{-1}(\boldsymbol{X}-\boldsymbol{\mu})\right\}\tag{6.1}$$

则称 $\boldsymbol{X}$ 服从 p 维正态分布,记为 $\boldsymbol{X}\sim N_p(\boldsymbol{\mu},\boldsymbol{\Sigma})$,其中 $\boldsymbol{\mu}$ 为 $\boldsymbol{X}$ 的均值向量, $\boldsymbol{\Sigma}$ 为 $\boldsymbol{X}$ 的协方差矩阵.

$\boldsymbol{\Sigma}$ 具有以下性质:

(1)对称性: $\boldsymbol{\Sigma}^{\mathrm{T}}=\boldsymbol{\Sigma}$;

(2)非负定: $\boldsymbol{\Sigma}\geqslant 0$.

若 $\boldsymbol{\Sigma}$ 正定(记为 $\boldsymbol{\Sigma}>0$),则根据线性代数知识知, $\boldsymbol{\Sigma}=\boldsymbol{AA}^{\mathrm{T}}$,记为 $\boldsymbol{A}=\boldsymbol{\Sigma}^{\frac{1}{2}}$.

3. 多元正态分布的性质

(1)若 $\boldsymbol{X}\sim N_p(\boldsymbol{\mu},\boldsymbol{\Sigma})$ 则 $E\boldsymbol{X}=\boldsymbol{\mu}$, $D\boldsymbol{X}=\boldsymbol{\Sigma}$.

此性质说明, p 维正态分布由均值向量和协方差阵唯一确定,就像一维正态分布由均值和方差唯一确定一样.

(2)若 $\boldsymbol{X}\sim N_p(\boldsymbol{\mu},\boldsymbol{\Sigma})$,对 $\boldsymbol{X}$ 作线性变换 $\boldsymbol{Y}=\boldsymbol{CX}+\boldsymbol{b}$,其中 $\boldsymbol{C}$ 为 $m\times p$ 矩阵, $\boldsymbol{b}$ 为 $m\times 1$ 向量,则 $\boldsymbol{Y}\sim N_m(\boldsymbol{C\mu}+\boldsymbol{b},\boldsymbol{C\Sigma C}^{\mathrm{T}})$.特别地,多维正态分布的边缘分布还是正态分布.

(3) $\boldsymbol{X}\sim N_p(\boldsymbol{\mu},\boldsymbol{\Sigma})$ 的充分必要条件是对 $\boldsymbol{X}$ 的分量做任意线性组合 $\boldsymbol{Y}=\boldsymbol{C}^{\mathrm{T}}\boldsymbol{X}$, $\boldsymbol{Y}$ 服从一维正态分布.

此性质可以作为多维正态分布的定义.

(4)设 $\boldsymbol{X}=\begin{pmatrix}\boldsymbol{X}_1\\ \boldsymbol{X}_2\end{pmatrix}$ 服从多维正态分布($\boldsymbol{X}_1,\boldsymbol{X}_2$ 也是多维的),则 $\boldsymbol{X}_1,\boldsymbol{X}_2$ 互不相关(指 $\boldsymbol{X}_1$ 的任一分量与 $\boldsymbol{X}_2$ 的任一分量均不相关)的充要条件是 $\boldsymbol{X}_1$ 与 $\boldsymbol{X}_2$ 独立.

多维正态分布分量之间的不相关与独立是等价的,由此,若 $\boldsymbol{X} \sim N_p(\boldsymbol{\mu},\boldsymbol{\Sigma})$,则 $\boldsymbol{X}$ 的分量之间相互独立的充要条件是 $\boldsymbol{\Sigma}$ 为对角阵.

(5)若 $\boldsymbol{X} \sim N_p(\boldsymbol{\mu},\boldsymbol{\Sigma})$, $|\boldsymbol{\Sigma}| \neq 0$,则 $\boldsymbol{\eta} \triangleq (\boldsymbol{X}-\boldsymbol{\mu})^{\mathrm{T}}\boldsymbol{\Sigma}^{-1}(\boldsymbol{X}-\boldsymbol{\mu}) \sim \chi^2(p)$.

$p=1$ 时的特殊情形:若 $X \sim N(\mu,\sigma_2^2)$, $\eta=\dfrac{(X-\mu)^2}{\sigma^2} \sim \chi^2(1)$.

6.1.2 多元正态分布参数的估计

设总体 $\boldsymbol{X}$ 服从 p 维正态分布 $N_p(\boldsymbol{\mu},\boldsymbol{\Sigma})$, $(\boldsymbol{X}_1,\boldsymbol{X}_2,\cdots,\boldsymbol{X}_n)$ 为来自总体 $N_p(\boldsymbol{\mu},\boldsymbol{\Sigma})$ 的容量为 n 的样本 $(n>p)$,其中每个 $\boldsymbol{X}_i$ 均为 p 维向量($i=1,2,\cdots,n$),仅考虑 $|\boldsymbol{\Sigma}| \neq 0$ 的情况.

令 $\bar{\boldsymbol{X}}=\dfrac{1}{n}\sum_{i=1}^{n}\boldsymbol{X}_i$, $\boldsymbol{A}=\sum_{i=1}^{n}(\boldsymbol{X}_i-\bar{\boldsymbol{X}})(\boldsymbol{X}_i-\bar{\boldsymbol{X}})^{\mathrm{T}}$,则称 $\bar{\boldsymbol{X}}$ 为样本均值向量,称 $\boldsymbol{A}$ 为样本离差矩阵.

定理 6.1 设 $(\boldsymbol{X}_1,\boldsymbol{X}_2,\cdots,\boldsymbol{X}_n)$ 为来自非退化正态总体 $N_p(\boldsymbol{\mu},\boldsymbol{\Sigma})$ 的样本,则 $\bar{\boldsymbol{X}}$ 和 $\dfrac{A}{n}$ 分别是 $\boldsymbol{\mu}$ 和 $\boldsymbol{\Sigma}$ 的最大似然估计,即 $\hat{\boldsymbol{\mu}}=\bar{\boldsymbol{X}}$ 和 $\hat{\boldsymbol{\Sigma}}=\dfrac{A}{n}$.

注: $\dfrac{A}{n}$ 是 $\boldsymbol{\Sigma}$ 的一致估计,但不是无偏估计.

定理 6.2 设 $(\boldsymbol{X}_1,\boldsymbol{X}_2,\cdots,\boldsymbol{X}_n)$ 为来自正态总体 $N_p(\boldsymbol{\mu},\boldsymbol{\Sigma})$ 的样本,则 $\bar{\boldsymbol{X}}$ 和 $\dfrac{\boldsymbol{A}}{n-1}$ 分别是 $\boldsymbol{\mu}$ 和 $\boldsymbol{\Sigma}$ 的一致最小方差无偏估计(或称为最优无偏估计),即

$$\hat{\boldsymbol{\mu}}=\bar{\boldsymbol{X}},\quad \hat{\boldsymbol{\Sigma}}=\frac{\boldsymbol{A}}{n-1} \tag{6.2}$$

以上两个定理的证明见参考文献[3].

【例 6.1】 表 6.1 是一项关于黄麻试验的数据,其中, x_1 :干黄麻纤维的重量(单位:g); x_2 :青黄麻植株的重量;记 $\boldsymbol{X}=(x_1,x_2)^{\mathrm{T}}$, $\boldsymbol{X}$ 表示每株黄麻的两个指标,表中列出了 $\boldsymbol{X}$ 的 20 个样品. 若设 $\boldsymbol{X} \sim N_2(\boldsymbol{\mu},\boldsymbol{\Sigma})$,试求 $\boldsymbol{\mu}$, $\boldsymbol{\Sigma}$ 的最优无偏估计.

表 6.1 **黄麻试验数据**

植株数	1	2	3	4	5	6	7	8	9	10
x_1	68	63	70	6	65	9	10	12	20	30
x_2	971	892	1125	82	931	112	162	321	315	375
植株数	11	12	13	14	15	16	17	18	19	20
x_1	33	27	21	5	14	27	17	53	62	65
x_2	462	352	305	84	229	332	185	703	872	740

解：由定理 6.2 知，$\boldsymbol{\mu}$，$\boldsymbol{\Sigma}$ 的最优无偏估计分别为 $\bar{\boldsymbol{X}}$，$\dfrac{\boldsymbol{A}}{n-1}$，而 $n=20$，从而有：

$$\hat{\boldsymbol{\mu}}=\bar{\boldsymbol{X}}=\begin{pmatrix}\bar{x}_1\\ \bar{x}_2\end{pmatrix}=\frac{1}{20}\begin{pmatrix}68+63+\cdots+65\\ 971+892+\cdots+740\end{pmatrix}=\begin{pmatrix}33.85\\ 477.50\end{pmatrix}$$

样本离差矩阵为

$$\begin{aligned}\boldsymbol{A}&=\sum_{k=1}^{20}(\boldsymbol{X}_k-\bar{\boldsymbol{X}})(\boldsymbol{X}_k-\bar{\boldsymbol{X}})^{\mathrm{T}}\\
&=\sum_{k=1}^{20}\left[\begin{pmatrix}x_{k1}\\ x_{k2}\end{pmatrix}-\begin{pmatrix}\bar{x}_1\\ \bar{x}_2\end{pmatrix}\right]\cdot\left[\begin{pmatrix}x_{k1}\\ x_{k2}\end{pmatrix}-\begin{pmatrix}\bar{x}_1\\ \bar{x}_2\end{pmatrix}\right]^{\mathrm{T}}\\
&=\begin{pmatrix}\sum\limits_{k=1}^{20}(x_{k1}-\bar{x}_1)^2 & \sum\limits_{k=1}^{20}(x_{k1}-\bar{x}_1)(x_{k2}-\bar{x}_2)\\ \sum\limits_{k=1}^{20}(x_{k2}-\bar{x}_2)(x_{k1}-\bar{x}_1) & \sum\limits_{k=1}^{20}(x_{k2}-\bar{x}_2)^2\end{pmatrix}\\
&=\begin{pmatrix}10838.55 & 149056.50\\ 149056.50 & 2135681.00\end{pmatrix}\end{aligned}$$

从而，$\boldsymbol{\Sigma}$ 的最优无偏估计值 $\hat{\boldsymbol{\Sigma}}$ 为

$$\hat{\boldsymbol{\Sigma}}=\frac{1}{20-1}\boldsymbol{A}=\begin{pmatrix}570.45 & 7845.08\\ 7845.08 & 112404.26\end{pmatrix}$$

例 6.1 的 SPSS 操作步骤（利用 SPSS 的相关分析模块求均值向量和协方差阵）如下：

（1）将数据输入到 SPSS 工作表中，如图 6.1 所示．

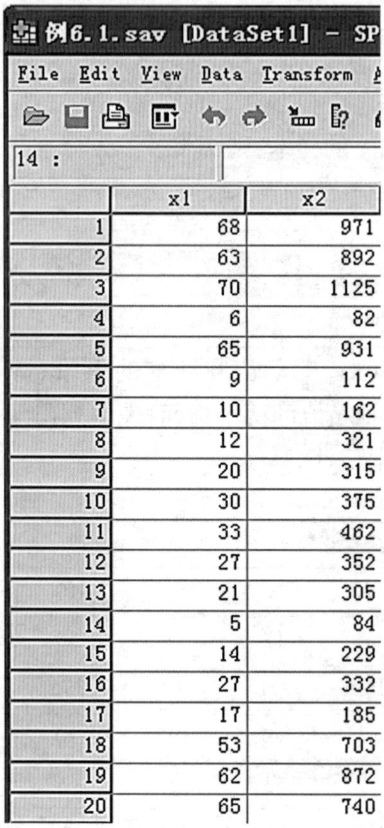

	x1	x2
1	68	971
2	63	892
3	70	1125
4	6	82
5	65	931
6	9	112
7	10	162
8	12	321
9	20	315
10	30	375
11	33	462
12	27	352
13	21	305
14	5	84
15	14	229
16	27	332
17	17	185
18	53	703
19	62	872
20	65	740

图 6.1 数据输入窗口

（2）单击 Analyze→Correlate（相关）→Bivariate（双变量）打开双变量相关分析对话框 Bivariate Correlations，如图 6.2 所示．从左侧的源变量窗口中选择变量进入 Variable 框进行相关分析，此例为 x_1，x_2．

相关分析对话框包含：

（1）Correlation Coefficient 是相关系数复选框，提供了三个相关系数的选项：

①Pearson：皮尔逊相关，即积差相关系数．它适用于两个变量都为定距以上变量，且两个变量都服从正态分布的情况．这是系统默认的选项．

②Kendall's ta：肯德尔相关系数．它表示的是等级相关，适用于两个变量都为定序变量的情况．

③Spearman：斯皮尔曼等级相关．它表示的也是等级相关，也适用于两个变量都为定序变量的情况．

（2）Test of Significance 是显著性检验类型单选框，包

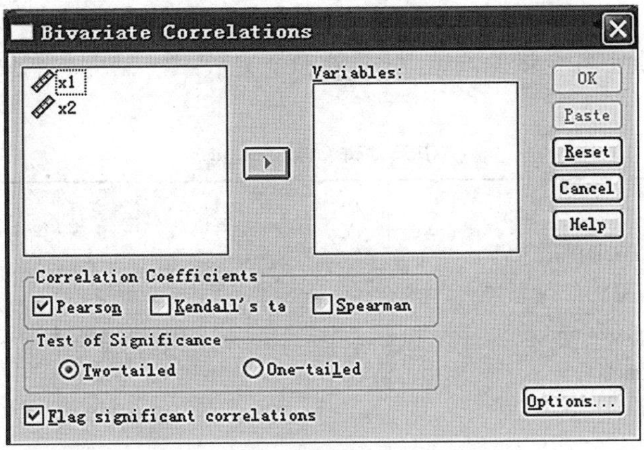

图 6.2 双变量相关分析对话框

括两个选项: Two-tailed:双尾检验,这是系统默认的选项;One-tailed:单尾检验.

(3)Flag significant correlations 是标出相关系数的显著性选项. 如果选中此项,则系统在输出结果时,在相关系数的右上方使用“ * ”表示显著性水平为 0.05;使用“ * * ” 表示显著性水平为 0.01.

(4)单击 Options 打开对话框,选择输出的统计量,如图 6.3 所示. 在 Statistics(统计量)复选框中 Means and standard deviations 表示输出均值和标准差,Cross-product deviatons and covariances 表示输出各变量的离差平方和、样本方差、两变量的叉积离差和协方差.

单击 Continue 按钮,返回双变量相关分析对话框. 单击 OK 按钮,完成操作.

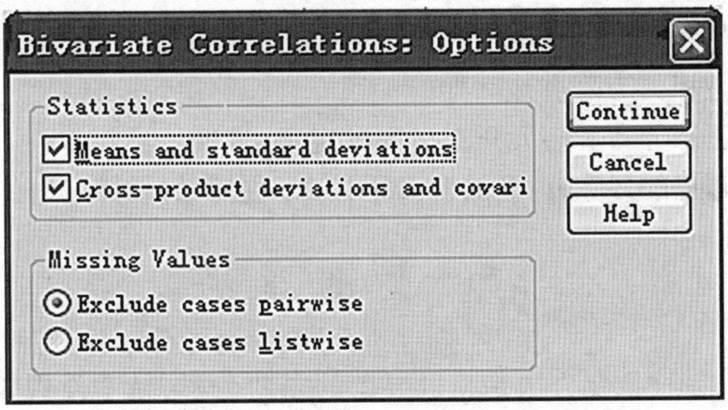

图 6.3 相关分析选项对话框

SPSS 结果解释见表 6.2、表 6.3.

表 6.2 **描述统计 Descriptive Statistics**

	Mean	Std.Deviation	N
x1	33.85	23.884	20
x2	477.50	335.267	20

描述统计表提供了各变量的均值、标准差和个案数.

表6.3 **相关分析 Correlations**

		x1	x2
x1	Pearson Correlation	1	0.980 * *
	Sig.(2-tailed)		0.000
	Sum of Squares and Cross-products	10838.550	149056.50
	Covariance	570.450	7845.079
	N	20	20
x2	Pearson Correlation	.980 * *	1
	Sig.(2-tailed)	0.000	
	Sum of Squares and Cross-products	149056.50	2135681.0
	Covariance	7845.079	112404.26
	N	20	20

* * .Correlation is significant at the 0.01 level (2-tailed).

相关分析表提供了 pearson 相关系数、相关系数检验的 p 值、两变量的叉积离差和协方差、个案数. 从 Covariance 一行即可得到总体协差阵的最优估计.

◎ 思考:

1. 协方差矩阵与相关矩阵有什么样的关系?
2. 试比较一元正态分布和多元正态分布的定义、性质.
3. 多元正态分布里的参数$\boldsymbol{\mu}$,$\boldsymbol{\Sigma}$的含义是什么? 它们的最优无偏估计是什么?

6.2 聚类分析

人类认识世界的一种重要方法是将世界上的东西分类,从中发现规律. 分类学已成为我们认识世界的一门基础学科. 历史上往往是根据经验和专业知识对研究对象分类,很少用到数学方法. 由于近代科学的发展、电子计算机的普及,利用数学方法研究分类不仅非常必要而且完全可能,聚类分析(cluster analysis)就是这样一种统计分析方法. 近些年来,聚类分析作为多元分析的一个重要分支,发展非常迅速,它的内容和方法很多,还是个年轻的分支. 本节主要介绍聚类分析的一些基本思想和常用方法.

6.2.1 事物相似性的度量

聚类分析是按照"物以类聚"的思想进行分类的,即根据事物的相似程度进行分类. 因此,首先必须定义一个度量事物相似程度的指标,这个指标称为聚类统计量,然后按相似程度的大小,把对象逐一归类,关系密切的聚集到一个小的分类单位,关系疏远的聚合到一个大的分类单位里,直到所有的对象都归类完毕,把不同类型都一一划分出来,形成一个亲疏关系谱系图．谱系图直观地显示分类对象的差异和联系．

假设有 n 个样品,每个样品观测了 p 个指标,用 $x_{ji}(i=1,2,\cdots,n;j=1,2,\cdots,p)$ 表示第 i 个样品的第 j 个指标,则有表 6.4 所列数据阵.

表 6.4 样本数据阵

指标＼样品	$\boldsymbol{x}_1$	$\boldsymbol{x}_2$	$\cdots$	$\boldsymbol{x}_i$	$\cdots$	$\boldsymbol{x}_n$	均值
$\boldsymbol{X}_1$	x_{11}	x_{12}	$\cdots$	x_{1i}	$\cdots$	x_{1n}	$\bar{X}_1$
$\boldsymbol{X}_2$	x_{21}	x_{22}	$\cdots$	x_{2i}	$\cdots$	x_{2n}	$\bar{X}_2$
$\vdots$	$\vdots$	$\vdots$		$\vdots$		$\vdots$	$\vdots$
$\boldsymbol{X}_j$	x_{j1}	x_{j2}	$\cdots$	x_{ji}	$\cdots$	x_{jn}	$\bar{X}_j$
$\vdots$	$\vdots$	$\vdots$		$\vdots$		$\vdots$	$\vdots$
$\boldsymbol{X}_p$	x_{p1}	x_{p2}	$\cdots$	x_{pi}	$\cdots$	x_{pn}	$\bar{X}_p$

聚类分析按研究的内容可分为两个方面:一是对样品进行分类,即依据 $\boldsymbol{x}_i$ 间的某种相似性度量,将这 n 个样品进行分类,如某班有 n 名学生,根据每个学生的期末各科考试成绩将该班学生进行分类(如优、良、中、差四类);二是对变量进行分类,即对所研究的 p 个指标 $\boldsymbol{X}_1,\boldsymbol{X}_2,\cdots,\boldsymbol{X}_p$,根据 n 个观测值 $\boldsymbol{x}_i=(x_{1i},x_{2i},\cdots,x_{pi})^{\mathrm{T}}(i=1,2,\cdots,n)$ 及某些相似性原则,将这 p 个变量 $\boldsymbol{X}_1,\boldsymbol{X}_2,\cdots,\boldsymbol{X}_p$ 进行分类．如在服装设计中,往往要测量很多指标(变量),如身高、上体长、臂长、肩长、肩宽、胸围等,有时要对这些指标进行分类,以显示人体各个部分的不同特点,以便服装设计．

通常,对样品进行分类的方法称为 Q 型聚类法,所用的聚类统计量称为距离;对变量进行分类的方法称为 R 型聚类法,所用的聚类统计量称为相似系数．

1. 样品间的距离

对于一群有待分类的样品,每一个样品需要用 p 个变量所构成的观测向量 $\boldsymbol{x}_i$ 来描述,则每个样品就可以看成是 $\mathbf{R}^p$ 空间中的一个点．因此,很自然地想到可以用距离来测度样品间的相似程度．

记 S 为样品的集合,$d(\boldsymbol{x}_i,\boldsymbol{x}_j)$ 为样品 $\boldsymbol{x}_i,\boldsymbol{x}_j$ 之间的距离,则 $d(\cdot,\cdot)$ 是 $S\times S\to\mathbf{R}^+$ 的一个函数,它满足以下四个条件:

① $d(\boldsymbol{x}_i,\boldsymbol{x}_j)\geqslant 0,\forall \boldsymbol{x}_i,\boldsymbol{x}_j\in S$;

② $d(\boldsymbol{x}_i,\boldsymbol{x}_j)=0$,当且仅当 $\boldsymbol{x}_i=\boldsymbol{x}_j\in S$ 时;

③ $d(\boldsymbol{x}_i,\boldsymbol{x}_j)=d(\boldsymbol{x}_j,\boldsymbol{x}_i),\forall \boldsymbol{x}_i,\boldsymbol{x}_j\in S$;

④ $d(\boldsymbol{x}_i,\boldsymbol{x}_j)\leqslant d(\boldsymbol{x}_i,\boldsymbol{x}_k)+d(\boldsymbol{x}_k,\boldsymbol{x}_j),\forall \boldsymbol{x}_i,\boldsymbol{x}_j,\boldsymbol{x}_k\in S$.

即分别满足正定性、对称性、三角不等式性．

空间点之间的距离有很多种定义,聚类分析中常用的距离有:

(1)明考夫斯基(Minkowski)距离:

$$d_q(\boldsymbol{x}_i,\boldsymbol{x}_j)=\left[\sum_{k=1}^{p}|x_{ki}-x_{kj}|^q\right]^{\frac{1}{q}}\quad(q>0)$$

特别地,当 $q=1,2,\infty$ 时,则分别得到:

①绝对值距离: $d_1(\boldsymbol{x}_i,\boldsymbol{x}_j)=\sum_{k=1}^{p}|x_{ki}-x_{kj}|$;

②欧氏(Euclid)距离: $d_2(\boldsymbol{x}_i,\boldsymbol{x}_j)=\left[\sum_{k=1}^{p}|x_{ki}-x_{kj}|^2\right]^{\frac{1}{2}}$;

③切比雪夫(Chebyshev)距离: $d_\infty(\boldsymbol{x}_i,\boldsymbol{x}_j)=\max\limits_{1\leqslant k\leqslant p}|x_{ki}-x_{kj}|$

值得注意的是,采用明考夫斯基距离时,变量的量纲要相同,若不同,则必须要对数据进行标准化处理;在明考夫斯基距离中最常用的是欧氏距离.

若考虑 p 个指标的相关性等问题,我们可以采用方差加权距离或马哈拉诺比斯(Mahalanobis)距离.

(2)方差加权距离:

$$d(\boldsymbol{x}_i,\boldsymbol{x}_j)=\left[\sum_{k=1}^{p}\frac{(x_{ki}-x_{kj})^2}{\sigma_k^2}\right]^{\frac{1}{2}}\quad(\sigma_k^2\text{ 为第 }k\text{ 个指标的方差})$$

(3)马哈拉诺比斯距离,简称为马氏距离:

$$d(\boldsymbol{x}_i,\boldsymbol{x}_j)=\sqrt{(\boldsymbol{x}_i-\boldsymbol{x}_j)^{\mathrm{T}}\boldsymbol{\Sigma}^{-1}(\boldsymbol{x}_i-\boldsymbol{x}_j)}$$

其中, $\boldsymbol{\Sigma}$ 为 p 个指标的协方差矩阵.

应注意的是,在实用中,若 σ_k^2 和 $\boldsymbol{\Sigma}$ 未知,可用观测数据对其作估计,一般用样本方差 S_k^2 和样本协方差矩阵 $\hat{\boldsymbol{\Sigma}}=\dfrac{\boldsymbol{A}}{n-1}$ 作为 σ_k^2 和 $\boldsymbol{\Sigma}$ 的估计.

用聚类分析解决实际问题时,选用不同的距离作为样品与样品之间的度量,对结果是有影响的,选用哪种距离,通常要结合实际问题来确定.

聚类分析中的距离定义有很大灵活性,有时为解决问题,可以定义新的距离.

2. 类与类之间的距离

若有两类样品 G_1 和 G_2,怎样测量它们之间距离呢?假设用 $D(G_1,G_2)$ 表示它们之间的距离,则 $D(\cdot,\cdot)$ 是从 $G_1\times G_2\to\mathbf{R}^+$ 的一个函数,并称这个函数为聚合指数.关于它的定义有以下方法:

(1)最短距离法:

$$D(G_1,G_2)=\min_{x_i\in G_1,x_j\in G_2}\{d(x_i,x_j)\}$$

其直观意义是:两个类 G_1 和 G_2 中最近两点间的距离.

(2) 最长距离法:

$$D(G_1,G_2)=\max_{x_i\in G_1,x_j\in G_2}\{d(x_i,x_j)\}$$

其直观意义是:两个类 G_1 和 G_2 中最远两点间的距离.

(3) 重心法:

$$D(G_1,G_2)=d(\overline{x_i},\overline{x_j})$$

其中, $\overline{x_i},\overline{x_j}$ 分别表示 G_1 和 G_2 的重心,其公式为 $\overline{x_i}=\dfrac{1}{n_1}\sum\limits_{x_i\in G_1}x_i$, $\overline{x_j}=\dfrac{1}{n_2}\sum\limits_{x_j\in G_2}x_j$,其中 n_1,n_2 分别表

示 G_1,G_2 中的样本个数.

(4) 类平均法:

$$D(G_1,G_2)=\frac{1}{n_1n_2}\sum_{x_i\in G_1}\sum_{x_j\in G_2}d(x_i,x_j)$$

它等于两类 G_1 和 G_2 中两两样品距离的平均,式中 n_1 和 n_2 分别表示 G_1 和 G_2 样品个数.

(5) 离差平方和法:

若记:

$$D_1=\sum_{x_i\in G_1}(\boldsymbol{x}_i-\overline{\boldsymbol{x}_i})^{\mathrm{T}}(\boldsymbol{x}_i-\overline{\boldsymbol{x}_i})$$

$$D_2=\sum_{x_j\in G_2}(\boldsymbol{x}_j-\overline{\boldsymbol{x}_j})^{\mathrm{T}}(\boldsymbol{x}_j-\overline{\boldsymbol{x}_j})$$

$$D_{1+2}=\sum_{x_k\in G_1\cup G_2}(\boldsymbol{x}_k-\overline{\boldsymbol{x}_k})^{\mathrm{T}}(\boldsymbol{x}_k-\overline{\boldsymbol{x}_k})$$

其中,

$$\overline{\boldsymbol{x}_i}=\frac{1}{n_1}\sum_{x_i\in G_1}\boldsymbol{x}_i,\ \overline{\boldsymbol{x}_j}=\frac{1}{n_2}\sum_{x_j\in G_2}\boldsymbol{x}_j,\ \overline{\boldsymbol{x}_k}=\frac{1}{n_1+n_2}\sum_{x_k\in G_1\cup G_2}\boldsymbol{x}_k.$$

则可以定义:

$$D(G_1,G_2)=D_{1+2}-D_1-D_2$$

尤其当 G_1 和 G_2 内部样品与样品距离很小,即它们由相似性能很好地各自聚为一类,且这两类又能充分分离时,必有 $D=D_{1+2}-D_1-D_2$ 很大,按定义可以认为,两类 G_1 和 G_2 之间距离很大.

3. 变量间的相似系数

在对变量进行聚类分析时,首先,要确定变量的相似性度量的方式,即相似系数. 常用的相似系数有两种:相关系数和夹角余弦.

1)相关系数

记变量:$\boldsymbol{x}_i=(x_{1i},x_{2i},\cdots,x_{ni})^{\mathrm{T}},\boldsymbol{x}_j=(x_{1j},x_{2j},\cdots,x_{nj})^{\mathrm{T}}\in\mathbf{R}^n\qquad(i,j=1,2,\cdots,p)$

则可以用两变量 $\boldsymbol{x}_i$ 与 $\boldsymbol{x}_j$ 的相关系数作为它们的相似系数,有:

$$r_{ij}=\frac{\sum_{k=1}^{n}(x_{ki}-\overline{x_i})(x_{kj}-\overline{x_j})}{\left[\sum_{k=1}^{n}(x_{ki}-\overline{x_i})^2\sum_{k=1}^{n}(x_{kj}-\overline{x_j})^2\right]^{\frac{1}{2}}}$$

事实上,在对变量进行聚类分析时,利用相关系数矩阵是最多的.

2) 夹角余弦

同时,也可以利用两变量 $\boldsymbol{x}_i$ 与 $\boldsymbol{x}_j$ 的夹角余弦 C_{ij} 来定义它们的相似系数,即

$$C_{ij}=\frac{\sum_{k=1}^{n}x_{ki}\cdot x_{kj}}{\left[\sum_{k=1}^{n}x_{ki}^2\cdot\sum_{k=1}^{n}x_{kj}^2\right]^{\frac{1}{2}}}$$

6.2.2 系统聚类法

系统聚类法(hierarchical clustering method)又称分层聚类法,是目前应用较为广泛的一种聚类方法,适用于样本容量较小的情形. 它的优点在于可以指出由粗到细的多种分类情况,经典的系统聚类结果总是由一个谱系图展示出来,因此,也称为谱系聚类法.

例如:在空间平面中有七个点:$p_1,p_2,p_3,\cdots,p_7$,如图 6.4 所示,可以用谱系图(见图 6.5)来表示聚类的结果.

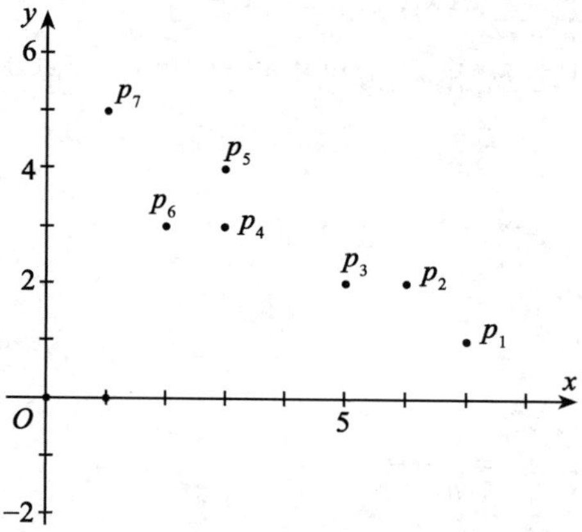

图 6.4 平面上点集 S 的分布

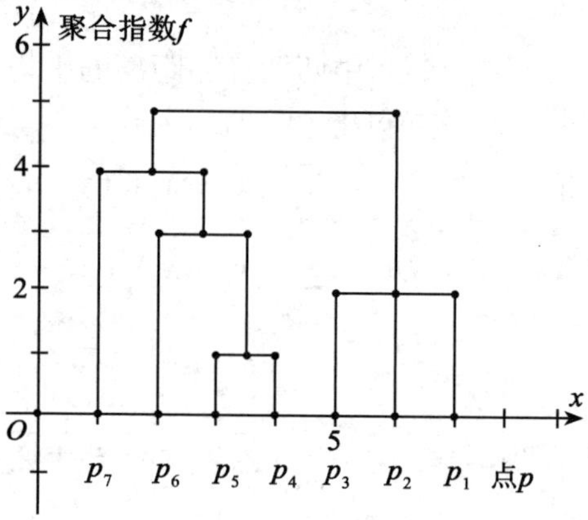

图 6.5 点集 S 的谱系图

记:$S=\{p_1,p_2,p_3,\cdots,p_7\}$,聚类的结果是:

(1)当聚合指数取 f_5 时,S 被分成一类:

$$G_1=\{p_1,p_2,p_3,\cdots,p_7\}=S$$

(2)当聚合指数取 f_4 时,S 被分成两类:

$$G_1=\{p_1,p_2,p_3\},G_2=\{p_4,p_5,p_6,p_7\}$$

(3)当聚合指数取 f_3 时,S 被分成三类:

$$G_1=\{p_1,p_2,p_3\},G_2=\{p_4,p_5,p_6\},G_3=\{p_7\}$$

(4)当聚合指数取 f_2 时,S 被分成四类:

$$G_1=\{p_1,p_2,p_3\},G_2=\{p_4,p_5\},G_3=\{p_6\},G_4=\{p_7\}$$

(5)当聚合指数取 f_1 时,S 被分成六类:

$$G_1=\{p_1\},G_2=\{p_2\},G_3=\{p_3\},G_4=\{p_4,p_5\},G_5=\{p_6\},G_6=\{p_7\}$$

(6)当聚合指数取小于 f_1 时,S 被分成七类:

$$G_i=\{p_i\},i=1,2,\cdots,7$$,即每个点自成一类.

在系统聚类法的合并过程中,涉及两个类之间的距离问题,类与类之间的距离前面已给出了五种定义方式,在不同的定义方式下就会产生不同的谱系聚类法.

1. 系统聚类法的基本步骤

怎样才能产生一个样品集的谱系图呢?它的具体操作步骤可概述如下:

设样品集为 $S=\{p_1,p_2,\cdots,p_n\}$.

(1)计算 n 个样品两两之间的距离 $\{d_{ij}\}$,记为矩阵 $\boldsymbol{D}=(d_{ij})_{n\times n}$;

(2)首先构造 n 个类,每一个类中只包含一个样品,每一类的平台高度均为零;

(3)合并距离最近的两类为新类,并且以这两类间的聚合指数作为谱系图中的平台高度;

(4)计算新类与当前类的距离,若类的个数已经等于 1,转入下一步骤;否则,回到步骤(3)；

(5)画谱系图；

(6)决定类的个数和类.

显而易见,这种系统归类过程与计算类和类之间的聚合指数方法有关,采用不同的聚合指数,有可能得出不同的聚类结果.

2. 最短距离法和最长距离法

若用最短距离法来度量类与类之间的聚合指数,则称其为系统聚类法中的最短距离法. 下面,举例说明最短距离法的计算步骤.

【例 6.2】 设有五名销售员 $p_1,p_2,\cdots,p_5$,他们的销售业绩由二维变量 (v_1,v_2) 表示,见表 6.5.

表 6.5 **销售业绩表**

销售员	v_1 百件(销售量)	v_2 万元(回收款项)
p_1	1	0
p_2	1	1
p_3	3	2
p_4	4	3
p_5	2	5

若用绝对值距离来度量样品间距离,则最短距离法来度量类与类的聚合指数为

$$d(p_i,p_j)=\sum_{k=1}^{2}|v_{ik}-v_{jk}|$$

$$D(G_p,G_q)=\min_{p_i\in G_p,p_j\in G_q}\{d(p_i,p_j)\}$$

根据距离公式可求得距离矩阵为

$$\begin{array}{c} \\ p_1 \\ p_2 \\ p_3 \\ p_4 \\ p_5 \end{array}\begin{array}{c} \begin{array}{ccccc} p_1 & p_2 & p_3 & p_4 & p_5 \end{array} \\ \begin{pmatrix} 0 & 1 & 4 & 6 & 6 \\ & 0 & 3 & 5 & 5 \\ & & 0 & 2 & 4 \\ & & & 0 & 4 \\ & & & & 0 \end{pmatrix} \end{array}$$

第一步:所有元素自成一类. 如果以 P 表示 S 的所有可能的类集合, $H\subset P$,此时,就有 $H=\{p_1,p_2,\cdots,p_5\}$,每个类的平均高度为0,即 $f(p_i)=0,i=1,2,\cdots,5$,显然,此时: $D(G_i,G_j)=d(p_i,p_j)$. 由距离矩阵: p_1 与 p_2 的推销成绩最为近似,所以把它们聚为一个新类为 $h_6=\{p_1\}\cup\{p_2\}$,新类的平台高度(即聚合水平)等于它的聚合指数: $f(h_6)=1$.

第二步:此时的分类情况是 $H_1=\{p_3,p_4,p_5,h_6\}$. 计算新类 h_6 与 p_3,p_4,p_5 的聚合指数. 例如: $D(p_3,h_6)=\min\{d(p_3,p_1),d(p_3,p_2)\}=\min\{4,3\}=3$,即 p_3 与 h_6 组推销成绩相差的距离,按照 p_3 与 h_6 组中成绩最近于他的那人之间的距离来确定. 距离矩阵为

$$\begin{array}{c} \\ p_3 \\ p_4 \\ p_5 \\ h_6 \end{array}\begin{array}{c} \begin{matrix} p_3 & p_4 & p_5 & h_6 \end{matrix} \\ \begin{pmatrix} 0 & 2 & 4 & 3 \\ & 0 & 4 & 5 \\ & & 0 & 5 \\ & & & 0 \end{pmatrix} \end{array}$$

选择距离最近的两类将其合并,在此步中,$\{p_3\}$ 和 $\{p_4\}$ 被选中,$h_7=\{p_3\}\cup\{p_4\}$,新类的平台高度为$f(h_7)=2$.

第三步:此时分类的情形为:$H_2=\{p_5,p_6,p_7\}$,计算新类 h_7 和 p_5,p_6 的聚合指数为

$$D(p_5,h_7)=\min\{d(p_5,p_3),d(p_5,p_4)\}=\min\{4,4\}=4$$
$$D(h_6,h_7)=\min\{D(h_6,p_3),D(h_6,p_4)\}=\min\{3,5\}=3$$

距离矩阵为

$$\begin{array}{c} \\ p_5 \\ h_6 \\ h_7 \end{array}\begin{array}{c} \begin{matrix} p_5 & h_6 & h_7 \end{matrix} \\ \begin{pmatrix} 0 & 5 & 4 \\ & 0 & 3 \\ & & 0 \end{pmatrix} \end{array}$$

选择聚合指数最小的两类合并,$h_8=h_6\cup h_7$,此时,新类的平台高度为:$f(h_8)=3$.

第四步:$H_3=\{p_5,h_8\}$. 计算新类 p_5 与 h_8 的聚合指数为:

$$D(p_5,h_8)=\min\{D(p_5,h_6),D(p_5,h_7)\}=\min\{5,4\}=4$$

将 p_5 和 h_8 聚为一类,$h_9=h_8\cup\{p_5\}$,新类的平台高度为:$f(h_9)=4$.

这样,h_9 已把所有的样品点聚为一类,因此,可以转到画聚类图步骤,我们用倒叙法画出聚类谱系图(图6.6),事实上,这是一棵二分树(图6.7).

有了谱系图6.6,就可以按照要求进行分类. 可以看出,在这五名推销员中,p_5 的工作成绩最佳,p_3,p_4 的工作成绩良好,而 p_1,p_2 的工作成绩较差.

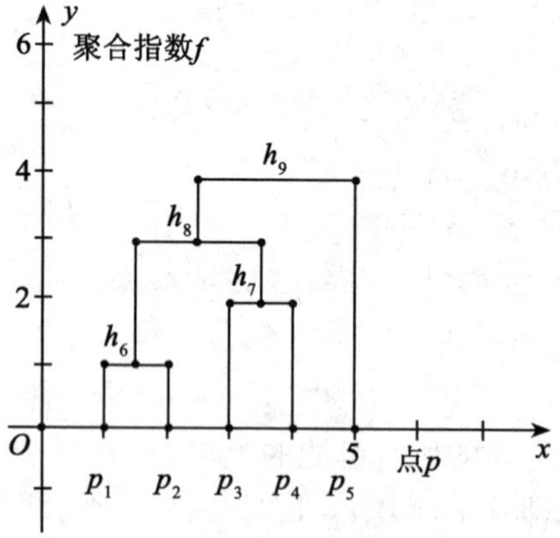

图6.6 谱系图

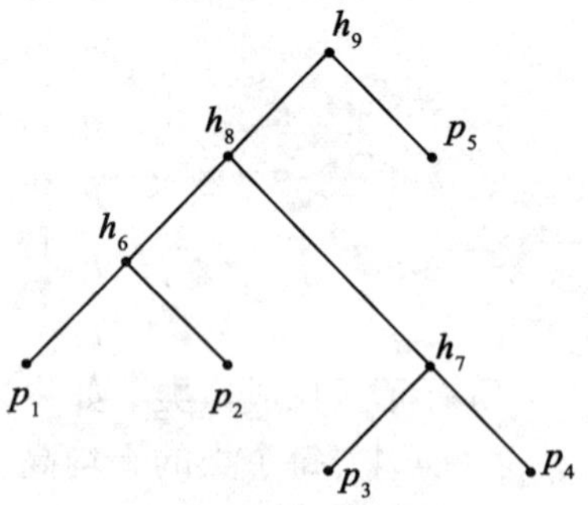

图6.7 二分树

以最长距离法计算聚合指数,就称为系统聚类法中的最长距离法.

最长距离法的计算完全类似于以上步骤,可得到谱系图6.8和二分树图6.9.

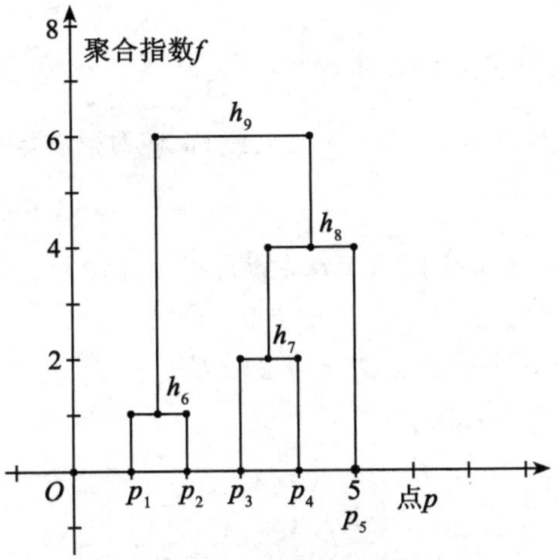

图 6.8 谱系图

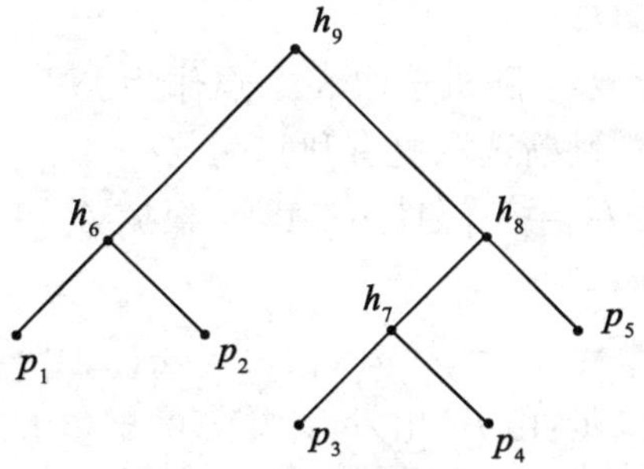

图 6.9 二分树

可以看出，用最短距离法和最长距离法得出的谱系图不一样，一般地，选取的聚合指数不同，所产生的谱系图也是不同的.

类似地，我们还可以根据其他三种聚合指数来产生研究对象的谱系图.

6.2.3 动态聚类法

当样品数量十分庞大时，要绘出谱系图将变得十分困难，采用系统聚类法会很困难且计算速度也很慢，而动态聚类法(dynamic clustering methods，也称快速聚类法或逐步聚类法)就会显得更方便、更实用. 比如，在市场抽样调查时，有四万人对衣着的嗜好做了回答，希望能快速地将其进行分类. 此例属于大型数据表，宜采用动态聚类法.

1. 动态聚类法的工作过程

下面，举例来说明动态聚类法的工作原理：

把图 6.10①中的点分成两类. 首先，随机选取两个点 $x_1^{(1)}, x_2^{(1)}$ 作为聚核，如图②所示，然后，计算所有点到这两个聚核的距离. 对于任何点 x_k，若 $d(x_1^{(1)}, x_k) < d(x_2^{(1)}, x_k)$，则将 x_k 归为第一类；否则，就归为第二类. 因此，得到图 6.10③中的两大类，分别计算这两个大类的重心，得到 $x_1^{(2)}, x_2^{(2)}$，如图④所示，以 $x_1^{(2)}$ 和 $x_2^{(2)}$ 作为新的聚核，对空间中的点重新分类，就得到新的两类，如图 6.10⑤所示，继续重复上述步骤，直到分类稳定为止. 从直观易知，这样得到的分类是合理的.

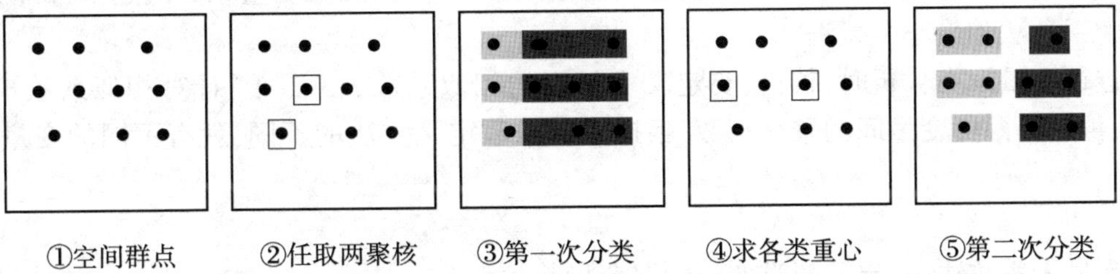

①空间群点 ②任取两聚核 ③第一次分类 ④求各类重心 ⑤第二次分类

图 6.10

2. 动态聚类法的计算方法

下面以每一类的重心为聚核,给出动态聚类法的计算步骤.

定义 6.4 设 n_i 为类 P_i 中的点的数目,记:$A_i = \overline{x_i} = \frac{1}{n_i}\sum_{x_k \in P_i} x_k$,则称 A_i 为第 i 类的聚核.

步骤如下:

第一步:随机选取 K 个点作为 K 个聚核(为计算收敛更快起见,实际操作时,可根据经验或直观判断选取更有利).

记:$L^0 = \{A_1^0, A_2^0, \cdots, A_K^0\}$,根据 L^0 可以把 S 中的点分为 K 类,记为:

$$P^0 = \{P_1^0, P_2^0, \cdots, P_K^0\}$$

其中,$P_i^0 = \{x \in S \mid d(x, A_i^0) \leqslant d(x, A_j^0), j = 1, 2, \cdots, K; j \neq i\}$.

第二步:由 P^0 出发,计算新的聚核 L^1:

$$L^1 = \{A_1^1, A_2^1, \cdots, A_K^1\}$$

其中,

$$A_i^1 = \frac{1}{n_i}\sum_{x_k \in P_i^0} x_k .$$

由 L^1 出发,做新的分类:

$$P^1 = \{P_1^1, P_2^1, \cdots, P_K^1\}$$

其中,$P_i^1 = \{x \in S \mid d(x, A_i^1) \leqslant d(x, A_j^1), j = 1, 2, \cdots, K; j \neq i\}$.

第三步:重复以上过程.

值得注意的是,在第 n 步,A_i^n 是 P_i^{n-1} 的重心,所以,它不一定是 S 中的点,另外,A_i^n 一般不是 P_i^n 的重心,但随着 n 的逐渐增大,当分类达到稳定时,A_i^n 就会成为 P_i^n 的重心,从而可推知:A_i^{n+1} 等于 A_i^n,于是,又有 P_i^{n+1} 等于 P_i^n,算法即可结束.

定义 6.5

$$D(A_i^n, P_i^n) = \sum_{x_k \in P_i^n} D(x_k, A_i^n)$$

$$u_n = \sum_{i=1}^{k} \sum_{x_k \in P_i^n} d(x_k, A_i^n) = \sum_{i=1}^{k} D(A_i^n, P_i^n)$$

显然,当 $A_i^{n+1} = A_i^n, P_i^{n+1} = P_i^n$ 时,有 $u_{n+1} = u_n$,因此,算法终止,准则可以规定为

$$\frac{|u_{n+1} - u_n|}{u_{n+1}} \leqslant \varepsilon$$

其中,ε 为充分小的允许误差.

6.2.4 变量聚类法

变量聚类法采用了与系统聚类法相同的思路和工作过程,在变量聚类问题中,常用到的有最大系数法和最小系数法.

进行变量聚类分析时,首先,要定义变量间的相似系数 $r(x_i, x_j)$,计算相似系数矩阵.然后,再选择两类变量间的聚合指数,根据聚合指数定义方法的不同,就有不同的变量聚类法.

1. 最大系数法

在最大系数法中,定义两类变量的聚合指数为

$$R(G_1, G_2) = \max_{x_i \in G_1, x_j \in G_2} \{r(x_i, x_j)\}$$

这时，$R(G_1,G_2)$ 等于两类中相似性最大的两个变量间的相似系数．

2. 最小系数法

在最小系数法中，定义两类变量的聚合指数为

$$R(G_1,G_2)=\min_{x_i\in G_1,x_j\in G_2}\{r(x_i,x_j)\}$$

这时，$R(G_1,G_2)$ 等于两类中相似性最小的两个变量间的相似系数．

下面，以最大系数法为例，说明变量聚类法的工作过程．

【例 6.3】 给出如下 5 个变量的数据：

x_1:1,-1,1,3,-2,0;

x_2:1,0,3,-1,-1,0;

x_3:-1,0,1,2,4,1;

x_4:0,-1,3,1,-1,-1;

x_5:-1,2,0,-1,0,1;

试对变量 $x_1,x_2,\cdots,x_5$ 进行分类．

采用夹角余弦定义变量 x_i 与 x_j 的相似系数，并取它们的绝对值：

$$|C_{ij}|=\frac{\left|\sum_{k=1}^{n}x_{ki}\cdot x_{kj}\right|}{\left[\sum_{k=1}^{n}x_{ki}^2\cdot\sum_{k=1}^{n}x_{kj}^2\right]^{\frac{1}{2}}}$$

得到 $x_1,x_2,\cdots,x_5$ 的相似系数表：

$$\begin{array}{c}\\x_1\\x_2\\x_3\\x_4\\x_5\end{array}\begin{array}{c}\begin{matrix}x_1 & x_2 & x_3 & x_4 & x_5\end{matrix}\\\begin{pmatrix}1 & 0.22 & 0.10 & 0.62 & 0.57\\ & 1 & 0.24 & 0.72 & 0\\ & & 1 & 0 & 0\\ & & & 1 & 0.42\\ & & & & 1\end{pmatrix}\end{array}$$

第一步：所有变量自成一类，每一类的平台高度为 1.

把相似系数最大的两个变量 x_2 与 x_4 聚为一类，即 $h_6=x_2\cup x_4$，平台高度就等于它们的相似系数：$f(h_6)=0.72$.

第二步：计算新类 h_6 与 x_1,x_3,x_5 的相似系数．若采用最大系数法，则有：

$$R(x_1,h_6)=\max\{r_{12},r_{14}\}=\max\{0.22,0.62\}=0.62$$

$$R(x_3,h_6)=\max\{r_{32},r_{34}\}=\max\{0.24,0\}=0.24$$

$$R(x_5,h_6)=\max\{r_{52},r_{54}\}=\max\{0,0.42\}=0.42$$

因此，得到新的相似性矩阵为

$$\begin{array}{c}\\x_1\\x_3\\x_5\\h_6\end{array}\begin{array}{c}\begin{matrix}x_1 & x_3 & x_5 & h_6\end{matrix}\\\begin{pmatrix}1 & 0.10 & 0.57 & 0.62\\ & 1 & 0 & 0.24\\ & & 1 & 0.42\\ & & & 1\end{pmatrix}\end{array}$$

选取相似系数最大的两类合并,即 $h_7 = x_1 \cup h_6$,平台的高度为 $f(h_7) = 0.62$.

第三步:分别计算 x_3, x_5 与新类 h_7 的相似系数,从而得到新的相似性矩阵为

$$\begin{array}{c} \\ x_3 \\ x_5 \\ h_7 \end{array}\begin{array}{c} \begin{matrix} x_3 & x_5 & h_7 \end{matrix} \\ \begin{pmatrix} 1 & 0 & 0.24 \\ & 1 & 0.57 \\ & & 1 \end{pmatrix} \end{array}$$

将 x_5 与新类 h_7 并为一类,$h_8 = x_5 \cup h_7$,平台高度为 $f(h_8) = 0.57$.

第四步:计算相似性矩阵为

$$\begin{array}{c} \\ x_3 \\ h_8 \end{array}\begin{array}{c} \begin{matrix} x_3 & h_8 \end{matrix} \\ \begin{pmatrix} 1 & 0.24 \\ & 1 \end{pmatrix} \end{array}$$

最后,将 x_3 与类 h_8 并为一类,并绘制系统分类,如图 6.11 所示.

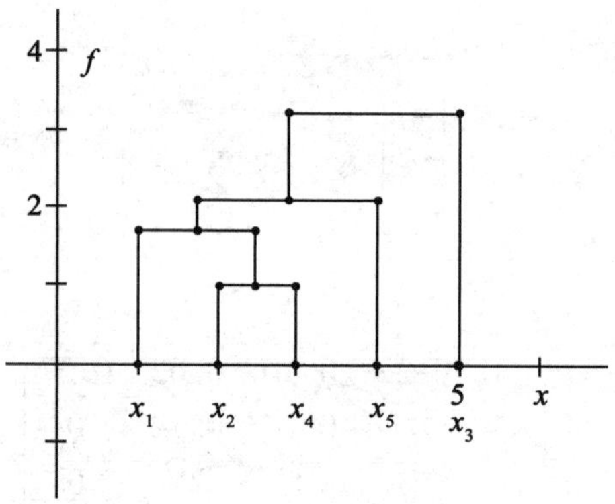

图 6.11 $x_1, x_2, \cdots, x_5$ 的系统聚类图

最小系数法的计算与此类似,只是在两类变量之间是采用最小系数法计算它们的聚合指数的.

6.2.5 聚类分析在 SPSS 上的实现

例 6.3 的 SPSS 操作步骤如下:

(1)将数据输入到 SPSS 工作表中,如图 6.12 所示.

(2)单击 Analyze→Classify→Hierarchical Cluster 按钮,弹出 Hierarchical Cluster Analysis 对话框. 从对话框左侧的变量中选 x1、x2、x3、x4、x5,点击向右的箭头按钮使之进入 Variable(s)框. 在 Cluster 处选择聚类类型,其中 Cases 表示观察对象聚类,Variables 表示变量聚类,本例选择 Variables(图 6.13).

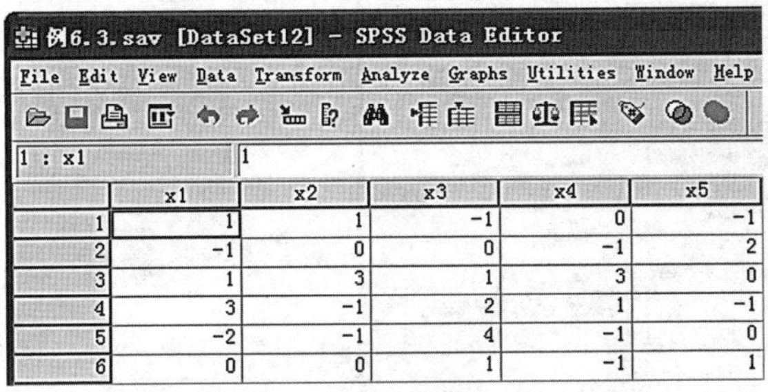

图 6.12 数据输入窗口

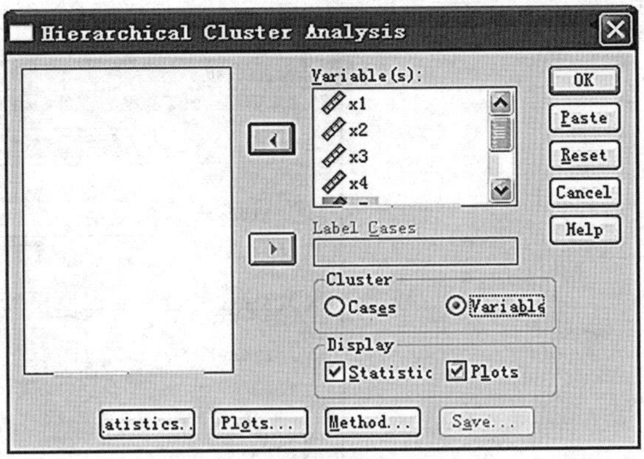

图 6.13 系统聚类分析窗口

(3)单击 Statistics 按钮,弹出 Hierarchical Cluster Analysis:Statistics 对话框(图 6.14),其中 Agglomeration schedule 是系统默认选项,表示输出聚类分析的凝聚状态表;选中 Proximty matrix,表示输出相似矩阵,单击 Continue 按钮,返回 Hierarchical Cluster Analysis 对话框.

(4)单击 Plots 按钮,弹出 Hierarchical Cluster Analysis:Plots 对话框(图 6.15),选择 Dendrogram 项,表示输出聚类分析树形图. 点击 Continue 按钮,返回 Hierarchical Cluster Analysis 对话框.

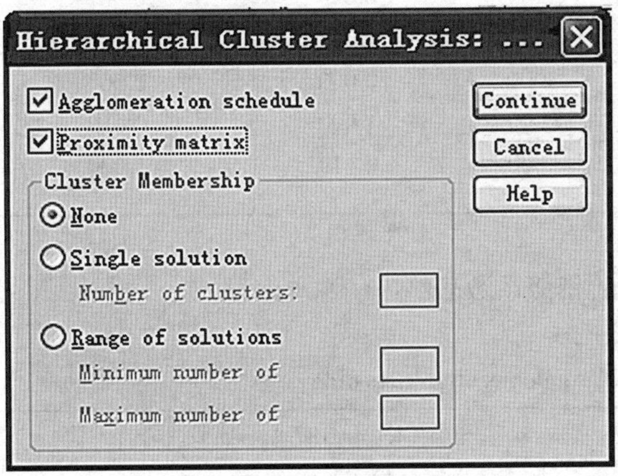

图 6.14 系统聚类分析的 Statistics 窗口

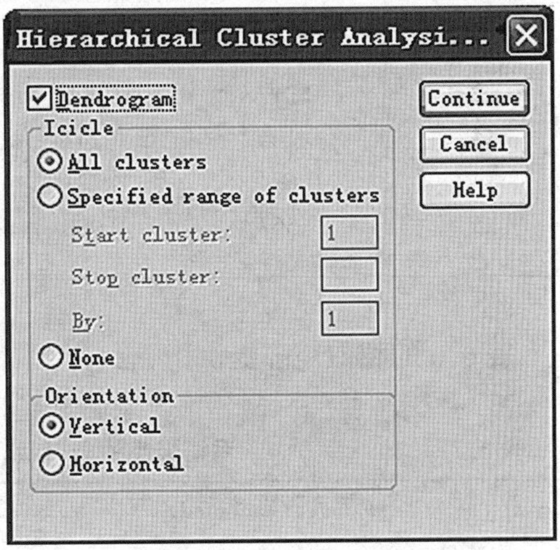

图 6.15

(5)单击 Method 按钮,弹出 Hierarchical Cluster Analysis:Method 对话框(图 6.16),系统提供了 7 种聚类方法共用户选择,本例选择类间平均连锁法(默认方法);Measure 框中给定的是个体距离计算公式,系统提供了 8 种形式供用户选择,本例选用 Cosine,并在 Transform Measures 框中选中 Absolute values,表示对个体距离取夹角余弦距离的绝对值进行计算. 单击 Continue 按钮,返回 Hierarchical Cluster Analysis 对话框,再单击 OK 按钮完成操作.

SPSS 结果解释见表 6.6、表 6.7、图 6.17.

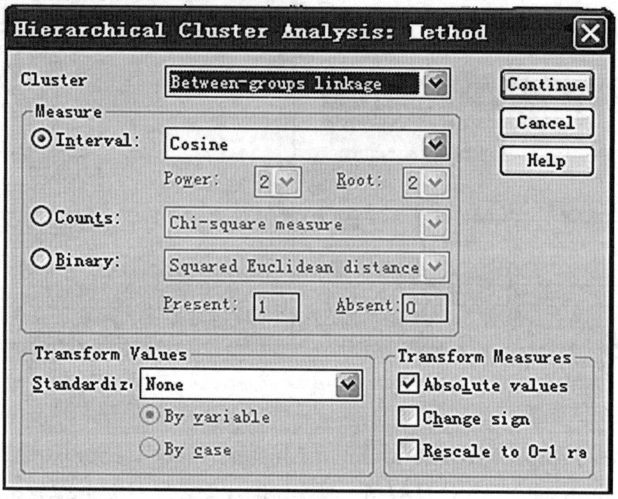

图 6.16

表 6.6 **系统聚类的相似矩阵 Proximity Matrix**

Case	Matrix File Input				
	x1	x2	x3	x4	x5
x1	1.000	−0.217	0.104	0.624	0.567
x2	0.217	1.000	0.241	0.721	0.000
x3	0.104	0.241	1.000	0.000	0.000
x4	0.624	0.721	0.000	1.000	0.419
x5	0.567	0.000	0.000	0.419	1.000

表 6.6 的相似矩阵提供了 $x_1, x_2, \cdots, x_5$ 的相似系数表.

表 6.7 **系统聚类的凝聚状态表 Agglomeration Schedule**

Stage	Cluster Combined		Coefficients	Stae Cluster first Appears		Next Stage
	Cluster 1	Cluster 2		Cluster 1	Cluster 2	
1	2	4	0.721	0	0	3
2	1	5	0.567	0	0	3
3	1	2	0.315	2	1	4
4	1	3	0.086	3	0	0

在凝聚状态表 6.7 中,第一列表示聚类分析的第几步;第二、三列表示本步聚类中哪两个样本(变量)或小类聚成一类;第四列是个体距离或小类距离;第五、六列表示本步聚类中参与聚类的个体(变量)还是小类,0 表示样本,非 0 表示由第 n 步聚类生成的小类参与本步

聚类;第七列表示本步聚类的结果将在以下第几步中用到.

树形图 6.17 以躺倒树的形式展现了聚类分析中的每一次类合并的情况. SPSS 自动将各类间的距离映射到 0~25 之间,并将凝聚过程近似地表示在图上. 由图 6.17 可知,变量 x_2,x_4 距离最近,首先合并成一类;其次合并的是 x_1,x_5,它们间的距离大于 x_2,x_4 间的距离;再次这两类合并为一类,最后所有变量合并为一类.

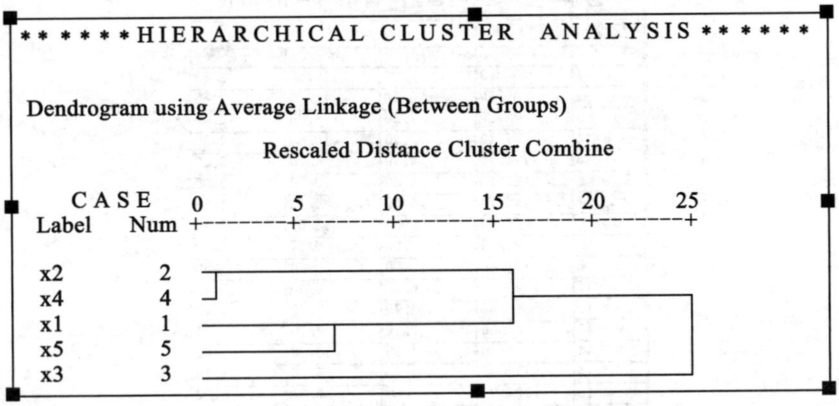

图 6.17 系统聚类分析的树形图

【例 6.4】 16 种饮料的热量、咖啡因、钠及价格四种变量数据见表 6.8.

表 6.8 **16 种饮料数据表**

饮料编号	热量	咖啡因	钠	价格
1	207.20	3.30	15.50	2.80
2	36.80	5.90	12.90	3.30
3	72.20	7.30	8.20	2.40
4	36.70	0.40	10.50	4.00
5	121.70	4.10	9.20	3.50
6	89.10	4.00	10.20	3.30
7	146.70	4.30	9.70	1.80
8	57.60	2.20	13.60	2.10
9	95.90	0.00	8.50	1.30
10	199.00	0.00	10.60	3.50
11	49.80	8.00	6.30	3.70
12	16.60	4.70	6.30	1.50
13	38.50	3.70	7.70	2.00
14	0.00	4.20	13.10	2.20
15	118.80	4.70	7.20	4.10
16	107.00	0.00	8.30	4.20

试根据热量、咖啡因、钠及价格进行样品聚类分析.

(1)系统聚类法步骤如下:

①录入数据,如图6.18所示.

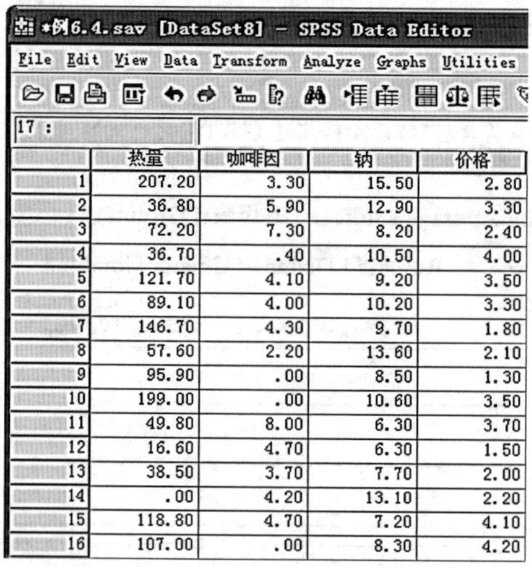

	热量	咖啡因	钠	价格
1	207.20	3.30	15.50	2.80
2	36.80	5.90	12.90	3.30
3	72.20	7.30	8.20	2.40
4	36.70	.40	10.50	4.00
5	121.70	4.10	9.20	3.50
6	89.10	4.00	10.20	3.30
7	146.70	4.30	9.70	1.80
8	57.60	2.20	13.60	2.10
9	95.90	.00	8.50	1.30
10	199.00	.00	10.60	3.50
11	49.80	8.00	6.30	3.70
12	16.60	4.70	6.30	1.50
13	38.50	3.70	7.70	2.00
14	.00	4.20	13.10	2.20
15	118.80	4.70	7.20	4.10
16	107.00	.00	8.30	4.20

图6.18 数据录入窗口

②单击Analyze→Classify→Hierarchical Cluster按钮,弹出Hierarchical Cluster Analysis对话框(图6.19).从对话框左侧的变量中选热量、咖啡因、钠、价格,点击向右的箭头按钮,使之进入Variable(s)框.在Cluster处选择聚类类型,其中Cases表示观察对象聚类,Variables表示变量聚类,本例选择Cases.

③点击Statistics,打开Hierarchical Cluster Analysis:Statistics对话框(图6.20),勾选Agglomeration schedule(凝聚顺序表)和Proximity matrix(相似性矩阵),选中Single solution Number of clusters(聚类数),在后面的空格中填一个你想分成几类的数,比如3.

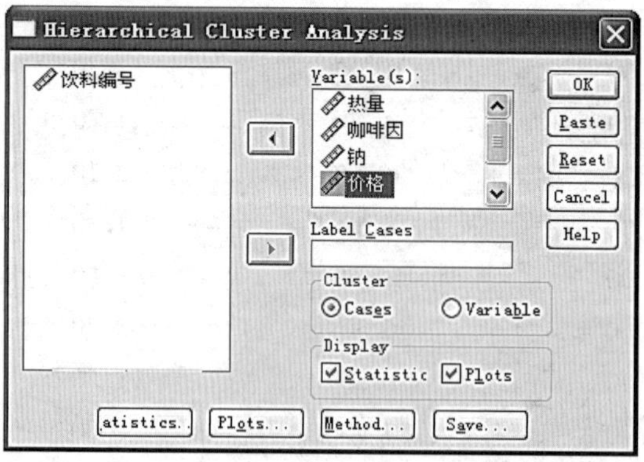

图6.19 系统聚类法对话框

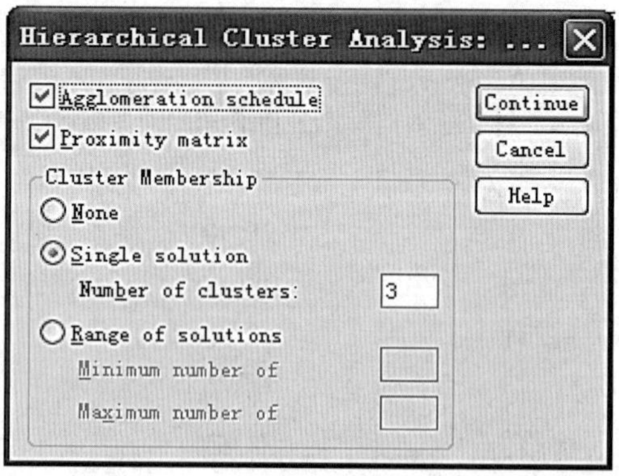

图6.20 统计量对话框

④单击Continue→Plots,打开图形对话框(图6.21),勾选Dendrogram(树状图).

⑤单击 Continue→Method，打开方法对话框（图 6.22），从 Cluster 下拉菜单中选择距离方法，从 Measure 的 Interval 下拉菜单可选择不同的距离．

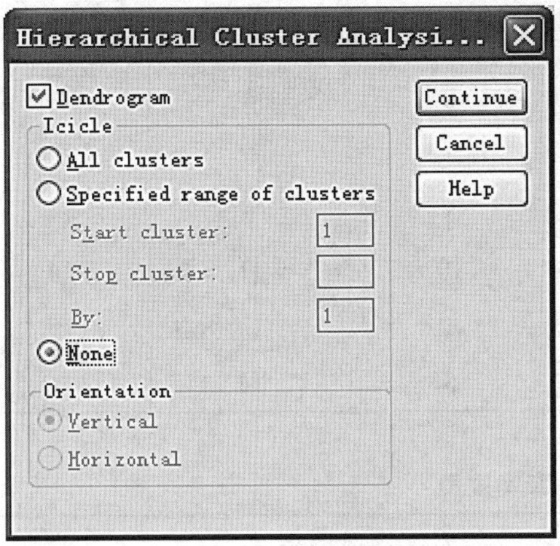

图 6.21　图形对话框

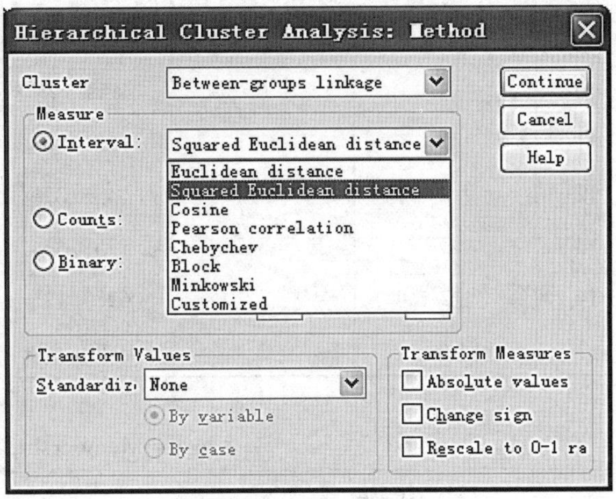

图 6.22　方法对话框

⑥单击 Continue→OK 得到结果（表 6.9～表 6.11、图 6.23）．

表 6.9　**Case Processing Summary（a）（个案处理摘要）**

Cases					
Valid		Missing		Total	
N	Percent	N	Percent	N	Percent
16	100.0	0	0.0	16	100.0

a　Average Linkage（Between Groups）

表 6.10　**Agglomeration Schedule（凝聚顺序表）**

Stage	Cluster Combined		Coefficients	Stage Cluster First Appears		Next Stage
	Cluster 1	Cluster 2		Cluster 2	Cluster 1	
1	5	15	13.130	0	0	7
2	4	13	25.970	0	0	3
3	2	4	36.485	0	2	8
4	6	9	69.130	0	0	10
5	1	10	102.630	0	0	15
6	8	11	150.330	0	0	8
7	5	16	198.375	1	0	11
8	2	8	319.778	3	6	12

续表

Stage	Cluster Combined		Coefficients	Stage Cluster First Appears		Next Stage
	Cluster 1	Cluster 2		Cluster 2	Cluster 1	
9	12	14	322.540	0	0	12
10	3	6	458.795	0	4	13
11	5	7	1006.863	7	0	13
12	2	12	1435.076	8	9	14
13	3	5	1755.654	10	11	14
14	2	3	6287.175	12	13	15
15	1	2	19406.684	5	14	0

表 6.11 **Cluster Membership(聚类成员)**

Case	3 Clusters
1	1
2	2
3	3
4	2
5	3
6	3
7	3
8	2
9	3
10	1
11	2
12	2
13	2
14	2
15	3
16	3

(2)动态聚类法步骤如下:

①单击 Analyze→Classify→K-Means Cluster,打开 K-Means Cluster Analysis 对话框(图 6.24),选入变量,在 Number of Clusters 中填想分类的数目,本例填 3,Cluster Centers(聚类中心)不填,由软件自动选择.

②单击 Iterate,打开迭代对话框(图 6.25),设定迭代最大次数 10,终止迭代条件 0.02.

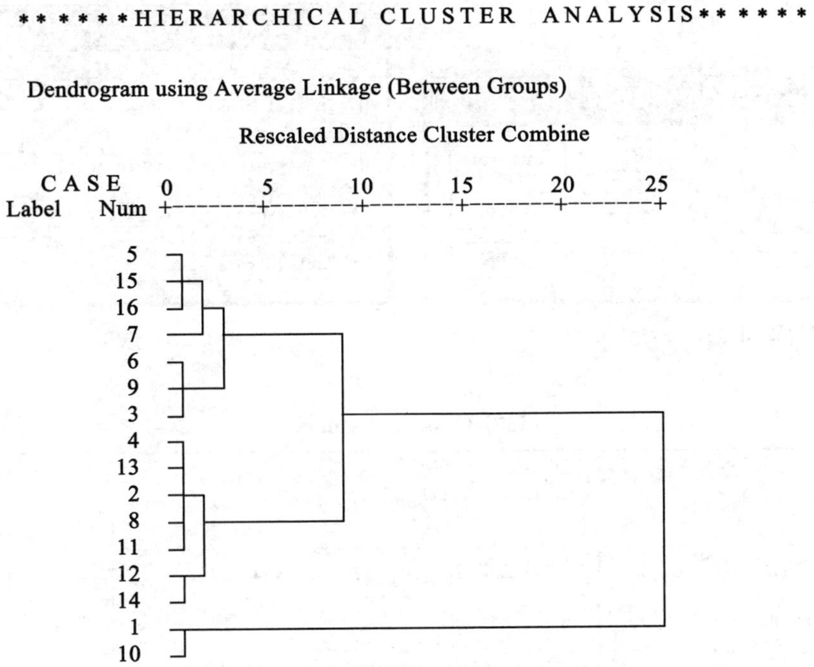

图 6.23 树形图

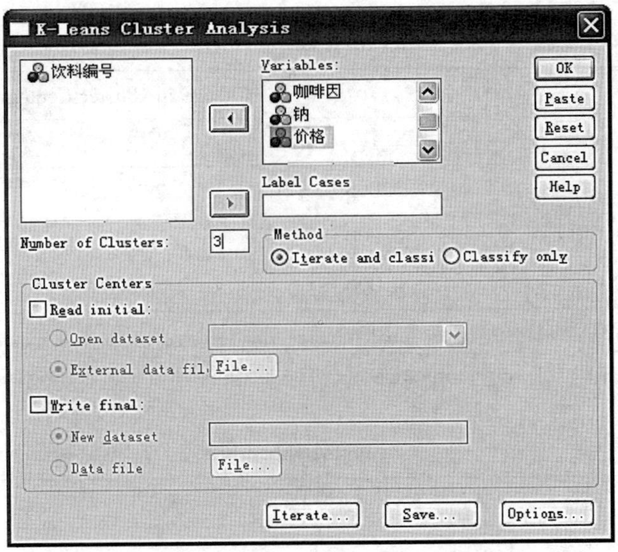

图 6.24 动态聚类法主对话框

③单击 Continue 返回主对话框,点击 Options(图 6.26),勾选 Initial cluster centers(初始聚类中心)和 Cluster information for each case(个案聚类信息).

④单击 Continue 返回主对话框,点击 OK,得到主要结果(表 6.12~表 6.17).

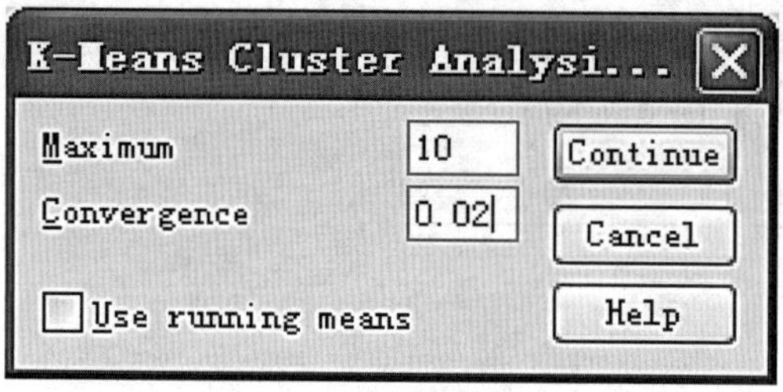

图 6.25　迭代对话框

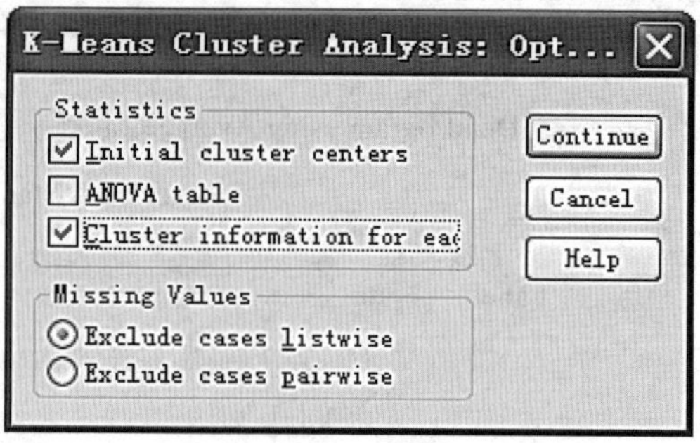

图 6.26　选项对话框

表 6.12　**Initial Cluster Centers**

	Cluster		
	1	2	3
热量	207.20	0.00	107.00
咖啡因	3.30	4.20	0.00
钠	15.50	13.10	8.30
价格	2.80	2.20	4.20

表 6.13　**Iteration History(a)**

Iteration	Change in Cluster Centers		
	1	2	3
1	5.065	29.962	6.968
2	0.000	4.039	6.250
3	0.000	0.000	0.000

a　Convergence achieved due to no or small change in cluster centers. The maximum absolute coordinate change for any center is .000. The current iteration is 3. The minimum distance between initial centers is 100.522.

表 6.14　**Cluster Membership**

Case Number	Cluster	Distance
1	1	5.065
2	2	4.585
3	3	35.358
4	2	4.995
5	3	14.388
6	3	18.311

续表

Case Number	Cluster	Distance
7	3	39.393
8	2	24.233
9	3	12.077
10	1	5.065
11	2	16.990
12	2	17.570
13	2	5.398
14	2	33.855
15	3	11.684
16	3	3.749

表 6.15 **Final Cluster Centers**

	Cluster		
	1	2	3
热量	203.10	33.71	107.34
咖啡因	1.65	4.16	3.49
钠	13.05	10.06	8.76
价格	3.15	2.69	2.94

表 6.16 **Distances between Final Cluster Centers**

Cluster	1	2	3
1		169.431	95.871
2	169.431		73.644
3	95.871	73.644	

表 6.17 **Number of Cases in each Cluster**

Cluster	1	2.000
	2	7.000
	3	7.000
Valid		16.000
Missing		0.000

◎ 思考:

1. 聚类分析是根据什么来分类的?常用的距离有哪几种?

2. 什么是谱系图?什么叫做聚合指数?

3. 变量之间的相似系数有哪几种定义方法?

4. 聚类分析常用的有哪几种方法?系统聚类法、动态聚类法、变量聚类法的基本步骤是什么?

6.3 判别分析

在自然科学和社会科学的研究中,经常要判别个体属于哪一个群体,这就是判别分析(discriminant analysis)问题. 比如,从一个人的心电图的5个不同指标出发,判别该检查者是属于健康、硬化症还是冠心病患者. 这里,健康人、硬化症患者和冠心病患者构成3个总体,当然,我们已经有了这三个总体的经验资料(这三类人的心电图的5个指标的数据分布规律),该检查者来源于这3个总体之一,判别分析的目的就是通过他的心电图的5个指标判断他属于哪个总体.

判别分析是英国统计学家 Pearson 于1921年首次提出并应用于种族研究的,其后由 Fisher、Neyman 等加以不断发展与完善. 近年来,在自然科学、社会学及经济管理学科中都有着广泛的应用.

判别分析的一般模型是:

设有 K 个总体 $G_1,G_2,\cdots,G_K$, G_i 的分布函数为 $F_i(\boldsymbol{x})(i=1,\cdots,K)$,均为 p 维分布函数,对给定一个新样品 $\boldsymbol{X}$,判别 $\boldsymbol{X}$ 属于哪个总体.

根据总体数目 K 的不同,判别分析可分为两总体判别和多总体判别.

根据判别的不同思想,判别分析法可以分为距离判别法、费歇尔(Fisher)判别法、贝叶斯(Bayes)判别法. 下面,分别介绍这三种判别法.

6.3.1 距离判别法

距离判别法是定义一个样品到一个总体的“距离”,然后,根据样品到各个总体的“距离”的远近来判别该样品的归属,样品判给离它最近的总体. 判别分析中通常使用马氏距离.

定义6.6 设 $\boldsymbol{x},\boldsymbol{y}$ 是从总体 G 中抽取的样品, $G\sim N_p(\boldsymbol{\mu},\boldsymbol{\Sigma})$, $\boldsymbol{\Sigma}>0$,则 $\boldsymbol{x},\boldsymbol{y}$ 之间的马氏距离为

$$D(\boldsymbol{x},\boldsymbol{y})=\sqrt{(\boldsymbol{x}-\boldsymbol{y})^{\mathrm{T}}\boldsymbol{\Sigma}^{-1}(\boldsymbol{x}-\boldsymbol{y})}$$

$\boldsymbol{x}$ 至总体 G 的马氏距离为

$$D(\boldsymbol{x},G)=\sqrt{(\boldsymbol{x}-\boldsymbol{\mu})^{\mathrm{T}}\boldsymbol{\Sigma}^{-1}(\boldsymbol{x}-\boldsymbol{\mu})}$$

即 $\boldsymbol{x}$ 与总体的均值向量 $\boldsymbol{\mu}$ 的距离.

如果 $\boldsymbol{\Sigma}$ 为单位矩阵 $\boldsymbol{E}$,马氏距离就是欧氏距离,马氏距离消除了方差对距离的影响,因此不受量纲的影响.

1. 两个总体的情况

设有两个总体 $G_1\sim N_p(\boldsymbol{\mu}_1,\boldsymbol{\Sigma}_1)$ 和 $G_2\sim N_p(\boldsymbol{\mu}_2,\boldsymbol{\Sigma}_2)$, $\boldsymbol{x}\in\mathbf{R}^p$ 是一个样品,设 $\boldsymbol{x}$ 到 G_1 和

G_2 的马氏距离分别为 $d(\boldsymbol{x},G_1)$ 和 $d(\boldsymbol{x},G_2)$，则判别准则如下：

$$\begin{cases}\boldsymbol{x}\in G_1, & 若\ d(\boldsymbol{x},G_1)<d(\boldsymbol{x},G_2)\\ \boldsymbol{x}\in G_2, & 若\ d(\boldsymbol{x},G_2)<d(\boldsymbol{x},G_1)\\ 待定, & 若\ d(\boldsymbol{x},G_1)=d(\boldsymbol{x},G_2)\end{cases}\tag{6.3}$$

下面，分别就两总体的协方差相等和不相等两种情况，进一步讨论该判别准则.

(1)若 $\boldsymbol{\Sigma}_1=\boldsymbol{\Sigma}_2=\boldsymbol{\Sigma}$，则

$$\begin{aligned}d^2(\boldsymbol{x},G_1)-d^2(\boldsymbol{x},G_2)&=(\boldsymbol{x}-\boldsymbol{\mu}_1)^{\mathrm{T}}\boldsymbol{\Sigma}^{-1}(\boldsymbol{x}-\boldsymbol{\mu}_1)-(\boldsymbol{x}-\boldsymbol{\mu}_2)^{\mathrm{T}}\boldsymbol{\Sigma}^{-1}(\boldsymbol{x}-\boldsymbol{\mu}_2)\\&=-2\left(\boldsymbol{x}-\frac{\boldsymbol{\mu}_1+\boldsymbol{\mu}_2}{2}\right)^{\mathrm{T}}\boldsymbol{\Sigma}^{-1}(\boldsymbol{\mu}_1-\boldsymbol{\mu}_2)\end{aligned}$$

令 $\bar{\boldsymbol{\mu}}=\dfrac{\boldsymbol{\mu}_1+\boldsymbol{\mu}_2}{2}$，$\boldsymbol{\alpha}=\boldsymbol{\Sigma}^{-1}(\boldsymbol{\mu}_1-\boldsymbol{\mu}_2)$，此时，记：

$$W(\boldsymbol{x})=\frac{d^2(\boldsymbol{x},G_1)-d^2(\boldsymbol{x},G_2)}{-2}$$

则

$$W(\boldsymbol{x})=(\boldsymbol{x}-\bar{\boldsymbol{\mu}})^{\mathrm{T}}\boldsymbol{\Sigma}^{-1}(\boldsymbol{\mu}_1-\boldsymbol{\mu}_2)=\boldsymbol{\alpha}^{\mathrm{T}}(\boldsymbol{x}-\bar{\boldsymbol{\mu}})\tag{6.4}$$

显然，$W(\boldsymbol{x})>0\Rightarrow d^2(\boldsymbol{x},G_1)<d^2(\boldsymbol{x},G_2)$；$W(\boldsymbol{x})<0\Rightarrow d^2(\boldsymbol{x},G_1)>d^2(\boldsymbol{x},G_2)$.

所以，判别准则(6.3)可表示为

$$\begin{cases}\boldsymbol{x}\in G_1, & 若\ W(\boldsymbol{x})>0\\ \boldsymbol{x}\in G_2, & 若\ W(\boldsymbol{x})<0\\ 待定, & 若\ W(\boldsymbol{x})=0\end{cases}\tag{6.5}$$

在判别准则(6.5)中，判别结果取决于 $W(\boldsymbol{x})$ 的值，因此，称 $W(\boldsymbol{x})$ 是一个判别函数(discriminant function)，从式(6.4)可以看出，$W(\boldsymbol{x})$ 是 $\boldsymbol{x}$ 的线性函数．判别结果主要依据 $W(\boldsymbol{x})$ 大于 0 还是小于 0 而做出，这个 0 值通常被称为阈值点(或门坎值)，$\boldsymbol{\alpha}=\boldsymbol{\Sigma}^{-1}(\boldsymbol{\mu}_1-\boldsymbol{\mu}_2)$ 是一个与样品 $\boldsymbol{x}$ 无关的常向量，称为判别系数(discriminant coefficient).

$W(\boldsymbol{x})$ 的几何意义：当 $W(\boldsymbol{x})=0$ 时，有 $(\boldsymbol{x}-\bar{\boldsymbol{\mu}})^{\mathrm{T}}\boldsymbol{\Sigma}^{-1}(\boldsymbol{\mu}_1-\boldsymbol{\mu}_2)=0$，即以 $\boldsymbol{\Sigma}^{-1}$ 为度量矩阵时有

$$(\boldsymbol{x}-\bar{\boldsymbol{\mu}})\perp(\boldsymbol{\mu}_1-\boldsymbol{\mu}_2)$$

故 $W(\boldsymbol{x})=0$ 是一个过点 $\bar{\boldsymbol{\mu}}=\dfrac{\boldsymbol{\mu}_1+\boldsymbol{\mu}_2}{2}$ 且垂直于 $\boldsymbol{\mu}_1$ 和 $\boldsymbol{\mu}_2$ 连线的一个平面，这个平面把空间的点分为两个部分：一部分属于 $G_1(W(\boldsymbol{x})>0)$；另一部分属于 $G_2(W(\boldsymbol{x})<0)$.

当 $p=1$ 时，$W(x)=(x-\bar{\mu})\dfrac{1}{\sigma^2}(\mu_1-\mu_2)$，如图 6.27 所示，样品 x 位于 $\bar{\mu}$ 左侧判给 X_1；位于 $\bar{\mu}$ 的右侧则判给 X_2. 若 X_1 的样品位于 $\bar{\mu}$ 的右侧，则出现误判，误判的概率是图中的阴影部分的面积．两总体的均值差 $|\mu_1-\mu_2|$ 越小，误判的概率越大；反之，$|\mu_1-\mu_2|$ 越大，误判的概率就越小.

当总体 G_1 和 G_2 的均值 $\boldsymbol{\mu}_1$ 和 $\boldsymbol{\mu}_2$ 及协方差阵 $\boldsymbol{\Sigma}$ 未知时，Wald 和 Anderson 提出用相应的估计取代，具体做法是：

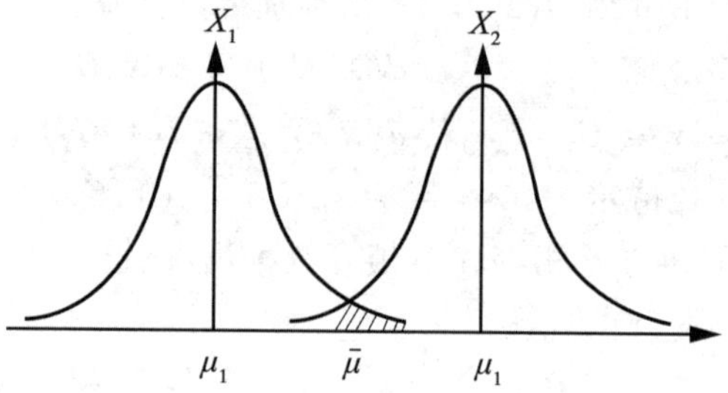

图 6.27　$p=1$ 时的情形

设 $\boldsymbol{x}_1,\boldsymbol{x}_2,\cdots,\boldsymbol{x}_m$ 为来自总体 G_1 的样本；$\boldsymbol{y}_1,\boldsymbol{y}_2,\cdots,\boldsymbol{y}_n$ 为来自总体 G_2 的样本．则

$$\hat{\boldsymbol{\mu}}_1=\frac{1}{m}\sum_{i=1}^{m}\boldsymbol{x}_i=\bar{\boldsymbol{x}},\qquad \hat{\boldsymbol{\mu}}_2=\frac{1}{n}\sum_{i=1}^{n}\boldsymbol{y}_i=\bar{\boldsymbol{y}}$$

$$\boldsymbol{A}_1=\sum_{i=1}^{m}(\boldsymbol{x}_i-\bar{\boldsymbol{x}})(\boldsymbol{x}_i-\bar{\boldsymbol{x}})^{\mathrm{T}},\quad \boldsymbol{A}_2=\sum_{i=1}^{n}(\boldsymbol{y}_i-\bar{\boldsymbol{y}})(\boldsymbol{y}_i-\bar{\boldsymbol{y}})^{\mathrm{T}}$$

即 $\boldsymbol{A}_1,\boldsymbol{A}_2$ 分别为两样本的离差阵，取

$$\boldsymbol{\Sigma}=\frac{1}{m+n-2}(\boldsymbol{A}_1+\boldsymbol{A}_2)$$

则判别函数(6.4)可取为

$$W(\boldsymbol{x})=\left[\boldsymbol{x}-\frac{1}{2}(\bar{\boldsymbol{x}}+\bar{\boldsymbol{y}})\right]^{\mathrm{T}}\boldsymbol{\Sigma}^{-1}(\bar{\boldsymbol{x}}-\bar{\boldsymbol{y}}) \tag{6.6}$$

式(6.6)又称为 Anderson 判别函数，判别规则同式(6.5)．

(2)若 $\boldsymbol{\Sigma}_1\neq\boldsymbol{\Sigma}_2$，则取

$$\begin{aligned}W(\boldsymbol{x})&=d^2(\boldsymbol{x},G_2)-d^2(\boldsymbol{x},G_1)\\&=(\boldsymbol{x}-\boldsymbol{\mu}_2)^{\mathrm{T}}\boldsymbol{\Sigma}_2^{-1}(\boldsymbol{x}-\boldsymbol{\mu}_2)-(\boldsymbol{x}-\boldsymbol{\mu}_1)^{\mathrm{T}}\boldsymbol{\Sigma}_1^{-1}(\boldsymbol{x}-\boldsymbol{\mu}_1)\end{aligned}$$

这时，判别函数 $W(\boldsymbol{x})$ 不再是线性函数，而为 $\boldsymbol{x}$ 的二次函数．判别准则为

$$\begin{cases}\boldsymbol{x}\in G_1, & 若\ W(\boldsymbol{x})>0\\ \boldsymbol{x}\in G_2, & 若\ W(\boldsymbol{x})<0\\ 待定, & 若\ W(\boldsymbol{x})=0\end{cases}$$

在实际应用中，若 $\boldsymbol{\mu}_1,\boldsymbol{\mu}_2,\boldsymbol{\Sigma}_1,\boldsymbol{\Sigma}_2$ 为未知，同样可用各总体的一个样本，利用式(6.2)对它们作估计．

应用判别法则进行判别分析时，会发生错判或称为误判，发生误判的可能性的大小用概率来衡量，称为误判概率．一个好的判别法则误判概率应该较低．

【例 6.5】　生物统计学家经常提出由个体的“大小”和“形状”因子来进行判别的问题，用 $\boldsymbol{x}=(x_1,x_2)^{\mathrm{T}}$ 表示“大小”和“形状”两个因子．现从正常人 X 和精神病患者 Y 两个总体中各抽取了 25 个人，获得“大小”和“形状”因子的数据，列于表 6.18，另外，还新测定了一“病员”的“大小”和“形状”因子，数据列于该表最后一行，试用距离判别法判别该病员是否患有精神病．

表 6.18 “大小”和“形状”因子的数据表

	正常人			精神病患者		
序号	x_1	x_2	$W(\boldsymbol{x})$	y_1	y_2	$W(\boldsymbol{y})$
1	22	6	4.8	24	38	0.6
2	20	14	2.8	19	36	-0.9
3	23	9	4.7	11	43	-5.0
4	23	1	5.9	6	60	-9.5
5	17	8	2.6	9	32	-4.1
6	24	9	5.1	10	17	-1.4
7	23	13	4.1	3	17	-4.0
8	18	18	1.4	15	56	-5.5
9	22	16	3.2	14	43	-3.9
10	19	18	1.8	20	8	3.7
11	20	17	2.3	8	46	-6.6
12	20	31	0.2	20	62	-4.5
13	21	9	3.9	14	36	-2.8
14	13	13	0.3	3	12	-3.3
15	20	14	2.8	10	51	-6.6
16	19	18	1.8	22	22	2.3
17	20	11	3.3	11	30	-3.0
18	18	17	1.6	6	30	-4.9
19	20	7	3.9	20	61	-4.4
20	23	6	5.1	20	43	-1.6
21	23	23	2.5	15	48	-4.3
22	25	9	5.4	2	53	-9.9
23	23	5	5.3	10	43	-5.4
24	21	12	3.5	13	19	-0.6
25	23	7	5.0	12	4	1.3
新病人	28	36	2.4			

解:用 G_1, G_2 分别表示正常人和精神病人两个总体,并假设它们的协方差矩阵相等.利用上表中的数据计算得

$$\bar{\boldsymbol{x}} = \frac{1}{25}\sum_{i=1}^{25}(x_{i1}, x_{i2})^{\mathrm{T}} = (20.80, 12.44)^{\mathrm{T}}$$

$$\bar{\boldsymbol{y}} = \frac{1}{25}\sum_{i=1}^{25}(y_{i1}, y_{i2})^{\mathrm{T}} = (12.68, 36.40)^{\mathrm{T}}$$

$$\boldsymbol{A}_1 = \begin{pmatrix} 166 & -131.8 \\ -131.8 & 1006.8 \end{pmatrix}$$

$$\boldsymbol{A}_2 = \begin{pmatrix} 937.44 & 284.2 \\ 284.2 & 6910 \end{pmatrix}$$

$$\boldsymbol{\Sigma} = \frac{1}{m+n-2}(\boldsymbol{A}_1 + \boldsymbol{A}_2) = \begin{pmatrix} 22.9883 & 3.175 \\ 3.175 & 164.92 \end{pmatrix}$$

从而,

$$\boldsymbol{\Sigma}^{-1} = \begin{pmatrix} 0.0436 & -0.0008 \\ -0.0008 & 0.0061 \end{pmatrix}$$

$$\bar{\boldsymbol{x}} - \bar{\boldsymbol{y}} = (8.12, -23.69)^{\mathrm{T}}$$

$$\frac{1}{2}(\bar{\boldsymbol{x}} + \bar{\boldsymbol{y}}) = (16.74, 24.42)^{\mathrm{T}}$$

将上述计算得的数据代入线性判别函数(6.6),得

$$W(\boldsymbol{x}) = 0.3743x_1 - 0.1527x_2 - 2.536$$

当我们用原数据进行判断时,25 个正常人的数据代入 $W(\boldsymbol{x})$ 后全部大于 0,而 25 个精神病患者代入后有 4 个大于 0,出现了 4 个误判,误判概率为 $\frac{4}{50} = 0.08$.

新病人数据代入,得 $W(\boldsymbol{x}) = 2.4 > 0$,故判给总体 G_1,判为正常人.

在实际应用中,为了检验误判概率的高低,像本例一样,通常还需对已给的样本进行判别,这种判别称为回报判别. 在回报判别时出现个别的误判是允许的,若误判率较高,则说明所建立的判别规则不适应,这时应分析原因,重新建立恰当的判别规则.

2. 多个总体的情况

设有 k 个 p 维总体 $G_1, G_2, \cdots, G_k$,均值向量分别为 $\boldsymbol{\mu}_1, \boldsymbol{\mu}_2, \cdots, \boldsymbol{\mu}_k$,协方差矩阵分别为 $\boldsymbol{\Sigma}_1, \boldsymbol{\Sigma}_2, \cdots, \boldsymbol{\Sigma}_K$,类似于两总体距离判别法,计算新样品 $\boldsymbol{x}$ 到各总体的距离,比较这 k 个距离,判定 $\boldsymbol{x}$ 属于其距离最短的总体;若最短距离不唯一,则可将 $\boldsymbol{x}$ 归于具有最短距离总体中的任何一个.

应用中 $\boldsymbol{\mu}_1, \boldsymbol{\mu}_2, \cdots, \boldsymbol{\mu}_k$ 和 $\boldsymbol{\Sigma}_1, \boldsymbol{\Sigma}_2, \cdots, \boldsymbol{\Sigma}_k$ 通常未知,可分别用样本求其无偏估计.

6.3.2 费歇(Fisher)判别法

在距离判别法中,当两个总体均服从正态分布且协差阵相同时,可以导出线性判别函数. 对于更一般的总体,能否导出线性判别函数呢? 费歇借助方差分析的思想建立判别准则,由此导出线性判别函数.

基本思想:设 $G_1, G_2, \cdots, G_k$ 为 k 个 p 维总体,均值向量和协差阵分别为 $\boldsymbol{\mu}_1, \cdots, \boldsymbol{\mu}_k$; $\boldsymbol{\Sigma}_1, \cdots, \boldsymbol{\Sigma}_k$. 任给一样品 $\boldsymbol{X}$, 希望用

$$u(\boldsymbol{X}) = \boldsymbol{a}^{\mathrm{T}}\boldsymbol{X} \tag{6.7}$$

作为线性判别函数,其中 $\boldsymbol{a}^{\mathrm{T}} = (a_1, a_2, \cdots, a_p)$ 为判别系数.

式(6.7)中的判别系数应该如何确定比较合理呢? 式(6.7)实际上是一个线性变换,将 p 维空间的点 $\boldsymbol{X}$ 投影到一维坐标轴上. 希望这种投影能达到这样的效果:将每个总体的"中心"——均值向量投影得尽量分散,而将同一个总体的个体投影得尽量集中. 如果将每个总体看成一个组,即要求组间尽量分散,组内尽量集中.

用 $D(u(\boldsymbol{X}) \mid G_i)$ 表示在 $\boldsymbol{X}$ 来自总体 G_i 的条件下 $u(\boldsymbol{X})$ 的方差,则

$$D(u(\boldsymbol{X}) \mid G_i) = \boldsymbol{a}^{\mathrm{T}}\boldsymbol{\Sigma}_i\boldsymbol{a} \qquad (i = 1, 2, \cdots, k) \tag{6.8}$$

式(6.8)是每个总体经式(6.7)投影后的方差,即组内元素集中度的反映.

令

$$E_0 = \sum_{i=1}^{k} \boldsymbol{a}^{\mathrm{T}} \boldsymbol{\Sigma}_i \boldsymbol{a} = \boldsymbol{a}^{\mathrm{T}} \left(\sum_{i=1}^{k} \boldsymbol{\Sigma}_i \right) \boldsymbol{a} \triangleq \boldsymbol{a}^{\mathrm{T}} \boldsymbol{E} \boldsymbol{a} \tag{6.9}$$

其中，$\boldsymbol{E} = \sum_{i=1}^{k} \boldsymbol{\Sigma}_i$.

E_0 为各总体投影后的方差和，整体反映了组内元素的分散度.

令

$$B_0 = \sum_{i=1}^{k} (\boldsymbol{a}^{\mathrm{T}} \boldsymbol{\mu}_i - \boldsymbol{a}^{\mathrm{T}} \bar{\boldsymbol{\mu}})^2$$

其中，$\bar{\boldsymbol{\mu}} = \frac{1}{k} \sum_{i=1}^{k} \boldsymbol{\mu}_i$ ；B_0 为每个总体的均值向量 $\boldsymbol{\mu}_i$ 投影后的离差平方和，相当于方差分析中的组间平方和，反映了 $\boldsymbol{a}^{\mathrm{T}} \boldsymbol{\mu}_i (i = 1,2,\cdots,k)$ 的离散程度.

根据前面的分析，B_0 越大，E_0 越小越好，综合起来，令

$$\Phi(a) = \frac{B_0}{E_0}$$

费歇提出，应该选式(6.7)中的 a ，使 $\Phi(a)$ 达到最大值，并称 $\Phi(a)$ 为判别效率.

定理 6.3 线性判别函数 $u(\boldsymbol{X}) = \boldsymbol{a}^{\mathrm{T}} \boldsymbol{X}$ 中的系数向量 $\boldsymbol{a}$ ，取矩阵 $\boldsymbol{E}^{-1} \boldsymbol{B}$ 的最大特征根 λ_1 对应的特征向量时，判别效率 $\Phi(a)$ 达到极大. 其中，

$$\boldsymbol{E} = \sum_{i=1}^{k} \boldsymbol{\Sigma}_i$$

$$\boldsymbol{B} = \boldsymbol{M}^{\mathrm{T}} \left(\boldsymbol{I} - \frac{1}{k} \boldsymbol{J} \right) \boldsymbol{M} = \sum_{i=1}^{k} (\boldsymbol{\mu}_i - \bar{\boldsymbol{\mu}})(\boldsymbol{\mu}_i - \bar{\boldsymbol{\mu}})^{\mathrm{T}}$$

（$\boldsymbol{I}$ 为 k 阶单位阵，$\boldsymbol{J}$ 为所有元素都是 1 的 k 阶方阵）

$$\boldsymbol{M} = (\boldsymbol{\mu}_1, \boldsymbol{\mu}_2, \cdots, \boldsymbol{\mu}_k)^{\mathrm{T}}$$

$$\bar{\boldsymbol{\mu}} = \frac{1}{k} \sum_{i=1}^{k} \boldsymbol{\mu}_i$$

证明见参考文献[3].

由定理 6.3 得到的判别系数 $\boldsymbol{a}$ 对应的判别函数(6.7)称为典型判别函数(canonical discriminant function).

求得判别函数 $u(\boldsymbol{X}) = \boldsymbol{a}^{\mathrm{T}} \boldsymbol{X}$ 后，对一个需要判别归属的样品 $\boldsymbol{X}$ ，先计算出 k 个差值

$$d_i = | \boldsymbol{a}^{\mathrm{T}} \boldsymbol{X} - \boldsymbol{a}^{\mathrm{T}} \boldsymbol{\mu}_i | \qquad (i = 1,2,\cdots,k)$$

若 $d_i = \min\{d_i, \cdots, d_k\}$ ，则判断 $\boldsymbol{X}$ 来自总体 G_i . 事实上，按照判别函数 $u(\boldsymbol{X}) = \boldsymbol{a}^{\mathrm{T}} \boldsymbol{X}$ 进行判别，就是将 p 维数据投影到一维直线上，然后根据投影点的位置，使用距离判别规则.

在有些问题中，仅用一个线性判别函数还不能很好地区分各个总体，因为将 p 维向量 $\boldsymbol{X}$ 投影到一维空间中，信息损失太多. 这时，还可以用 $\boldsymbol{E}^{-1} \boldsymbol{B}$ 的第二大特征根 λ_2 所对应的特征向量 $\boldsymbol{a}_2$，建立第二个线性判别函数 $\boldsymbol{a}_2^{\mathrm{T}} \boldsymbol{X}$ ，如果还不够，继续用第三大特征根 λ_3 建立第三个线性判别函数 $\boldsymbol{a}_3^{\mathrm{T}} \boldsymbol{X}$ ……依此类推. 一般地，若 $\boldsymbol{E}^{-1} \boldsymbol{B}$ 的特征根按大小顺序排列，前 r 个特征根为 $\lambda_1, \cdots, \lambda_r$ ，相应的特征向量为 $a_1, \cdots, a_r$ ，可以建立 r 个线性函数 $\boldsymbol{a}_1^{\mathrm{T}} \boldsymbol{X}, \boldsymbol{a}_2^{\mathrm{T}} \boldsymbol{X}, \cdots, \boldsymbol{a}_r^{\mathrm{T}} \boldsymbol{X}$ ，相当于把原来 p 个指标压缩成 r 个指标，再用这 r 个指标使用距离判别法的欧氏距离判别.

如果总体的均值向量和协差阵未知,可通过样本进行估计,从而得到 $\boldsymbol{E}$ 和 $\boldsymbol{B}$ 的相应估计.

6.3.3 贝叶斯(Bayes)判别法

任何一种判别都可能造成误判,而误判会造成损失,为此,可以从使误判所造成损失最小的角度出发,寻找一种新的判别准则或判别函数,这就是贝叶斯判别方法的思想.贝叶斯判别法是当前用得较多的判别分析方法之一.

1. 平均损失(ECM)

设有两个总体 G_1,G_2,分别有 p 维密度函数 $p_1(\boldsymbol{x}),p_2(\boldsymbol{x})$,假设这两总体各自出现的概率为 q_1,q_2,且 $q_1+q_2=1$, q_1,q_2 称为先验概率.通常由以往的经验估计. $\boldsymbol{X}$ 为待判别的样品,记 Ω 为 $\boldsymbol{X}$ 可能观察值的全体.如果给定了一个判别规则,即对 Ω 做了一个分割, $\Omega=D_1\cup D_2,D_1\cap D_2=\varnothing$,判别规则为

$$\boldsymbol{X}\in G_i,\text{如果 }\boldsymbol{X}\in D_i\qquad(i=1,2)\tag{6.10}$$

如果 $\boldsymbol{X}$ 来自 G_i 判给了 G_j,其概率记为 $P(j|i)$, $i=j$ 时判别正确; $i\neq j$ 时出现了误判.不同的判别造成的损失不一样,因此,对每一种判别引进相应的损失函数(lost function),记 $L(j|i)$ 为将 G_i 的样品判给 G_j 造成的损失,通常设 $L(1|1)=L(2|2)=0$,即正确判别损失为0,则

$$P(2|1)=\int_{D_2}p_1(\boldsymbol{x})\,\mathrm{d}\boldsymbol{x},\qquad P(1|2)=\int_{D_1}p_2(\boldsymbol{x})\,\mathrm{d}\boldsymbol{x}$$

对于判别规则(6.10),任给一样品 $\boldsymbol{X}$,可能出现四种情况,如表6.19所示.

表6.19 **判别结果表**

真实情况 \ 观测结果	$\boldsymbol{X}\in D_1$	$\boldsymbol{X}\in D_2$
$\boldsymbol{X}\in G_1$	判别正确	误判
$X\in G_2$	误判	判别正确

判别规则(6.10)在四种情况下的平均损失记为 $\mathrm{ECM}(D_1,D_2)$ (expected cost of misclassification, ECM),则

$$\mathrm{ECM}(D_1,D_2)=L(2|1)P(2|1)q_1+L(1|2)P(1|2)q_2\tag{6.11}$$

一个好的判别规则应使ECM达到最小.

2. 两总体的贝叶斯判别法

如何选择 D_1,D_2 使式(6.11)的ECM最小呢?

定理6.4 使式(6.11)中的ECM达到最小的 D_1,D_2 是

$$D_1=\left\{\boldsymbol{x}\,\middle|\,\frac{p_1(\boldsymbol{x})}{p_2(\boldsymbol{x})}\geqslant\frac{L(1|2)}{L(2|1)}\cdot\frac{q_2}{q_1}\right\}$$

$$D_2=\left\{\boldsymbol{x}\,\middle|\,\frac{p_1(\boldsymbol{x})}{p_2(\boldsymbol{x})}<\frac{L(1|2)}{L(2|1)}\cdot\frac{q_2}{q_1}\right\}$$

注意:满足 $\frac{p_1(\boldsymbol{x})}{p_2(\boldsymbol{x})}=\frac{L(1\mid 2)}{L(2\mid 1)}\cdot\frac{q_2}{q_1}$ 的 $\boldsymbol{x}$ 也可归属于 D_2.

证明略.

由定理 6.4,得两总体的贝叶斯判别准则:

$$\begin{cases}\boldsymbol{x}\in G_1, & \text{当}\ \frac{p_1(\boldsymbol{x})}{p_2(\boldsymbol{x})}>\frac{L(1\mid 2)}{L(2\mid 1)}\cdot\frac{q_2}{q_1}\\ \boldsymbol{x}\in G_2, & \text{当}\ \frac{p_1(\boldsymbol{x})}{p_2(\boldsymbol{x})}<\frac{L(1\mid 2)}{L(2\mid 1)}\cdot\frac{q_2}{q_1}\\ \boldsymbol{x}\in G_1\ \text{或}\ x\in G_2, & \text{当}\ \frac{p_1(\boldsymbol{x})}{p_2(\boldsymbol{x})}=\frac{L(1\mid 2)}{L(2\mid 1)}\cdot\frac{q_2}{q_1}\end{cases}\tag{6.12}$$

注意:判别推则(6.12)中用到的是密度函数、损失函数、先验概率的比值:$\frac{p_1(\boldsymbol{x})}{p_2(\boldsymbol{x})}$、$\frac{L(1\mid 2)}{L(2\mid 1)}$、$\frac{q_2}{q_1}$,而不要知道它们的具体值,在使用过程中更方便.

判别准则(6.12)的几种特殊情况:

(1)当 $q_1=q_2$ 时,

$$\begin{cases}\boldsymbol{x}\in G_1, & \text{当}\ \frac{p_1(\boldsymbol{x})}{p_2(\boldsymbol{x})}>\frac{L(1\mid 2)}{L(2\mid 1)}\\ \boldsymbol{x}\in G_2, & \text{当}\ \frac{p_1(\boldsymbol{x})}{p_2(\boldsymbol{x})}<\frac{L(1\mid 2)}{L(2\mid 1)}\\ \boldsymbol{x}\in G_1\ \text{或}\ \boldsymbol{x}\in G_2, & \text{当}\ \frac{p_1(\boldsymbol{x})}{p_2(\boldsymbol{x})}=\frac{L(1\mid 2)}{L(2\mid 1)}\end{cases}\tag{6.13}$$

(2)当 $L(1\mid 2)=L(2\mid 1)$ 时,

$$\begin{cases}\boldsymbol{x}\in G_1, & \text{当}\ \frac{p_1(\boldsymbol{x})}{p_2(\boldsymbol{x})}>\frac{q_2}{q_1}\\ \boldsymbol{x}\in G_2, & \text{当}\ \frac{p_1(\boldsymbol{x})}{p_2(\boldsymbol{x})}<\frac{q_2}{q_1}\\ \boldsymbol{x}\in G_1\ \text{或}\ \boldsymbol{x}\in G_2, & \text{当}\ \frac{p_1(\boldsymbol{x})}{p_2(\boldsymbol{x})}=\frac{q_2}{q_1}\end{cases}\tag{6.14}$$

(3)当 $q_1=q_2$, $L(1\mid 2)=L(2\mid 1)$ 时,

$$\begin{cases}\boldsymbol{x}\in G_1, & \text{当}\ \frac{p_1(\boldsymbol{x})}{p_2(\boldsymbol{x})}>1\\ \boldsymbol{x}\in G_2, & \text{当}\ \frac{p_1(\boldsymbol{x})}{p_2(\boldsymbol{x})}<1\\ \boldsymbol{x}\in G_1\ \text{或}\ \boldsymbol{x}\in G_2, & \text{当}\ \frac{p_1(\boldsymbol{x})}{p_2(\boldsymbol{x})}=1\end{cases}\tag{6.15}$$

对于实际问题,如果不能确定比值 $\frac{q_2}{q_1}$,可假定 $\frac{q_2}{q_1}=1$,使用判别准则(6.13);同样,如果不能确定 $\frac{L(1\mid 2)}{L(2\mid 1)}$,使用判别准则(6.14);如果没有 $\frac{q_2}{q_1}$ 和 $\frac{L(1\mid 2)}{L(2\mid 1)}$ 的信息,使用判别准则

(6.15). 判别准则(6.15)使用的信息最少,因此判别也变得最简单.

3. 两正态总体的贝叶斯判别

当总体服从正态分布时,设 $G_i \sim N_p(\boldsymbol{\mu}_i, \boldsymbol{\Sigma}_i)$, $i = 1, 2$.

(1) $\boldsymbol{\Sigma}_1 = \boldsymbol{\Sigma}_2 = \boldsymbol{\Sigma}$, $\boldsymbol{\Sigma} > 0$.

G_i 的密度函数为

$$f_i(\boldsymbol{x}) = \frac{1}{(2\pi)^{\frac{p}{2}} |\boldsymbol{\Sigma}|^{\frac{1}{2}}} \exp\left\{-\frac{1}{2}[(\boldsymbol{x}-\boldsymbol{\mu}_i)^{\mathrm{T}}\boldsymbol{\Sigma}^{-1}(\boldsymbol{x}-\boldsymbol{\mu}_i)]\right\}$$

$$\begin{aligned}\frac{f_1(\boldsymbol{x})}{f_2(\boldsymbol{x})} &= \exp\left\{-\frac{1}{2}[(\boldsymbol{x}-\boldsymbol{\mu}_1)^{\mathrm{T}}\boldsymbol{\Sigma}^{-1}(\boldsymbol{x}-\boldsymbol{\mu}_1) - (\boldsymbol{x}-\boldsymbol{\mu}_2)^{\mathrm{T}}\boldsymbol{\Sigma}^{-1}(\boldsymbol{x}-\boldsymbol{\mu}_2)]\right\} \\ &= \exp\{W(\boldsymbol{x})\}\end{aligned}$$

其中, $W(\boldsymbol{x})$ 由式(6.4)确定,即 $W(\boldsymbol{x}) = (\boldsymbol{x}-\bar{\boldsymbol{\mu}})^{\mathrm{T}}\boldsymbol{\Sigma}^{-1}(\boldsymbol{\mu}_1-\boldsymbol{\mu}_2) = \boldsymbol{\alpha}^{\mathrm{T}}(\boldsymbol{x}-\bar{\boldsymbol{\mu}})$.

记 $\beta = \ln\left\{\frac{L(1|2)}{L(2|1)} \cdot \frac{q_2}{q_1}\right\}$,根据判别准则(6.12),得此时的判别准则为

$$\begin{cases} \boldsymbol{x} \in G_1, & \text{当 } W(\boldsymbol{x}) > \beta \\ \boldsymbol{x} \in G_2, & \text{当 } W(\boldsymbol{x}) < \beta \\ \boldsymbol{x} \in G_1 \text{ 或 } \boldsymbol{x} \in G_2, & \text{当 } W(\boldsymbol{x}) = \beta \end{cases} \tag{6.16}$$

当 $\beta = 0$ 时,判别准则(6.16)就是距离判别法的判别准则(6.5).

(2) $\boldsymbol{\Sigma}_1 \neq \boldsymbol{\Sigma}_2, \boldsymbol{\Sigma}_1 > 0, \boldsymbol{\Sigma}_2 > 0$.

此时:

$$\begin{aligned}\ln\frac{f_1(\boldsymbol{x})}{f_2(\boldsymbol{x})} &= -\frac{1}{2}\ln\frac{|\boldsymbol{\Sigma}_1|}{|\boldsymbol{\Sigma}_2|} - \frac{1}{2}(\boldsymbol{x}-\boldsymbol{\mu}_1)^{\mathrm{T}}\boldsymbol{\Sigma}_1^{-1}(\boldsymbol{x}-\boldsymbol{\mu}_1) + \frac{1}{2}(\boldsymbol{x}-\boldsymbol{\mu}_2)^{\mathrm{T}}\boldsymbol{\Sigma}_2^{-1}(\boldsymbol{x}-\boldsymbol{\mu}_2) \\ &= -\frac{1}{2}\ln\frac{|\boldsymbol{\Sigma}_1|}{|\boldsymbol{\Sigma}_2|} - \frac{1}{2}\boldsymbol{x}^{\mathrm{T}}(\boldsymbol{\Sigma}_1^{-1}-\boldsymbol{\Sigma}_2^{-1})\boldsymbol{x} + (\boldsymbol{\mu}_1^{\mathrm{T}}\boldsymbol{\Sigma}_1^{-1}-\boldsymbol{\mu}_2^{\mathrm{T}}\boldsymbol{\Sigma}_2^{-1})\boldsymbol{x} - \frac{1}{2}(\boldsymbol{\mu}_1^{\mathrm{T}}\boldsymbol{\Sigma}_1^{-1}\boldsymbol{\mu}_1-\boldsymbol{\mu}_2^{\mathrm{T}}\boldsymbol{\Sigma}_2^{-1}\boldsymbol{\mu}_2)\end{aligned}$$

代入判别准则(6.12),即得判别准则:

$$\begin{cases} \boldsymbol{x} \in G_1, & \text{当 } W(\boldsymbol{x}) > k \\ \boldsymbol{x} \in G_2, & \text{当 } W(\boldsymbol{x}) < k \\ \boldsymbol{x} \in G_1 \text{ 或 } \boldsymbol{x} \in G_2, & \text{当 } W(\boldsymbol{x}) = k \end{cases}$$

其中,

$$W(\boldsymbol{x}) = -\frac{1}{2}\boldsymbol{x}^{\mathrm{T}}(\boldsymbol{\Sigma}_1^{-1}-\boldsymbol{\Sigma}_2^{-1})\boldsymbol{x} + (\boldsymbol{\mu}_1^{\mathrm{T}}\boldsymbol{\Sigma}_1^{-1}-\boldsymbol{\mu}_2^{\mathrm{T}}\boldsymbol{\Sigma}_2^{-1})\boldsymbol{x}$$

$$k = \ln\left\{\frac{L(1|2)}{L(2|1)} \cdot \frac{q_2}{q_1}\right\} + \frac{1}{2}\ln\frac{|\boldsymbol{\Sigma}_1|}{|\boldsymbol{\Sigma}_2|} + \frac{1}{2}(\boldsymbol{\mu}_1^{\mathrm{T}}\boldsymbol{\Sigma}_1^{-1}\boldsymbol{\mu}_1-\boldsymbol{\mu}_2^{\mathrm{T}}\boldsymbol{\Sigma}_2^{-1}\boldsymbol{\mu}_2)$$

判别函数 $W(x)$ 是关于 x 的二次函数,比 $\boldsymbol{\Sigma}_1 = \boldsymbol{\Sigma}_2$ 时计算复杂.

同样,如果总体中的参数 $\boldsymbol{\mu}_1, \boldsymbol{\mu}_2, \boldsymbol{\Sigma}_1, \boldsymbol{\Sigma}_2$ 未知,可用其估计取代.

【例 6.6】 表 6.20 是某气象站预报有无春旱的资料, x_1, x_2 是两个综合预报因子(气象含义略). 有春旱的是 6 个年份的资料,无春旱的是 8 个年份的资料. 设它们的先验概率分别为 $\frac{6}{14}$ 和 $\frac{8}{14}$,误判损失相等,试在正态总体及等协方差矩阵的假定下建立判别准则.

表 6.20　　某气象站预报有无春旱的资料

		1	2	3	4	5	6	7	8
春旱	x_1	24.8	24.1	26.6	23.5	25.5	27.4		
	x_2	-2.0	-2.4	-3.0	-1.9	-2.1	-3.1		
	$W(\boldsymbol{x})$	3.368	3.021	11.056	* -0.1	5.39	13.32		
春旱	x_1	22.1	21.6	22.0	22.8	22.7	21.5	22.1	21.4
	x_2	-0.7	-1.4	-0.8	-1.6	-1.5	-1.0	-1.2	-1.3
	$W(\boldsymbol{x})$	-7.494	-6.354	-7.4	-2.792	-3.368	-7.935	-5.819	-7.171

设 $\boldsymbol{\Sigma}_1=\boldsymbol{\Sigma}_2=\boldsymbol{\Sigma}$，但 $\boldsymbol{\Sigma}$，$\boldsymbol{\mu}_i(i=1,2)$ 未知，先利用历史资料对它们进行估计：

$$\bar{\boldsymbol{x}}_1=(25.32,-2.42)^{\mathrm{T}},\bar{\boldsymbol{x}}_2=(22.03,-1.19)^{\mathrm{T}}$$

$$\boldsymbol{A}_1=\begin{pmatrix}11.07 & -3.29\\ -3.29 & 1.35\end{pmatrix},\boldsymbol{A}_2=\begin{pmatrix}0.87 & 0.05\\ 0.05 & 0.75\end{pmatrix}$$

$$\boldsymbol{\Sigma}=\frac{1}{6+8-2}(\boldsymbol{A}_1+\boldsymbol{A}_2)=\begin{pmatrix}0.99 & -0.27\\ -0.27 & 0.17\end{pmatrix}$$

$$\boldsymbol{\Sigma}^{-1}=\begin{pmatrix}1.70 & 2.60\\ 2.60 & 9.70\end{pmatrix}$$

$$\beta=\ln\frac{L(1\mid 2)}{L(2\mid 1)}\cdot\frac{q_2}{q_1}=\ln\frac{8}{6}=0.288$$

将上面的计算结果代入式(6.6)，即 $W(\boldsymbol{x})=\left[\boldsymbol{x}-\frac{1}{2}(\bar{\boldsymbol{x}}+\bar{\boldsymbol{y}})\right]^{\mathrm{T}}\boldsymbol{\Sigma}^{-1}(\bar{\boldsymbol{x}}-\bar{\boldsymbol{y}})$ 中，得线性判别函数

$$W(\boldsymbol{x})=2.41x_1-3.35x_2-63.10$$

判别限为0.288，将表6.15的数据代入 $W(\boldsymbol{x})$，做回报判别，只有一个错判，与历史资料的拟合率达93%.

6.3.4 判别分析在SPSS上的实现

例6.5的SPSS操作过程如下：

(1)将数据输入到SPSS工作表中，如图6.28所示. 其中，样本来源=1，表示正常人；样本来源=2，表示精神病患者. 点击标签 Variable View→样本来源对应的 Value，弹出 Value Labels 对话框(图6.29)，将“1”赋值为“正常人”，将“2”赋值为“精神病患者”.

(2)单击 Anslyze→Classify→Dicriminant，弹出 Discriminant Analysis 对话框(图6.30). 从对话框左侧的变量列表中选中“样本来源”，单击向右的箭头按钮，使进入 Grouping Variable 框；并单击 Define Range 钮，在弹出的 Discriminant Analysis：Define Range 对话框中，定义判别原始数据的类别区间. 本例为两类，故在 Minimum 处输入1，在 Maximum 处输入2，点击 Continue 按钮，返回 Discriminant Analysis 对话框.

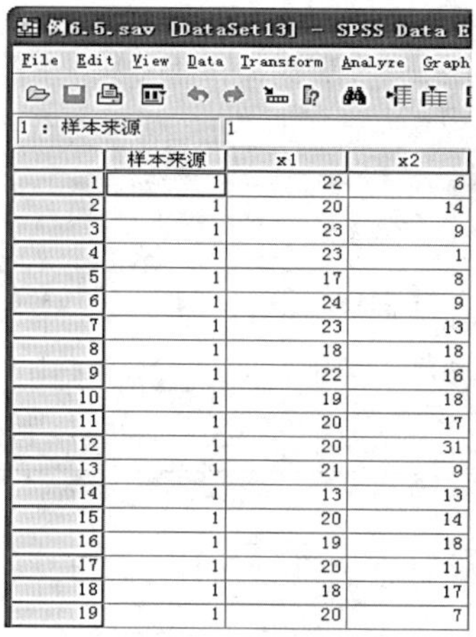

	样本来源	x1	x2
1	1	22	6
2	1	20	14
3	1	23	9
4	1	23	1
5	1	17	8
6	1	24	9
7	1	23	13
8	1	18	18
9	1	22	16
10	1	19	18
11	1	20	17
12	1	20	31
13	1	21	9
14	1	13	13
15	1	20	14
16	1	19	18
17	1	20	11
18	1	18	17
19	1	20	7

图 6.28　数据输入窗口

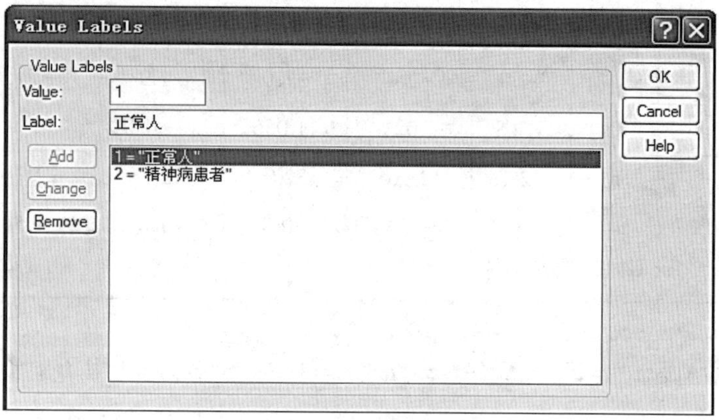

图 6.29　Value Labes 对话框

(3)从对话框左侧的变量列表中选 x1、x2,点击向右的箭头按钮使其进入 Independents 框,作为判别分析的基础数据变量(图 6.31). 系统提供两类判别方式供选择,一类是 Enter Independent together,即判别的原始变量全部进入判别方程;另一类是 Use stepwise method,即采用逐步的方法选择变量进入方程. 本例由于变量数仅为 2 个,倾向让两个变量均进入方程,故选用 Enter Independent together 判别方式.

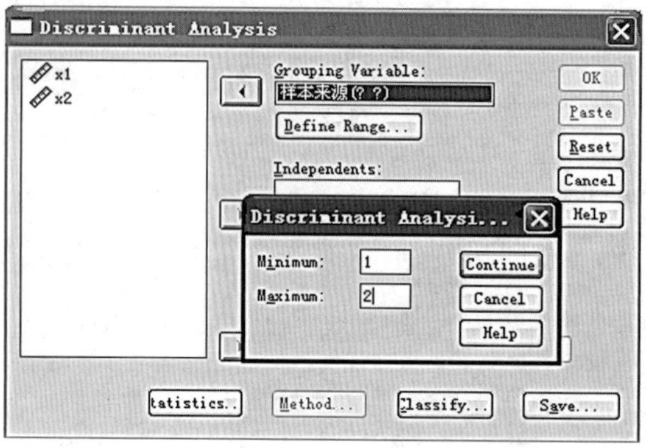

图 6.30

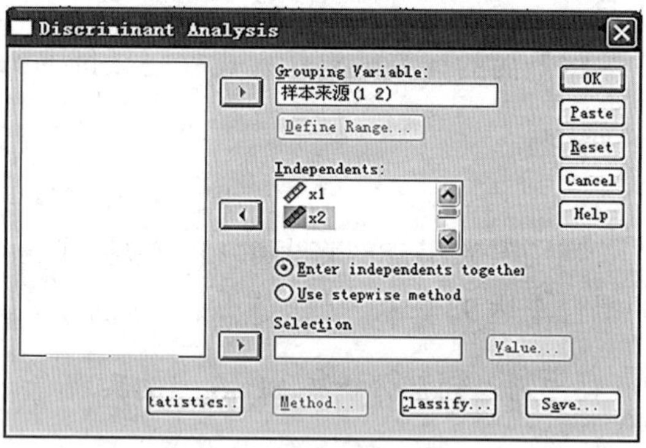

图 6.31

(4)单击 Statistics 按钮,弹出 Discriminant Analysis:Statistics 对话框(图 6.32),在 Descriptives 栏中选 Means 项,要求对各组的个变量作均数与标准差的描述;在 Function Coefficients 栏中选 Unstandardized 项,要求显示判别方程的非标准化系数,以及 Fisher's 项,要求显示费歇尔线性判别函数系数. 单击 Continue 按钮,返回 Discriminant Analysis 对话框.

(5)单击 Classify 按钮,弹出 Discriminant Analysis:Classification 对话框(图 6.33),在 Plot 栏选 Combined groups 项,要求作合并的判别结果分布图;在 Display 栏中选 Casewise Results 项,要求对原始资料根据建立的判别方程作逐一回代重判别,同时选 Summary table

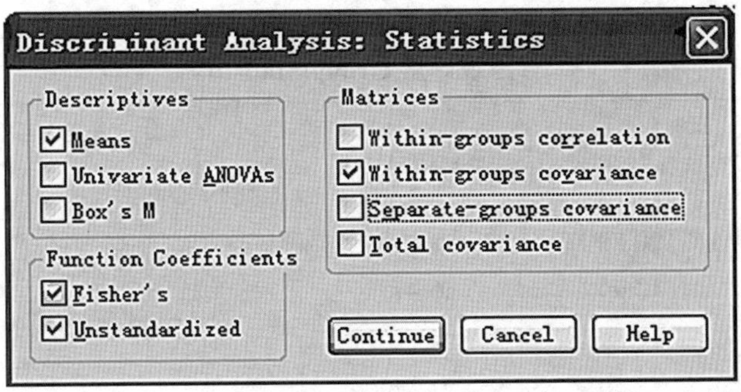

图 6.32

项,要求对这种回代判别结果进行总结评价. 之后,点击 Continue 按钮,返回 Discriminant Analysis 对话框.

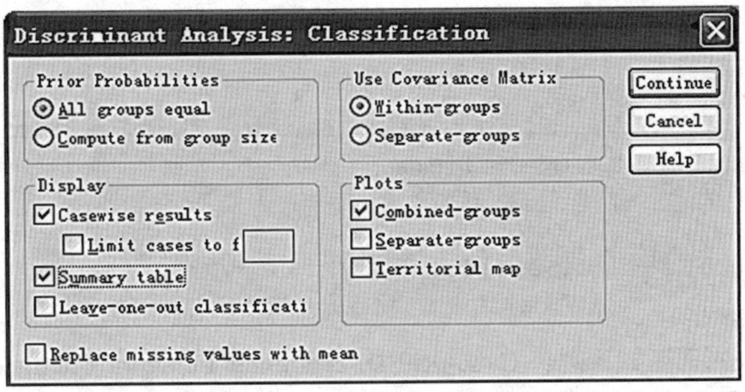

图 6.33

(6)单击 Save 按钮,弹出 Discriminant Analysis:Save New Variables 对话框(图 6.34),选中 Predicted group membership 项,要求将回代判别的结果存入原始数据库中;选中 Discriminant scores 项,表示显示判别分数. 点击 Continue 按钮返回 Discriminant Analysis 对话框,之后再点击 OK 按钮即完成分析.

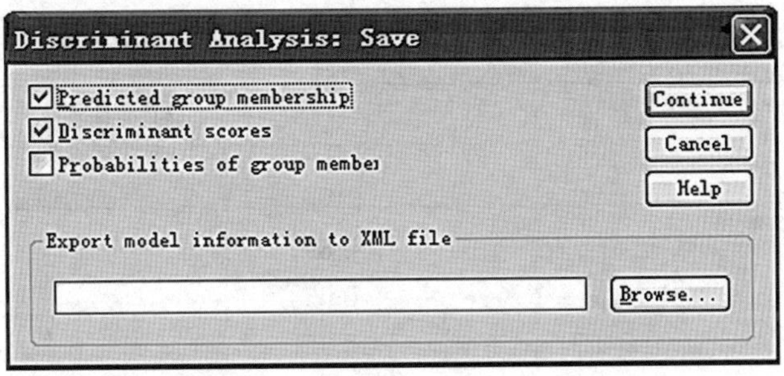

图 6.34

SPSS 结果解释见表 6. 21～表 6. 25.

表 6.21 **分组统计量 Group Statistics**

样本来源		Mean	Std. Deviation	Valid N(listwise)	
				Unweighted	Weighted
正常人	x_1	20.80	2.630	25	25.000
	x_2	12.44	6.475	25	25.000
精神病患者	x_1	12.68	6.250	25	25.000
	x_2	36.40	16.968	25	25.000
Total	x_1	16.74	6.272	50	50.000
	x_2	24.42	17.550	50	50.000

表 6.22 **合并组内矩阵 Pooled Within-Groups Matrices**[a]

		x_1	x_2
Covariance	x_1	22.988	3.175
	x_2	3.175	164.920

a. The covariance matrix has 48 degrees of freedom.

以上两个表显示了样本的均值及类内协方差矩阵 .

表 6.23 **典型判别函数系数表 Canonical Discriminant Function Coefficients**

	Function
	1
x_1	−0.145
x_2	0.059
(Constant)	0.982

Unstandardized coefficients.

表 6.24 **分类函数系数表 Classification Function Coefficients**

	样本来源	
	1	2
x_1	0.897	0.522
x_2	0.058	0.211
(Constant)	−10.381	−7.840

Fisher's linear discriminant functions.

表 6.23 显示了非标准化线性判别函数(典型判别函数)系数,表 6.24 显示了 Fisher's 线性判别函数(分类函数)系数,从而可得两个分类函数:

$$F_1 = 0.897x_1 + 0.058x_2 - 10.381 \text{ (正常人)}$$

$$F_2 = 0.522x_1 + 0.211x_2 - 7.840 \text{ (精神病)}$$

将新个案代入两个分类函数,哪个值大,就判为哪一类. 表 6.25 显示了误判的情况,有 8% 的误判率,且判定新样品属于正常人一类.

表 6.25 **分类结果表 Classification Results**[a]

			Predicted Group Membership		
		样本来源	正常人	精神病患者	Total
Original	Count	正常人	25	0	25
		精神病患者	4	21	25
		Ungrouped cases	1	0	1
	%	正常人	100.0	.0	100.0
		精神病患者	16.0	84.0	100.0
		Ungrouped cases	100.0	0.0	100.0

a. 92.0% of original grouped cases correctly classified.

◎ 思考:

1. 判别分析是研究什么的? 常用的判别分析有哪几种方法?

2. 什么叫判别函数? 什么叫回报判别? 为什么要做回报判别?

3. 距离判别法的判别规则是什么? 费歇尔判别法的基本思想是什么? 贝叶斯判别法是依据什么来建立判别规则的?

6.4 主成分分析

在实际问题中,经常会遇到多指标(变量)问题. 例如,生产服装有袖长、肩宽、肩厚、胸围、腰围、身高等多个指标. 这些原始指标通常具有两方面的弊端:一是指标繁多,处理起来复杂,应用不方便;二是指标之间信息重叠. 我们希望对这些指标重新组合,提炼出一些信息不重叠的综合指标. 比如,服装厂可以将很多指标综合成两项:一是反映身高的,另一个是反映胖瘦的.

这种将多个指标化为少数信息不重叠的综合指标的统计方法就是主成分分析(principal component analysis, PCA),也称主分量分析,是在 20 世纪初(1901),英国统计学家 Karl Pearson 率先引入的. 1933 年,Harold Hotelling 将这个概念推广到随机向量. 此后,主成分分析法经后人的不断补充、完善,日趋成熟.

6.4.1 主成分分析的思想方法

如何度量一个指标包含信息的多少呢? 通常是用其方差来表示. 一个随机变量方差越

大,它的取值的波动也就越大,通过观察这个随机变量的取值获得的信息也就越多. 如果随机变量的方差为零,它几乎是一个常数,从中获得的信息也最少. 因此,用方差来度量一个变量包含的信息是合理的. 指标之间信息不重叠,即是要求指标之间不相关.

设原来的 p 个指标为

$$\boldsymbol{X} = (X_1, X_2, \cdots, X_p)^{\mathrm{T}}$$

经线性组合成新指标 $\boldsymbol{Y} = (Y_1, Y_2, \cdots, Y_p)^{\mathrm{T}}$,即

$$\begin{pmatrix} Y_1 \\ Y_2 \\ \vdots \\ Y_p \end{pmatrix} = \begin{pmatrix} l_{11} & l_{12} & \cdots & l_{1p} \\ l_{21} & l_{22} & \cdots & l_{2p} \\ \vdots & \vdots & & \vdots \\ l_{p1} & l_{p2} & \cdots & l_{pp} \end{pmatrix} \begin{pmatrix} X_1 \\ X_1 \\ \vdots \\ X_p \end{pmatrix} \tag{6.17}$$

并记 $\boldsymbol{l}_k = (l_{k1}, l_{k2}, \cdots, l_{kp})^{\mathrm{T}}, k = 1,2,\cdots,p$, $\boldsymbol{L} = (l_{ij})_{p\times p}$

式(6.17)写成矩阵的形式为

$$\boldsymbol{Y} = \boldsymbol{L}\boldsymbol{X} \tag{6.18}$$

式(6.17)写成向量的形式为

$$Y_i = \boldsymbol{l}_i^{\mathrm{T}}\boldsymbol{X} \quad (i = 1,2,\cdots,p) \tag{6.19}$$

现在的问题是如何确定系数矩阵 $\boldsymbol{L}$?

先看对新指标 $\boldsymbol{Y} = (Y_1, Y_2, \cdots, Y_p)^{\mathrm{T}}$ 的要求:

(1) $Y_i (i = 1,2,\cdots,p)$ 之间不相关,即 $\boldsymbol{Y}$ 的协方差矩阵 $D\boldsymbol{Y} = E[(\boldsymbol{Y} - E\boldsymbol{Y})(\boldsymbol{T} - E\boldsymbol{Y})^{\mathrm{T}}]$ 为对角阵.

(2) Y_1 作为综合指标要尽可能多地包含原指标的信息,即要方差 DY_1 大,但如果不对线性组合系数 $\boldsymbol{l}_1$ 限制的话, DY_1 可无限大. 因此,要求 DY_1 在满足条件 $\boldsymbol{l}_1^{\mathrm{T}}\boldsymbol{l}_1 = 1$ 下达到最大;第二个综合指标 Y_2 在与 Y_1 无关,即 $\mathrm{Cov}(Y_1, Y_2) = 0$, $\boldsymbol{l}_2^{\mathrm{T}}\boldsymbol{l}_2 = 1$ 的条件下 DY_2 最大……依此类推.

我们根据上述条件来确定 $\boldsymbol{L}$.

设 $E\boldsymbol{X} = \boldsymbol{\mu}$,则 $\boldsymbol{X}$ 的协差阵 $D\boldsymbol{X}$ 为

$$\boldsymbol{\Sigma} = (\sigma_{ij})_{p\times p} = \boldsymbol{E}[(\boldsymbol{X} - \boldsymbol{\mu})(\boldsymbol{X} - \boldsymbol{\mu})^{\mathrm{T}}]$$

根据式(6.18), $\boldsymbol{Y}$ 的协差阵为

$$D\boldsymbol{Y} = D(\boldsymbol{L}\boldsymbol{X}) = \boldsymbol{L}(D\boldsymbol{X})\boldsymbol{L}^{\mathrm{T}} = \boldsymbol{L}\boldsymbol{\Sigma}\boldsymbol{L}^{\mathrm{T}}$$

根据线性代数的知识,如果 $\lambda_1 \geqslant \lambda_2 \geqslant \cdots \geqslant \lambda_p \geqslant 0$ 是 $\boldsymbol{\Sigma}$ 的 p 个特征值, $\boldsymbol{e}_i$ 为 λ_i ($i = 1, 2, \cdots, p$)对应的单位化相互正交的特征向量,取 $\boldsymbol{L} = (\boldsymbol{e}_1, \cdots, \boldsymbol{e}_p)^{\mathrm{T}}$ 时, $\boldsymbol{L}$ 是一个正交矩阵,则

$$D\boldsymbol{Y} = \boldsymbol{L}\boldsymbol{\Sigma}\boldsymbol{L}^{\mathrm{T}} = \begin{pmatrix} \lambda_1 & & \\ & \ddots & \\ & & \lambda_p \end{pmatrix} \tag{6.20}$$

即当

$$\boldsymbol{Y} = \boldsymbol{L}\boldsymbol{X} = (\boldsymbol{e}_1, \cdots, \boldsymbol{e}_p)^{\mathrm{T}}\boldsymbol{X} \quad 或 \quad Y_i = \boldsymbol{e}_i^{\mathrm{T}}\boldsymbol{X} \qquad (i = 1,2,\cdots,p) \tag{6.21}$$

时, $Y_i (i = 1,2,\cdots,p)$ 之间不相关.

还可以证明,用这种方式确定的新指标 $\boldsymbol{Y}$ 满足条件(2)的要求. 至此,系数矩阵 $\boldsymbol{L}$ 已经确定.

用这种方法确定的新指标 $Y_1, Y_2, \cdots, Y_p$ 称为原指标 $\boldsymbol{X}$ 的第一主成分,第二主成分,…,第 p 主成分.

由式(6.20)可知，

$$DY_i = \lambda_i \qquad (i = 1,2,\cdots,p)$$

第一主成分 Y_1 的方差 λ_1 最大，它包含的信息最多，第二主成分次之，…，第 p 主成分包含的信息最少．

定义 6.7 称 $\dfrac{\lambda_1}{\sum_{i=1}^{p}\lambda_i}$ 为第一主成分的贡献率(contribution rate)，第 i 个主成分的贡献率为 $\dfrac{\lambda_i}{\sum_{i=1}^{p}\lambda_i}$，$\dfrac{\sum_{i=1}^{m}\lambda_i}{\sum_{i=1}^{p}\lambda_i}$ 为前 $m(m \leqslant p)$ 个主成分的累计贡献率.

第一主成分的贡献率反映了第一主成分综合 $X_1,X_2,\cdots,X_p$ 信息的能力，m 个主成分的累计贡献率表反映了前 m 个主成分 $Y_1,Y_2,\cdots,Y_m$ 综合 $X_1,X_2,\cdots,X_p$ 信息的能力．在解决实际问题时，一般不是取 p 个主成分，而是根据累计贡献率的大小取前 m 个，若累计贡献率超过 85%，表明前 m 个主成分基本包含了原来全部指标所具有的信息．

从以上分析可知，主成分分析就是对原指标 $X_1,X_2,\cdots,X_p$ 做正交变换，正交变换矩阵是由其协差阵 $\boldsymbol{\Sigma}$ 的特征向量构成的.

求主成分的基本步骤：

(1)求 $\boldsymbol{X}$ 的协差阵 $\boldsymbol{\Sigma}$ 的特征值，并依大小次序排列，$\lambda_1 \geqslant \lambda_2 \geqslant \cdots \geqslant \lambda_p \geqslant 0$；

(2)求出每个特征值 λ_i 对应的相互正交的单位化特征向量 $\boldsymbol{e}_i(i = 1,2,\cdots,p)$．

(3)第一，第二，…，第 p 个主成分依次为

$$Y_1=\boldsymbol{e}_1^{\mathrm{T}}\boldsymbol{X},\quad Y_2=\boldsymbol{e}_2^{\mathrm{T}}\boldsymbol{X},\cdots,Y_p=\boldsymbol{e}_p^{\mathrm{T}}\boldsymbol{X},\quad \boldsymbol{DY}_i=\lambda_i \qquad (i=1,2,\cdots,p)$$

【例 6.7】 设 $\boldsymbol{X} = (X_1,X_2,X_3)^{\mathrm{T}}$ 的协差阵为

$$\boldsymbol{\Sigma} = \begin{pmatrix} 1 & -2 & 0 \\ -2 & 5 & 0 \\ 0 & 0 & 2 \end{pmatrix}$$

求 $\boldsymbol{X}$ 的主成分.

解：根据线性代数的知识，求得 $\boldsymbol{\Sigma}$ 的特征值分别为

$$\lambda_1 = 5.83,\quad \lambda_2 = 2.00,\quad \lambda_3 = 0.17$$

对应的单位化的特征向量分别为

$$\boldsymbol{e}_1 = \begin{pmatrix} 0.383 \\ -0.942 \\ 0.000 \end{pmatrix},\boldsymbol{e}_2 = \begin{pmatrix} 0.000 \\ 0.000 \\ 1.000 \end{pmatrix},\boldsymbol{e}_3 = \begin{pmatrix} 0.924 \\ 0.383 \\ 0.000 \end{pmatrix}$$

所以第一主成分为 $Y_1 = \boldsymbol{e}_1^{\mathrm{T}}\boldsymbol{X} = 0.383X_1 - 0.942X_2$

贡献率为 $\dfrac{\lambda_1}{\lambda_1 + \lambda_2 + \lambda_3} = \dfrac{5.83}{5.83 + 2.00 + 0.17} = 0.72875$

第二主成分为 $Y_2 = \boldsymbol{e}_2^{\mathrm{T}}\boldsymbol{X} = X_3$

贡献率为 $\dfrac{\lambda_2}{\lambda_1 + \lambda_2 + \lambda_3} = \dfrac{2.00}{5.83 + 2.00 + 0.17} = 0.25$

第三主成分为　$Y_3 = \boldsymbol{e}_3^{\mathrm{T}}\boldsymbol{X} = 0.924X_1 + 0.383X_2$

贡献率为

$$\frac{\lambda_3}{\lambda_1 + \lambda_2 + \lambda_3} = \frac{0.17}{5.83 + 2.00 + 0.17} = 0.02125$$

如果取第一、第二主成分,累计贡献率为

$$\frac{\lambda_1 + \lambda_2}{\lambda_1 + \lambda_2 + \lambda_3} = \frac{5.83 + 2.00}{5.83 + 2.00 + 0.17} = 0.97875$$

6.4.2　主成分分析的几何解释

为了方便,我们在二维空间中讨论主成分的几何意义．设有 n 个样本,每个样本有两个观测变量 X_1 和 X_2,在由变量 X_1 和 X_2 所确定的二维平面中, n 个样本点所散布的情况如椭圆状．由图 6.35 可以看出这 n 个样本点无论是沿着 X_1 轴方向还是 X_2 轴方向,都具有较大的离散性,其离散的程度可以分别用观测变量 X_1 的方差和 X_2 的方差定量地表示．显然,如果只考虑 X_1 和 X_2 中的任何一个,那么包含在原始数据中的信息将会有较大的损失．

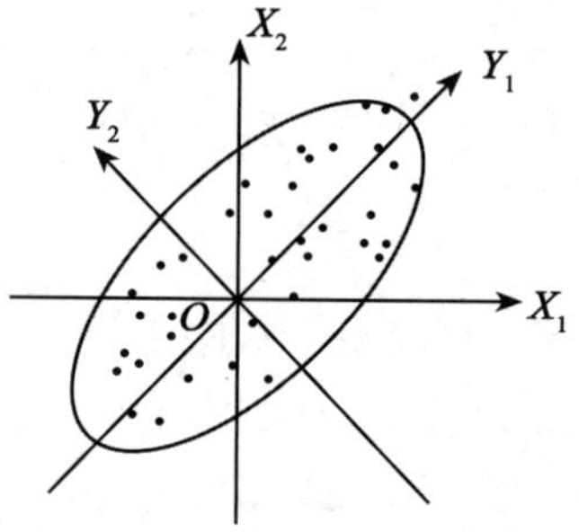

图 6.35　主成分几何意义

如果我们将 X_1 轴和 X_2 轴按逆时针方向旋转 θ 角度,得到新坐标轴 Y_1 和 Y_2, Y_1 和 Y_2 是两个新变量．根据旋转变换的公式:

$$\begin{cases} Y_1 = X_1\cos\theta + X_2\sin\theta \\ Y_2 = -X_1\sin\theta + X_2\cos\theta \end{cases}$$

即 $\begin{pmatrix} Y_1 \\ Y_2 \end{pmatrix} = \begin{pmatrix} \cos\theta & \sin\theta \\ -\sin\theta & \cos\theta \end{pmatrix}\begin{pmatrix} X_1 \\ X_2 \end{pmatrix} = \boldsymbol{U}\boldsymbol{X}$, $\boldsymbol{U}$ 为旋转变换矩阵,相当于式(6.18)中的系数矩阵 $\boldsymbol{L}$.

旋转变换的目的是为了使 n 个样本点在 Y_1 轴的离散程度最大,即 Y_1 的方差最大．变量 Y_1 代表了原始数据的绝大部分信息,在研究问题时,即使不考虑变量 Y_2 也无损大局．经过上述旋转变换原始数据的大部分信息集中到 Y_1 轴上,只考虑 Y_1 时,二维降为一维,达到了降维的目的,也对数据中包含的信息起到了浓缩的作用．Y_1, Y_2 除了可以对包含在 X_1 和 X_2 中的信息起着浓缩作用之外,还具有不相关的性质,这就使得在研究复杂的问题时避免了信息重叠所带来的虚假性．Y_1 和 Y_2 称为原始变量 X_1 和 X_2 的综合变量．$\boldsymbol{Y}$ 坐标系简化了系统结构,抓住了主要矛盾．所以,主成分分析的过程就是坐标系旋转的过程,主成分分析的目的就是要找到正交转换矩阵 $\boldsymbol{U}$,各主成分表达式就是新坐标系与原坐标系的转换关系,在新坐标系中,各坐标轴的方向就是原始数据变异性最大的方向.

6.4.3 主成分的性质

性质 1
$$\sum_{i=1}^{p} DY_i = \sum_{i=1}^{p} \lambda_i = \sum_{i=1}^{p} \sigma_{ii} = \sum_{i=1}^{p} DX_i \tag{6.22}$$

主成分分析是把 p 个原始变量 $X_1, X_2, \cdots, X_p$ 的总方差 $\sum_{i=1}^{p} DX_i$ 分解成 p 个互不相关变量 $Y_1, Y_2, \cdots, Y_p$ 的方差之和,将方差看成信息的度量的话,则式(6.22)说明 p 个主成分的信息和等于原来变量的全部信息.

性质 2 主成分 Y_i 与原始变量 X_j 的相关系数

$$\rho(Y_i, X_j) = \frac{\sqrt{\lambda_i}}{\sqrt{\sigma_{jj}}} e_{ji} \tag{6.23}$$

其中, e_{ji} 为 λ_i 对应的特征向量 $\boldsymbol{e}_i$ 的第 j 个分量.

证明 略.

定义 6.8 第 i 个主成分 Y_i 与原始变量 X_j 的相关系数 $\rho(Y_i, X_j)$ 称为因子负荷量. 其平方 $\rho^2(Y_i, X_j)$ 称为主成分 Y_i 对 X_j 的贡献率(contribution rate).

从式(6.23)看出,因子负荷量 $\rho(Y_i, X_j)$ 与系数 e_{ji} 成正比,与 X_j 的标准差 $\sqrt{\sigma_{jj}}$ 成反比关系. 因子负荷量是主成分信息来源解释中非常重要的解释依据,在解释主成分的信息来源或是变量 X_j 对第 i 个主成分 Y_i 的重要性时,应当根据因子负荷量,而不能仅根据 Y_i 与 X_j 的变换系数 e_{ji}. 在下一节因子分析中,还将对因子负荷量的统计意义给出更详细的解释. 主成分 Y_i 对 X_j 的贡献率 $\rho^2(Y_i, X_j)$ 反映了 Y_i 提取 X_j 中信息的比率.

性质 3 $\sum_{j=1}^{p} \sigma_{jj} \rho^2(Y_i, X_j) = \lambda_i$

根据式(6.23)和 $\boldsymbol{L}$ 的正交性很容易验证性质 3.

性质 3 说明: Y_i 的信息量 λ_i 为提取各 X_j 中信息 $\sigma_{jj}\rho^2(Y_i, X_j)$ 之和.

性质 4 $\sum_{i=1}^{p} \rho^2(Y_i, X_j) = \sum_{i=1}^{p} \frac{\lambda_i}{\sigma_{jj}} \mathrm{e}_{ji}^2 = 1$

证明 略.

性质 4 说明:所有的主成分将原始变量 X_j 的信息 100%提取完.

定义 6.9 m 个主成分 $Y_1, Y_2, \cdots, Y_m$ 对原始变量 X_j 的贡献率为

$$V_j = \sum_{i=1}^{m} \rho^2(Y_i, X_j)$$

V_j 反映了 m 个主成分 $Y_1, Y_2, \cdots, Y_m$ 从原始变量 X_j 中提走的信息的比率.

6.4.4 主成分分析的几种情况

1.总体主成分

前面讨论的是 $\boldsymbol{X} = (X_1, X_2, \cdots, X_p)^{\mathrm{T}}$ 的协方差矩阵 $\boldsymbol{\Sigma}$ 已知,从 $\boldsymbol{\Sigma}$ 出发求主成分,这种主

成分称为总体主成分.

2.标准化变量的主成分

在实际问题中,不同的变量往往有不同的量纲,由于不同的量纲会引起各变量取值的分散程度差异较大,这时总体方差则主要受方差较大的变量的控制. 为了消除由于量纲的不同可能带来的影响,常采用变量标准化的方法,即令

$$X_i^* = \frac{X_i - \mu_i}{\sqrt{\sigma_{ii}}} \qquad (i = 1,2,\cdots,p)$$

其中,$\mu_i = E(X_i),\sigma_{ii} = D(\boldsymbol{X}_i)$. 这时 $\boldsymbol{X}^* = (X_1^*,X_2^*,\cdots,X_p^*)^{\mathrm{T}}$ 的协方差矩阵是 $\boldsymbol{X} = (X_1,X_2,\cdots,X_p)^{\mathrm{T}}$ 的相关矩阵 $\rho = (\rho_{ij})_{p\times p}$,其中

$$\rho_{ij} = E(X_i^* X_j^*) = \frac{\mathrm{Cov}(X_i,X_j)}{\sqrt{\sigma_{ii}\sigma_{jj}}}$$

从 X 的相关矩阵 ρ 出发作主成分分析,完全类似从协差阵 Σ 出发,相关结论如下:

设 $X^* = (X_1^*,X_2^*,\cdots,X_p^*)^{\mathrm{T}}$ 为标准化的随机向量,其协方差矩阵(即 X 的相关矩阵)为 ρ, 则 X^* 的第 i 个主成分为

$$Y_i^* = (\boldsymbol{e}_i^*)^{\mathrm{T}}X^* = e_{1i}^* \frac{X_1 - \mu_1}{\sqrt{\sigma_{11}}} + e_{2i}^* \frac{X_2 - \mu_2}{\sqrt{\sigma_{22}}} + \cdots + e_{pi}^* \frac{X_p - \mu_p}{\sqrt{\sigma_{pp}}} \qquad (i = 1,2,\cdots,p)$$

并且

$$\sum_{i=1}^{p} \mathrm{Var}(Y_i^*) = \sum_{i=1}^{p} \lambda_i^* = \sum_{i=1}^{p} \mathrm{Var}(X_i^*) = p$$

其中,$\lambda_1^* \geqslant \lambda_2^* \geqslant \cdots \geqslant \lambda_p^* \geqslant 0$ 为 ρ 的特征值,$\boldsymbol{e}_i^* = (e_{1i}^*,e_{2i}^*,\cdots,e_{pi}^*)^{\mathrm{T}}$ 为相应于特征值 λ_i^* 的正交单位特征向量.

第 i 个主成分的贡献率:$\dfrac{\lambda_i^*}{p}$;

前 m 个主成分的累计贡献率:$\dfrac{\sum_{i=1}^{m}\lambda_i^*}{p}$;

Y_i^* 与 X_j^* 的相关系数为 $\rho_{Y_i^*,X_j^*} = \sqrt{\lambda^*}\,e_{ji}^*$.

一般来说,对于度量单位不同的指标或是取值范围彼此差异非常大的指标,应考虑对数据进行标准化处理,而对同度量或是取值范围在同量级的数据,直接从协方差矩阵求解主成分为宜. 对于从什么出发求解主成分,目前没有定论,但要注意,要根据实际情况选择对协方差矩阵还是对相关系数矩阵进行主成分分析. 在实际工作中,可以分别从不同角度出发求解主成分,并研究其结果的差异,看看是否发生明显差异且这种差异产生的原因在何处,以确定用哪种结果更为可信.

3.样本主成分

前面讨论的是总体主成分,但在实际问题中,一般 $\boldsymbol{\Sigma}$(或 $\boldsymbol{\rho}$)是未知的,需要通过样本来估计.

设 $\boldsymbol{x}_i = (x_{i1},x_{i2},\cdots,x_{ip})^{\mathrm{T}}(i = 1,2,\cdots,n)$ 为取自 $\boldsymbol{X} = (X_1,X_2,\cdots,X_p)^{\mathrm{T}}$ 的一个容量为 n 的简单随机样本,则样本协方差矩阵及样本相关矩阵分别为

$$S=(s_{ij})_{p\times p}=\frac{1}{n-1}\sum_{k=1}^{n}(\boldsymbol{x}_k-\bar{\boldsymbol{x}})(\boldsymbol{x}_k-\bar{\boldsymbol{x}})^{\mathrm{T}}$$

$$R=(r_{ij})_{p\times p}=\left(\frac{s_{ij}}{\sqrt{s_{ii}s_{jj}}}\right)$$

$$\bar{\boldsymbol{x}}=(\bar{x}_1,\bar{x}_2,\cdots,\bar{x}_p)^{\mathrm{T}},\bar{x}_j=\frac{1}{n}\sum_{i=1}^{n}x_{ij}\quad(j=1,2,\cdots,p)$$

其中,

$$s_{ij}=\frac{1}{n-1}\sum_{k=1}^{n}(x_{ki}-\bar{x}_i)(x_{kj}-\bar{x}_j)\qquad(i,j=1,2,\cdots,p)$$

分别以 $\boldsymbol{S}$ 和 $\boldsymbol{R}$ 作为 $\boldsymbol{\Sigma}$ 和 $\boldsymbol{\rho}$ 的估计,然后按总体主成分分析的方法作样本主成分分析.

6.4.5 主成分分析在 SPSS 上的实现

【例 6.8】 随机选取某地各行业劳动力进行统计,如表 6.26 所示,这 5 个行业分别为:X_1: 工业劳动力(万人), X_2: 建筑业劳动力(万人), X_3: 交通运输业劳动力(万人), X_4: 批发、零售贸易业、餐饮业劳动力(万人), X_5: 其他非农业行业劳动力(万人). 使用主成分分析方法对各行业劳动力进行分析.

表 6.26 **各行业劳动力**

年份	X_1	X_2	X_3	X_4	X_5
1990	112.29	55.33	24.20	29.53	115.99
2000	116.12	104.08	44.61	72.07	285.69
2002	110.38	108.85	45.61	73.60	328.05
2003	112.63	113.25	48.34	73.19	374.34
2004	115.26	115.99	43.12	67.55	401.07
2005	122.41	128.43	45.93	70.42	432.09

由于 SPSS 没有专门的主成分分析模块,故常借助因子分析模块来求解主成分.

SPSS 操作步骤如下:

(1)录入数据.

(2)按照 Analyze→Data Reduction→Factor 顺序选中因子分析计算模块,出现如图 6.36 所示对话框.

(3)在图 6.36 的原变量框中依次选取变量,单击上面向右箭头按钮,将其送入 Variables 框中,单击 Extraction 按钮,出现如图 6.37 所示对话框.

在 Method 列表框中选取 Principal components 表示使用主成分分析方法;在 Analyze 下选取 Correlation matrix 单选钮表示对相关矩阵提取主成分;选中 Extract 中 Number of factors,并在其后的文本框中输入 2,表示提取 2 个主成分(此处可以先填 5,通过累计贡献率再确定

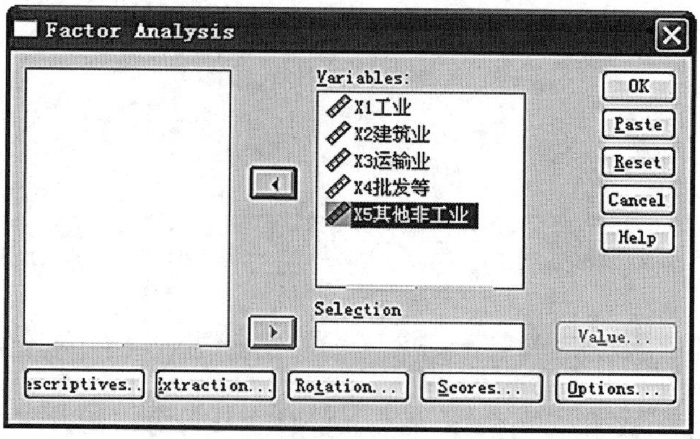

图 6.36 因子分析窗口

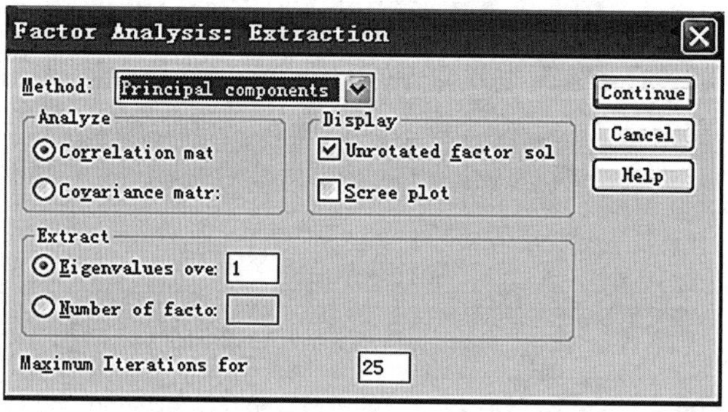

图 6.37 因子分析的 Extraction 窗口

具体填多少). 最后按 Continue 按钮,返回图 6.36 所示对话框,按 OK 按钮后 SPSS 因子分析模块输出的主成分分析结果如表 6.27~表 6.29 所示 .

SPSS 结果解释:

计算这六年五个行业人数样本的相关矩阵,结果见表 6.27、表 6.28.

表 6.27 **Correlation Matrix**

		X_1 工业	X_2 建筑业	X_3 运输业	X_4 批发等	X_5 其他非农业
Correlation	X_1 工业	1.000	0.504	0.259	0.233	0.497
	X_2 建筑业	0.504	1.000	0.935	0.919	0.981
	X_3 运输业	0.259	0.935	1.000	0.991	0.880
	X_4 批发等	0.233	0.919	0.991	1.000	0.849
	X_5 其他非农业	0.497	0.981	0.880	0.849	1.000

表 6.28 **Total Variance Explained 特征值和主成分贡献率**

Component	Initial Eigenvalues			Extraction Sums of Squared Loadings		
	Total	% of Variance	Cumulative %	Total	% of Variance	Cumulative %
1	3.967	79.338	79.338	3.967	79.338	79.338
2	0.900	18.005	97.343	0.900	18.005	97.343
3	0.123	2.460	99.803			
4	0.009	0.177	99.980			
5	0.001	0.020	100.000			

Extraction Method: Principal Component Analysis.

由表可知,相关矩阵的特征值为 $\lambda_1 = 3.967$, $\lambda_2 = 0.900$, $\lambda_3 = 0.123$, $\lambda_4 = 0.009$, $\lambda_5 = 0.001$,在该例中,第一主成分的贡献率为 79.338%,前 2 个主成分的累积贡献率为 97.343%,因此,取第一和第二主成分来对各行业劳动力进行分析即可.

表 6.29 **Component Matrix(a)**

	Component	
	1	2
X_1 工业	0.488	0.866
X_2 建筑业	0.996	0.031
X_3 运输业	0.957	-0.256
X_4 批发等	0.943	-0.284
X_5 其他非农业	0.965	0.061

a 2 components extracted.

如表 6.29 所示,Component 第一、二列分别是第一、二个主成分(e_1、e_2)乘以第一、二个特征值的平方根(即 $\sqrt{\lambda_1}e_1$、$\sqrt{\lambda_2}e_2$),故在主成分分析中,将 Component 第一、二列分别除以第一和第二特征值的平方根即得第一、二主成分. 样本的 2 个主成分分别为

$$Y_1 = 0.24503X_1 + 0.500067X_2 + 0.480486X_3 + 0.473457X_4 + 0.484503X_5$$

$$Y_2 = 0.912844X_1 + 0.032677X_2 - 0.26985X_3 - 0.29936X_4 + 0.0643X_5$$

经过求解主成分的三个步骤,完成对样本所有主成分的求解. 第一主成分中所有行业劳动力的系数都为正,因此该主成分可以解释为各行业综合劳动力. 由于系数均为正,该主成分各变量的系数可以作为评价各行业在该地的权重. 第二主成分中工业、建筑业、其他非农业劳动力的系数都为正,且工业系数最大,而交通运输业和批发、零售贸易业、餐饮业劳动力的系数为负,因此该主成分反映出工业和运输、批发零售业的差别. 因此,各行业劳动力

可以由综合劳动力以及工业和运输、批发零售业的差别这两个主成分来确定．

需要指出的是，关于主成分的实际意义，要结合具体问题和有关专业知识才能给出合理的解释．主成分分析并不是最终目的，更重要的是利用主成分综合原始变量的信息，达到降低原始变量维数的目的，再利用前几个主成分进行进一步的统计分析．

◎ 思考：

1. 对多指标问题为什么要做主成分分析？什么叫主成分？
2. 主成分分析的几何意义是什么？
3. 求主成分的基本步骤是什么？
4. 什么叫主成分的贡献率？
5. 从协差阵出发和从相关阵出发做主成分分析有什么区别？

6.5 因子分析

6.5.1 因子分析的基本思想

因子分析(factor analysis)的方法最初是应用在教育心理学上，英国心理学家Charles. Spearman于1904年发表了著名文章《对智力测验得分进行统计分析》，是因子分析方法的开始. 目前因子分析应用范围十分广泛，涉及很多领域.

因子分析是主成分分析的推广和发展. 主成分分析通过线性组合将原变量综合成几个主成分，用较少的综合指标来代替原来较多的指标(变量). 在多变量分析中，某些变量间往往存在相关性，是什么原因使变量间有关联呢？是否存在不能直接观测到的但影响可观测变量变化的公共因子？因子分析法就是寻找这些公共因子的模型分析方法.

例如，为了考查学生的知识水平，常用考试成绩来评定. 假设 n 个学生都参加数学、物理、化学、语文、历史、英语六科的考试，每个学生六科成绩记为

$$\boldsymbol{X}_k = (x_{k1}, \cdots, x_{k6})^{\mathrm{T}} \qquad (k = 1, 2, \cdots, n)$$

由此可以计算出六科成绩 $\boldsymbol{X} = (x_1, \cdots, x_6)^{\mathrm{T}}$ 的样本相关矩阵 $\hat{\boldsymbol{R}} = (\hat{r}_{ij})_{6\times 6}$，其中 $\hat{r}_{ij}$ 表示第 i 科成绩 x_i 与第 j 科成绩 x_j 之间的样本相关系数，数据见表6.30.

表6.30 **相关矩阵数据**

	数学	物理	化学	语文	历史	英语
数学	1.000					
物理	0.805	1.000				
化学	0.646	0.642	1.000			
语文	−0.422	−0.783	−0.234	1.000		
历史	−0.208	−0.516	−0.280	0.808	1.000	
英语	−0.415	−0.631	−0.161	0.891	0.876	1.000

从表中可以看出,前三科数学、物理、化学之间,后三科语文、历史、英语之间的相关系数较大,而前三科与后三科之间的相关系数较小,这说明,影响学生这六科成绩的因素(因子)主要是两个:影响前三科的因子不妨叫做理科能力,记为f_1;影响后三科的因子不妨叫做文科能力,记为f_2,这两个因子不可观测. 学生每一科的成绩x_i可以看成是由因子f_1,f_2,再加上各科的特殊因子ε_i决定,因此,可以将$\boldsymbol{X}=(x_1,\cdots,x_6)^{\mathrm{T}}$分解如下:

$$\begin{cases}x_1=a_{11}f_1+a_{12}f_2+\varepsilon_1\\x_2=a_{21}f_1+a_{22}f_2+\varepsilon_2\\\cdots\cdots\\x_6=a_{61}f_1+a_{62}f_2+\varepsilon_6\end{cases}\tag{6.24}$$

或写成矩阵的形式

$$\boldsymbol{X}=\boldsymbol{A}\boldsymbol{f}+\boldsymbol{\varepsilon}$$

其中,$\boldsymbol{X}=(x_1,\cdots,x_6)^{\mathrm{T}}$,$\boldsymbol{f}=(f_1,f_2)^{\mathrm{T}}$,$\boldsymbol{\varepsilon}=(\varepsilon_1,\cdots,\varepsilon_6)^{\mathrm{T}}$,$\boldsymbol{A}=(a_{ij})_{6\times2}$.

我们希望利用方程组(6.24)根据学生的六科成绩分析其文科能力和理科能力,这就是因子分析的目的.

因子分析是主成分分析的推广,也是一种把多个变量化为少数几个综合变量的多变量分析方法,其目的是用有限个不可观测的隐变量来解释原始变量之间的相关关系.

因子分析主要用于:减少分析变量个数;通过对变量间相关关系探测,将原始变量进行分类,即将相关性高的变量分为一组,用共性因子代替该组变量.

因子分析分为两类,R型因子分析(对变量作因子分析)和Q型因子分析(对样品作因子分析). 本节主要讨论R型因子分析.

6.5.2 因子分析的数学模型

1. 正交因子模型

将模型(6.24)推广到一般情形,并做适当的假定就得到因子分析的数学模型:

(1)设$\boldsymbol{X}=(X_1,X_2,\cdots,X_p)^{\mathrm{T}}$为可观测的随机向量(或称为测试变量),均值向量$E(\boldsymbol{X})=\boldsymbol{0}$,协方差阵$\mathrm{Cov}(\boldsymbol{X})=\boldsymbol{\Sigma}$;做$E(\boldsymbol{X})=\boldsymbol{0}$的假定是为了处理起来方便,若$E(\boldsymbol{X})=\boldsymbol{\mu}$,则令$\boldsymbol{X}^*=\boldsymbol{X}-\boldsymbol{\mu}$,即有$E\boldsymbol{X}^*=\boldsymbol{0}$.

(2) $\boldsymbol{F}=(F_1,F_2,\cdots,F_m)^{\mathrm{T}}$是不可观测的随机向量,其均值向量$E(\boldsymbol{F})=\boldsymbol{0}$,协方差矩阵$\mathrm{Cov}(F)=\boldsymbol{I}_m$,即向量的各分量是不相关的且方差为1,且一般满足$m\leqslant p$;

(3) $\boldsymbol{\varepsilon}=(\varepsilon_1,\varepsilon_2,\cdots,\varepsilon_p)^{\mathrm{T}}$是不可观测的随机向量,其均值向量$E(\boldsymbol{\varepsilon})=\boldsymbol{0}$,$\boldsymbol{\varepsilon}$的协方差阵$\mathrm{Cov}(\boldsymbol{\varepsilon})=\mathrm{diag}(\sigma_1^2,\sigma_2^2,\cdots,\sigma_p^2)\triangleq\boldsymbol{D}_\varepsilon$是对角阵,即各分量$\boldsymbol{\varepsilon}_i$之间是不相关的,但不要求方差相等. 另外$\mathrm{Cov}(\boldsymbol{F},\boldsymbol{\varepsilon})=\boldsymbol{O}$,即$\boldsymbol{\varepsilon}$与$\boldsymbol{F}$不相关,则以下模型称为因子分析模型:

$$\begin{cases}X_1=a_{11}F_1+a_{12}F_2+\cdots+a_{1m}F_m+\varepsilon_1\\X_2=a_{21}F_1+a_{22}F_2+\cdots+a_{2m}F_m+\varepsilon_2\\\cdots\cdots\\X_p=a_{p1}F_1+a_{p2}F_2+\cdots+a_{pm}F_m+\varepsilon_p\end{cases}\tag{6.25}$$

矩阵形式为

$$\boldsymbol{X}=\boldsymbol{A}\boldsymbol{F}+\boldsymbol{\varepsilon}\tag{6.26}$$

其中，
$$A=(a_{ij})_{p\times m}$$

$F=(F_1,F_2,\cdots,F_m)^{\mathrm{T}}$ 称为公共因子，它们是在各个原观测变量的表达式中都共同出现的因子，是不相关的不可观测的理论变量.

$\boldsymbol{\varepsilon}=(\varepsilon_1,\varepsilon_2,\cdots,\varepsilon_p)^{\mathrm{T}}$ 称为特殊因子或误差，是向量 X 的分量 $X_i\ (i=1,2,\cdots,p)$ 所特有的因子，各特殊因子之间以及特殊因子与所有公共因子之间都是不相关的.

A 称为因子载荷矩阵，a_{ij} 表示第 i 个变量 X_i 在第 j 个公共因子 F_j 上的负荷(loading)，简称因子负荷.

如果把 X_i 看成 m 维因子空间的一个点，则 a_{ij} 表示 X_i 在坐标轴 F_j 上的投影.

由于模型(6.25)是针对变量进行的，各因子又是正交的，所以也称为 R 型正交因子模型. 如果将上面所述 $X_i\ (i=1,2,\cdots,p)$ 看成是样品，则为 Q 型因子分析.

在以下的讨论中，为消除观测量纲及数量级带来的差异，假定因子模型中所有变量 X_i 均已进行了标准化处理.

2. 因子载荷阵的统计意义

1)因子载荷的统计意义

对于因子模型(6.25)，有

$$\mathrm{Cov}(X_i,F_j)=\mathrm{Cov}\Big(\sum_{k=1}^{m}a_{ik}F_k+\varepsilon_i,F_j\Big)=\mathrm{Cov}\Big(\sum_{k=1}^{m}a_{ik}F_k,F_j\Big)+\mathrm{Cov}(\varepsilon_i,F_j)=a_{ij}$$

又 X_i 均已标准化，故 $\rho_{X_iF_j}=\mathrm{Cov}(X_i,F_j)=a_{ij}$，即因子载荷 a_{ij} 是第 i 个变量 X_i 与第 j 个公共因子 F_j 的相关系数，它反映了 X_i 对 F_j 依赖程度，绝对值越大，密切程度越高，同时也反映了 X_i 对 F_j 的相对重要性.

2)变量共同度的统计意义

因子载荷矩阵 A 中行的平方和 $h_i^2=\sum_{j=1}^{m}a_{ij}^2\ (i=1,2,\cdots,p)$ 称为变量 X_i 的共同度(communality)，表示原始变量 X_i 与所有公共因子的关系.

由 $DX_i=\sum_{j=1}^{m}D(a_{ij}F_j)+D\varepsilon_i=\sum_{j=1}^{m}a_{ij}^2(DF_j)+\sigma_i^2=\sum_{j=1}^{m}a_{ij}^2+\sigma_i^2=h_i^2+\sigma_i^2$，故变量 X_i 的方差由两部分组成，一部分为共同度 h_i^2，它描述全部公共因子对变量 X_i 的总方差的贡献，共同度越大，说明公共因子包含的 X_i 的信息就越多，影响就越大；另一部分为特殊因子 ε_i 对变量 X_i 的方差的贡献，通常称为个性方差.

又 X_i 已标准化，进一步有

$$h_i^2+\sigma_i^2=D(X_i)=1\qquad(i=1,2,\cdots,p)$$

3)公共因子 F_j 的方差贡献的统计意义

因子载荷矩阵 A 中列的平方和

$$g_j^2=\sum_{i=1}^{p}a_{ij}^2\qquad(j=1,2,\cdots,m)$$

称为公共因子 F_j 对 X 的贡献，它表示同一公共因子 F_j 对 X 的每一分量 $X_i(i=1,2,\cdots,p)$ 所提供的方差贡献之总和，反映了公共因子 F_j 与所有原始变量 $X_i\ (i=1,2,\cdots,p)$ 的关系，是衡量公共因子相对重要性的指标. g_j^2 越大，表明公共因子 F_j 对 X 的贡献越大，或者说对 X 的影响和作用就越大. 计算因子载荷矩阵 A 的所有 $g_j^2(j=1,2,\cdots,m)$，并按照大小排序，就可以提炼出最有影响力的公共因子.

6.5.3 因子分析模型的求解

1. 因子载荷阵的求解

要建立实际问题的因子模型,关键要根据样本数据估计因子负荷矩阵 $\boldsymbol{A}$,对 $\boldsymbol{A}$ 的估计方法很多,这里仅介绍霍特林(H. Hotelling)创立的,现在使用较为普遍的主成分方法.

设随机向量 $\boldsymbol{X}=(X_1,X_2,\cdots,X_p)^{\mathrm{T}}$ 的协方差为 $\boldsymbol{\Sigma}$,相关矩阵为 $\boldsymbol{R}=(\rho_{ij})$,由于

$$\boldsymbol{\Sigma}=D\boldsymbol{X}=D(\boldsymbol{AF}+\boldsymbol{\varepsilon})=\boldsymbol{A}(D\boldsymbol{F})\boldsymbol{A}^{\mathrm{T}}+D\boldsymbol{\varepsilon}=\boldsymbol{AA}^{\mathrm{T}}+\boldsymbol{D}_{\varepsilon}$$

而所有变量 X_i 都已标准化,故

$$\boldsymbol{R}=\boldsymbol{\Sigma}=\boldsymbol{AA}^{\mathrm{T}}+\boldsymbol{D}_{\varepsilon} \tag{6.27}$$

设 $\boldsymbol{R}$ 的特征值为 $\lambda_1\geqslant\lambda_2\geqslant\cdots\geqslant\lambda_p>0$,其相应的单位正交特征向量为 $\boldsymbol{e}_1,\boldsymbol{e}_2,\cdots,\boldsymbol{e}_p$,令 $\boldsymbol{U}=(\boldsymbol{e}_1,\boldsymbol{e}_2,\cdots,\boldsymbol{e}_p)$,由线性代数的知识,可得

$$\begin{aligned}\boldsymbol{R}&=\boldsymbol{U}\begin{pmatrix}\lambda_1&&\\&\ddots&\\&&\lambda_p\end{pmatrix}\boldsymbol{U}^{\mathrm{T}}\\&=\boldsymbol{U}\begin{pmatrix}\sqrt{\lambda_1}&&\\&\ddots&\\&&\sqrt{\lambda_p}\end{pmatrix}\begin{pmatrix}\sqrt{\lambda_1}&&\\&\ddots&\\&&\sqrt{\lambda_p}\end{pmatrix}^{\mathrm{T}}\boldsymbol{U}^{\mathrm{T}}\\&=(\sqrt{\lambda_1}\boldsymbol{e}_1,\cdots,\sqrt{\lambda_p}\boldsymbol{e}_p)(\sqrt{\lambda_1}\boldsymbol{e}_1,\cdots,\sqrt{\lambda_p}\boldsymbol{e}_p)^{\mathrm{T}}\end{aligned}$$

当公共因子 F_i 的个数为 p 时,特殊因子为0,由式(6.27)得 $\boldsymbol{R}=\boldsymbol{AA}^{\mathrm{T}}$,因此,可取

$$\boldsymbol{A}=(\sqrt{\lambda_1}\boldsymbol{e}_1,\cdots,\sqrt{\lambda_p}\boldsymbol{e}_p)$$

即第 j 列因子载荷为第 j 个主成分的系数 $\boldsymbol{e}_j$ 与 $\sqrt{\lambda_j}$ 的乘积,故称其为主成分法.

当 $m\leqslant p$ 时,取前 m 列构造因子载荷阵 $\boldsymbol{A}=(\sqrt{\lambda_1}\boldsymbol{e}_1,\cdots,\sqrt{\lambda_m}\boldsymbol{e}_m)$,按公共因子的累计方差贡献率达到的百分比(一般取85%)选取 m ,即使 $\dfrac{\sum_{i=1}^{m}\lambda_i}{\sum_{i=1}^{p}\lambda_i}\geqslant 0.85$ 的 m 为所取的公因子数(可以证明 $\dfrac{\lambda_k}{\sum_{i=1}^{p}\lambda_i}=\dfrac{\lambda_k}{p}$ 为第 k 个公共因子 F_k 的方差贡献率).

在实际应用中, $\boldsymbol{X}$ 的协差阵 $\boldsymbol{\Sigma}$ 往往是未知的,这时可以用 $\boldsymbol{X}$ 的观察值求出 $\hat{\boldsymbol{\Sigma}}$, 以 $\hat{\boldsymbol{\Sigma}}$ 取代 $\boldsymbol{\Sigma}$.

2. 因子旋转(factor rotation)

建立因子分析数学模型的目的不仅是为了找出公共因子并对变量进行分组,更重要的是要知道每个公共因子的意义,以便对实际问题进行分析. 如果每个公共因子的含义不清,则不便于对实际背景进行解释. 注意到因子载荷阵 A 具有不唯一性,事实上,用一个正交矩阵 $\boldsymbol{\Gamma}$ 右乘 $\boldsymbol{A}$, 有

$$X = AF + \varepsilon = (A\Gamma)(\Gamma^{\mathrm{T}}F) + \varepsilon$$

记 $A^* = A\Gamma$，$F^* = \Gamma^{\mathrm{T}}F$，可验证 $X = A^*F^* + \varepsilon$ 也是因子分析模型，故知 A 在正交变换 Γ 下也是因子负荷阵．

因此，当 A 的结构不便对主因子进行解释时，我们根据因子负荷阵的不唯一性，可用一个正交阵右乘 A（即对 A 实施一个正交变换），由线性代数的知识，对 A 施行一个正交变换，对应坐标系就有一次旋转．因此，我们称这种变换 A 的方法为因子轴的旋转．

可以证明，因子载荷阵 A 经过旋转后，变量共同度 h_i^2 保持不变，而公共因子 F_j 对 X 的贡献 g_j^2 发生改变．这样，我们可以通过因子旋转使 g_j^2 的值向 0 和 1 两极分化，使大的载荷更大，小的载荷更小，从而使初始因子负荷阵 A 经一系列旋转后结构简化，便于对公共因子进行解释．所谓结构简化即达到以下原则：

(1) 每个公共因子只在少数几个测试变量上具有高载荷，其余载荷很小或至多中等大；

(2) 每个测试变量仅在一个公共因子上有较大载荷，而在其余公共因子上的载荷较小或至多是中等大小．

对因子载荷阵旋转的方法有多种，如正交旋转（orthogonal rotation）、斜交旋转（oblique rotation）等，在正交旋转中，因子与因子之间没有相关，因子轴之间的夹角等于 90°，即因子之间提供的信息不会重叠．在斜交旋转中，因子与因子之间彼此有某种程度的相关，因子轴之间的夹角不是 90°．这里只介绍常用的 Kaiser 提出的方差极大（Varimax）正交旋转法．

为说明该旋转法的原理，首先考虑 $m = 2$ 的情形．

设因子载荷阵 $A = \begin{pmatrix} a_{11} & a_{12} \\ a_{21} & a_{22} \\ \vdots & \vdots \\ a_{p1} & a_{p2} \end{pmatrix}$，按行计算公共度 $h_i^2 = a_{i1}^2 + a_{i2}^2 (i = 1, \cdots, p)$．

考虑到各个变量 X_i 的公共度之间的差异所造成的不平衡，需对 A 中元素作规范化处理，即用 h_i 去除每行元素 a_{ij}．为简便，规范化后的因子载荷阵仍记为 $A = (a_{ij}/h_i) \triangleq (a'_{ij})$，取正交阵

$$\Gamma = \begin{pmatrix} \cos\varphi, & -\sin\varphi \\ \sin\varphi, & \cos\varphi \end{pmatrix}$$

记

$$B \triangleq (b_{ij}) = A\Gamma$$

则

$$B = \begin{pmatrix} a'_{11}\cos\varphi + a'_{12}\sin\varphi, & -a'_{11}\sin\varphi + a'_{12}\cos\varphi \\ \vdots & \vdots \\ a'_{p1}\cos\varphi + a'_{p2}\sin\varphi, & -a'_{p1}\sin\varphi + a'_{p2}\cos\varphi \end{pmatrix} \triangleq \begin{pmatrix} b_{11} & b_{12} \\ \vdots & \vdots \\ b_{p1} & b_{p2} \end{pmatrix}$$

为使 B 达到结构简化，就必须使旋转后的因子负荷阵 B 的两列元素的平方值向 0 和 1 两极分化（即两个公共因子对测试变量 X 的贡献越分散越好，这实际上希望将变量 X_1，$X_2, \cdots, X_p$ 分成两组，一组主要与第一主因子有关，另一组主要与第二主因子有关），因此要求 $(b_{11}^2, \cdots, b_{p1}^2)$，$(b_{12}^2, \cdots, b_{p2}^2)$（这里取 $b_{ij}^2 (i = 1, 2, \cdots, p; j = 1, 2)$ 是为了消除符号不同的影

响)两组数据尽可能地分散,分散程度用样本方差 V_1 和 V_2 表示

$$V_1=\frac{1}{p}\sum_{i=1}^{p}(b_{i1}^2-\bar{b}_{\cdot 1}^2)^2=\frac{1}{p}\sum_{i=1}^{p}(b_{i1}^2)^2-(\bar{b}_{\cdot 1}^2)^2,\quad \bar{b}_{\cdot 1}^2=\frac{1}{p}\sum_{i=1}^{p}b_{i1}^2$$

$$V_2=\frac{1}{p}\sum_{i=1}^{p}(b_{i2}^2-\bar{b}_{\cdot 2}^2)^2=\frac{1}{p}\sum_{i=1}^{p}(b_{i2}^2)^2-(\bar{b}_{\cdot 2}^2)^2,\quad \bar{b}_{\cdot 2}^2=\frac{1}{p}\sum_{i=1}^{p}b_{i2}^2$$

为此,正交旋转的角度 φ 应满足使

$$V_1+V_2\triangleq V=\max$$

即
$$V=\sum_{j=1}^{2}\left[\frac{1}{p}\sum_{i=1}^{p}(b_{ij}^2)^2-\left(\frac{1}{p}\sum_{i=1}^{p}b_{ij}^2\right)^2\right]=\max$$

由微积分求最值原理,令 $\dfrac{\mathrm{d}V}{\mathrm{d}\varphi}=0$ (因为 b_{ij}^2 与 φ 有关,故 V 与 φ 有关)

可解出
$$\tan 4\varphi=\frac{d-2ab/p}{c-(a^2-b^2)/p}$$

若记 $v_i=(a_{i1}/h_i)^2-(a_{i2}/h_i)^2=a_{i1}'^2-a_{i2}'^2$, $w_i=2(a_{i1}/h_i)(a_{i2}/h_i)=2a_{i1}'a_{i2}'$

则
$$a=\sum_{i=1}^{p}v_i,\ b=\sum_{i=1}^{p}w_i,\ c=\sum_{i=1}^{p}(v_i^2-w_i^2),\ d=2\sum_{i=1}^{p}v_iw_i$$

当公共因子有 $m(m>2)$ 个,一般只能迭代求得矩阵 $\boldsymbol{\Gamma}$,这时将 $m=2$ 的方法用于 $C_m^2=\dfrac{m(m-1)}{2}$ 对因子的旋转,即每次取两个,全部配对旋转,例如取 F_l、F_g 两个主因子配对旋转时,这一旋转只是对规格化后的因子负荷阵 $\boldsymbol{A}$ 的第 l 列、g 列两列进行,其余的元素不变,此时,只需将公式中的 b_{i1} 换成 b_{il},b_{i2} 换成 b_{ig},旋转角计算式中出现 a_{i1}、a_{i2} 之处改为 a_{il}、a_{ig} 即可,易理解,共需 $C_m^2=\dfrac{m(m-1)}{2}$ 次旋转,算是一轮循环完毕,记 $V_{(1)}=\sum_{j=1}^{m}V_j=\sum_{j=1}^{m}\left\{\frac{1}{p}\sum_{i=1}^{p}(b_{ij}^2)^2-\left[\frac{1}{p}\sum_{i=1}^{p}(b_{ij}^2)\right]^2\right\}$,则 $V_{(1)}$ 是第一轮旋转后所得因子负荷阵的总方差,如果我们对第一轮旋转后所得因子负荷阵 $\boldsymbol{B}_1=\boldsymbol{A}\boldsymbol{T}_{12}\boldsymbol{T}_{13}\cdots\boldsymbol{T}_{m-1,m}$ 不满意,还可以重新开始进行第二轮 C_m^2 次配对旋转,并计算 $V_{(2)}$ 如此继续下去,直到进行 s 次重复循环后,对预先设定的很小正数 ε 有 $|V_{(s)}-V_{(s-1)}|<\varepsilon$,即每次旋转后的因子载荷矩阵的方差越来越大,直到收敛到某一极限,便认为达到方差极大正交旋转的目的而终止. 以上复杂的变换过程,可用 SPSS 等统计软件在电脑上实现,最后得到的 $\boldsymbol{B}_s$ 即为旋转后的因子负荷矩阵,而 $\boldsymbol{B}_s$ 的因子负荷已向两极分化,更便利对各公共因子作解释并命名. 在实际应用中,当旋转后的方差变化不大,即可停止旋转.

3. 因子得分(factor score)

因子分析的数学模型是将观测变量分解为公共因子 $F_1,F_2,\cdots,F_m$ 的线性组合:

$$X_i=a_{i1}F_1+a_{i2}F_2+\cdots+a_{im}F_m\qquad (i=1,2,\cdots,p)$$

反过来,已知观测变量 X_i 的取值,每个公共因子 F_i 的取值(得分)是多少? 这是我们感兴趣的问题. 比如,在模型(6.24)中已知某个学生的六科考试成绩,则他的理科能力 f_1,文科能力 f_2 得分是多少? 这时需要将公共因子 $F_1,F_2,\cdots,F_m$ 用变量 $X_1,X_2,\cdots,X_p$ 的线性组合

来表示,即

$$F_j = b_{j1}X_1 + b_{j2}X_2 + \cdots + b_{jp}X_p \ (j = 1,2,\cdots,m) \tag{6.28}$$

写成矩阵的形式为

$$\boldsymbol{F} = \boldsymbol{BX} \tag{6.29}$$

其中, $\boldsymbol{B} = (b_{jk})_{m\times p}$.

称(6.28)为因子得分函数．如果知道了式(6.29)中的矩阵 $\boldsymbol{B}$,就可以用它来计算各个样品的公共因子的得分．

估计矩阵 $\boldsymbol{B}$ 的方法较多,回归分析法是常用的方法之一．采用回归分析法式(6.29)中矩阵 $\boldsymbol{B}$ 的估计公式为:在没有旋转时, $\boldsymbol{B} = \boldsymbol{A}^{\mathrm{T}}\boldsymbol{R}^{-1}$;在进行旋转后, $\boldsymbol{B} = (\boldsymbol{A}^*)^{\mathrm{T}}\boldsymbol{R}^{-1}$,其中 $\boldsymbol{A}^*$ 为旋转后的因子载荷阵, $\boldsymbol{R}$ 为 $\boldsymbol{X}$ 的相关系数矩阵.

6.5.4 因子分析的步骤

因子分析的核心问题有两个:一是如何构造因子变量;二是如何对因子变量进行命名解释．因此,因子分析的基本步骤和解决思路就是围绕这两个核心问题展开的．

1. 因子分析常用基本步骤

(1)确认待分析的原变量是否适合作因子分析,即大部分变量的简单相关系数是否大于0.3;

(2)构造因子变量;

(3)利用旋转方法使因子变量更具有可解释性;

(4)计算因子变量得分．

2. 因子分析的计算过程

(1)将原始数据标准化,以消除变量间在数量级和量纲上的不同;

(2)求标准化数据的相关矩阵;

(3)求相关矩阵的特征值和特征向量;

(4)计算方差贡献率与累积方差贡献率;

(5)确定因子;

(6)若所得的 m 个因子无法确定或其实际意义不是很明显,这时需将因子进行旋转以获得较为明显的实际含义;

(7)用原指标的线性组合来求各因子得分;

(8)综合得分及得分排序.

以各因子的方差贡献率为权,由各因子的线性组合得到综合评价指标函数．

6.5.5 因子分析在SPSS上的实现

【例6.9】 随机抽取10名学生,对其6门课程的考试成绩进行统计,如表6.31所示,这6门课程分别为 X_1 数学, X_2 物理, X_3 化学, X_4 语文, X_5 历史, X_6 英语．使用因子分析分析这10名学生成绩的因子构成．

表 6.31 成绩表

序号	数学	物理	化学	语文	历史	英语
1	65	61	72	84	81	79
2	77	77	76	64	70	55
3	67	63	49	65	67	57
4	80	69	75	74	74	63
5	74	70	80	84	81	74
6	78	84	75	62	71	64
7	66	71	67	52	65	57
8	77	71	57	72	86	71
9	83	100	79	41	67	50
10	86	94	97	51	63	55

SPSS 操作步骤如下:

(1)录入表中数据.

(2)按照 Analyze→Data Reduction→Factor 顺序选中因子分析计算模块,出现图 6.38 对话框.

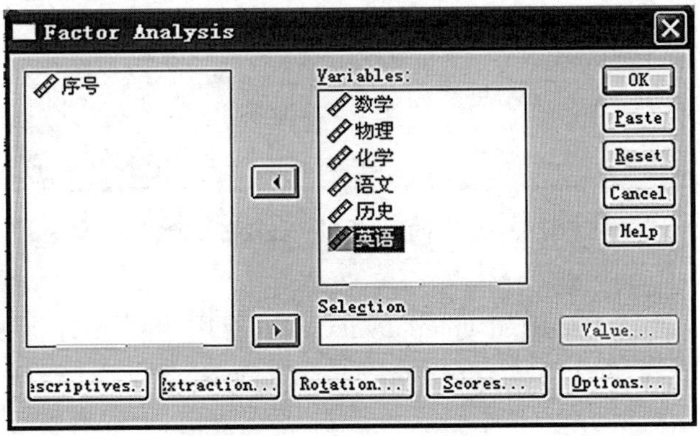

图 6.38 因子分析对话框

在图 6.38 左侧的原变量框中依次选取“数学,物理,…,英语”变量,单击上面向右箭头按钮,将其送入 Variables 框中.

(3)图 6.38 所示对话框最下面有五个按钮:Descriptives、Extraction、Rotation、Scores、Options,分别进行设置.

①单击 Descriptives 按钮,出现如图 6.39 所示对话框.

选中 Coefficients(相关系数矩阵)和 Significance levels(相关系数检验的概率 p 值). 按 Continue 按钮,返回原对话框.

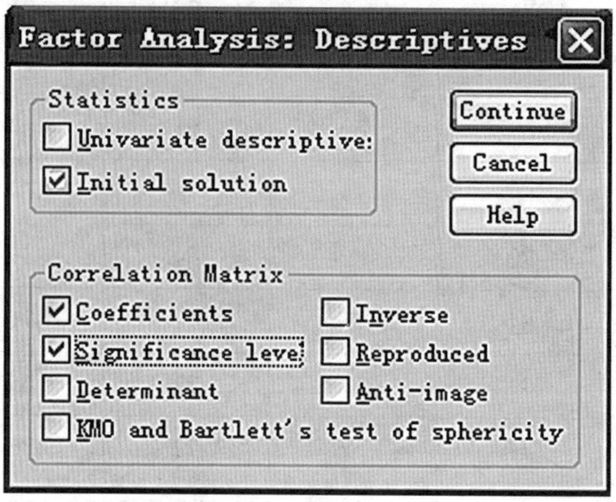

图 6.39 因子分析的 Descriptives 窗口

②单击 Extraction 按钮,出现如图 6.40 所示对话框.

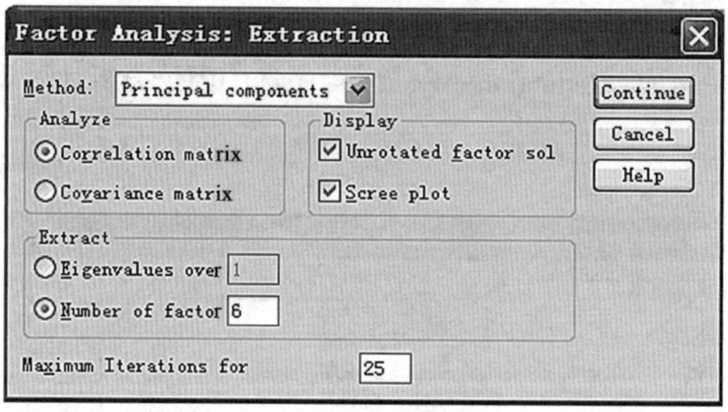

图 6.40 因子分析的 Extraction 窗口

在 Method 列表中选取 Principal components 表示使用主成分分析方法提取因子(SPSS 默认). 在 Analyze 下有两个单选框:Correlation matrix,表示对相关矩阵提取主成分;Covariance matrix,表示对协方差矩阵提取主成分. 在 Extract 下有两个单选框:Eigenvalues over 表示按特征值大于某值提取因子;Number of factor 表示提取因子的个数. 在 Display 下有两个复选框:Unrotated factor solution 表示输出未旋转的因子载荷阵,Scree plot 表示输出碎石图. 按 Continue 按钮,返回原对话框.

③单击 Rotation 按钮,出现如图 6.41 所示对话框.

在 Method 下有 6 个单选框:Varimax(最大方差法)表示使负荷量的变异数在因子内最大,即使每个因子上具有最高载荷的变量数最少;Quartimax(四次方最大值法)表示使负荷量的变异数在变项内最大,即使每个变量中需要解释的因子数最少; Equamax(相等最大值

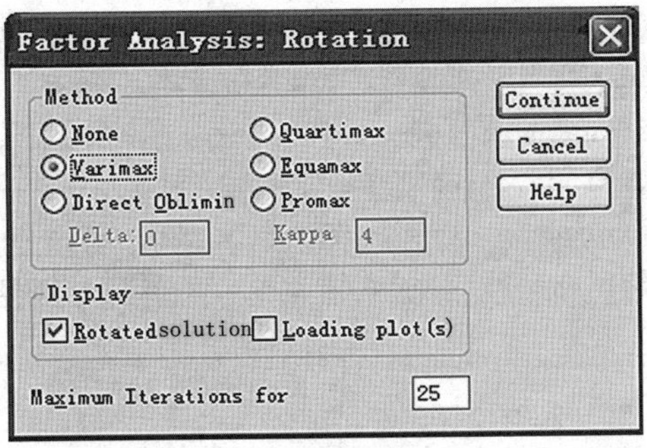

图 6.41 因子分析的 Rotation 窗口

法)表示综合前两者,使负荷量的变异数在因素内与变项内同时最大;Direct Oblimin(直接斜交转轴法)表示使因素负荷量的差积(cross-products)最小化;Promax(转轴法),表示将直交转轴(varimax)的结果再进行相关的斜交转轴. 因子负荷量取 2、4、6 次方以产生接近 0 但不为 0 的值,以找出因子间的相关,但仍保有最简化因素的特性.

在 Display 下有两个复选框:Rotated solution 表示输出旋转后的因子载荷矩阵; Loading plot(s)表示输出旋转后的因子载荷散点图.

上述前三者属于正交旋转,后两者属于斜交旋转. 使用何种转轴方式,需视研究题材、研究目的及相关理论,由研究者自行设定. 按 Continue 按钮,返回原对话框.

④按 Scores 按钮出现如图 6.42 所示对话框.

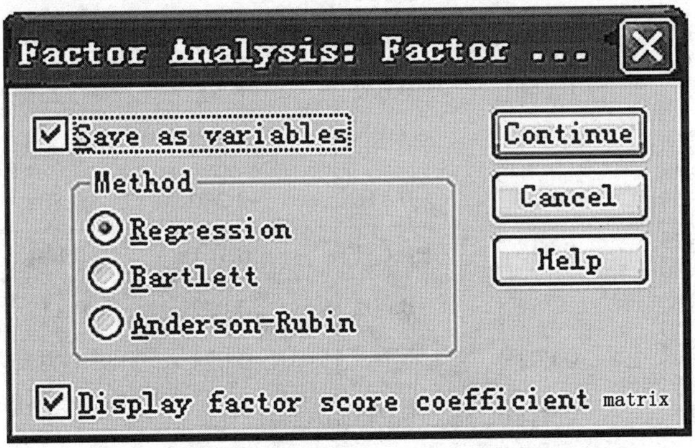

图 6.42 因子分析的 Scores 窗口

选中 Save as variables 复选框,表示将因子分数作为变量保存在例 6.9 的数据文件中,并将变量命名为 FACn_m,其中 n 是因子编号,用数字表示;m 表示是第几次分析的结果. 在 Method 单选框中,选择 Regression(回归)方法,选中 Display factor score coefficient matrix 复选框,表示输出因子分数矩阵. 按 Continue 按钮,返回原对话框.

⑤按 Options 按钮出现如图 6.43 所示对话框,用来指定缺失值的处理方法和因子载荷阵的输出方法.

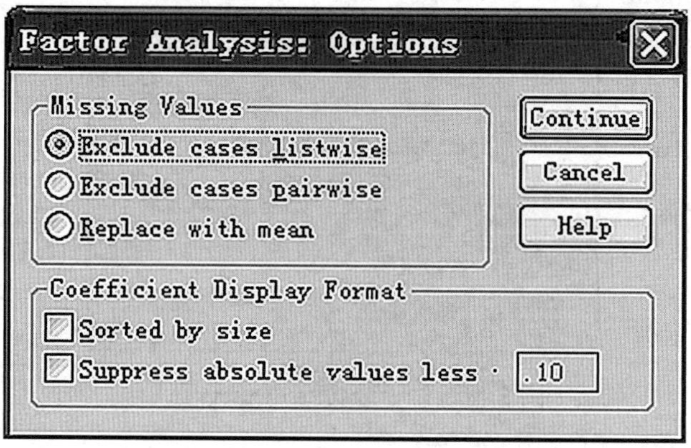

图 6.43 因子分析的 Option 窗口

按 Continue 按钮返回原对话框,单击 OK 按钮后 SPSS 输出因子分析结果.

SPSS 结果解释如下:

(1)考察原变量间的相关程度,以确定是否适合进行因子分析.

根据6个指标的相关矩阵和相关系数检验,见表6.32.

表 6.32 **Correlation Matrix**

		数 学	物 理	化 学	语 文	历 史	英 语
Correlation	数 学	1.000	0.805	0.646	−0.422	−0.208	−0.415
	物 理	0.805	1.000	0.642	−0.783	−0.516	−0.631
	化 学	0.646	0.642	1.000	−0.234	−0.280	−0.161
	语 文	−0.422	−0.783	−0.234	1.000	0.808	0.891
	历 史	−0.208	−0.516	−0.280	0.808	1.000	0.876
	英 语	−0.415	−0.631	−0.161	0.891	0.876	1.000
Sig. (1-tailed)	数 学		0.002	0.022	0.112	0.282	0.116
	物 理	0.002		0.023	0.004	0.064	0.025
	化 学	0.022	0.023		0.257	0.217	0.328
	语 文	0.112	0.004	0.257		0.002	0.000
	历 史	0.282	0.064	0.217	0.002		0.000
	英 语	0.116	0.025	0.328	0.000	0.000	

这6个变量大部分相关系数在0.3以上,具备相关性,故可对其做因子分析.

(2)确定提取因子的个数.

先在 Extraction 按钮下设置提取因子个数为6,可得到因子解释原有变量总方差情况的表(表6.33).

表 6.33 **Total Variance Explained**

Component	Extraction Sums of Squared Loadings			Rotation Sums of Squared Loadings		
	Total	% of Variance	Cumulative %	Total	% of Variance	Cumulative %
1	3.843	64.050	64.050	2.611	43.521	43.521
2	1.417	23.617	87.667	1.433	23.887	67.408
3	0.473	7.884	95.551	1.191	19.857	87.264
4	0.208	3.471	99.022	0.692	11.526	98.790
5	0.036	0.605	99.627	0.048	0.795	99.585
6	0.022	0.373	100.000	0.025	0.415	100.000

Extraction Method: Principal Component Analysis.

这里可以根据累计贡献率>85%来确定提取因子的个数,可以看出,此例提取因子 2 个即可. 同时,也可借用碎石图帮助确定提取因子的个数,见图 6.44. 碎石图 6.44 的横坐标为因子数目,纵坐标为特征根. 可以看到,第 1、2 个因子的特征根较大,对解释原有变量的贡献大;第 3 个以后的因子特征根都较小,对解释原有变量的贡献很小,已经成为可被忽略的"高山脚下的碎石",故提取两个因子合适.

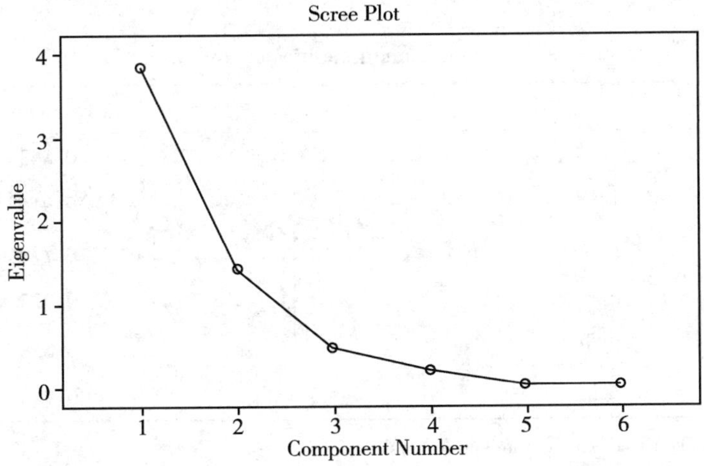

图 6.44 碎石图

重新回到 Extraction 按钮下设置提取因子个数为 2,按上述操作再进行一次,可以得到因子载荷矩阵,见表 6.34.

表6. 34 **Component Matrix(a) 因子载荷矩阵**

	Component	
	1	2
数学	−0. 706	0. 587
物理	−0. 912	0. 288
化学	−0. 568	0. 676
语文	0. 900	0. 339
历史	0. 795	0. 475
英语	0. 865	0. 438

a 2 components extracted.

根据表6. 34写出本例的因子分析模型:

$$数学 = -0.706F_1 + 0.587F_2$$
$$物理 = -0.912F_1 + 0.288F_2$$
$$化学 = -0.568F_1 + 0.676F_2$$
$$语文 = 0.900F_1 + 0.339F_2$$
$$历史 = 0.795F_1 + 0.475F_2$$
$$英语 = 0.865F_1 + 0.438F_2$$

表6. 35揭示了因子分析下提取2个因子下的共同度,可以看到,所有变量的共同度均较高(77%),各个变量的信息丢失都较少,因此提取2个因子的效果较理想.

表6. 35 **Communalities**

	Extraction
数学	0. 843
物理	0. 915
化学	0. 779
语文	0. 925
历史	0. 858
英语	0. 940

Extraction Method: Principal Component Analysis.

(3)对因子载荷矩阵进行旋转,以便对因子解释和命名.

由表6. 34,尽管可以提取2个因子进行分析,但第1个因子在所有变量上的负荷都较大,不利于解释因子,这里采用方差最大法对因子载荷矩阵实施正交旋转,旋转的目的是要得到清晰的负荷形式,以便研究者进行因子解释及命名,具体结果见表6. 36.

表 6.36 **旋转后的因子载荷矩阵 Rotated Component Matrix(a)**

	Component	
	1	2
数学	−0.203	0.895
物理	−0.549	0.783
化学	−0.040	0.882
语文	0.921	−0.278
历史	0.920	−0.106
英语	0.953	−0.178

a Rotation converged in 3 iterations.

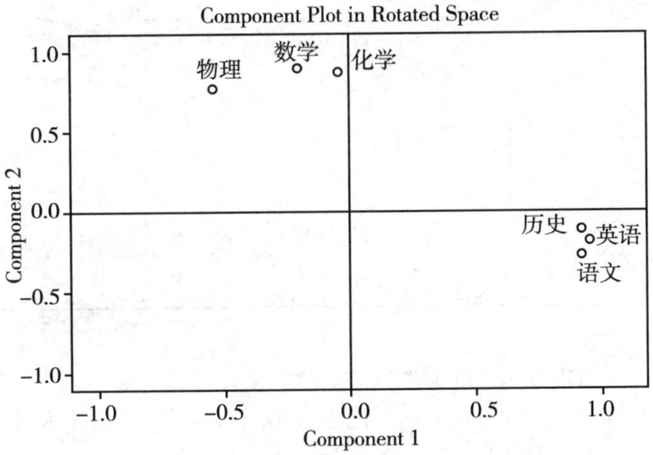

图 6.45 旋转空间成分图

综合表 6.36 和旋转后的因子载荷阵(图 6.45)可看出,第 1 个因子在语文、历史、英语上载荷大,而第 2 个因子在数学、物理、化学上载荷大. 故因子 1 反映学生的文科水平,因子 2 反映了学生的理科水平.

表 6.37 是正交旋转矩阵,表 6.38 显示了两因子的协方差矩阵,两因子经过旋转后没有线性相关性,实现了因子分析的目的.

表 6.37 **Component Transformation Matrix 旋转矩阵**

Component	1	2
1	0.794	−0.608
2	0.608	0.794

表 6.38 **Component Score Covariance Matrix**

Component	1	2
1	1.000	0.000
2	0.000	1.000

(4)计算因子得分.

此例采用回归法,根据 $\boldsymbol{B}=(\boldsymbol{A}^{*})^{\mathrm{T}}\boldsymbol{R}^{-1}$,得出因子得分矩阵 $\boldsymbol{B}$,结果如表 6.39 所示.

表 6.39 **因子分数矩阵 Component Score Coefficient Matrix**

	Component	
	1	2
数学	0.106	0.441
物理	-0.065	0.306
化学	0.172	0.469
语文	0.331	0.048
历史	0.368	0.140
英语	0.367	0.109

根据表 6.34,可写出因子得分函数:

F_1 = 0.106 数学 − 0.065 物理 + 0.172 化学 + 0.331 语文 + 0.368 历史 + 0.367 英语

F_2 = 0.441 数学 + 0.306 物理 + 0.469 化学 + 0.048 语文 + 0.140 历史 + 0.109 英语

这时回到 SPSS 主窗口,会发现例的原始数据文件多了两个变量 FAC1_1 和 FAC2_1,这两个变量就是各个样本在因子 1 和因子 2 上的得分,如图 6.46 所示.

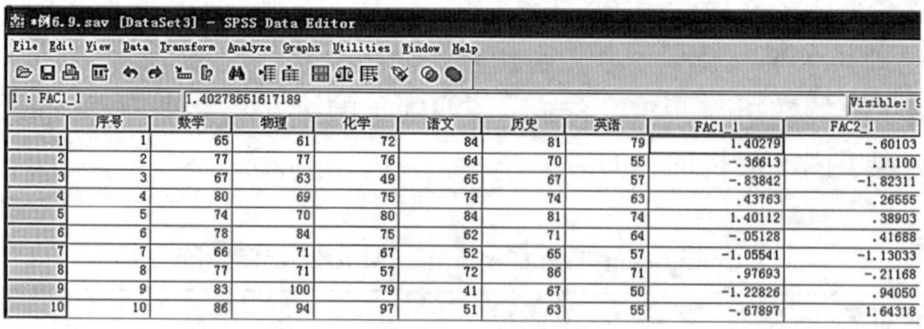
*例6.9.sav [DataSet3] - SPSS Data Editor

File Edit View Data Transform Analyze Graphs Utilities Window Help

1 : FAC1_1 1.40278651617189 Visible: 9

	序号	数学	物理	化学	语文	历史	英语	FAC1_1	FAC2_1
1	1	65	61	72	84	81	79	1.40279	-.60103
2	2	77	77	76	64	70	55	-.36613	.11100
3	3	67	63	49	65	67	57	-.83842	-1.82311
4	4	80	69	75	74	74	63	.43763	.26555
5	5	74	70	80	84	81	74	1.40112	.38903
6	6	78	84	75	62	71	64	-.05128	.41688
7	7	66	71	67	52	65	57	-1.05541	-1.13033
8	8	77	71	57	72	86	71	.97693	-.21168
9	9	83	100	79	41	67	50	-1.22826	.94050
10	10	86	94	97	51	63	55	-.67897	1.64318

图 6.46 因子得分数据表

从图 6.46 上可看出,第 1 个学生因子 1 得分高,而第 2 个因子为负,说明此学生适合读文科,以此类推,可对其他学生进行分析. 进一步,还可对学生进行分类、排序等统计工作.

◎ **思考：**

1. 因子分析的目的是什么？

2. 什么是因子载荷矩阵？因子载荷矩阵有什么统计意义？如何求因子载荷矩阵？

3. 什么是因子旋转？为什么要做因子旋转？

4. 因子得分函数如何估计？

本 章 小 结

1. 多元正态分布是一元正态分布的推广，它的一些性质也可以看成一元正态分布性质的推广. 多元正态分布是多元统计分析的基础.

2. 聚类分析和判别分析是研究分类和归类的统计分析方法. 数值分类学的样品都是用数量指标来描述的，因此样品都可以看成是高维空间的点. 对这些点，可以按照距离进行分类，距离的定义有多种方法，样品之间、样品与类及类与类之间的距离也有多种定义方法.

(1) 本章介绍了系统聚类法和动态聚类法两种聚类过程. 系统聚类法是先把距离最近的两个点聚为一类，再将距离最近的两个对象(点或类)聚为一类，依此类推，逐步将所有点聚为一类，最终形成一个谱系图(树形图). 动态聚类法是任意指定若干点为聚核，计算所有的点到聚核的距离，按照距离最近的原则将所有点归到这几个类中，形成若干新类；计算新类的重心作为新的聚核，重新计算所有点到新聚核的距离，再次分成若干类；反复重复上述步骤，直到分类稳定为止.

(2) 判别分析是给定了类(总体)，对样品(点)进行归类、常用的方法有：

距离法判别法：将样品归为距离它最近的总体；

费歇尔判别法：利用线性变换将样品映射到低维空间，再在低维空间基础上用距离法归类；

贝叶斯判别法：利用判别造成的损失最小的原则，建立判别函数，对空间的点归类.

3. 主成分分析与因子分析是对高维数据(高维空间的点)降维的一种统计分析方法.

(1) 主成分分析是对原始指标 $X_1,\cdots,X_p$ 作正交变换(相当于坐标旋转)：

$$\boldsymbol{Y}=\boldsymbol{LX}$$

使新指标 $Y_1,\cdots,Y_p$ 之间不相关(信息不重叠). 其中，正交阵 $\boldsymbol{L}=(\boldsymbol{e}_1,\cdots,\boldsymbol{e}_p)^{\mathrm{T}}$，记 $\lambda_1\geqslant\lambda_2\geqslant\cdots\geqslant\lambda_p\geqslant 0$ 是 $X_1,\cdots,X_n$ 的协方差矩阵 $\boldsymbol{\Sigma}$ 的 p 个特征值，$\boldsymbol{e}_i$ 为 λ_i ($i=1,2,\cdots,p$) 对应的单位化相互正交的特征向量. Y_i 称为第 i 个主成分 ($i=1,2,\cdots,p$).

(2) 因子分析是将原始指标分解成如下形式：

$$\begin{cases}X_1=a_{11}F_1+a_{12}F_2+\cdots+a_{1m}F_m+\varepsilon_1\\X_2=a_{21}F_1+a_{22}F_2+\cdots+a_{2m}F_m+\varepsilon_2\\\quad\cdots\cdots\\X_p=a_{p1}F_1+a_{p2}F_2+\cdots+a_{pm}F_m+\varepsilon_p\end{cases}$$

记成矩阵的形式为

$$X = AF + \varepsilon$$

通常有 $m < p$，$F_i(i = 1,2,\cdots,m)$ 称为公共因子，A 称为因子载荷阵. 可用主成分法求得载荷阵

$$A = (\sqrt{\lambda_1}e_1, \cdots, \sqrt{\lambda_p}e_p)$$

因子分析中的内容还有因子旋转、因子得分等.

习　题　六

1. 已知总体 $X \sim N_5(\mu, \Sigma)$，今获得一个容量为 7 的样本，数据如下表，试求 μ, Σ 的极大似然估计和最优无偏估计.

序号	x_{k1}	x_{k2}	x_{k3}	x_{k4}	x_{k5}
1	8.63	77.25	120.00	9.88	81.75
2	8.16	81.26	163.00	6.01	87.34
3	7.80	89.67	127.00	5.96	83.97
4	11.67	82.10	144.00	10.06	67.10
5	13.34	86.00	154.00	9.86	69.06
6	5.16	61.20	191.00	9.67	75.09
7	12.19	88.96	166.00	8.76	80.29

2. 设有五个变量 X_1, X_2, X_3, X_4, X_5，它们之间的相关系数矩阵为

$$R = \begin{array}{c} \\ X_1 \\ X_2 \\ X_3 \\ X_4 \\ X_5 \end{array} \begin{array}{c} \begin{array}{ccccc} X_1 & X_2 & X_3 & X_4 & X_5 \end{array} \\ \begin{pmatrix} 1 & & & & \\ 0.643 & 1 & & & \\ -0.082 & -0.086 & 1 & & \\ 0.045 & 0.211 & -0.164 & 1 & \\ -0.013 & -0.328 & 0.486 & -0.185 & 1 \end{pmatrix} \end{array}$$

以 R 作为各变量间的相似性度量，利用最短距离法、最长距离法及类平均法对这五个变量作聚类分析，画出谱系图；比较这些结果，若有差异，请分析其产生的原因.

3. 胜利油田某地段三条地震测线提供构造变量 x_1, x_2, x_3 及速度变量 x_4, x_5, x_6, x_7 共 7 个变量. 表 A 是有油气显示的 7 个变量的数据（共 29 组），设为 G_1 类；表 B 是无油气显示的 7 个变量数据（共 31 组），设为 G_2 类. 已知 G_1 类与 G_2 类的协方差阵相同，试用距离判别法对变量 $X = (x_1, x_2, \cdots, x_7)^{\mathrm{T}}$ 进行判别，并计算回报判别的误判率.

表 A

G_1 类——有油气显示的数据

变量 \ 序号	构造变量			速度变量			
	x_1	x_2	x_3	x_4	x_5	x_6	x_7
1	20	21	5	4	2	4	2
2	20	21	6	4	2	4	2
3	20	24	5	4	2	4	4
4	20	27	5	4	2	4	2
5	20	30	5	4	1	4	2
6	20	30	6	4	2	1	1
7	20	33	5	4	1	4	2
8	20	33	6	2	1	4	5
9	20	36	5	4	1	4	4
10	20	39	5	4	2	2	1
11	20	42	5	4	2	4	4
12	20	42	6	4	2	1	4
13	20	42	8	1	4	7	7
14	20	45	6	2	2	4	6
15	20	55	8	1	6	3	6
16	32	14	6	8	0	0	0
17	32	17	6	2	3	1	6
18	32	20	6	2	1	4	4
19	32	47	4	1	2	4	4
20	32	50	4	4	1	4	4
21	32	53	4	4	2	4	4
22	15	44	6	2	2	4	6
23	18	44	6	1	3	6	6
24	21	44	6	2	2	6	5
25	21	44	8	1	7	7	7
26	24	44	6	2	1	4	6
27	27	44	6	4	1	1	1
28	36	44	3	2	2	5	4
29	36	44	4	2	3	4	4

表 B

G_2 类——无油气显示的数据

变量 \ 序号	构造变量			速度变量			
	x_1	x_2	x_3	x_4	x_5	x_6	x_7
1	20	18	8	1	7	5	7
2	20	36	8	1	7	7	6

续表

序号 \ 变量	构造变量			速度变量			
	x_1	x_2	x_3	x_4	x_5	x_6	x_7
3	32	17	5	4	1	4	4
4	32	17	3	8	0	0	0
5	32	53	3	4	1	4	4
6	15	44	4	8	0	0	0
7	15	44	5	2	1	4	4
8	24	44	7	2	3	4	2
9	32	20	8	1	7	7	7
10	20	21	8	1	7	7	6
11	32	32	3	4	1	4	2
12	32	26	3	8	0	0	0
13	32	29	6	4	2	4	1
14	32	23	4	4	1	4	4
15	20	30	3	4	1	1	4
16	20	33	4	4	1	4	2
17	32	11	7	8	0	0	0
18	21	44	7	4	4	1	4
19	20	18	8	1	7	5	7
20	32	47	3	4	1	1	2
21	32	47	7	4	2	1	4
22	32	26	4	4	1	1	2
23	20	30	8	1	7	6	5
24	32	29	4	4	1	1	1
25	32	50	7	2	2	5	6
26	32	53	8	1	7	7	7
27	20	39	8	1	6	5	4
28	36	44	8	1	6	7	6
29	15	44	7	8	0	0	0
30	21	44	5	2	1	4	4
31	15	44	3	4	2	4	4

4. 设总体 $\boldsymbol{X} = (X_1, X_2)^{\mathrm{T}}$ 的样本协差阵为 $\boldsymbol{\Sigma} = \begin{bmatrix} 5 & 2 \\ 2 & 2 \end{bmatrix}$，求 $\boldsymbol{X}$ 的主成分 Y_1 和 Y_2，并计算第一主成分 Y_1 的贡献率.

5. 现有 3 个指标 X_1, X_2, X_3，收集了 $n = 29$ 组数据，求得相关系数矩阵为

$$R=\begin{bmatrix}1 & 0.8347 & 0.6754\\ & 1 & 0.9252\\ & & 1\end{bmatrix}$$

其特征值为0. 6296、0. 3325、0. 0379,对应的单位正交化特征向量为

$\boldsymbol{u}_1^{\mathrm{T}}=(0.5498, 0.6078, 0.5730)$, $\boldsymbol{u}_2^{\mathrm{T}}=(-0.7788, 0.1251, 0.6147)$, $\boldsymbol{u}_3^{\mathrm{T}}=(-0.3019, 0.7842, -0.5421)$

(1)问:若要求累计贡献率达到90%以上,至少应取几个主成分?

(2)写出(1)中提取的主成分的表达式.

6. 对100名学生的数学、物理、化学、语文、历史、英语成绩的数据进行主成分分析,得到如下SPSS输出:

Total Variance Explained

Component	Initial Eigenvalues			Extraction Sums of Squared Loadings		
	Total	% of Variance	Cumulative %	Total	% of Variance	Cumulative %
1	3.735	62.254	62.254	3.735	62.254	62.254
2	1.133	18.887	81.142	1.133	18.887	81.142
3	0.457	7.619	88.761			
4	0.323	5.376	92.137			
5	0.199	3.320	97.457			
6	0.153	2.543	100.000			

Extraction Method:Principal Component Analysis.

Component Matrix[a]

	Component					
	1	2	3	4	5	6
MATH	−0.806	0.353	−0.040	0.468	0.021	0.068
PHYS	−0.674	0.531	−0.454	−0.240	−0.001	−0.006
CHEM	−0.675	0.513	0.499	−0.181	0.002	0.003
LITERAT	0.893	0.306	−0.004	−0.037	0.077	0.320
HISTORY	0.825	0.435	0.002	0.079	−0.342	−0.083
ENGLISH	0.836	0.425	0.000	0.074	0.276	−0.197

Extraction Method:principal Component Analysis.

a.6 components extracted.

(1)根据上述计算机输出结果,判断选择几个主成分(即原始的6个变量要降维到几个

变量),依据是什么?

(2)写出所选择的主成分与原来变量关系的表达式,同时指出主成分载荷,并解释其含义.

7. 在某大学一年级44名学生的期末考试中,线性代数和概率统计课程采用闭卷考试,法律、思想品德和C语言程序设计课程采用开卷考试,考试成绩见下表.

线性代数	概率统计	法律	思想品德	C语言程序设计	线性代数	概率统计	法律	思想品德	C语言程序设计
77	82	67	67	81	63	78	80	70	81
75	73	71	66	81	55	72	63	70	68
63	63	65	70	63	53	61	72	64	73
51	67	65	65	68	59	70	68	62	56
62	60	58	62	70	64	72	60	62	45
52	64	60	63	54	55	67	59	62	44
50	50	64	55	63	65	63	58	56	37
31	55	60	57	73	60	64	56	54	40
44	69	53	53	53	42	69	61	55	45
62	46	61	57	45	31	49	62	63	62
44	61	52	62	46	49	41	61	49	64
12	58	61	63	67	49	53	49	62	47
54	49	56	47	53	54	53	46	59	44
44	56	55	61	36	18	44	50	57	81
46	52	65	50	35	32	45	49	57	64
30	69	50	52	45	46	49	53	59	37
40	27	54	61	61	31	42	48	54	68
36	59	51	45	51	56	40	56	54	35
46	56	57	49	32	45	42	55	56	40
42	60	54	49	33	40	63	53	54	25
23	55	59	53	44	48	48	49	51	37
41	63	49	46	34	46	52	53	41	40

采用 SPSS 统计软件中的因子分析功能对这组数据进行因子分析，得到以下输出结果：

表 C **Total Variance Explained**

Component	Initial Eigenvalues			Extraction Sums of Squared Loadings			Rotation Sums of Squared Loadings		
	Total	% of Variance	Cumulative %	Total	% of Variance	Cumulative %	Total	% of Variance	Cumulative %
1	2.612	52.239	52.239	2.612	52.239	52.239	1.893	37.851	37.851
2	1.072	21.441	73.680	1.072	21.441	73.680	1.791	35.830	73.680
3	0.569	11.389	85.069						
4	0.436	8.719	93.788						
5	0.311	6.212	100.000						

表 D **Rotated Component Matrix(a)**

	Component	
	1	2
线性代数	0.055	0.856
概率统计	0.188	0.780
法律	0.634	0.564
思想品德	0.767	0.360
C 语言程序设计	0.929	-0.063

(1)解释表 C 中各列的含义，并根据表 C 中的数据信息说明最终提取几个公共因子，能反映原有信息的百分比是多少？

(2)根据表 D 中的数据信息，对所提取的公共因子进行合理的命名，并说明命名的依据.

8. 在某中学随机抽取 30 名某年级学生，测量其四项指标，即身高(cm)、体重(kg)、胸围(cm)和坐高(cm)，数据资料见下表：

序号	身高	体重	胸围	坐高	序号	身高	体重	胸围	坐高
1	139	32	68	73	16	148	38	70	78
2	144	36	68	76	17	141	30	67	76
3	157	48	80	88	18	151	36	74	80
4	157	39	68	80	19	147	30	65	75
5	151	42	73	82	20	147	38	73	78
6	160	47	74	87	21	156	44	78	85
7	149	47	82	79	22	145	35	70	77
8	137	31	66	73	23	152	35	73	79
9	158	49	78	83	24	140	33	67	77
10	140	29	64	74	25	161	47	78	84
11	151	42	77	80	26	139	31	68	74
12	153	43	76	83	27	150	43	77	79
13	159	45	80	86	28	142	31	66	76
14	160	49	77	86	29	149	36	67	79
15	148	41	72	78	30	139	34	71	76

(1)试用因子分析方法确定4项指标的公共因子；

(2)若要求损失信息不超过15%,应取几个公共因子?

(3)对(2)中所提取的公共因子进行解释.

9. 采用因子分析方法对我国31个省市自治区经济发展基本情况进行综合评估. 共选取八项指标,即国内生产总值 X_1(亿元)、居民消费水平 X_2(元)、固定资产投资 X_3(亿元)、货物周转量 X_4(亿吨·公里)、居民消费价格指数 X_5(上年100)、商品零售价格指数 X_6(上年100)、工业总产值 X_7(亿元). 原始数据资料见下表.

我国31个省市自治区经济发展基本情况

序号	省份	X_1	X_2	X_3	X_4	X_5	X_6	X_7
1	北京	6886.3	14835	2827.2	582.1	101.5	99.7	5974.0
2	天津	3697.6	9484	1495.1	12593.0	101.5	99.9	6119.1
3	河北	10096.1	4311	4139.7	5068.1	101.8	101.1	10194.4
4	山西	4179.5	4172	1826.6	1690.9	102.3	100.3	4173.9
5	内蒙古	3895.6	4620	2643.6	1437.1	102.4	101.5	2327.5
6	辽宁	8009.0	6449	4200.4	3350.5	101.4	100.1	9140.6
7	吉林	3620.3	5135	1741.1	605.9	101.5	101.1	3551.7
8	黑龙江	5511.5	4822	1737.3	1167.4	101.2	100.4	3955.7
9	上海	9154.2	18396	3509.7	12128.1	101.0	99.4	14594.2

续表

序号	省份	X_1	X_2	X_3	X_4	X_5	X_6	X_7
10	江苏	18305.7	7163	8165.4	2993.2	102.1	100.3	29476.7
11	浙江	13437.9	9701	6520.1	3417.0	101.3	100.9	21227.2
12	安徽	5375.2	3888	2525.1	1566.1	101.4	100.6	4236.4
13	福建	6568.9	6793	2316.7	1573.1	102.2	100.6	7516.1
14	江西	4056.8	3821	2176.6	885.2	101.7	100.9	2736.7
15	山东	18516.9	5899	9307.3	551.0	101.7	100.6	24678.5
16	河南	10587.4	4092	4311.6	2352.5	102.1	101.7	9236.8
17	湖北	6520.1	4883	2676.6	1415.7	102.9	102.1	5329.2
18	湖南	6511.3	4894	2629.1	1628.6	102.3	102.3	4341.9
19	广东	22366.5	9821	6977.9	3860.3	102.3	101.8	31519.6
20	广西	4075.8	3928	1661.2	1098.3	102.4	101.1	2242.3
21	海南	894.6	4145	367.2	448.8	101.5	100.9	429.4
22	重庆	3070.5	4782	1933.2	625.5	100.8	98.7	2598.8
23	四川	7385.1	4130	3585.2	916.6	101.7	100.6	5303.6
24	贵州	1979.1	3140	998.2	646.5	101.0	101.3	1546.2
25	云南	3472.9	3749	1777.6	680.6	101.4	100.1	244.1
26	西藏	251.2	3019	181.4	40.7	101.5	100.8	24.9
27	陕西	3675.7	3594	1882.2	1028.8	101.2	100.1	3150.8
28	甘肃	1934.0	3453	870.4	983.2	101.7	99.9	1695.8
29	青海	543.3	3888	329.8	147.1	100.8	100.7	388.1
30	宁夏	606.1	4413	443.3	255.2	101.5	100.4	605.2
31	新疆	2604.2	3847	1339.1	806.6	100.7	99.4	1656.0

资料来源:《中国统计年鉴(2006)》.

10. 消费结构是指人们在生活中消费的消费资料和接受的服务种类及其比例关系,也就是指各类消费支出在总消费支出中的比重,对居民消费支出按照人们实际支出的去向分类,可分为吃、穿、用、住、文化娱乐等,按照我国常用的消费资料支出分类方法,将城镇居民人均生活费支出分为食品、衣着、家庭设备及服务、医疗保健、交通通信、文教娱乐及服务、居住、杂项商品及服务八个部分,它们在人均生活费支出中所占的比重分别记为 $X_1, X_2, \cdots, X_8$. 试根据浙江省城镇居民家庭生活的抽样调查资料,采用因子分析方法研究居民消费结构变化.

1992—2000年浙江省城镇居民人均生活消费支出构成 （单位：%）

年份	X_1	X_2	X_3	X_4	X_5	X_6	X_7	X_8
1992	51.28	12.90	9.60	2.65	3.29	9.05	5.97	5.25
1993	49.43	12.76	9.72	2.81	5.08	8.70	6.91	4.57
1994	47.50	12.47	11.10	3.45	5.30	8.78	6.62	4.79
1995	47.05	11.51	12.12	3.73	5.81	8.03	7.12	4.64
1996	46.91	11.49	11.28	4.27	5.34	9.33	7.03	4.35
1997	43.91	10.34	10.52	5.04	6.22	10.86	8.48	4.64
1998	42.52	9.18	11.15	5.55	6.26	12.40	8.68	4.26
1999	40.31	8.55	10.58	6.68	7.89	12.20	8.83	4.96
2000	39.20	8.12	9.43	7.71	8.88	13.07	8.55	5.05

资料来源：《浙江统计年鉴（1993—2001）》.

附录一　SPSS 简介

SPSS(statistical package for the social science)是由美国 SPSS 公司自 20 世纪 80 年代开发的大型统计学软件包，是目前世界上最优秀的统计分析软件之一. 伴随 SPSS 产品服务领域的扩大和服务深度的增加，SPSS 公司已决定将软件的英文全称更改为 Statistical Product and Service Solutions，意为“统计产品与服务解决方案”，标志着 SPSS 的战略方向正在作出重大调整.

20 世纪 60 年代末，美国斯坦福大学的 3 位研究生研制开发了最早的统计分析软件 SPSS，同时成立了 SPSS 公司，并于 1975 年在芝加哥组建了 SPSS 总部. 1984 年，SPSS 总部首先推出了世界第一个统计分析软件微机版本 SPSS/PC+，开创了 SPSS 微机系列产品的开发方向，极大地拓展了它的应用范围，并使其能很快地应用于自然科学、技术科学、社会科学的各个方面，其中涉及的领域包括工程技术、应用数学、经济学、商业、金融、医疗卫生、体育、心理学、农林等. 世界上许多有影响的报纸杂志纷纷就 SPSS 的自动统计绘图、数据的深入分析、使用方便、功能齐全等方面给予了高度的评价与称赞.

SPSS 最突出的特点就是操作界面极为友好，输出结果美观漂亮. SPSS 采用类似 EXCEL 表格的方式输入与管理数据，使用 Windows 的窗口方式展示各种管理和分析数据方法的功能，使用对话框展示出各种功能选择项；数据接口较为通用，能够读取 13 种及输出 14 种格式的文件，能够把 SPSS 的图形转换成 7 种图形文件，结果文件可保存为 TXT、XLS 及 HTML 格式的文件. SPSS 自带 11 种类型 136 个函数，能覆盖统计分析的各个方面：基础统计分析部分能进行描述性统计、列联表分析、各种简单的方差分析、回归分析、相关分析、t 检验、非参数检验等；专业统计分析包括因子分析、聚类分析、距离分析等；高级分析有多变量方差分析、重复测量方差分析、多协变量方差分析、非线性回归分析、曲线估计、Logistic 回归分析、概率单位回归分析、Cox 模型回归分析等，能充分满足各个方面用户的需要. 对于熟悉老版本编程运行方式的用户，SPSS 还特别设计了语法生成窗口，用户只需在菜单中选好各个选项，然后按“粘贴”按钮，就可以自动生成标准的 SPSS 程序，极大地方便了中、高级用户. 因此，只要掌握一定的 Windows 操作技能，粗通统计分析原理，就可以使用该软件为特定的科研工作服务，是非专业统计人员的首选统计软件.

SPSS 软件参与的主要是数据输入、数据分析和结果输出这三个部分. 下面将就这三部分的使用以 SPSS 15.0 for Windows 为例进行介绍.

1.1 数据输入和保存

1.1.1 SPSS 的数据编辑窗口(SPSS for Windows Data Editor)

当打开 SPSS 后，展现在我们面前的界面如图附 1.1 所示 .

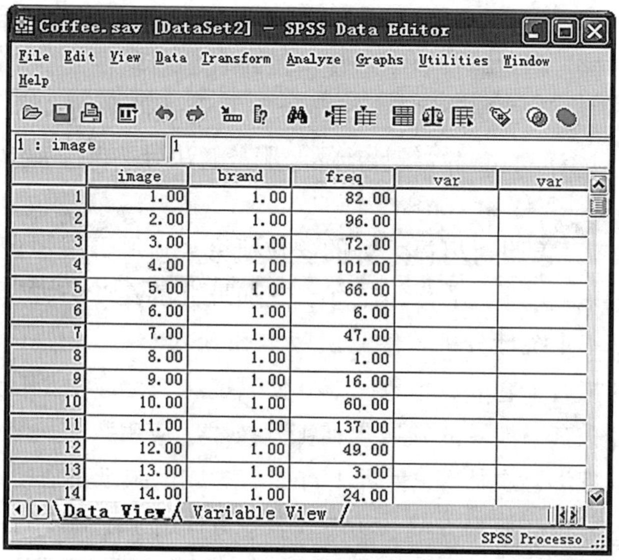

图附 1.1 数据窗口界面

窗口顶部显示为“SPSS Data Editor”，表明现在所看到的是 SPSS 的数据编辑窗口. 这是一个典型的 Windows 软件界面，窗口的最上面一行是文件名，第二行是菜单栏，第三行是工具栏. 工具栏下方是数据栏，数据栏下方则是数据编辑窗口的主界面. 该界面和 Excel 极为相似，由若干行和列组成，每列对应了一个变量(variable)，每列最上面一格中的文字或字符是变量名，如图附 1.1 中的 image、brand 等，均为变量名. 表中的每一行是一个被观测个体的全部记录，称为一个个案(case). 最左侧的一列是个案排序后的编号. 表中的每一格中的数字或字符称为一个样本观测值，是相应个案对应的变量的值. 请注意第一行第一列的单元格边框为深色，表明该数据单元格为当前单元格.

1.1.2 变量编辑窗口(Variable View)

输入数据之前，首先要定义变量. 在数据编辑窗口的左下角，有数据窗口(Data View)和变量窗口(Variable View)的转换按钮. 单击 Variable View，进入变量编辑窗口，即可对变量的类型、长度、小数点位数等属性进行定义和修改，如图附 1.2 所示.

SPSS 中的变量有十个属性，它们是：变量名(Name)、变量类型(Type)、变量长度(Width)、小数点的位数(Decimals)、变量名标签(Label)、变量值标签(Values)、缺失值(Missing)、列的显示宽度(Columns)、对齐方式(Align)、测量层次(Measure). 定义一个变量至少要定义变量名和变量类型，其他属性可以定义也可以采用系统默认值.

变量的定义步骤如下：

(1)单击 Variable View 选项卡，使数据编辑窗口置于定义变量状态，如图附 1.2 所示，每行定义一个变量.

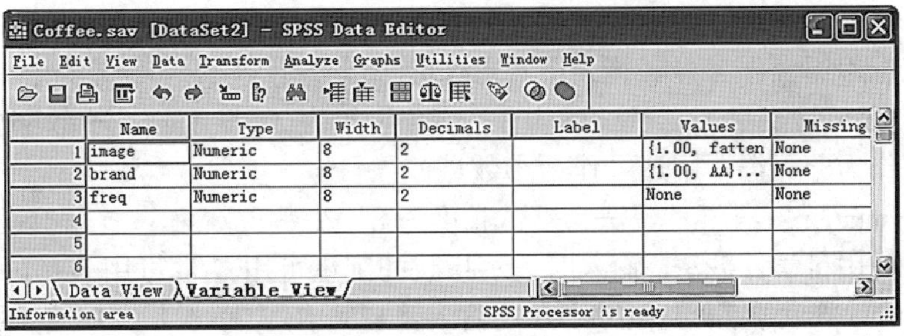

图附 1.2　变量设置窗口

(2)定义变量名(Name). 光标置于 Name 列的空单元格中，单击单元格后输入变量名. 例如，输入 image 作为变量名，回车后，在同行各单元格中系统自动给出了变量的默认属性.

在系统默认的情况下，SPSS 中的变量名由不多于 8 个字符组成. 变量名的首字符必须是字母或汉字，后面的则可以是字符或数字，但不能包含下列符号："?"、"!"和"*"，不能以下画线"_"和圆点"."作为变量名的最后一个字符. 变量名不能与 SPSS 的保留字相同. SPSS 的保留字有 ALL、AND、BY、EQ、GE、GT、LE、LT、NE、NOT、OR、OT、WITH. 如果使用了上述保留字作变量名，系统会自动提示. 系统不区分变量名的大写和小写，如 abc 和 ABC 被视为同一变量名. 如果用汉字定义变量名，最多只能使用 4 个汉字. 在 SPSS 中不能使用重复的变量名.

(3)定义变量类型(Type)与默认长度. SPSS 中的变量有三种类型：数值型(SPSS 默认类型)、字符型、日期型. 单击 Type 列的单元格，默认值 Numeric 旁出现删节号 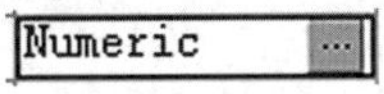
，单击删节号，展开 Define Variable Type(变量类型设置)对话框，如图附 1.3 所示.

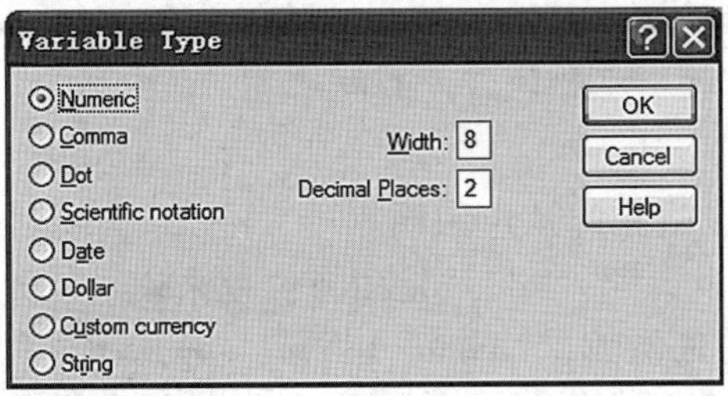

图附 1.3　变量类型设置对话框

定义变量类型对话框左半部分有八种可供选择的变量类型，单击选择的类型. 右半部分为 Width(变量长度)，默认长度为 8；Decimals(小数位数)，默认位数为 2.

①数值型变量：共分五种类型，并由系统给定默认长度. 变量的长度是变量值所占的字节数，即用字符作当量表示的宽度. 小数点和其他分界符也计算在内. 变量长度的系统默认值可以由主菜单的 Edit 中的 Option 中的 Data 窗口重新设置.

Numeric：标准数值型变量，默认长度为 8，小数位数为 2.

Comma：带逗号的数值型变量，默认长度为 8，小数位数为 2. 显示时，整数部分自左向右每隔三位用逗号作为分隔符，用圆点作为小数点.

Dot：圆点数值型变量，默认长度为 8，小数位数为 2. 显示时，整数部分自左向右每隔三位用圆点作为分隔符，用逗号作为小数点.

Scientific Notation：科学计数法，默认长度为 8，小数位数为 2. 对于数值很大或很小的变量，可以使用科学计数法. 输入时表示指数的字母可用 E 也可用 D. 下面几种方式都可以被接受，如 123 可以用下面几种方式输入：123、1.23E2、1.23D2、1.23E+2、1.23+2.

Dollar：带美元符号的数值型变量，默认长度为 8，小数位数 2. 其值在显示时有效数字前面带有“$”. 输入时可以不输入“$”，显示时，系统自动加上“$”和分隔符.

对于上述几种数值型变量，输入的小数位超过规定位数时系统自动四舍五入. 使用者应根据数值的大小来指定数据的长度和小数位数.

Custom Currency：自定义类型.

②日期型变量：在 SPSS 中的日期型变量 Date 既可以表示日期，也可以表示时间. 在图附 1.3 所示的变量类型设置对话框中选择 Date 后，系统会打开对话框，如图附 1.4 所示.

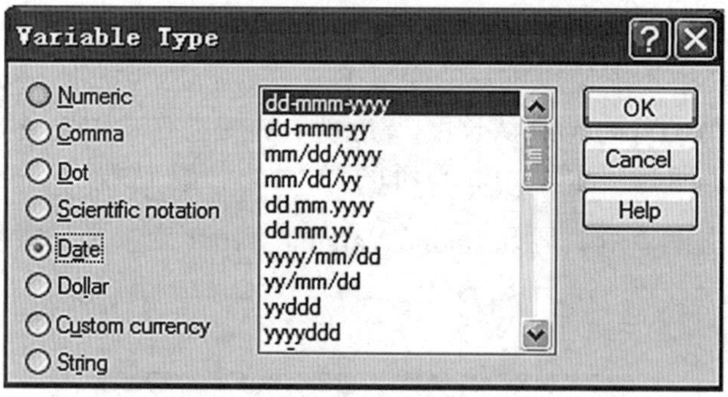

图附 1.4 日期型变量对话框

下面是关于日期型变量格式的几点说明：

“dd”是用两位数来表示日期；“ddd”是用三位数来表示从元月一日算起的日数.

“mm”是用数字表示的月份数；“mmm”是用英文月份单词的前三个字母表示的月份.

“yy”是用两位数来表示的年份；“yyyy”是用四位数来表示的年份.

“hh”表示小时；“mm”表示分；“ss”表示秒.

指定了日期型变量的格式后，输入时不一定按指定的格式输入，可以输入用“/”或“-”作为分隔符的具体日期，回车后系统会自动转换成指定的格式.

③字符型变量：字符型变量 String 长度可以任意设置，默认长度为 8. 长度小于 8 的为短字符，大于 8 的为长字符. 字符型变量不能参与通常的数学运算，但可以用特殊的函数进行一些有限的转换.

(4)定义变量名标签(Label). 为了注释变量名含义，在 Variable View 窗口中双击 Labels 相应的单元格，输入注释即可，要尽量简单明了. 例如，定义了变量 x，可以给出汉字标签，输入“性别”作为变量的标签.

(5)定义变量值标签(Values). 单击 Values 栏相应的单元格，该单元格右则出现删节号，单击删节号，打开 Value Lables 对话框，如图附 1.5 所示，在第一个 Value 框中输入变量值，在第二个 Value 框中输入对该值含义解释的标签，单击按钮“Add”，一个值标签就被加入到第三个框，即值标签清单中. 例如，定义性别变量 x，数值 1 表示男性，数值 2 表示女性.

(6)定义缺失值(Missing). 在 Variable View 窗口中，单击变量与 Missing 对应的单元格，然后单击右侧的删节号按钮，展开 Missing Values 定义变量用户缺失值的对话框，如图附 1.6 所示. 选择一种缺失值的类型，再进行具体定义.

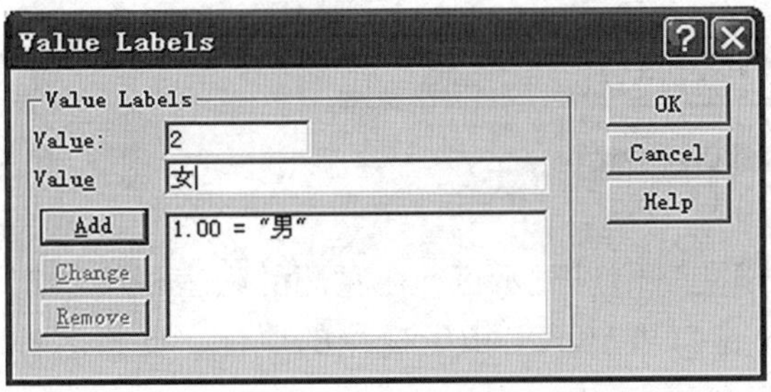

图附 1.5　值标签对话框

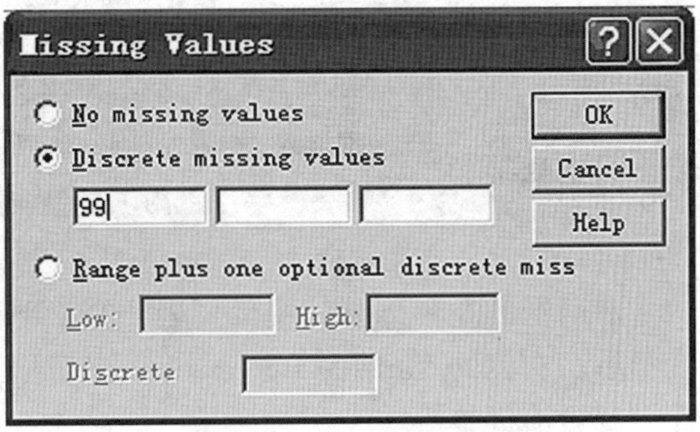

图附 1.6　缺失值对话框

定义缺失值的类型有以下几种：

①No missing values 选项，无缺失值. 本选项是系统的默认状态. 如果当前变量的值测试、记录完全正确，没有遗漏，则可选择此项.

②Discrete missing values 选项，离散缺失值. 可以在下面三个框中输入 3 个可能出现在相应变量中的缺失值，也可以少于 3 个，如图附 1.6 所示，把 99 设为缺失值.

③Range of missing values 选项，定义缺失值范围，其下有 Low 和 High 两个参数.

1.1.3　数据编辑窗口(Data View)

(1)定义了变量以后就可以输入数据了，可按以下几种方法输入：

①按单元格输入：将光标移至相应的单元格中，单击鼠标左键，被定位的单元格边框加黑，显示可以输入.

②按变量输入：将光标移至该变量的第一个格，输入数据后击 Enter 键，使光标依次向下移动.

③按个案输入(Case)：将光标移至该个案最左侧格中，输入数据后击 Tab 键或右移

键，依次向右移动.

(2)输入带有值标签的数据. 如果对离散变量的值定义了标签，则输入变量值时既可以按数据输入，也可以按标签输入. 如果在 View 下拉菜单中，Variable Labels 项的前面有"✓"，说明数据文件处于显示标签的状态下. 如果 Variable Labels 项的前面没有✓，则说明数据文件处于显示数据状态. 用户可以通过单击 Variable Labels 项来确定是以数据方式还是以标签方式来显示变量内容.

①按数据输入：在显示数据的状态下，只能通过键盘来输入数据或字符. 如果忘记了变量值所代表的意义，可以查看变量信息. 方法是：在 Utilities 下拉菜单中选择 Variables，打开对话框，如图附 1.7 所示.

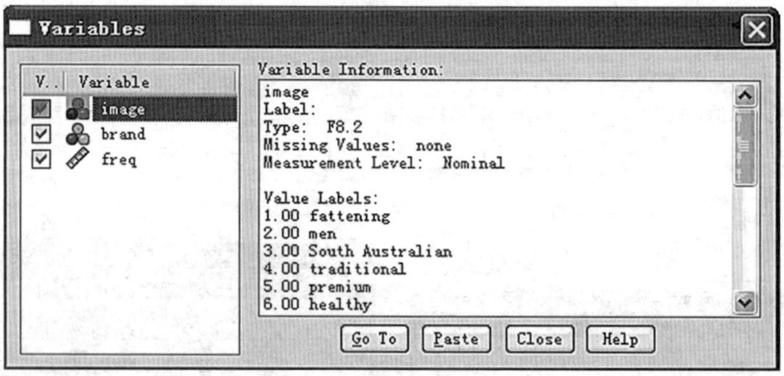

图附 1.7 查看变量信息对话框

对话框的左半部分是变量列表，右半部分是变量信息显示区. 在左侧的列表栏中选定变量后，右侧的 Variable Information(变量信息)窗口可显示出指定变量的属性、变量名标签、变量值标签等.

②按变量值标签输入：在显示标签的状态下，可以通过单元格的下拉菜单按钮拉出变量值标签的选项. 如图附 1.8 所示，用户可以通过选择变量值标签来进行录入.

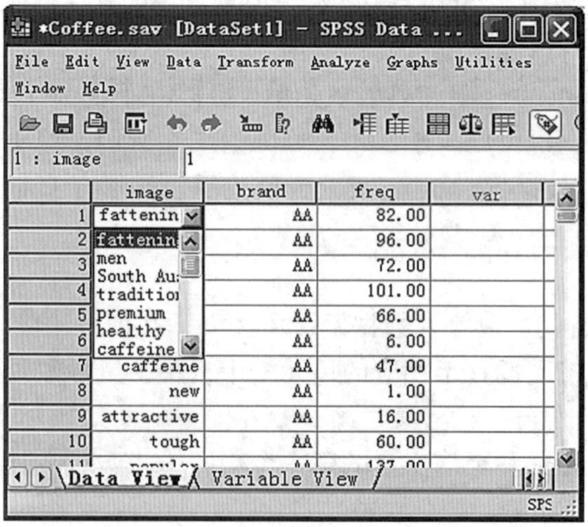

图附 1.8 值标签下拉菜单

1.1.4 数据的保存

选择菜单 File→Save，由于该数据没有被保存过，所以弹出 Save Data As 对话框，如图附 1.9 所示.

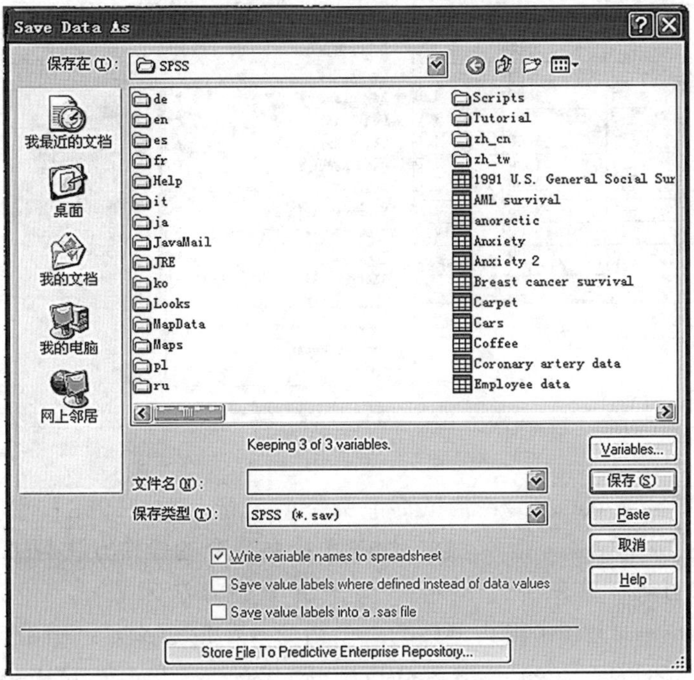

图附 1.9 Save Data As 对话框

单击保存类型列表框，可以看到 SPSS 所支持的各种数据类型，有 DBF、FoxPro、EXCEL、ACCESS 等，这里我们仍然将其存为 SPSS 自己的数据格式(*.sav 文件). 在文件名框内键入“coffee”并回车，可以看到数据管理窗口左上角由 Untitled 变为了现在的变量名 coffee.

1.2 命令类型及操作

1.2.1 菜单操作

菜单操作是 SPSS 的基本操作. 在 SPSS 的任何一个窗口界面的最上面的第二行显示的都是菜单栏，这些菜单是一级菜单. 不同的窗口界面，一级菜单的选项有所不同. 用鼠标箭头指向任何一个选项后，该选项呈现按钮状态. 单击鼠标左键，即展开该选项的二级下拉菜单，如图附 1.10 所示.

在二级下拉菜单中的各项都是可执行的指令，只要用鼠标箭头指向要操作的指令并单击鼠标左键，即可实现该命令的功能，或展开相应的对话框. 其中，右侧带有箭头的指令

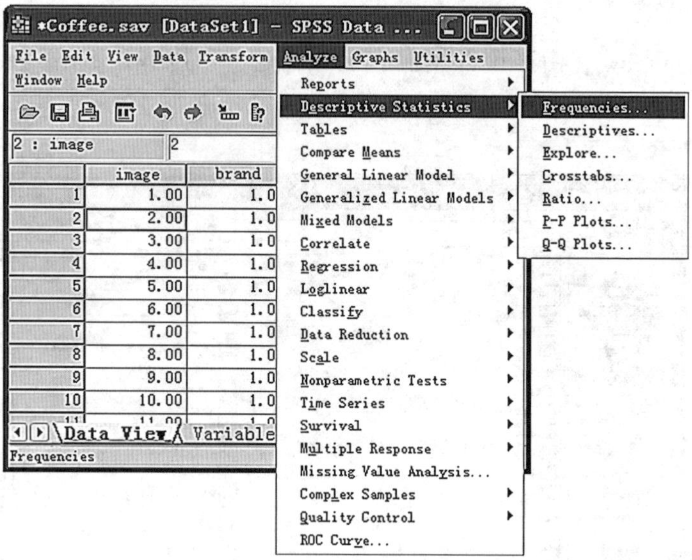

图附 1.10 Analyze 的二级下拉菜单

是可以拉出三级右拉菜单的指令. 将鼠标箭头指向该指令后, 即在右侧出现了三级菜单. 如图附 1.10 中的 Descriptives 指令. 在三级菜单中各指令的操作方法与二级菜单完全相同. 为叙述的清楚和方便, 多级指令的连续操作用下述方法来表示: Analyze→Descriptive Statistics→Descriptives. 上述由箭头链接的三个指令表示的意义是: 单击 Analyze 按钮, 展开下拉菜单. 用鼠标指向 Descriptive Statistics, 展开右拉菜单. 单击 Descriptives 指令, 完成菜单操作.

SPSS 编辑窗口的主菜单功能见表附 1.1.

表附 1.1 **SPSS 数据和变量编辑窗口的主菜单功能**

菜单项	中文名称	包括的命令项
File	文件操作	打开和新建五种类型的 SPSS 文件, 打开数据库文件, 阅读文本文件, 存储, 另存, 显示数据信息, 应用数据字典, 储藏数据, 打印, 打印预览, 建立数据缓冲区, 显示最近使用的 9 个数据文件, 显示最近使用的 9 个其他文件等功能
Edit	文件编辑	撤销/恢复, 剪切, 复制, 粘贴, 清除, 查找及定义系统参数
View	窗口外观控制	状态栏, 工具栏, 字体设置, 表格线的隐藏或显示切换, 变量值或标签值的显示切换
Data	数据文件的建立与编辑	确定变量特征, 拷贝数据特征, 确定日期, 插入变量, 插入个案, 个案定位, 个案排序, 数据文件的转置, 改变数据的排列格式, 数据文件的合并, 分类汇总, 生成正交设计表格, 拆分文件, 选择个案, 个案加权

续表

菜单项	中文名称	包括的命令项
Transform	数据转换	计算新变量，随机数种子设置，计数，重编码，分类变量，排秩，自动重编码，创建时间序列，重置缺失值
Analyze	统计分析	统计概要，描述统计，统计表，均值分析，一般线性模型，相关，回归，对数线性回归，聚类与判别，数据简化，标度，非参数检验，时间序列分析，生存分析，多选变量分析
Graghs	统计图	统计图概览，交互作图方式，各种图形的建立与编辑

1.2.2　对话框操作

菜单操作只是指出了统计功能实现的路径，具体操作是在对话框中完成的，掌握对话框操作，对于使用 SPSS 极为重要. 对话框的操作主要是由窗口操作，按钮操作和选项操作构成的.

1. 窗口操作

现以描述统计对话框为例来介绍窗口操作的基本内容.

执行下述操作：Analyze→Descriptive Statistics→Descriptives 打开 Descriptives 对话框，如图附 1.11 所示.

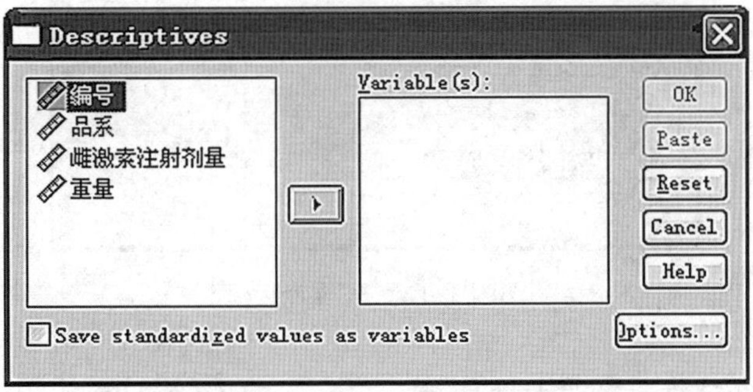

图附 1.11　描述统计对话框

2. 按钮操作

在所有的对话框中，统计功能的最终实现是通过按钮操作来完成的. 只要单击按钮，即可实现统计功能或打开相应的对话框. 图附 1.11 中的 OK、Paste、Reset、Cancel、Help 是所有的对话框中都有的五个基本按钮.

(1) OK 是指令的运行按钮. 用户作出了符合要求的选项后，OK 按钮被激活，单击该按钮，即可以实现选定的统计分析功能.

(2) Paste 是执行语句粘贴按钮. 单击该按钮后，系统将打开语句编辑窗口，窗口中显示的是实现该功能的语句. 初学者可以不必掌握.

(3) Reset 是重新设置按钮. 单击此按钮，已经做出的操作或选项将全部被刷新. 用户如果作了错误的选项，或想取消现有的选项，可单击此按钮，然后重新设置.

(4) Cancel 是撤销按钮. 单击此按钮，撤销目前工作的对话框，回到原工作界面.

(5) Help 是帮助按钮.

除了上述的五个按钮之外，很多对话框中还有其他按钮. 在具体应用的部分中会有详细介绍.

3. 选项操作

在 SPSS 的很多对话框中，都存在着大量的选项，选项被选中后，相应的统计结果将在输出浏览器中输出.

下面仍以描述统计对话框中的选项窗口为例来介绍选项的操作. 单击图附 1.11 中的 Options 按钮，打开如图附 1.12 所示的选项对话框.

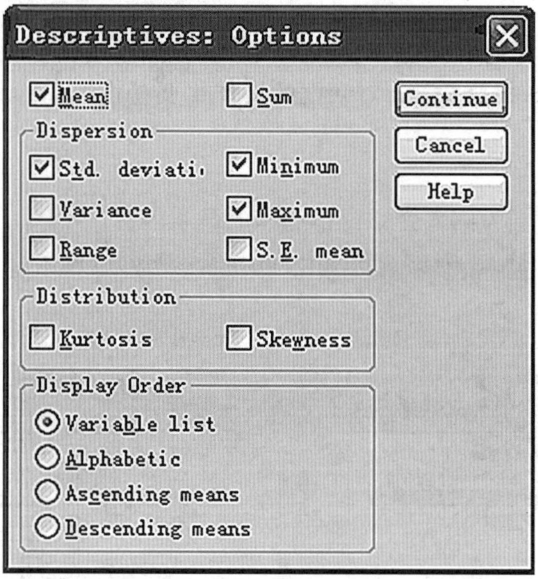

图附 1.12 选项对话框

SPSS 的选项有两种，一种是单选选项，另一种是多选选项. 如果选项名称前面的小窗口是方形的，未被选择时窗口是空白，选择后出现“✓”，这样的选项是多选选项，即用户可以同时选择多个这样的选项来执行. 如图附 1.12 中 Dispersion 选项栏中的各项皆为多选项. 如果选项名称前面的小窗口是圆形的，未被选择时窗口是空白，选择后出现“•”，则这样的选项是单选选项，即用户只能在多个这样的选项中选择一个来执行. 如图附 1.12 中 Display Order 选项栏中的各项皆为单选选项.

1.3 统计结果及图形输出

在 SPSS 中，大多数的统计结果都以表或图的形式显示在输出浏览器(SPSS Views)中. 输出浏览器如图附 1.13 所示.

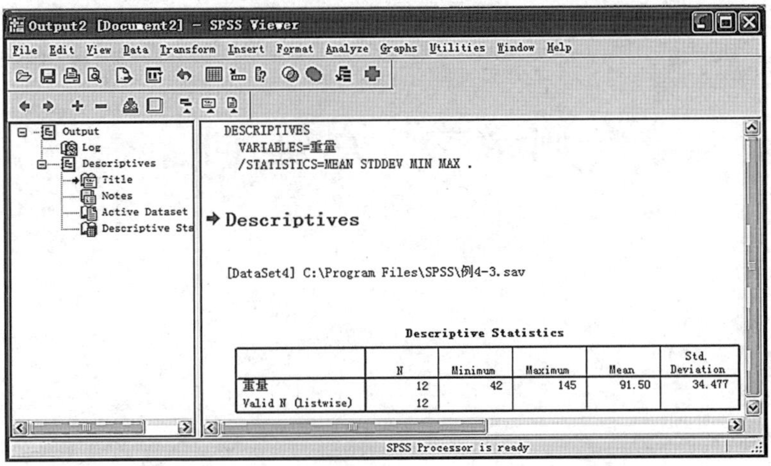

图附 1.13 输出浏览器

输出浏览器中的最上面一行是文件名，第二行是菜单栏，第三行是工具栏. 左面的窗口是文件的目录窗口，右面的窗口是统计结果的显示窗口，也称为输出文件窗口.

值得一提的是，SPSS 在输出上考虑得十分周到，可以选择以图片或 RTF 格式输出. 如果希望将分析结果和图形以图片格式输出，那么选择需要输出的结果或图形，然后按下鼠标右键，在弹出的菜单中选择 Copy Objects. 如果希望将分析结果和图形以 RTF 格式输出以便于在文字处理软件中进行进一步的编辑，那么在刚才弹出的菜单中选择 Copy 便可以了. 同时，在弹出的菜单中选择 Export，可将结果转换为 txt、xls、html 等类型的文件，方便进一步处理.

附录二 关 键 词

总体(population)
样本 (sample)
样本容量(sample size)
抽样(sampling)
样本空间(sample space)
随机抽样(random sampling)
简单随机样本(simple random sample)
统计模型(statistics model)
参数(parameter)
参数空间(parameter space)
统计量(statistic)
样本均值(sample mean)
样本方差(sample variance)
样本标准差(sample standard deviation)
变异系数(coefficient of variation)
样本 k 阶原点矩(sample k-th moment about the origin)
样本 k 阶中心矩(sample k-th moment about the mean)
样本偏度(sample skewness)
样本峰度(sample kurtosis)
次序统计量(order statistic)
样本中位数(sample median)
样本极差(sample range)
直方图(histogram)
经验分布函数(empirical distribution function)
抽样分布(sampling distribution)
χ^2 分布(chi-square distribution)
t 分布(t distribution)
F 分布(F distribution)

统计推断(statistical inference)
参数估计(parameter estimation)
点估计(point estimation)

估计量(estimator)
矩估计(moment estimation)
最大似然估计(maximum likelihood estimation)
似然函数(likelihood function)
对数似然函数(logarithm likelihood function)
无偏性(unbiasedness)
无偏估计(unbiased estimate)
渐近无偏估计(asymptotic unbiased estimate)
有效性(efficiency)
一致最小方差无偏估计 UMVUE(uniformly minimum variance unbiased estimate)
相合性(一致性)(consistency)
相合估计(consistent estimate)
均方误差(mean square error)
区间估计(interval estimation)
置信水平(confidence level)
置信区间(confidence interval)
置信下限(confidence lower limit)
置信上限(confidence upper limit)
枢轴量(pivot)

假设(hypothesis)
简单假设(simple hypothesis)
复合假设(composite hypothesis)
原假设(null hypothesis)
备择假设(alternative hypothesis)
假设检验(hypothesis testing)
参数假设检验(parameter hypothesis testing)
非参数假设检验(nonparametric hypothesis testing)
拒绝域(rejection region)
检验统计量(testing statistics)
临界值(critical value)
第一类错误(type Ⅰ error)
第二类错误(type Ⅱ error)
势函数(power function)
检验水平或显著水平(level of significance)
显著性检验(test of significance)
U-检验(U test)
t-检验(t test)
χ^2-检验(chi-square test)

单边检验(one-sided test)
双边检验(two-sided test)
p 值(p value)
柯尔莫哥洛夫检验(Kolmogorov test)
柯尔莫哥洛夫-斯米尔洛夫检验(Kolmogorov-Smirnov test)
夏皮洛-威尔克检验(Shapiro-Wilk test)
列联表(contingency tables)

因子(factor)
水平(level)
单因素方差分析(one-way analysis of variance)
总平方和(sum of squares for total)
因子 A 的效应平方和(sum of squares for factor A)
误差平方和(sum of squares for error)
自由度(degree of freedom)
方差分析表(analysis of variance table)
多重比较(multiple comparison)
最小显著差数法(least significant difference)
两因素方差分析(two-way analysis of variance)
交互效应(interaction)
正交表(orthogonal table)
正交试验设计(orthogonal experimental design)

回归分析(regression analysis)
线性回归(linear regression)
非线性回归(nonlinear regression)
一元回归(simple regression)
多元回归(multiple regression)
散点图(scatter diagram)
正规方程组(system of normal equations)
最小二乘估计(least square estimator)
回归直线(regression line)
残差(residual)
残差平方和(residual sum of squares)
总平方和(total sum of squares)
回归平方和(regression sum of squares)
样本相关系数(sample correlation coefficient)
决定系数(coefficient of determination)
预测区间(prediction interval)

多元分析(multivariate analysis)
多元正态分布(multivariate normal distribution)
聚类分析(cluster analysis)
系统聚类法(hierarchical clustering method)
动态聚类法(dynamic clustering method)
判别分析(discriminant analysis)
判别函数(discriminant function)
判别系数(discriminant coefficient)
典型判别函数(canonical discriminant function)
损失函数(lost function)
主成分分析(principal component analysis, PCA)
贡献率(contribution rate)
因子分析(factor analysis)
负荷(loading)
共同度(communality)
因子旋转(factor rotation)
正交旋转(orthogonal rotation)
斜交旋转(oblique rotation)
因子得分(factor score)

附录三　常用分布表

附表 3.1

正态分布数值表

$$\Phi(\lambda) = \frac{1}{\sqrt{2\pi}}\int_{-\infty}^{\lambda} e^{-\frac{x^2}{2}} dx (\lambda > 0)$$

λ	0.00	0.01	0.02	0.03	0.04	0.05	0.06	0.07	0.08	0.09	λ
0.0	0.500 0	0.504 0	0.508 0	0.512 0	0.516 0	0.519 9	0.523 9	0.527 9	0.531 9	0.535 9	0.0
0.1	0.539 8	0.543 8	0.547 8	0.551 7	0.555 7	0.559 6	0.563 6	0.567 5	0.571 4	0.575 3	0.1
0.2	0.579 3	0.583 2	0.587 1	0.591 0	0.594 8	0.598 7	0.602 6	0.606 4	0.610 3	0.614 1	0.2
0.3	0.617 9	0.621 7	0.625 5	0.629 3	0.633 1	0.636 8	0.640 6	0.644 3	0.648 0	0.651 7	0.3
0.4	0.655 4	0.659 1	0.662 8	0.666 4	0.670 0	0.673 6	0.677 2	0.680 8	0.684 4	0.687 9	0.4
0.5	0.691 5	0.695 0	0.698 5	0.701 9	0.705 4	0.708 8	0.712 3	0.715 7	0.719 0	0.722 4	0.5
0.6	0.725 7	0.729 1	0.732 4	0.735 7	0.738 9	0.742 2	0.745 4	0.748 6	0.751 7	0.754 9	0.6
0.7	0.758 0	0.761 1	0.764 2	0.767 3	0.770 4	0.773 4	0.776 4	0.779 4	0.782 3	0.785 2	0.7
0.8	0.788 1	0.791 0	0.793 9	0.796 7	0.799 5	0.802 3	0.805 1	0.807 8	0.810 6	0.813 3	0.8
0.9	0.815 9	0.818 6	0.821 2	0.823 8	0.826 4	0.828 9	0.831 5	0.834 0	0.836 5	0.838 9	0.9
1.0	0.841 3	0.843 8	0.846 1	0.848 5	0.850 8	0.853 1	0.855 4	0.857 7	0.859 9	0.862 1	1.0
1.1	0.864 3	0.866 5	0.868 6	0.870 8	0.872 9	0.874 9	0.877 0	0.879 0	0.881 0	0.883 0	1.1
1.2	0.884 9	0.886 9	0.888 8	0.890 7	0.892 5	0.894 4	0.896 2	0.898 0	0.899 7	0.901 47	1.2
1.3	0.903 20	0.904 90	0.906 58	0.908 24	0.909 88	0.911 49	0.913 09	0.914 66	0.916 21	0.917 74	1.3
1.4	0.919 24	0.920 73	0.922 20	0.923 64	0.925 07	0.926 47	0.927 85	0.929 22	0.930 56	0.931 89	1.4
1.5	0.933 19	0.934 48	0.935 74	0.936 99	0.938 22	0.939 43	0.940 62	0.941 79	0.942 95	0.944 08	1.5
1.6	0.945 20	0.946 30	0.947 38	0.948 45	0.949 50	0.950 53	0.951 54	0.952 54	0.953 52	0.954 49	1.6
1.7	0.955 43	0.956 37	0.957 28	0.958 18	0.959 07	0.959 94	0.960 80	0.961 64	0.962 46	0.963 27	1.7
1.8	0.964 07	0.964 85	0.965 62	0.966 38	0.967 12	0.967 84	0.968 56	0.969 26	0.969 95	0.970 62	1.8
1.9	0.917 28	0.971 93	0.972 57	0.973 20	0.973 81	0.974 41	0.975 00	0.975 58	0.976 15	0.976 70	1.9
2.0	0.977 25	0.977 78	0.978 31	0.978 82	0.979 32	0.979 82	0.980 30	0.980 77	0.981 24	0.981 69	2.0
2.1	0.982 14	0.982 57	0.983 00	0.983 41	0.983 82	0.984 22	0.984 61	0.985 00	0.985 37	0.985 74	2.1
2.2	0.986 10	0.986 46	0.986 79	0.987 13	0.987 45	0.987 78	0.988 09	0.988 40	0.988 70	0.988 99	2.2
2.3	0.989 28	0.989 56	0.989 83	0.990 097	$0.9^2$03 58	$0.9^2$06 13	$0.9^2$08 63	$0.9^2$11 06	$0.9^2$13 44	$0.9^2$15 76	2.3
2.4	$0.9^2$18 02	$0.9^2$20 24	$0.9^2$22 40	$0.9^2$24 51	$0.9^2$26 56	$0.9^2$28 57	$0.9^2$30 53	$0.9^2$32 44	$0.9^2$34 31	$0.9^2$36 13	2.4

续表

λ	0.00	0.01	0.02	0.03	0.04	0.05	0.06	0.07	0.08	0.09	λ
2.5	0.9^{2}37 90	0.9^{2}39 63	0.9^{2}41 32	0.9^{2}42 97	0.9^{2}44 57	0.9^{2}46 14	0.9^{2}47 66	0.9^{2}49 15	0.9^{2}50 60	0.9^{2}52 01	2.5
2.6	0.9^{2}53 39	0.9^{2}54 73	0.9^{2}56 04	0.9^{2}57 31	0.9^{2}58 55	9.9^{2}59 75	0.9^{2}60 93	0.9^{2}62 07	0.9^{2}63 19	0.9^{2}64 27	2.6
2.7	0.9^{2}65 33	0.9^{2}66 36	0.9^{2}67 36	0.9^{2}68 33	0.9^{2}69 28	9.9^{2}70 20	0.9^{2}71 10	0.9^{2}71 97	0.9^{2}72 82	0.9^{2}73 65	2.7
2.8	0.9^{2}74 45	0.9^{2}75 23	0.9^{2}75 99	0.9^{2}76 73	0.9^{2}77 44	9.9^{2}78 14	0.9^{2}78 82	0.9^{2}79 48	0.9^{2}80 12	0.9^{2}80 74	2.8
2.9	0.9^{2}81 34	0.9^{2}81 93	0.9^{2}82 50	0.9^{2}83 05	0.9^{2}83 59	9.9^{2}84 11	0.9^{2}84 62	0.9^{2}85 11	0.9^{2}85 59	0.9^{2}86 05	2.9
3.0	0.9^{2}86 50	0.9^{2}86 94	0.9^{2}87 36	0.9^{2}87 77	0.9^{2}88 17	0.9^{2}88 56	0.9^{2}88 93	0.9^{2}89 30	0.9^{2}89 65	0.9^{2}89 99	3.0
3.1	0.9^{3}03 24	0.9^{3}06 46	0.9^{3}09 57	0.9^{3}12 60	0.9^{3}15 53	0.9^{3}18 36	0.9^{3}21 12	0.9^{3}23 78	0.9^{3}26 36	0.9^{3}28 86	3.1
3.2	0.9^{3}31 29	0.9^{3}33 63	0.9^{3}35 90	0.9^{3}38 10	0.9^{3}40 24	0.9^{3}42 30	0.9^{2}45 29	0.9^{3}46 23	0.9^{3}48 10	0.9^{3}49 91	3.2
3.3	0.9^{3}51 66	0.9^{3}53 35	0.9^{3}54 99	0.9^{3}56 58	0.9^{3}58 11	0.9^{3}59 59	0.9^{3}61 03	0.9^{3}62 42	0.9^{3}63 76	0.9^{3}65 05	3.3
3.4	0.9^{3}66 31	0.9^{3}67 52	0.9^{3}68 69	0.9^{3}69 82	0.9^{3}70 91	0.9^{3}71 97	0.9^{3}72 99	0.9^{3}73 98	0.9^{3}74 93	0.9^{3}75 85	3.4
3.5	0.9^{3}76 74	0.9^{3}77 59	0.9^{3}78 42	0.9^{3}79 22	0.9^{3}79 99	0.9^{3}80 74	0.9^{3}81 46	0.9^{3}82 15	0.9^{3}82 82	0.9^{3}83 47	3.5
3.6	0.9^{3}84 09	0.9^{3}84 69	0.9^{3}85 27	0.9^{3}85 83	0.9^{3}86 37	0.9^{3}86 89	0.9^{3}87 39	0.9^{3}87 87	0.9^{3}88 34	0.9^{3}88 79	3.6
3.7	0.9^{3}89 22	0.9^{3}89 64	0.9^{4}00 39	0.9^{4}04 26	0.9^{4}07 99	0.9^{4}11 58	0.9^{4}15 04	0.9^{4}18 38	0.9^{4}21 59	0.9^{4}24 68	3.7
3.8	0.9^{4}27 65	0.9^{4}30 52	0.9^{4}33 27	0.9^{4}35 93	0.9^{4}38 48	0.9^{4}40 94	0.9^{4}43 31	0.9^{4}45 58	0.9^{4}47 77	0.9^{4}49 88	3.8
3.9	0.9^{4}51 90	0.9^{4}53 85	0.9^{4}55 73	0.9^{4}57 53	0.9^{4}59 26	0.9^{4}60 92	0.9^{4}62 53	0.9^{4}64 06	0.9^{4}65 54	0.9^{4}66 96	3.9
4.0	0.9^{4}68 33	0.9^{4}69 64	0.9^{4}70 90	0.9^{4}72 11	0.9^{4}73 27	0.9^{4}74 39	0.9^{4}75 46	0.9^{4}76 49	0.9^{4}77 48	0.9^{4}78 43	4.0
4.1	0.9^{4}79 34	0.9^{4}80 22	0.9^{4}81 06	0.9^{4}81 86	0.9^{4}82 63	0.9^{4}83 38	0.9^{4}84 09	0.9^{4}84 77	0.9^{4}85 42	0.9^{4}88 05	4.1
4.2	0.9^{4}86 65	0.8^{4}87 23	0.8^{4}87 78	0.9^{4}88 32	0.9^{4}88 82	0.9^{4}89 31	0.9^{4}89 78	0.9^{5}02 26	0.9^{5}06 55	0.9^{5}10 66	4.2
4.3	0.9^{5}14 60	0.9^{5}18 37	0.9^{5}21 99	0.9^{5}25 45	0.9^{5}28 76	0.9^{5}31 93	0.9^{5}34 97	0.9^{5}37 88	0.9^{5}40 66	0.9^{5}43 32	4.3
4.4	0.9^{5}45 87	0.9^{5}48 31	0.9^{5}40 65	0.9^{5}52 88	0.9^{5}55 02	0.9^{5}57 06	0.9^{5}59 02	0.9^{5}60 89	0.9^{5}62 68	0.9^{5}64 39	4.4
4.5	0.9^{5}66 02	0.9^{5}67 59	0.9^{5}69 08	0.9^{5}70 51	0.9^{5}71 87	0.9^{5}73 18	0.9^{5}74 42	0.9^{5}75 61	0.9^{5}76 75	0.9^{5}77 84	4.5
4.6	0.9^{5}78 88	0.9^{5}79 87	0.9^{5}80 81	0.9^{5}81 72	0.9^{5}82 58	0.9^{5}83 40	0.9^{5}84 19	0.9^{5}84 94	0.9^{5}85 66	0.9^{5}86 34	4.6
4.7	0.9^{5}86 99	0.9^{5}87 61	0.9^{5}88 21	0.9^{5}88 77	0.9^{5}89 31	0.9^{5}89 83	0.9^{6}03 20	0.9^{6}07 89	0.9^{6}12 35	0.9^{6}16 61	4.7
4.8	0.9^{6}20 67	0.9^{6}24 53	0.9^{6}28 22	0.9^{6}31 73	0.9^{6}35 08	0.9^{6}38 27	0.9^{6}41 31	0.9^{6}44 20	0.9^{6}46 96	0.9^{6}49 58	4.8
4.9	0.9^{6}52 08	0.9^{6}44 46	0.9^{6}56 73	0.9^{6}58 89	0.9^{6}60 94	0.9^{6}62 89	0.9^{6}64 75	0.9^{6}66 52	0.9^{6}68 21	0.9^{6}69 81	4.9

注:表中 0.9^{6}52 08 表示 0.9 999 995 208,其余类推.

附表 3.2

t 分布上侧分位数表

$$P\{t(n)>t_{\alpha}(n)\}=\alpha$$

n	$\alpha=0.25$	0.10	0.05	0.025	0.01	0.005
1	1.000 0	3.077 7	6.313 8	12.706 2	31.820 7	63.657 4
2	0.816 5	1.885 6	2.920 0	4.302 7	6.964 6	9.924 8
3	0.764 9	1.637 7	2.353 4	3.182 4	4.540 7	5.840 9
4	0.740 7	1.533 2	2.131 8	2.776 4	3.746 9	4.604 1
5	0.726 7	1.475 9	2.015 0	2.570 6	3.364 9	4.032 2
6	0.717 6	1.439 8	1.943 2	2.446 9	3.142 7	3.707 4
7	0.711 1	1.414 9	1.894 6	2.364 6	2.998 0	3.499 5
8	0.706 4	1.396 8	1.859 5	2.306 0	2.896 5	3.355 4
9	0.702 7	1.383 0	1.833 1	2.262 2	2.821 4	3.249 8
10	0.699 8	1.372 2	1.812 5	2.228 1	2.763 8	3.169 3
11	0.697 4	1.363 4	1.795 9	2.201 0	2.718 1	3.105 8
12	0.695 5	1.356 2	1.782 3	2.178 8	2.681 0	3.054 5
13	0.693 8	1.350 2	1.770 9	2.160 4	2.650 3	3.012 3
14	0.692 4	1.345 0	1.761 3	2.144 8	2.624 5	2.976 8
15	0.691 2	1.340 6	1.753 1	2.131 5	2.602 5	2.946 7
16	0.690 1	1.336 8	1.745 9	2.119 9	2.583 5	2.902 8
17	0.689 2	1.333 4	1.739 6	2.109 8	2.566 9	2.898 2
18	0.688 4	1.330 4	1.734 1	2.100 9	2.552 4	2.878 4
19	0.687 6	1.327 7	1.729 1	2.093 0	2.539 5	2.860 9
20	0.687 0	1.325 3	1.724 7	2.086 0	2.528 0	2.845 3
21	0.686 4	1.323 2	1.720 7	2.079 6	2.517 7	2.831 4
22	0.685 8	1.321 2	1.717 1	2.073 9	2.508 3	2.818 8
23	0.685 3	1.319 5	1.713 9	2.068 7	2.499 9	2.807 3
24	0.684 8	1.317 8	1.710 9	2.063 9	2.492 2	2.796 9
25	0.684 4	1.316 3	1.708 1	2.059 5	2.485 1	2.787 4
26	0.684 0	1.315 0	1.705 6	2.055 5	2.478 6	2.778 7
27	0.683 7	1.313 7	1.703 3	2.051 8	2.472 7	2.770 7
28	0.683 4	1.312 5	1.701 1	2.048 4	2.467 1	2.763 3
29	0.683 0	1.311 4	1.699 1	2.045 2	2.462 0	2.756 4
30	0.682 8	1.310 4	1.697 3	2.042 3	2.457 3	2.750 0
31	0.682 5	1.309 5	1.695 5	2.039 5	2.452 8	2.744 0
32	0.682 2	1.308 6	1.693 9	2.036 9	2.448 7	2.738 5
33	0.682 0	1.307 7	1.692 4	2.034 5	2.444 8	2.733 3
34	0.681 8	1.307 0	1.690 9	2.032 2	2.441 1	2.728 4
35	0.681 6	1.306 2	1.689 6	2.030 1	2.437 7	2.723 8
36	0.681 4	1.305 5	1.688 3	2.028 1	2.434 5	2.719 5
37	0.681 2	1.304 9	1.687 1	2.026 2	2.431 4	2.715 4
38	0.681 0	1.304 2	1.686 0	2.024 4	2.428 6	2.711 6
39	0.680 8	1.303 6	1.684 9	2.022 7	2.425 8	2.707 9
40	0.680 7	1.303 1	1.683 9	2.021 1	2.423 3	2.704 5
41	0.680 5	1.302 5	1.682 9	2.019 5	2.420 8	2.701 2
42	0.680 4	1.302 0	1.682 0	2.018 1	2.418 5	2.698 1
43	0.680 2	1.301 6	1.681 1	2.016 7	2.416 3	2.695 1
44	0.680 1	1.301 1	1.680 2	2.015 4	2.414 1	2.692 3
45	0.680 0	1.300 6	1.679 4	2.014 1	2.412 1	2.689 6

附表 3.3

χ^2 分布临界值表

n \ a	0.995	0.99	0.975	0.95	0.90	0.75	0.50	0.25	0.10	0.05	0.025	0.01	0.005	a / n
1	0.0^44	0.0^32	0.001	0.004	0.016	0.102	0.455	1.32	2.71	3.84	5.02	6.63	7.88	1
2	0.010	0.020	0.051	0.103	0.211	0.575	1.39	2.77	4.61	5.99	7.38	9.21	10.6	2
3	0.072	0.115	0.216	0.352	0.584	1.21	2.37	4.11	6.25	7.81	9.35	11.3	12.8	3
4	0.207	0.297	0.484	0.711	1.06	1.92	3.36	5.39	7.78	9.49	11.1	13.3	14.9	4
5	0.412	0.554	0.831	1.15	1.61	2.67	4.35	6.63	9.24	11.1	12.8	15.1	16.7	5
6	0.676	0.872	1.24	1.64	2.20	3.45	5.35	7.84	10.6	12.6	14.4	16.8	18.5	6
7	0.989	1.24	1.69	2.17	2.83	4.25	6.35	9.04	12.0	14.1	16.0	18.5	20.3	7
8	1.34	1.65	2.18	2.73	3.49	5.07	7.34	10.2	13.4	15.5	17.5	20.1	22.0	8
9	1.73	2.09	2.70	3.33	4.17	5.90	8.34	11.4	14.7	16.9	19.0	21.7	23.6	9
10	2.16	2.56	3.25	3.94	4.87	6.74	9.34	12.5	16.0	18.3	20.5	23.2	25.2	10
11	2.60	3.05	3.82	4.57	5.58	7.58	10.3	13.7	17.3	19.7	21.9	24.7	26.8	11
12	3.07	3.57	4.40	5.23	6.30	8.44	11.3	14.8	18.5	21.0	23.3	26.2	28.3	12
13	3.57	4.11	5.01	5.89	7.04	9.30	12.3	16.0	19.8	22.4	24.7	27.7	29.8	13
14	4.07	4.66	5.63	6.57	7.79	10.2	13.3	17.1	21.1	23.7	26.1	29.1	31.3	14
15	4.60	5.23	6.26	7.26	8.55	11.0	14.3	18.2	22.3	25.0	27.5	30.6	32.8	15
16	5.14	5.81	6.91	7.96	9.31	11.9	15.3	19.4	23.5	26.3	28.8	32.0	34.3	16
17	5.70	6.41	7.56	8.67	10.1	12.8	16.3	20.5	24.8	27.6	30.2	33.4	35.7	17
18	6.26	7.01	8.23	9.39	10.9	13.7	17.3	21.6	26.0	28.9	31.5	34.8	37.2	18

续表

n \ α	0.995	0.99	0.975	0.95	0.90	0.75	0.50	0.25	0.10	0.05	0.025	0.01	0.005	α / n
19	6.84	7.63	8.91	10.1	11.7	14.6	18.3	22.7	27.2	30.1	32.9	36.2	38.6	19
20	7.43	8.26	9.59	10.9	12.4	15.5	19.3	23.8	28.4	31.4	34.2	37.6	40.0	20
21	8.03	8.90	10.3	11.6	13.2	16.3	20.3	24.9	29.6	32.7	35.5	38.9	41.4	21
22	8.64	9.54	11.0	12.3	14.0	17.2	21.3	26.0	30.8	33.9	36.8	40.3	42.8	22
23	9.26	10.2	11.7	13.1	14.8	18.1	22.3	27.1	32.0	35.2	38.1	41.6	44.2	23
24	9.89	10.9	12.4	13.8	15.7	19.0	23.3	28.2	33.2	36.4	39.4	43.0	45.6	24
25	10.5	11.5	13.1	14.6	16.5	19.9	24.3	29.3	34.4	37.7	40.6	44.3	46.9	25
26	11.2	12.2	13.8	15.4	17.3	20.8	25.3	30.4	35.6	38.9	41.9	45.6	48.3	26
27	11.8	12.9	14.6	16.2	18.1	21.7	26.3	31.5	36.7	40.1	43.2	47.0	49.6	27
28	12.5	13.6	15.3	16.9	18.9	22.7	27.3	32.6	37.9	41.3	44.5	48.3	51.0	28
29	13.1	14.3	16.0	17.7	19.8	23.6	28.3	33.7	39.1	42.6	45.7	49.6	52.3	29
30	13.8	15.0	16.8	18.5	20.6	24.5	29.3	34.8	40.3	43.8	47.0	50.9	53.7	30
40	20.7	22.2	24.4	26.5	29.1	33.7	39.3	45.6	51.8	56.8	59.3	63.7	66.8	40
50	28.0	29.7	32.4	34.8	37.7	42.9	49.3	56.3	63.2	67.5	71.4	76.2	79.5	50
60	35.5	37.5	40.5	43.2	46.5	52.3	59.3	67.0	74.4	79.1	83.3	88.4	92.0	60

其中：$P\{\chi^2 \geqslant \chi_\alpha^2(n)\} = \dfrac{1}{2^{\frac{n}{2}}\Gamma\left(\dfrac{n}{2}\right)}\displaystyle\int_{x_\alpha^2}^{+\infty} x^{\frac{n}{2}-1} \cdot e^{-\frac{x}{2}} dx = \alpha$

n：自由度

附表 3.4

F 分布临界值(F_α)($\alpha=0.05$)

n_2 \ n_1	1	2	3	4	5	6	7	8	9	10	12	14	16	18	20	n_1 / n_2
1	161	200	216	225	230	234	237	239	241	242	244	245	246	247	248	1
2	18.5	19.0	19.2	19.2	19.3	19.3	19.4	19.4	19.4	19.4	19.4	19.4	19.4	19.4	19.4	2
3	10.1	9.55	9.28	9.12	9.01	8.94	8.89	8.85	8.81	8.79	8.74	8.71	8.69	8.67	8.66	3
4	7.71	6.94	6.59	6.39	6.26	6.16	6.09	6.04	6.00	5.96	5.91	5.87	5.84	5.82	5.80	4
5	6.61	5.79	5.41	5.19	5.05	4.95	4.88	4.82	4.77	4.74	4.68	4.64	4.60	4.58	4.56	5
6	5.99	5.14	4.76	4.53	4.39	4.28	4.21	4.15	4.10	4.06	4.00	3.96	3.92	3.90	3.87	6
7	5.59	4.74	4.35	4.12	3.97	3.87	3.79	3.73	3.68	3.64	3.57	3.53	3.49	3.47	3.44	7
8	5.32	4.46	4.07	3.84	3.69	3.58	3.50	3.44	3.39	3.35	3.28	3.24	3.20	3.17	3.15	8
9	5.12	4.26	3.86	3.63	3.48	3.37	3.29	3.23	3.18	3.14	3.07	3.03	2.89	2.96	2.94	9
10	4.96	4.10	3.71	3.48	3.33	3.22	3.14	3.07	3.02	2.98	2.91	2.86	2.83	2.80	2.77	10
11	4.84	3.98	3.59	3.36	3.20	3.09	3.01	2.95	2.90	2.85	2.79	2.74	2.70	2.67	2.65	11
12	4.75	3.89	3.49	3.26	3.11	3.00	2.91	2.85	2.80	2.75	2.69	2.64	2.60	2.57	2.54	12
13	4.67	3.81	3.41	3.16	3.03	2.92	2.83	2.77	2.71	2.67	2.60	2.55	2.51	2.48	2.46	13
14	4.60	3.74	3.34	3.11	2.96	2.85	2.76	2.70	2.65	2.60	2.53	2.48	2.44	2.41	2.39	14
15	4.54	3.68	3.29	3.06	2.90	2.79	2.71	2.64	2.59	2.54	2.48	2.42	2.38	2.35	2.33	15
16	4.49	3.63	3.24	3.01	2.85	2.74	2.66	2.59	2.54	2.49	2.42	2.37	2.33	2.30	2.28	16
17	4.45	3.50	3.20	2.96	2.81	2.70	2.61	2.55	2.49	2.45	2.38	2.33	2.29	2.26	2.23	17
18	4.41	3.55	3.16	2.93	2.77	2.66	2.58	2.51	2.46	2.41	2.34	2.29	2.26	2.22	2.13	18
19	4.38	3.52	3.13	2.90	2.74	2.64	2.54	2.48	2.42	2.38	2.31	2.26	2.21	2.18	2.16	19
20	4.35	3.49	3.10	2.87	2.71	2.60	2.51	2.45	2.39	2.35	2.28	2.22	2.18	2.15	2.12	20
21	4.32	3.47	3.07	2.84	2.68	2.57	2.49	2.42	2.37	2.32	2.25	2.20	2.16	2.12	2.10	21
22	4.30	3.44	3.05	2.82	2.66	2.55	2.46	2.40	2.34	2.30	2.23	2.17	2.13	2.10	2.07	22
23	4.28	3.42	3.03	2.80	2.64	2.53	2.44	2.37	2.32	2.27	2.20	2.15	2.11	2.07	2.05	23
24	4.26	3.40	3.01	2.78	2.62	2.51	2.42	2.36	2.30	2.25	2.18	2.13	2.09	2.05	2.03	24
25	4.24	3.39	2.99	2.76	2.60	2.49	2.40	2.34	2.28	2.24	2.16	2.11	2.07	2.04	2.01	25

续表

n_2 \ n_1	1	2	3	4	5	6	7	8	9	10	12	14	16	18	20	n_1 / n_2
26	4.23	3.37	2.98	2.74	2.59	2.47	2.39	2.32	2.27	2.22	2.15	2.09	2.05	2.02	1.99	26
27	4.21	3.35	2.96	2.73	2.57	2.46	2.37	2.31	2.25	2.20	2.13	2.08	2.04	2.00	1.97	27
28	4.20	3.34	2.95	2.71	2.56	2.45	2.36	2.29	2.24	2.19	2.12	2.06	2.02	1.99	1.96	28
29	4.18	3.33	2.93	2.70	2.55	2.43	2.35	2.28	2.22	2.18	2.10	2.05	2.01	1.97	1.94	29
30	4.17	3.32	2.92	2.69	2.53	2.42	2.33	2.27	2.21	2.16	2.09	2.04	1.99	1.96	1.93	30
32	4.15	3.29	2.90	2.67	2.51	2.40	2.31	2.24	2.19	2.14	2.07	2.01	1.97	1.94	1.91	32
34	4.13	3.28	2.88	2.65	2.49	2.38	2.29	2.23	2.17	2.12	2.05	1.99	1.95	1.92	1.80	34
36	4.11	3.26	2.87	2.63	2.48	2.36	2.28	2.21	2.15	2.11	2.03	1.98	1.93	1.90	1.87	36
38	4.10	3.24	2.85	2.62	2.46	2.35	2.26	2.19	2.14	2.09	2.02	1.96	1.92	1.88	1.85	38
40	4.08	3.23	2.84	2.61	2.45	2.34	2.25	2.18	2.12	2.08	2.00	1.95	1.90	1.87	1.84	40
42	4.07	3.22	2.83	2.59	2.44	2.32	2.24	2.17	2.11	2.06	1.99	1.93	1.89	1.86	1.83	42
44	4.06	3.21	2.82	2.58	2.43	2.31	2.23	2.16	2.10	2.05	1.98	1.92	1.88	1.84	1.81	44
46	4.05	3.20	2.81	2.57	2.42	2.30	2.22	2.15	2.09	2.04	1.97	1.91	1.87	1.83	1.80	46
48	4.04	3.19	2.80	2.57	2.41	2.29	2.21	2.14	2.08	2.03	1.96	1.90	1.86	1.82	1.79	48
50	4.03	3.18	2.79	2.56	2.40	2.29	2.20	2.13	2.07	2.03	1.95	1.89	1.85	1.81	1.78	50
60	4.00	3.15	2.76	2.53	2.37	2.25	2.17	2.10	2.04	1.99	1.92	1.86	1.82	1.78	1.75	60
80	3.96	3.11	2.72	2.49	2.33	2.21	2.13	2.06	2.00	1.95	1.88	1.82	1.77	1.73	1.70	80
100	3.94	3.09	2.70	2.46	2.31	2.19	2.10	2.03	1.97	1.93	1.85	1.79	1.75	1.71	1.68	100
125	3.92	3.07	2.68	2.44	2.29	2.17	2.08	2.01	1.96	1.91	1.83	1.77	1.72	1.69	1.65	125
150	3.90	3.06	2.66	2.43	2.27	2.16	2.07	2.00	1.94	1.89	1.82	1.76	1.71	1.67	1.64	150
200	3.89	3.04	2.65	2.42	2.26	2.14	2.06	1.98	1.93	1.88	1.80	1.74	1.69	1.66	1.62	200
300	3.87	3.03	2.63	2.40	2.24	2.13	2.04	1.97	1.91	1.86	1.79	1.72	1.68	1.64	1.61	300
500	3.86	3.01	2.62	2.39	2.23	2.12	2.03	1.96	1.90	1.85	1.77	1.71	1.66	1.62	1.59	500
1000	3.85	3.00	2.62	2.38	2.22	2.11	2.02	1.95	1.89	1.84	1.76	1.70	1.65	1.61	1.58	1000
∞	3.84	3.00	2.60	2.37	2.21	2.10	2.01	1.94	1.88	1.83	1.75	1.69	1.64	1.60	1.57	∞

续表

n_2 \ n_1	22	24	26	28	30	35	40	45	50	60	80	100	200	500	∞	n_1 / n_2
1	249	249	249	250	250	251	251	251	252	252	252	253	254	254	254	1
2	19.5	19.5	19.5	19.5	19.5	19.5	19.5	19.5	19.5	19.5	19.5	19.5	19.5	19.5	19.5	2
3	8.65	8.64	8.63	8.62	8.62	8.60	8.59	8.59	8.58	8.57	8.56	8.55	8.54	8.53	8.53	3
4	5.79	5.77	5.76	5.75	5.75	5.73	5.72	5.71	5.70	5.69	5.67	5.66	5.66	5.64	5.63	4
5	4.54	4.53	4.52	4.50	4.50	4.48	4.46	4.45	4.44	4.43	4.41	4.41	4.39	4.37	4.37	5
6	3.86	3.84	3.83	3.82	3.81	3.79	3.77	3.76	3.75	3.74	3.72	3.71	3.69	3.68	3.67	6
7	3.43	3.41	3.40	3.39	3.38	3.36	3.34	3.33	3.32	3.30	3.29	3.27	3.25	3.24	3.23	7
8	3.13	3.12	3.10	3.09	3.08	3.06	3.04	3.03	3.02	3.01	2.99	2.97	2.95	2.94	2.93	8
9	2.92	2.90	2.89	2.87	2.86	2.84	2.83	2.81	2.80	2.79	2.77	2.76	2.73	2.72	2.71	9
10	2.75	2.74	2.72	2.71	2.70	2.68	2.66	2.65	2.64	2.62	2.60	2.59	2.56	2.55	2.54	10
11	2.63	2.61	2.59	2.58	2.57	2.55	2.53	2.52	2.51	2.49	2.47	2.46	2.43	2.42	2.40	11
12	2.52	2.51	2.49	2.48	2.47	2.44	2.43	2.41	2.40	2.38	2.36	2.35	2.32	2.31	2.30	12
13	2.44	2.42	2.41	2.39	2.38	2.36	2.34	2.33	2.31	2.30	2.27	2.26	2.23	2.22	2.21	13
14	2.37	2.35	2.33	2.32	2.31	2.28	2.27	2.25	2.24	2.22	2.20	2.19	2.16	2.14	2.13	14
15	2.31	2.29	2.27	2.26	2.25	2.22	2.20	2.19	2.18	2.16	2.14	2.12	2.10	2.08	2.07	15
16	2.25	2.24	2.22	2.21	2.19	2.17	2.15	2.14	2.12	2.11	2.08	2.07	2.04	2.02	2.01	16
17	2.21	2.19	2.17	2.16	2.15	2.12	2.10	2.09	2.08	2.06	2.03	2.02	1.99	1.97	1.96	17
18	2.17	2.15	2.13	2.12	2.11	2.08	2.06	2.05	2.04	2.02	1.99	1.98	1.95	1.93	1.92	18
19	2.13	2.11	2.10	2.08	2.07	2.05	2.03	2.01	2.00	1.98	1.96	1.94	1.91	1.89	1.88	19
20	2.10	2.08	2.07	2.05	2.04	2.01	1.99	1.98	1.97	1.95	1.92	1.91	1.88	1.86	1.84	20
21	2.07	2.05	2.04	2.02	2.01	1.98	1.96	1.95	1.94	1.92	1.89	1.88	1.84	1.82	1.81	21
22	2.05	2.03	2.01	2.00	1.98	1.96	1.94	1.92	1.91	1.89	1.86	1.85	1.82	1.80	1.78	22
23	2.02	2.00	1.99	1.97	1.96	1.93	1.91	1.90	1.88	1.86	1.84	1.82	1.79	1.77	1.76	23
24	2.00	1.98	1.97	1.95	1.94	1.91	1.89	1.88	1.86	1.84	1.82	1.80	1.77	1.75	1.73	24
25	1.98	1.96	1.95	1.93	1.92	1.89	1.87	1.86	1.84	1.82	1.80	1.78	1.75	1.73	1.71	25

续表

n_2 \ n_1	22	24	26	28	30	35	40	45	50	60	80	100	200	500	∞	n_1 / n_2
26	1.97	1.95	1.93	1.91	1.90	1.87	1.85	1.84	1.82	1.80	1.78	1.76	1.73	1.71	1.69	26
27	1.95	1.93	1.91	1.90	1.88	1.86	1.84	1.82	1.81	1.79	1.76	1.74	1.71	1.69	1.67	27
28	1.93	1.91	1.90	1.88	1.87	1.84	1.82	1.80	1.79	1.77	1.74	1.73	1.69	1.67	1.66	28
29	1.92	1.90	1.88	1.87	1.85	1.83	1.81	1.79	1.77	1.76	1.73	1.71	1.67	1.65	1.64	29
30	1.91	1.89	1.87	1.85	1.84	1.81	1.79	1.77	1.76	1.74	1.71	1.70	1.66	1.64	1.62	30
32	1.88	1.86	1.85	1.83	1.82	1.79	1.77	1.75	1.74	1.71	1.69	1.67	1.64	1.61	1.59	32
34	1.86	1.84	1.82	1.80	1.80	1.77	1.75	1.73	1.71	1.69	1.66	1.65	1.61	1.59	1.57	34
36	1.85	1.82	1.81	1.79	1.78	1.76	1.73	1.71	1.69	1.67	1.64	1.62	1.59	1.56	1.55	36
38	1.83	1.81	1.79	1.77	1.76	1.73	1.71	1.69	1.68	1.65	1.62	1.61	1.57	1.54	1.53	38
40	1.81	1.79	1.77	1.76	1.74	1.72	1.69	1.67	1.66	1.64	1.61	1.59	1.55	1.53	1.51	40
42	1.80	1.78	1.76	1.74	1.73	1.70	1.68	1.66	1.65	1.62	1.59	1.57	1.53	1.51	1.49	42
44	1.79	1.77	1.75	1.73	1.72	1.69	1.67	1.65	1.63	1.61	1.58	1.56	1.52	1.49	1.48	44
46	1.78	1.76	1.74	1.72	1.71	1.68	1.65	1.64	1.62	1.60	1.57	1.55	1.51	1.48	1.46	46
48	1.77	1.75	1.73	1.71	1.70	1.67	1.64	1.62	1.61	1.59	1.56	1.54	1.49	1.47	1.45	48
50	1.76	1.74	1.72	1.70	1.69	1.66	1.63	1.61	1.60	1.58	1.54	1.52	1.48	1.46	1.44	50
60	1.72	1.70	1.68	1.66	1.65	1.62	1.59	1.57	1.56	1.53	1.50	1.48	1.44	1.41	1.39	60
80	1.68	1.65	1.63	1.62	1.60	1.57	1.54	1.52	1.51	1.48	1.45	1.43	1.38	1.35	1.32	80
100	1.65	1.63	1.61	1.59	1.57	1.54	1.52	1.49	1.48	1.45	1.41	1.39	1.34	1.31	1.28	100
125	1.63	1.60	1.58	1.57	1.55	1.52	1.49	1.47	1.45	1.42	1.39	1.38	1.31	1.27	1.25	125
150	1.61	1.59	1.57	1.55	1.53	1.50	1.48	1.45	1.44	1.41	1.37	1.34	1.29	1.25	1.22	150
200	1.60	1.57	1.55	1.53	1.52	1.48	1.46	1.43	1.41	1.39	1.35	1.32	1.26	1.22	1.19	200
300	1.58	1.55	1.53	1.51	1.50	1.46	1.43	1.41	1.39	1.36	1.32	1.30	1.23	1.19	1.15	300
500	1.56	1.54	1.52	1.50	1.48	1.45	1.42	1.40	1.38	1.34	1.30	1.28	1.21	1.16	1.11	500
1000	1.55	1.53	1.51	1.49	1.47	1.44	1.41	1.38	1.36	1.33	1.29	1.26	1.19	1.13	1.08	1000
∞	1.54	1.52	1.50	1.48	1.46	1.42	1.39	1.37	1.35	1.32	1.27	1.24	1.17	1.11	1.00	∞

附表 3.5　　**F 分布临界值表($\alpha=0.025$)**

n_2 \ n_1	1	2	3	4	5	6	7	8	9	10	12	15	20	24	30	40	60	120	∞	n_1 / n_2
1	647.8	799.6	864.2	899.6	921.8	937.1	948.2	956.7	963.3	968.6	976.7	984.9	993.1	997.2	1001	1006	1016	1014	1018	
2	38.51	39.00	39.17	39.25	39.30	39.33	39.36	39.37	39.39	39.40	39.41	39.43	39.45	39.46	39.46	39.47	39.48	39.49	39.50	2
3	17.44	16.04	15.44	15.10	14.88	14.73	14.62	14.54	14.47	14.42	14.34	14.25	14.17	14.12	14.08	14.04	13.99	13.95	13.90	3
4	12.22	10.65	9.98	9.60	9.36	9.20	9.07	8.98	8.99	8.84	8.75	8.66	8.56	8.51	8.46	8.41	8.36	8.31	8.26	4
5	10.01	8.43	7.76	7.39	7.15	6.98	6.85	6.76	6.68	6.62	6.52	6.43	6.33	6.28	6.23	6.18	6.12	6.07	6.02	5
6	8.81	7.26	6.60	6.23	5.99	5.82	5.70	5.60	5.52	5.46	5.37	5.27	5.17	5.12	5.07	5.01	4.96	4.90	4.85	6
7	8.07	6.54	5.89	5.52	5.29	5.12	4.99	4.90	4.82	4.76	4.67	4.67	4.47	4.42	4.36	4.31	4.25	4.20	4.14	7
8	7.67	6.06	5.42	4.05	4.82	4.65	4.53	4.43	4.36	4.30	4.20	4.10	4.00	3.05	3.89	3.84	3.73	3.73	3.67	8
9	7.21	5.71	6.08	4.72	4.48	4.32	4.20	4.10	4.03	3.96	3.87	3.77	3.67	3.61	3.56	3.51	3.45	3.39	3.33	9
10	6.94	5.46	4.83	4.47	4.24	4.07	3.95	3.85	3.78	3.72	3.62	3.52	3.42	3.37	3.31	3.26	3.20	3.14	3.05	10
11	6.72	6.20	4.63	4.28	4.04	3.88	3.76	3.66	3.59	3.53	3.43	3.33	3.23	3.17	3.12	3.06	3.00	2.94	2.88	11
12	6.55	5.10	4.47	4.12	3.89	3.73	3.61	3.51	3.44	3.37	3.28	3.18	3.07	3.02	2.96	2.91	2.85	2.79	2.72	12
13	6.41	4.97	4.35	4.00	3.77	3.60	3.48	3.39	3.31	3.25	3.15	3.05	2.95	2.89	2.84	2.73	2.72	2.66	2.60	13
14	6.30	4.86	4.24	3.89	3.66	3.50	3.38	3.29	3.21	3.15	3.05	2.95	2.84	2.79	2.73	2.67	2.61	2.55	2.49	14
15	6.20	4.77	4.15	3.80	3.58	3.41	3.29	3.20	3.12	3.06	2.96	2.86	2.76	2.70	2.64	2.59	2.52	2.45	2.40	15
16	6.12	4.69	4.08	3.73	3.50	3.34	3.22	3.12	3.05	2.99	2.89	2.79	2.68	2.63	2.57	2.51	2.46	2.48	2.32	16
17	6.04	4.62	4.01	3.66	3.44	3.28	3.16	3.06	2.98	2.92	2.82	2.72	2.62	2.56	2.50	2.44	2.37	2.32	2.25	17
18	5.98	4.56	3.95	3.61	3.38	3.22	3.10	3.01	2.93	2.87	2.77	2.67	2.56	2.50	2.44	2.38	2.32	2.26	2.19	18

续表

n_2 \ n_1	1	2	3	4	5	6	7	8	9	10	12	15	20	24	30	40	60	120	∞	n_1 / n_2
19	5.92	4.51	3.90	3.56	3.33	3.17	3.05	2.96	2.88	2.82	2.72	2.62	2.51	2.46	2.39	2.33	2.27	2.20	2.13	19
20	5.87	4.46	3.86	3.51	3.29	3.13	3.01	2.91	2.84	2.77	2.68	2.57	2.46	2.41	2.35	2.29	2.22	2.16	2.09	20
21	5.83	4.42	3.82	3.48	3.25	3.09	2.97	2.87	2.80	2.73	2.64	2.53	2.42	2.37	2.31	2.25	2.18	2.11	2.04	21
22	5.79	4.38	3.78	3.44	3.22	3.05	2.93	2.84	2.76	2.70	2.60	2.50	2.39	2.33	2.27	2.21	2.14	2.08	2.00	22
23	5.75	4.35	3.75	3.41	3.18	3.02	2.90	2.81	2.73	2.67	2.57	2.47	2.36	2.30	2.24	2.13	2.11	2.04	1.97	23
24	5.72	4.32	3.72	3.38	3.16	2.99	2.87	2.76	2.70	2.64	2.54	2.44	2.33	2.27	2.21	2.15	2.08	2.01	1.94	24
25	5.69	4.29	3.69	3.35	3.13	2.97	2.85	2.76	2.68	2.61	2.51	2.41	2.30	2.24	2.18	2.12	2.05	1.98	1.91	25
26	5.66	4.27	3.67	3.33	3.10	2.94	2.82	2.73	2.65	2.59	2.49	2.39	2.28	2.22	2.16	2.09	2.63	1.95	1.88	26
27	5.63	4.24	3.65	3.31	3.06	2.92	2.80	2.71	2.63	2.57	2.47	2.36	2.25	2.19	2.13	2.07	2.00	1.93	1.85	27
28	5.61	4.22	3.63	3.29	3.08	2.90	2.78	2.69	2.61	2.55	2.45	2.34	2.23	2.17	2.11	2.05	1.98	1.91	1.83	28
29	5.69	4.20	3.61	3.27	3.04	2.88	2.76	2.67	2.59	2.53	2.43	2.32	2.21	2.15	2.09	2.03	1.96	1.89	1.81	29
30	5.57	4.18	3.59	3.26	3.03	2.87	2.75	2.65	2.57	2.51	2.41	2.31	2.20	2.14	2.07	1.01	1.94	1.87	1.79	30
40	5.42	4.05	3.46	3.13	2.90	2.74	2.62	2.53	2.45	2.39	2.29	2.18	2.07	2.01	1.94	1.83	1.80	1.72	1.64	40
60	5.29	3.93	3.34	3.01	2.79	2.63	2.51	2.41	2.38	2.27	2.17	2.06	1.94	1.88	1.82	1.74	1.67	1.58	1.48	60
120	5.15	3.80	3.23	2.89	2.67	2.52	2.39	2.30	2.22	2.16	2.05	1.94	1.82	1.76	1.69	1.61	1.53	1.43	1.31	120
∞	5.02	3.69	3.12	2.79	2.57	2.41	2.29	2.19	2.11	2.05	1.94	1.83	1.71	1.64	1.57	1.48	1.39	1.27	1.00	∞

附表 3.6　　**F 分布临界值表($\alpha=0.10$)**

n_2 \ n_1	1	2	3	4	5	6	7	8	9	10	15	20	30	50	100	200	500	∞	n_1 / n_2
1	39.9	49.5	53.6	55.8	57.2	58.2	58.9	59.4	59.9	60.2	61.2	61.7	62.3	62.7	63.0	63.2	63.3	63.3	1
2	8.53	9.00	9.16	9.24	9.29	9.33	9.35	9.37	9.38	9.39	9.42	9.44	9.46	9.47	9.43	9.49	9.49	9.49	2
3	5.54	5.46	5.39	5.34	5.31	5.28	5.27	5.26	5.24	5.23	5.20	5.18	5.17	5.15	5.14	5.14	5.14	5.13	3
4	4.54	4.32	4.19	4.11	4.05	4.01	3.98	3.95	3.94	3.92	3.87	3.84	3.82	3.80	3.78	3.77	3.76	3.76	4
5	4.06	4.78	3.62	3.52	3.45	3.40	3.37	3.34	3.32	3.30	3.24	3.21	3.17	3.16	3.16	3.12	3.11	3.10	5
6	3.78	3.46	3.29	3.18	3.11	3.05	3.01	2.98	2.96	2.94	2.87	2.84	2.80	2.77	2.75	2.73	2.73	2.72	6
7	3.59	3.26	3.07	2.96	2.88	2.83	2.78	2.75	2.72	2.70	2.64	2.59	2.56	2.52	2.50	2.48	2.48	2.47	7
8	3.46	3.11	2.92	2.81	2.73	2.67	2.62	2.59	2.56	2.54	2.46	2.42	2.38	2.35	2.32	2.31	2.30	2.20	8
9	3.36	3.01	2.81	2.69	2.61	2.55	2.51	2.47	2.44	2.42	2.34	2.30	2.25	2.22	2.19	2.17	2.17	2.16	9
10	3.28	2.92	2.73	2.61	2.52	2.46	2.41	2.38	2.35	2.32	2.24	2.20	2.16	2.12	2.09	2.07	2.06	2.06	10
11	3.23	2.86	2.66	2.54	2.45	2.39	2.34	2.30	2.27	2.26	2.17	2.12	2.03	2.04	2.00	1.99	1.98	1.97	11
12	3.18	2.81	2.61	2.48	2.39	2.33	2.28	2.24	2.21	2.19	2.10	2.06	2.01	1.97	1.94	1.92	1.91	1.90	12
13	3.14	2.76	2.56	2.43	2.36	2.28	2.23	2.20	2.16	2.14	2.05	2.01	1.90	1.92	1.88	1.86	1.85	1.85	13
14	3.10	2.73	2.52	2.39	2.31	2.24	2.19	2.14	2.12	2.10	2.01	1.96	1.91	1.87	1.83	1.82	1.80	1.80	14
15	3.07	2.70	2.49	2.36	2.27	2.21	2.16	2.12	2.09	2.06	1.97	1.92	1.87	1.83	1.79	1.77	1.76	1.76	15
16	3.05	2.67	2.46	2.33	2.24	2.18	2.13	2.09	2.06	2.03	1.94	1.79	1.84	1.79	1.76	1.74	1.73	1.72	16
17	3.03	2.64	2.44	2.31	2.22	2.15	2.10	2.06	2.03	2.00	1.91	1.86	1.81	1.76	1.73	1.71	1.69	1.69	17
18	3.01	2.62	2.42	2.29	2.20	2.13	2.08	2.04	2.00	1.98	1.89	1.84	1.78	1.74	1.70	1.68	1.67	1.66	18
19	2.99	2.61	2.40	2.27	2.18	2.11	2.06	2.02	1.98	1.96	1.86	1.81	1.76	1.71	1.67	1.65	1.64	1.64	19
20	2.97	2.59	2.38	2.25	2.16	2.09	2.04	2.00	1.96	1.94	1.84	1.79	1.74	1.69	1.65	1.63	1.02	1.61	20
22	2.95	2.56	2.35	2.22	2.13	2.06	2.01	1.97	1.93	1.90	1.81	1.76	1.70	1.65	1.61	1.59	1.53	1.57	22
24	2.93	2.54	2.33	2.19	2.10	2.04	1.98	1.94	1.91	1.88	1.78	1.73	1.67	1.62	1.58	1.56	1.54	1.43	24
26	2.91	2.62	2.31	2.17	2.08	2.01	1.96	1.92	1.88	1.86	1.76	1.71	1.65	1.59	1.55	1.53	1.51	1.50	26
28	2.89	2.50	2.29	2.16	2.06	2.00	1.94	1.90	1.87	1.84	1.74	1.69	1.64	1.57	1.53	1.50	1.49	1.48	28
30	2.88	2.49	2.28	2.14	2.05	1.98	1.93	1.88	1.85	1.82	1.72	1.67	1.61	1.55	1.61	1.48	1.47	1.46	30
40	2.84	2.44	2.23	2.09	2.00	1.93	1.87	1.83	1.79	1.76	1.65	1.61	1.54	1.48	1.43	1.41	1.39	1.38	40
50	2.81	2.41	2.20	2.06	1.97	1.90	1.84	1.80	1.76	1.73	1.63	1.57	1.50	1.44	1.39	1.36	1.34	1.33	50
60	2.79	2.39	2.18	2.04	1.95	1.87	1.82	1.77	1.74	1.71	1.60	1.54	1.48	1.41	1.36	1.33	1.31	1.29	60
80	2.77	2.37	2.15	2.02	1.92	1.85	1.79	1.75	1.71	1.68	1.57	1.51	1.44	1.38	1.32	1.28	1.26	1.24	80
100	2.76	2.36	2.14	2.00	1.91	1.83	1.78	1.73	1.70	1.66	1.55	1.49	1.42	1.35	1.29	1.26	1.23	1.24	100
200	2.73	2.33	2.11	1.97	1.88	1.80	1.75	1.70	1.66	1.63	1.52	1.46	1.38	1.31	1.24	1.20	1.17	1.14	200
500	2.72	2.31	2.10	1.96	1.86	1.79	1.73	1.68	1.64	1.61	1.50	1.44	1.36	1.28	1.21	1.16	1.12	1.09	500
∞	2.71	2.30	2.08	1.94	1.85	1.77	1.72	1.67	1.63	1.60	1.49	1.42	1.34	1.26	1.18	1.13	1.08	1.00	∞

附表 3.7

F 分布临界值($\alpha=0.01$)

n_2 \ n_1	1	2	3	4	5	6	7	8	9	10	12	14	16	18	20	n_1 / n_2
1	405	500	540	563	576	586	593	598	602	606	611	614	617	619	621	1
2	98.5	99.0	99.2	99.3	99.3	99.4	99.4	99.4	99.4	99.4	99.4	99.4	99.4	99.4	99.4	2
3	34.1	30.8	29.5	28.7	28.2	27.9	27.7	27.5	27.3	27.2	27.1	26.9	26.8	26.8	26.7	3
4	21.2	18.0	16.7	16.0	15.5	15.2	15.0	14.8	14.7	14.5	14.4	14.1	14.2	14.1	14.0	4
5	16.3	13.3	12.1	11.4	11.0	10.7	10.5	10.3	10.2	10.1	9.89	9.77	9.68	9.61	9.55	5
6	13.7	10.9	9.78	9.15	8.75	8.47	8.26	8.10	7.98	7.87	7.72	7.60	7.52	7.45	7.40	6
7	12.2	9.55	8.45	7.85	7.46	7.19	6.99	6.84	6.72	6.62	6.47	6.36	6.27	6.21	6.16	7
8	11.3	8.65	7.59	7.01	6.63	6.37	6.18	6.03	5.91	5.81	5.67	5.56	5.48	5.41	5.36	8
9	10.6	8.02	6.99	6.42	6.06	5.80	5.81	5.47	5.35	5.26	5.11	5.00	4.92	4.86	4.81	9
10	10.0	7.56	6.55	5.99	5.64	5.39	5.20	5.06	4.94	4.85	4.71	4.60	4.52	4.46	4.41	10
11	9.65	7.21	6.22	5.67	5.32	5.07	4.89	4.74	4.63	4.54	4.40	4.29	4.21	4.15	4.10	11
12	9.33	6.93	6.95	5.41	5.06	4.82	4.64	4.50	4.39	4.30	4.16	4.05	3.97	3.91	3.86	12
13	9.07	6.70	5.74	5.21	4.86	4.62	4.44	4.30	4.19	4.10	3.96	3.86	3.78	3.71	3.66	13
14	8.86	6.51	5.56	5.04	4.70	4.46	4.28	4.14	4.03	3.94	3.80	3.70	3.62	3.56	3.51	14
15	8.68	3.36	5.42	4.89	4.56	4.32	4.14	4.00	3.89	3.80	3.67	3.56	3.49	3.42	3.37	15
16	8.53	6.23	5.29	4.77	4.44	4.20	4.03	3.89	3.78	3.69	3.55	3.45	3.37	3.31	3.26	16
17	8.40	6.11	5.18	4.67	4.34	4.10	3.93	3.79	3.68	3.59	3.46	3.35	3.27	3.21	3.16	17
18	8.29	6.01	5.09	4.58	4.25	4.01	3.84	3.71	3.60	3.51	3.37	3.27	3.19	3.13	3.08	18
19	8.18	5.93	5.01	4.50	4.17	3.94	3.77	3.63	3.52	3.43	3.30	3.19	3.12	3.05	3.00	19
20	8.10	5.85	4.94	4.43	4.10	3.87	3.70	3.56	3.46	3.37	3.23	3.13	3.05	2.99	2.94	20
21	8.02	5.78	4.87	4.37	4.04	3.81	3.64	3.51	3.40	3.31	3.17	3.07	2.99	2.93	2.88	21
22	7.95	5.72	4.82	4.31	3.99	3.76	3.59	3.46	3.35	3.26	3.12	3.02	2.94	2.88	2.83	22
23	7.88	5.66	4.76	4.26	3.94	3.71	3.54	3.41	3.30	3.21	3.07	2.97	2.89	2.83	2.78	23
24	7.82	5.61	4.72	4.22	3.90	3.67	3.50	3.36	3.26	3.17	3.03	2.93	2.85	2.79	2.74	24
25	7.77	5.57	4.68	4.18	3.86	3.63	3.46	3.32	3.22	3.13	2.99	2.89	2.81	2.75	2.70	25

续表

n_2 \ n_1	1	2	3	4	5	6	7	8	9	10	12	14	16	18	20	n_1 / n_2
26	7.72	5.53	4.64	4.14	3.82	3.59	3.42	3.29	3.18	3.09	2.96	2.86	2.78	2.72	2.66	26
27	7.68	5.49	4.60	4.11	3.78	3.56	3.39	3.26	3.15	3.06	2.93	2.82	2.75	2.68	2.63	27
28	7.64	5.45	4.57	4.07	3.75	3.53	3.36	3.23	3.12	3.03	2.90	2.79	2.72	2.06	2.60	28
29	7.60	5.42	4.54	4.04	3.73	3.50	3.33	3.20	3.09	3.00	2.87	2.77	2.69	2.62	2.57	29
30	7.56	5.39	4.51	4.02	3.70	3.47	3.30	3.17	3.07	2.98	2.84	2.74	2.66	2.60	2.55	30
32	7.50	5.34	4.46	3.97	3.65	3.43	3.26	3.13	3.02	2.93	2.80	2.76	2.62	2.55	2.50	32
34	7.44	5.29	4.42	3.93	3.61	3.39	3.22	3.09	2.98	2.89	2.76	2.66	2.58	2.51	2.46	34
36	7.40	5.25	4.38	3.89	3.57	3.35	3.18	3.05	2.95	2.86	2.72	2.62	2.54	2.48	2.43	36
38	7.35	5.21	4.34	3.86	3.54	3.32	3.15	3.02	2.92	2.83	2.69	2.59	2.51	2.45	2.40	38
40	7.31	5.18	4.31	3.83	3.51	3.29	3.12	2.99	2.89	2.80	2.66	2.56	2.48	2.42	2.37	40
42	7.28	5.15	4.29	3.80	3.49	3.27	3.10	2.97	2.86	2.78	2.64	2.54	2.46	2.40	2.34	42
44	7.25	5.12	4.26	3.78	3.47	3.24	3.08	2.95	2.84	2.75	2.62	2.52	2.44	2.37	2.32	44
46	7.22	5.10	4.24	3.76	3.44	3.22	3.06	2.93	2.82	2.73	2.60	2.50	2.42	2.35	2.30	46
48	7.20	5.08	4.22	3.74	3.43	3.20	3.04	2.91	2.80	2.72	2.58	2.48	2.40	2.33	2.28	48
50	7.17	5.06	4.20	3.72	3.41	3.19	3.02	2.89	2.79	2.70	2.56	2.46	2.38	2.32	2.27	50
60	7.08	4.98	4.13	3.65	3.34	3.12	2.95	2.82	2.72	2.63	2.50	2.39	2.31	2.25	2.20	60
80	6.96	4.88	4.04	3.56	3.26	3.04	2.87	2.74	2.64	2.55	2.42	2.31	2.23	2.17	2.12	80
100	6.90	4.82	3.98	3.51	3.21	2.99	2.82	2.69	2.59	2.50	2.37	2.26	2.19	2.12	2.07	100
125	6.84	4.78	3.94	3.47	3.17	2.95	2.79	2.66	2.55	2.47	2.33	2.23	2.15	2.08	2.03	125
150	6.81	4.75	3.92	3.45	3.14	2.92	2.76	2.63	2.53	2.44	2.31	2.20	2.12	2.06	2.00	150
200	6.76	4.71	3.88	3.41	3.11	2.89	2.73	2.60	2.50	2.41	2.27	2.17	2.09	2.02	1.97	200
300	6.72	4.68	3.85	3.38	3.08	2.86	2.70	2.57	2.47	2.38	2.24	2.14	2.06	1.99	1.94	300
500	6.69	4.65	3.82	3.36	3.05	2.84	2.68	2.55	2.44	2.36	2.22	2.12	2.04	1.97	1.92	500
1000	6.66	4.63	3.80	3.34	3.04	2.82	2.66	2.53	2.43	2.34	2.20	2.10	2.02	1.95	1.90	1000
∞	6.63	4.61	3.78	3.32	3.02	2.80	2.64	2.51	2.41	2.32	2.18	2.08	2.00	1.93	1.88	∞

续表

n_2 \ n_1	22	24	26	28	30	35	40	45	50	60	80	100	200	500	∞	n_1 / n_2
1	622	623	624	625	626	628	629	630	630	631	633	633	635	636	637	1
2	99.5	99.5	99.5	99.5	99.5	99.5	99.5	99.5	99.5	99.5	99.5	99.5	99.5	99.5	99.5	2
3	26.6	26.6	26.6	26.5	26.5	26.5	26.4	26.4	26.4	26.3	26.3	26.2	26.2	26.1	26.1	3
4	14.0	13.9	13.9	13.9	13.8	13.8	13.7	13.7	13.7	13.7	13.6	13.6	13.5	13.5	13.5	4
5	9.51	9.47	9.43	9.40	9.38	9.33	9.29	9.26	9.24	9.20	9.16	9.13	9.08	9.04	9.02	5
6	7.35	7.31	7.28	7.25	7.23	7.18	7.14	7.11	7.09	7.06	7.01	6.99	6.93	6.90	6.88	6
7	6.11	6.07	6.04	6.02	5.99	5.94	5.91	5.88	5.86	5.82	5.78	5.75	5.70	5.67	5.65	7
8	5.32	5.28	5.25	5.22	5.20	5.15	5.12	5.00	5.07	5.03	4.99	4.96	4.91	4.88	4.86	8
9	4.77	4.73	4.70	4.67	4.65	4.60	4.57	4.54	4.52	4.48	4.44	4.42	4.36	4.33	4.31	9
10	4.36	4.33	4.30	4.27	4.25	4.20	4.17	4.14	4.12	4.08	4.04	4.01	3.96	3.93	3.91	10
11	4.06	4.02	3.99	3.96	3.94	3.89	3.86	3.83	3.81	3.78	3.73	3.71	3.66	3.62	3.60	11
12	3.82	3.78	3.75	3.72	3.70	3.65	3.62	3.59	3.57	3.54	3.49	3.47	3.41	3.38	3.36	12
13	3.62	3.59	3.56	3.53	3.51	3.46	3.43	3.40	3.38	3.34	3.30	3.27	3.22	3.19	3.17	13
14	3.46	3.43	3.40	3.37	3.35	3.30	3.27	3.24	3.22	3.18	3.14	3.11	3.06	3.03	3.00	14
15	3.33	3.29	3.26	3.24	3.21	3.17	3.13	3.10	3.08	3.05	3.00	2.98	2.92	2.89	2.87	15
16	3.22	3.18	3.15	3.12	3.10	3.05	3.02	2.99	2.97	2.93	2.89	2.86	2.81	2.78	2.75	16
17	3.12	3.08	3.05	3.03	3.00	2.96	2.92	2.89	2.87	2.83	2.79	2.76	2.71	2.68	2.65	17
18	3.03	3.00	2.97	2.94	2.92	2.87	2.84	2.81	2.78	2.75	2.70	2.68	2.62	2.59	2.57	18
19	2.96	2.92	2.89	2.87	2.84	2.80	2.76	2.73	2.71	2.67	2.63	2.60	2.55	2.51	2.49	19
20	2.90	2.86	2.83	2.80	2.78	2.73	2.69	2.67	2.64	2.61	2.56	2.54	2.48	2.44	2.42	20
21	2.84	2.80	2.77	2.74	2.72	2.67	2.64	2.61	2.58	2.55	2.50	2.48	2.42	2.38	2.36	21
22	2.78	2.75	2.72	2.69	2.67	2.62	2.58	2.55	2.53	2.50	2.45	2.42	2.36	2.33	2.31	22
23	2.74	2.70	2.67	2.64	2.62	2.57	2.54	2.51	2.48	2.45	2.40	2.37	2.32	2.28	2.26	23
24	2.70	2.66	2.63	2.60	2.58	2.53	2.49	2.46	2.44	2.40	2.36	2.33	2.27	2.24	2.21	24
25	2.86	2.62	2.59	2.56	2.54	2.49	2.46	2.42	2.40	2.36	2.32	2.29	2.23	2.19	2.17	25

续表

n_2 \ n_1	22	24	26	28	30	35	40	45	50	60	80	100	200	500	∞	n_1 / n_2
26	2.62	2.58	2.55	2.53	2.50	2.45	2.42	2.39	2.36	2.33	2.28	2.25	2.19	2.16	2.13	26
27	2.59	2.55	2.52	2.49	2.47	2.42	2.38	2.35	2.33	2.29	2.25	2.22	2.16	2.12	2.10	27
28	2.56	2.52	2.49	2.46	2.44	2.39	2.35	2.32	2.30	2.26	2.22	2.19	2.13	2.09	2.06	28
29	2.53	2.49	2.46	2.44	2.41	2.36	2.33	2.30	2.27	2.23	2.19	2.16	2.10	2.06	2.03	29
30	2.51	2.47	2.44	2.41	2.39	2.34	2.30	2.27	2.25	2.21	2.16	2.13	2.07	2.03	2.01	30
32	2.46	2.42	2.39	2.36	2.34	2.29	2.25	2.22	2.20	2.16	2.11	2.08	2.02	1.98	1.96	32
34	2.42	2.38	2.35	2.32	2.30	2.25	2.21	2.18	2.16	2.12	2.07	2.04	1.98	1.94	1.91	34
36	2.38	2.35	2.32	2.29	2.26	2.21	2.17	2.14	2.12	2.08	2.03	2.00	1.94	1.90	1.87	36
38	2.35	2.32	2.28	2.26	2.23	2.18	2.14	2.11	2.09	2.05	2.00	1.97	1.90	1.86	1.84	38
40	2.33	2.29	2.26	2.23	2.20	2.15	2.11	2.08	2.06	2.02	1.97	1.94	1.87	1.83	1.80	40
42	2.30	2.26	2.23	2.20	2.18	2.13	2.09	2.06	2.03	1.99	1.94	1.91	1.85	1.80	1.78	42
44	2.28	2.24	2.21	2.18	2.15	2.10	2.06	2.03	2.01	1.97	1.92	1.89	1.82	1.78	1.75	44
46	2.26	2.22	2.19	2.16	2.13	2.08	2.04	2.01	1.99	1.95	1.90	1.86	1.80	1.75	1.73	46
48	2.24	2.20	2.17	2.14	2.12	2.06	2.02	1.99	1.97	1.93	1.88	1.84	1.78	1.73	1.70	48
50	2.22	2.18	2.15	2.12	2.10	2.05	2.01	1.97	1.95	1.91	1.86	1.82	1.76	1.71	1.68	50
60	2.15	2.12	2.08	2.05	2.03	1.98	1.94	1.90	1.88	1.84	1.78	1.75	1.68	1.63	1.60	60
80	2.07	2.03	2.00	1.97	1.94	1.89	1.85	1.81	1.79	1.75	1.69	1.66	1.58	1.53	1.49	80
100	2.02	1.98	1.94	1.92	1.89	1.84	1.80	1.76	1.73	1.69	1.63	1.60	1.52	1.47	1.43	100
125	1.98	1.94	1.91	1.88	1.85	1.80	1.76	1.72	1.69	1.65	1.59	1.55	1.47	1.41	1.37	125
150	1.96	1.92	1.88	1.85	1.83	1.77	1.73	1.69	1.66	1.62	1.56	1.52	1.43	1.38	1.33	150
200	1.93	1.89	1.85	1.82	1.79	1.74	1.69	1.66	1.63	1.58	1.52	1.48	1.39	1.33	1.28	200
300	1.89	1.85	1.82	1.79	1.76	1.71	1.66	1.62	1.59	1.55	1.48	1.44	1.35	1.28	1.22	300
500	1.87	1.83	1.79	1.76	1.74	1.68	1.63	1.60	1.56	1.52	1.45	1.41	1.31	1.23	1.16	500
1000	1.85	1.81	1.77	1.74	1.72	1.66	1.61	1.57	1.54	1.50	1.43	1.38	1.28	1.19	1.11	1000
∞	1.83	1.79	1.76	1.72	1.70	1.64	1.59	1.55	1.52	1.47	1.40	1.36	1.25	1.15	1.00	∞

附表 3.8

柯尔莫哥洛夫检验临界值 $D_{n,\alpha}$ 表

$P\{D_n > D_{n,\alpha}\} = \alpha$

n \ α	0.20	0.10	0.05	0.02	0.01	n \ α	0.20	0.10	0.05	0.02	0.01
1	0.900 00	0.950 00	0.975 00	0.990 00	0.995 00	31	0.187 32	0.214 12	0.237 88	0.265 96	0.286 30
2	0.633 77	0.776 29	0.341 89	0.900 00	0.992 29	32	0.184 45	0.210 85	0.234 24	0.261 89	0.280 94
3	0.564 81	0.638 04	0.707 60	0.784 56	0.829 00	33	0.181 71	0.207 71	0.230 76	0.258 01	0.276 77
4	0.492 56	0.686 22	0.623 94	0.688 87	0.734 24	34	0.179 09	0.204 72	0.227 43	0.264 29	0.272 79
5	0.446 98	0.509 45	0.563 28	0.627 18	0.668 53	35	0.176 59	0.201 85	0.224 25	0.250 73	0.268 96
6	0.410 37	0.467 99	0.519 26	0.577 41	0.616 61	36	0.174 18	0.199 10	0.221 19	0.247 32	0.265 32
7	0.381 48	0.436 07	0.483 42	0.538 44	0.575 81	37	0.171 88	0.196 46	0.218 26	0.244 04	0.261 80
8	0.358 31	0.409 62	0.454 27	0.506 54	0.541 79	38	0.169 66	0.193 92	0.215 44	0.240 89	0.258 43
9	0.339 10	0.387 46	0.430 01	0.479 60	0.513 32	39	0.167 53	0.191 48	0.212 73	0.237 86	0.255 13
10	0.322 60	0.368 66	0.409 25	0.456 62	0.483 93	40	0.165 47	0.189 13	0.210 12	0.234 94	0.252 05
11	0.308 29	0.352 42	0.391 22	0.436 70	0.467 70	41	0.163 49	0.186 87	0.207 60	0.232 13	0.249 04
12	0.295 77	0.338 15	0.375 43	0.419 18	0.449 50	42	0.161 58	0.184 68	0.205 17	0.229 41	0.246 13
13	0.284 70	0.325 49	0.361 43	0.403 62	0.432 47	43	0.159 74	0.182 57	0.202 83	0.220 79	0.243 32
14	0.274 81	0.314 17	0.348 90	0.389 70	0.417 62	44	0.157 96	0.180 53	0.200 56	0.224 26	0.240 60
15	0.295 83	0.303 97	0.337 60	0.377 13	0.401 20	45	0.156 23	0.178 56	0.198 37	0.221 81	0.237 98
16	0.257 78	0.294 72	0.327 33	0.365 71	0.392 01	46	0.154 57	0.176 65	0.196 25	0.219 44	0.235 44
17	0.250 39	0.286 27	0.317 96	0.355 28	0.380 86	47	0.152 95	0.174 81	0.194 20	0.217 15	0.232 98
18	0.243 60	0.278 51	0.309 36	0.345 69	0.370 62	48	0.151 39	0.173 02	0.192 21	0.214 93	0.230 59
19	0.237 35	0.271 36	0.301 43	0.336 35	0.361 17	49	0.149 87	0.171 23	0.190 28	0.212 77	0.228 28
20	0.231 56	0.264 73	0.294 03	0.322 66	0.352 41	50	0.148 40	0.169 59	0.188 41	0.210 68	0.223 04
21	0.226 17	0.258 58	0.287 24	0.321 04	0.344 27	55	0.141 61	0.161 86	0.179 81	0.201 07	0.215 74
22	0.221 15	0.252 83	0.280 37	0.313 94	0.336 66	60	0.135 73	0.155 11	0.172 31	0.192 67	0.206 73
23	0.216 45	0.247 46	0.274 90	0.307 23	0.329 54	65	0.130 52	0.149 13	0.165 67	0.185 25	0.198 77
24	0.212 05	0.242 42	0.269 31	0.301 04	0.322 86	70	0.125 86	0.148 81	0.159 75	0.178 33	0.191 67
25	0.207 90	0.237 68	0.264 04	0.295 16	0.316 57	75	0.124 67	0.139 01	0.154 42	0.172 68	0.185 23
26	0.203 99	0.233 20	0.269 07	0.289 62	0.310 64	80	0.117 87	0.134 67	0.149 60	0.167 28	0.179 49
27	0.200 30	0.228 98	0.254 38	0.284 38	0.305 02	85	0.114 42	0.130 72	0.145 20	0.162 36	0.174 21
28	0.196 30	0.224 97	0.249 33	0.279 42	0.299 71	90	0.111 25	0.127 09	0.141 17	0.157 80	0.169 33
29	0.193 18	0.221 17	0.245 71	0.274 71	0.294 66	95	0.108 33	0.123 75	0.137 46	0.153 71	0.164 93
30	0.190 52	0.217 56	0.241 70	0.270 23	0.289 87	100	0.105 63	0.120 67	0.134 03	0.149 87	0.160 81

附表 3.9　　**D_n的极限分布函数数值表($\lambda_{1-\alpha}$)**

$$K(\lambda)=\lim_{n\to\infty}P\{D_n<\lambda/\sqrt{n}\}=\sum_{k=-\infty}^{\infty}(-1)^k e^{-2k^2\lambda^2}\quad(\lambda>0)$$

λ	0.00	0.01	0.02	0.03	0.04	0.05	0.06	0.07	0.08	0.09
0.2	0.000 000	0.000 000	0.000 000	0.000 000	0.000 000	0.000 000	0.000 000	0.000 000	0.000 001	0.000 004
0.3	0.000 009	0.000 021	0.000 046	0.000 091	0.000 171	0.000 303	0.000 511	0.000 826	0.001 285	0.001 929
0.4	0.002 808	0.003 972	0.005 476	0.007 377	0.009 730	0.012 590	0.016 005	0.020 022	0.024 682	0.030 017
0.5	0.036 056	0.042 814	0.050 306	0.058 534	0.067 497	0.077 183	0.087 577	0.098 656	0.110 396	0.122 760
0.6	0.136 718	0.149 229	0.163 225	0.117 153	0.192 677	0.207 987	0.223 637	0.239 532	0.255 780	0.272 189
0.7	0.288 765	0.305 471	0.322 265	0.339 113	0.355 981	0.372 833	0.389 640	0.406 372	0.423 002	0.439 505
0.8	0.455 857	0.472 041	0.488 030	0.503 808	0.519 366	0.534 682	0.549 744	0.564 546	0.579 070	0.593 316
0.9	0.607 270	0.620 928	0.634 286	0.647 338	0.660 082	0.672 516	0.684 630	0.696 444	0.707 940	0.719 126
1.0	0.730 000	0.740 566	0.750 826	0.769 780	0.779 434	0.779 794	0.788 860	0.797 636	0.806 128	0.814 342
1.1	0.822 282	0.829 950	0.837 356	0.844 502	0.851 394	0.858 038	0.854 442	0.870 612	0.876 548	0.882 258
1.2	0.887 750	0.893 030	0.898 104	0.902 972	0.907 648	0.912 132	0.916 432	0.920 556	0.924 505	0.928 288
1.3	0.931 908	0.935 370	0.938 682	0.941 848	0.944 872	0.947 756	0.950 512	0.953 142	0.955 650	0.958 040
1.4	0.960 318	0.962 486	0.964 552	0.966 516	0.968 382	0.970 158	0.971 846	0.973 448	0.974 970	0.976 412
1.5	0.977 782	0.979 080	0.980 310	0.981 476	0.982 578	0.983 622	0.984 610	0.985 544	0.986 426	0.987 260
1.6	0.988 043	0.988 791	0.989 492	0.990 154	0.990 777	0.991 364	0.991 917	0.992 438	0.992 928	0.993 389
1.7	0.993 823	0.994 230	0.994 612	0.994 972	0.995 309	0.995 625	0.995 922	0.996 200	0.996 460	0.996 704
1.8	0.996 932	0.997 146	0.997 346	0.997 533	0.997 707	0.997 870	0.998 023	0.998 145	0.998 297	0.998 421
1.9	0.998 586	0.998 644	0.998 744	0.998 837	0.998 924	0.999 004	0.999 079	0.999 149	0.999 213	0.999 273
2.0	0.999 329	0.999 380	0.999 428	0.999 474	0.999 516	0.999 552	0.999 588	0.999 620	0.999 650	0.999 680
2.1	0.999 705	0.999 728	0.999 750	0.999 770	0.999 790	0.999 806	0.999 822	0.999 838	0.999 852	0.999 864
2.2	0.999 874	0.999 886	0.999 896	0.999 904	0.999 912	0.999 920	0.999 926	0.999 934	0.999 940	0.999 944
2.3	0.999 949	0.999 954	0.999 958	0.999 962	0.999 965	0.999 968	0.999 970	0.999 973	0.999 976	0.999 978
2.4	0.999 980	0.999 982	0.999 984	0.999 986	0.999 987	0.999 988	0.999 988	0.999 990	0.999 991	0.999 992

附表 3.10 **常用正交表**

(1) $L_4(2^3)$

试验号 \ 列号	1	2	3
1	1	1	1
2	1	2	2
3	2	1	2
4	2	2	1
组	1	2	

注:任意二列的交互作用列是另外一列.

(2) $L_8(2^7)$

试验号 \ 列号	1	2	3	4	5	6	7
1	1	1	1	1	1	1	1
2	1	1	1	2	2	2	2
3	1	2	2	1	1	2	2
4	1	2	2	2	2	1	1
5	2	1	2	1	2	1	2
6	2	1	2	2	1	2	1
7	2	2	1	1	2	2	1
8	2	2	1	2	1	1	2
组	1	2		3			

$L_8(2^7)$ 二列间的交互作用列

列号 \ 列号	1	2	3	4	5	6	7
	(1)	3	2	5	4	7	6
		(2)	1	6	7	4	5
			(3)	7	6	5	4
				(4)	1	2	3
					(5)	3	2
						(6)	1
							(7)

(3) $L_{16}(2^{15})$

试验号 \ 列号	1	2	3	4	5	6	7	8	9	10	11	12	13	14	15
1	1	1	1	1	1	1	1	1	1	1	1	1	1	1	1
2	1	1	1	1	1	1	1	2	2	2	2	2	2	2	2
3	1	1	1	2	2	2	2	1	1	1	1	2	2	2	2
4	1	1	1	2	2	2	2	2	2	2	2	1	1	1	1
5	1	2	2	1	1	2	2	1	1	2	2	1	1	2	2
6	1	2	2	1	1	2	2	2	2	1	1	2	2	1	1
7	1	2	2	2	2	1	1	1	1	2	2	2	2	1	1
8	1	2	2	2	2	1	1	2	2	1	1	1	1	2	2
9	2	1	2	1	2	1	2	1	2	1	2	1	2	1	2
10	2	1	2	1	2	1	2	2	1	2	1	2	1	2	1
11	2	1	2	2	1	2	1	1	2	1	2	2	1	2	1
12	2	1	2	2	1	2	1	2	1	2	1	1	2	1	2
13	2	2	1	1	2	2	1	1	2	2	1	1	2	2	1
14	2	2	1	1	2	2	1	2	1	1	2	2	1	1	2
15	2	2	1	2	1	1	2	1	2	2	1	2	1	1	2
16	2	2	1	2	1	1	2	2	1	1	2	1	2	2	1
组	1	2		3				4							

$L_{16}(2^{15})$二列间的交互作用列

列号 \ 列号	1	2	3	4	5	6	7	8	9	10	11	12	13	14	15
	(1)	3	2	5	4	7	6	9	8	11	10	13	12	15	14
		(2)	1	6	7	4	5	10	11	8	9	14	15	12	13
			(3)	7	6	5	4	11	10	9	8	15	14	13	12
				(4)	1	2	3	12	13	14	15	8	9	10	11
					(5)	3	2	13	12	15	14	9	8	11	10
						(6)	1	14	15	12	13	10	11	8	9
							(7)	15	14	13	12	11	10	9	8
								(8)	1	2	3	4	5	6	7
									(9)	3	2	5	4	7	6
										(10)	1	6	7	4	5
											(11)	7	6	5	4
												(12)	1	2	3
													(13)	3	2
														(14)	1

(4) $L_{32}(2^{31})$

列号 / 试验号	1	2	3	4	5	6	7	8	9	10	11	12	13	14	15	16	17	18	19	20	21	22	23	24	25	26	27	28	29	30	31
1	1	1	1	1	1	1	1	1	1	1	1	1	1	1	1	1	1	1	1	1	1	1	1	1	1	1	1	1	1	1	1
2	1	1	1	1	1	1	1	1	1	1	1	1	1	1	1	2	2	2	2	2	2	2	2	2	2	2	2	2	2	2	2
3	1	1	1	1	1	1	1	2	2	2	2	2	2	2	2	1	1	1	1	1	1	1	1	2	2	2	2	2	2	2	2
4	1	1	1	1	1	1	1	2	2	2	2	2	2	2	2	2	2	2	2	2	2	2	2	1	1	1	1	1	1	1	1
5	1	1	1	2	2	2	2	1	1	1	1	2	2	2	2	1	1	1	1	2	2	2	2	1	1	1	1	2	2	2	2
6	1	1	1	2	2	2	2	1	1	1	1	2	2	2	2	2	2	2	2	1	1	1	1	2	2	2	2	1	1	1	1
7	1	1	1	2	2	2	2	2	2	2	2	1	1	1	1	1	1	1	1	2	2	2	2	2	2	2	2	1	1	1	1
8	1	1	1	2	2	2	2	2	2	2	2	1	1	1	1	2	2	2	2	1	1	1	1	1	1	1	1	2	2	2	2
9	1	2	2	1	1	2	2	1	1	2	2	1	1	2	2	1	1	2	2	1	1	2	2	1	1	2	2	1	1	2	2
10	1	2	2	1	1	2	2	1	1	2	2	1	1	2	2	2	2	1	1	2	2	1	1	2	2	1	1	2	2	1	1
11	1	2	2	1	1	2	2	2	2	1	1	2	2	1	1	1	1	2	2	1	1	2	2	2	2	1	1	2	2	1	1
12	1	2	2	1	1	2	2	2	2	1	1	2	2	1	1	2	2	1	1	2	2	1	1	1	1	2	2	1	1	2	2
13	1	2	2	2	2	1	1	1	1	2	2	2	2	1	1	1	1	2	2	2	2	1	1	1	1	2	2	2	2	1	1
14	1	2	2	2	2	1	1	1	1	2	2	2	2	1	1	2	2	1	1	1	1	2	2	2	2	1	1	1	1	2	2
15	1	2	2	2	2	1	1	2	2	1	1	1	1	2	2	1	1	2	2	2	2	1	1	2	2	1	1	1	1	2	2
16	1	2	2	2	2	1	1	2	2	1	1	1	1	2	2	2	2	1	1	1	1	2	2	1	1	2	2	2	2	1	1
17	2	1	2	1	2	1	2	1	2	1	2	1	2	1	2	1	2	1	2	1	2	1	2	1	2	1	2	1	2	1	2
18	2	1	2	1	2	1	2	1	2	1	2	1	2	1	2	2	1	2	1	2	1	2	1	2	1	2	1	2	1	2	1
19	2	1	2	1	2	1	2	2	1	2	1	2	1	2	1	1	2	1	2	1	2	1	2	2	1	2	1	2	1	2	1
20	2	1	2	1	2	1	2	2	1	2	1	2	1	2	1	2	1	2	1	2	1	2	1	1	2	1	2	1	2	1	2
21	2	1	2	2	1	2	1	1	2	1	2	2	1	2	1	1	2	1	2	2	1	2	1	1	2	1	2	2	1	2	1
22	2	1	2	2	1	2	1	1	2	1	2	2	1	2	1	2	1	2	1	1	2	1	2	2	1	2	1	1	2	1	2
23	2	1	2	2	1	2	1	2	1	2	1	1	2	1	2	1	2	1	2	2	1	2	1	2	1	2	1	1	2	1	2
24	2	1	2	2	1	2	1	2	1	2	1	1	2	1	2	2	1	2	1	1	2	1	2	1	2	1	2	2	1	2	1
25	2	2	1	1	2	2	1	1	2	2	1	1	2	2	1	1	2	2	1	1	2	2	1	1	2	2	1	1	2	2	1
26	2	2	1	1	2	2	1	1	2	2	1	1	2	2	1	2	1	1	2	2	1	1	2	2	1	1	2	2	1	1	2
27	2	2	1	1	2	2	1	2	2	1	2	2	1	1	2	1	2	2	1	1	2	2	1	2	1	1	2	2	1	1	2
28	2	2	1	1	2	2	1	2	2	1	2	2	1	1	2	2	1	1	2	2	1	1	2	1	2	2	1	1	2	2	1
29	2	2	1	2	1	1	2	1	1	2	1	2	1	1	2	1	1	2	1	2	1	1	2	1	2	2	1	2	1	1	2
30	2	2	1	2	1	1	2	1	1	2	1	2	1	1	2	2	1	1	2	1	2	2	1	2	1	1	2	1	2	2	1
31	2	2	1	2	1	1	2	2	1	1	2	1	2	2	1	1	2	2	1	2	1	1	2	2	1	1	2	1	2	2	1
32	2	2	1	2	1	1	2	2	1	1	2	1	2	2	1	2	1	1	2	1	2	2	1	1	2	2	1	2	1	1	2
组	1	2		3				4								5															

$L_{32}(2^{31})$二列间的交互作用列

列号＼列号	1	2	3	4	5	6	7	8	9	10	11	12	13	14	15	16	17	18	19	20	21	22	23	24	25	26	27	28	29	30	31
	(1)	3	2	5	4	7	6	9	8	11	10	13	12	15	14	17	16	19	18	21	20	23	22	25	24	27	26	29	28	31	30
		(2)	1	6	7	4	5	10	11	8	9	14	15	12	13	18	19	16	17	22	23	20	21	26	27	24	25	30	31	28	29
			(3)	7	6	5	4	11	10	9	8	15	14	13	12	19	18	17	16	23	22	21	20	27	26	25	24	31	30	29	28
				(4)	1	2	3	12	13	14	15	8	9	10	11	20	21	22	23	16	17	18	19	28	29	30	31	24	25	26	27
					(5)	3	2	13	12	15	14	9	8	11	10	21	20	23	22	17	19	16	18	29	28	31	30	25	24	27	26
						(6)	1	14	15	12	13	10	11	8	9	22	23	20	21	18	19	16	17	30	31	28	29	26	27	24	25
							(7)	15	14	13	12	11	10	9	8	23	22	21	20	18	19	17	16	31	30	29	28	27	26	25	24
								(8)	1	2	3	4	5	6	7	24	25	26	27	28	29	30	31	16	17	18	19	20	21	22	23
									(9)	3	2	5	4	7	6	25	24	27	26	29	28	31	30	17	16	19	18	21	20	23	22
										(10)	1	6	7	4	5	26	27	24	25	30	31	28	29	18	19	16	17	22	23	20	21
											(11)	7	6	5	4	27	26	25	24	31	30	29	28	19	18	17	16	23	22	21	20
												(12)	1	2	3	28	29	30	31	24	25	26	27	20	21	22	23	16	17	18	19
													(13)	3	2	29	28	31	30	25	24	27	26	21	20	23	22	17	16	19	18
														(14)	1	30	31	28	29	26	27	24	25	22	23	20	21	18	19	16	17
															(15)	31	30	29	28	27	26	25	24	23	22	21	20	19	18	17	16
																(16)	1	2	3	4	5	6	7	8	9	10	11	12	13	14	15
																	(17)	3	2	5	4	7	6	9	8	11	10	13	12	15	14
																		(18)	1	6	7	4	5	10	11	8	9	14	15	12	13
																			(19)	7	6	5	4	11	10	9	8	15	14	13	12
																				(20)	1	2	3	12	13	14	15	8	9	10	11
																					(21)	3	2	13	12	15	14	9	8	11	10
																						(22)	1	14	15	12	13	10	11	8	9
																							(23)	15	14	13	12	11	10	9	8
																								(24)	1	2	3	4	5	6	7
																									(25)	3	2	5	4	7	6
																										(26)	1	6	7	4	5
																											(27)	7	6	5	4
																												(28)	1	2	3
																													(29)	3	2
																														(30)	1

(5) $L_{12}(2^{11})$

试验号 \ 列号	1	2	3	4	5	6	7	8	9	10	11
1	1	1	1	1	1	1	1	1	1	1	1
2	1	1	1	1	1	2	2	2	2	2	2
3	1	1	2	2	2	1	1	1	2	2	2
4	1	2	1	2	2	1	2	2	1	1	2
5	1	2	2	1	2	2	1	2	1	2	1
6	1	2	2	2	1	2	2	1	2	1	1
7	2	1	2	2	1	1	2	2	1	2	1
8	2	1	2	1	2	2	2	1	1	1	2
9	2	1	1	2	2	2	1	2	2	1	1
10	2	2	2	1	1	1	1	2	2	1	2
11	2	2	1	2	1	2	1	1	1	2	2
12	2	2	1	1	2	1	2	1	2	2	1

(6) $L_9(3^4)$

试验号 \ 列号	1	2	3	4
1	1	1	1	1
2	1	2	2	2
3	1	3	3	3
4	2	1	2	3
5	2	2	3	1
6	2	3	1	2
7	3	1	3	2
8	3	2	1	3
9	3	3	2	1
组	1	2		

注：任意二列间的交互作用列为另外二列.

(7) $L_{27}(3^{13})$

试验号 \ 列号	1	2	3	4	5	6	7	8	9	10	11	12	13
1	1	1	1	1	1	1	1	1	1	1	1	1	1
2	1	1	1	1	2	2	2	2	2	2	2	2	2
3	1	1	1	1	3	3	3	3	3	3	3	3	3
4	1	2	2	2	1	1	1	2	2	2	3	3	3
5	1	2	2	2	2	2	2	3	3	3	1	1	1
6	1	2	2	2	3	3	3	1	1	1	2	2	2
7	1	3	3	3	1	1	1	3	3	3	2	2	2
8	1	3	3	3	2	2	2	1	1	1	3	3	3
9	1	3	3	3	3	3	3	2	2	2	1	1	1
10	2	1	2	3	1	2	3	1	2	3	1	2	3
11	2	1	2	3	2	3	1	2	3	1	2	3	1
12	2	1	2	3	3	1	2	3	1	2	3	1	2
13	2	2	3	1	1	2	3	2	3	1	3	1	2
14	2	2	3	1	2	3	1	3	1	2	1	2	3
15	2	2	3	1	3	1	2	1	2	3	2	3	1
16	2	3	1	2	1	2	3	3	1	2	2	3	1
17	2	3	1	2	2	3	1	1	2	3	3	1	2
18	2	3	1	2	3	1	2	2	3	1	1	2	3
19	3	1	3	2	1	3	2	1	3	2	1	3	2
20	3	1	3	2	2	1	3	2	1	3	2	1	3
21	3	1	3	2	3	2	1	3	2	1	3	2	1
22	3	2	1	3	1	3	2	2	1	3	3	2	1
23	3	2	1	3	2	1	3	3	2	1	1	3	2
24	3	2	1	3	3	2	1	1	3	2	2	1	3
25	3	3	2	1	1	3	2	3	2	1	2	1	3
26	3	3	2	1	2	1	3	1	3	2	3	2	1
27	3	3	2	1	3	2	1	2	1	3	1	3	2
组	1		2						3				

$L_{27}(3^{13})$二列间的交互作用列

列号＼列号	1	2	3	4	5	6	7	8	9	10	11	12	13
	(1)	3	2	2	6	5	5	9	8	9	12	11	11
		4	4	3	7	7	6	10	10	9	13	13	12
		(2)	1	1	8	9	10	5	6	7	5	6	7
			4	3	11	12	13	11	12	13	8	9	10
			(3)	1	9	10	8	7	5	6	6	7	5
				2	13	11	12	12	13	11	10	8	9
				(4)	10	8	9	6	7	5	7	5	6
					12	13	11	13	11	12	9	10	8
					(5)	1	1	2	3	4	2	4	3
						7	6	11	13	12	8	10	9
						(6)	1	4	2	3	3	2	4
							5	13	12	11	10	9	6
							(7)	3	4	2	4	3	2
								12	11	13	9	8	10
								(8)	1	1	2	3	4
									10	9	5	7	6
									(9)	1	4	2	3
										8	7	6	5
										(10)	3	4	2
											6	5	7
											(11)	1	1
												13	12
												(12)	1
													11

(8) $L_{18}(2\times3^7)$

试验号 \ 列号	1	2	3	4	5	6	7	8
1	1	1	1	1	1	1	1	1
2	1	1	2	2	2	2	2	2
3	1	1	3	3	3	3	3	3
4	1	2	1	1	2	2	3	3
5	1	2	2	2	3	3	1	1
6	1	2	3	3	1	1	2	2
7	1	3	1	2	1	3	2	3
8	1	3	2	3	2	1	3	1
9	1	3	3	1	3	2	1	2
10	2	1	1	3	3	2	2	1
11	2	1	2	1	1	3	3	2
12	2	1	3	2	2	1	1	3
13	2	2	1	2	3	1	3	2
14	2	2	2	3	1	2	1	3
15	2	2	3	1	2	3	2	1
16	2	3	1	3	2	3	1	2
17	2	3	2	1	3	1	2	3
18	2	3	3	2	1	2	3	1

(9) $L_{16}(4^5)$

试验号 \ 列号	1	2	3	4	5
1	1	1	1	1	1
2	1	2	2	2	2
3	1	3	3	3	3
4	1	4	4	4	4
5	2	1	2	3	4
6	2	2	1	4	3
7	2	3	4	1	2
8	2	4	3	2	1
9	3	1	3	4	2
10	3	2	4	3	1
11	3	3	1	2	4
12	3	4	2	1	3
13	4	1	4	2	3
14	4	2	3	1	4
15	4	3	2	4	1
16	4	4	1	3	2
组	1	2 (列 2–4)			

注：任意二列的交互作用列是另外三列.

(10) $L_{25}(5^6)$

试验号 \ 列号	1	2	3	4	5	6
1	1	1	1	1	1	1
2	1	2	2	2	2	2
3	1	3	3	3	3	3
4	1	4	4	4	4	4
5	1	5	5	5	5	5
6	2	1	2	3	4	5
7	2	2	3	4	5	1
8	2	3	4	5	1	2
9	2	3	5	1	2	3
10	2	5	1	2	3	4
11	3	1	3	5	2	4
12	3	2	4	1	3	5
13	3	3	5	2	4	1
14	3	4	1	3	5	2
15	3	5	2	4	1	3
16	4	1	4	2	5	3
17	4	2	5	3	1	4
18	4	3	1	4	2	5
19	4	4	2	5	3	1
20	4	5	3	1	4	2
21	5	1	5	4	3	2
22	5	2	1	5	4	3
23	5	3	2	1	5	4
24	5	4	3	2	1	5
25	5	5	4	3	2	1
组	1	2				

注:任意二列的交互作用列是另外四列.

附表 3.11 **正态性检验统计量 W 的系数 $a_i(n)$ 的值**

i \ n		3	4	5	6	7	8	9	10	
1		0.7071	0.6872	0.6646	0.6431	0.6233	0.6052	0.5888	0.5739	
2		–	0.1677	0.2413	0.2806	0.3031	0.3164	0.3244	0.3291	
3		–	–	–	0.0875	0.1401	0.1743	0.1976	0.2141	
4		–	–	–	–	–	0.0561	0.0947	0.1224	
5	–	–	–	–	–	–	–	–	0.0399	

i \ n	11	12	13	14	15	16	17	18	19	20
1	0.5601	0.5475	0.5359	0.5251	0.5150	0.5056	0.4968	0.4886	0.4808	0.4734
2	0.3315	0.3325	0.3325	0.3318	0.3306	0.3290	0.3273	0.3253	0.3232	0.3211
3	0.2260	0.2347	0.2412	0.2460	0.2495	0.2521	0.2540	0.2553	0.2561	0.2565
4	0.1429	0.1586	0.1707	0.1802	0.1878	0.1939	0.1988	0.2027	0.2059	0.2085
5	0.0695	0.0922	0.1099	0.1240	0.1353	0.1447	0.1524	0.1587	0.1641	0.1686
6	–	0.0303	0.0539	0.0727	0.0880	0.1005	0.1109	0.1197	0.1271	0.1334
7	–	–	–	0.0240	0.0433	0.0593	0.0725	0.0837	0.0932	0.1013
8	–	–	–	–	–	0.0196	0.0359	0.0496	0.0612	0.0711
9	–	–	–	–	–	–	–	0.0163	0.0303	0.0422
10	–	–	–	–	–	–	–	–	–	0.0140

i \ n	21	22	23	24	25	26	27	28	29	30
1	0.4643	0.4590	0.4542	0.4493	0.4450	0.4407	0.4366	0.4328	0.4291	0.4254
2	0.3185	0.3156	0.3126	0.3098	0.3069	0.3043	0.3018	0.2992	0.2968	0.2944
3	0.2578	0.2571	0.2563	0.2554	0.2543	0.2533	0.2522	0.2510	0.2499	0.2487
4	0.2119	0.2131	0.2139	0.2145	0.2148	0.2151	0.2152	0.2151	0.2150	0.2148
5	0.1736	0.1764	0.1787	0.1807	0.1822	0.1836	0.1848	0.1857	0.1864	0.1870
6	0.1399	0.1443	0.1480	0.1512	0.1539	0.1563	0.1584	0.1601	0.1616	0.1630
7	0.1092	0.1150	0.1201	0.1245	0.1283	0.1316	0.1346	0.1372	0.1395	0.1415
8	0.0804	0.0878	0.0941	0.0997	0.1046	0.1089	0.1128	0.1162	0.1192	0.1219
9	0.0530	0.0618	0.0696	0.0764	0.0823	0.0876	0.0923	0.0965	0.1002	0.1036
10	0.0263	0.0368	0.0459	0.0539	0.0610	0.0672	0.0728	0.0778	0.0822	0.0862
11	–	0.0122	0.0228	0.0321	0.0403	0.0476	0.0540	0.0598	0.0650	0.0668
12	–	–	–	0.0107	0.0200	0.0284	0.0358	0.0424	0.0483	0.0537
13	–	–	–	–	–	0.0094	0.0178	0.0253	0.0320	0.0381
14	–	–	–	–	–	–	–	0.0084	0.0159	0.0227
15	–	–	–	–	–	–	–	–	–	0.0076

i \ n	31	32	33	34	35	36	37	38	39	40
1	0.4220	0.4188	0.4156	0.4127	0.4096	0.4068	0.4040	0.4015	0.3989	0.3964
2	0.2921	0.2898	0.2876	0.2854	0.2834	0.2813	0.2794	0.2774	0.2755	0.2737
3	0.2475	0.2463	0.2451	0.2439	0.2427	0.2415	0.2403	0.2391	0.2380	0.2368
4	0.2145	0.2141	0.2137	0.2132	0.2127	0.2121	0.2116	0.2110	0.2104	0.2098
5	0.1874	0.1878	0.1880	0.1882	0.1883	0.1883	0.1883	0.1881	0.1880	0.1878
6	0.1641	0.1651	0.1660	0.1667	0.1673	0.1678	0.1683	0.1686	0.1689	0.1691

续表

i \ n	31	32	33	34	35	36	37	38	39	40
7	0.1433	0.1449	0.1463	0.1475	0.1487	0.1496	0.1505	0.1513	0.1520	0.1526
8	0.1243	0.1265	0.1284	0.1301	0.1317	0.1331	0.1344	0.1356	0.1366	0.1376
9	0.1066	0.1093	0.1118	0.1140	0.1160	0.1179	0.1196	0.1211	0.1225	0.1237
10	0.0899	0.0931	0.0961	0.0988	0.1013	0.1036	0.1056	0.1075	0.1092	0.1108
11	0.0739	0.0777	0.0812	0.0844	0.0873	0.0900	0.0924	0.0947	0.0967	0.0986
12	0.0585	0.0629	0.0669	0.0706	0.0739	0.0770	0.0798	0.0824	0.0848	0.0870
13	0.0435	0.0485	0.0530	0.0572	0.0610	0.0645	0.0677	0.0706	0.0733	0.0759
14	0.0289	0.0344	0.0395	0.0441	0.0484	0.0523	0.0559	0.0592	0.0622	0.0651
15	0.0144	0.0206	0.0262	0.0314	0.0361	0.0404	0.0444	0.0481	0.0515	0.0546
16	–	0.0068	0.0131	0.0187	0.0239	0.0287	0.0331	0.0372	0.0409	0.0444
17	–	–	–	0.0062	0.0119	0.0172	0.0220	0.0264	0.0305	0.0343
18	–	–	–	–	–	0.0057	0.0110	0.0158	0.0203	0.0244
19	–	–	–	–	–	–	–	0.0053	0.0101	0.0146
20	–	–	–	–	–	–	–	–	–	0.0049

i \ n	41	42	43	44	45	46	47	48	49	50
1	0.3940	0.3917	0.3894	0.3872	0.3850	0.3830	0.3803	0.3789	0.3770	0.3751
2	0.2719	0.2701	0.2684	0.2667	0.2651	0.2635	0.2620	0.2604	0.2589	0.2574
3	0.2357	0.2345	0.2334	0.2323	0.2313	0.2302	0.2291	0.2281	0.2271	0.2260
4	0.2091	0.2085	0.2078	0.2072	0.2065	0.2058	0.2052	0.2045	0.2038	0.2032
5	0.1876	0.1874	0.1871	0.1868	0.1865	0.1862	0.1859	0.1855	0.1851	0.1847
6	0.1693	0.1694	0.1695	0.1695	0.1695	0.1695	0.1695	0.1693	0.1692	0.1691
7	0.1531	0.1535	0.1539	0.1542	0.1545	0.1548	0.1550	0.1551	0.1553	0.1554
8	0.1384	0.1392	0.1398	0.1405	0.1410	0.1415	0.1420	0.1423	0.1427	0.1430
9	0.1249	0.1259	0.1269	0.1278	0.1286	0.1293	0.1300	0.1306	0.1312	0.1317
10	0.1123	0.1136	0.1149	0.1160	0.1170	0.1180	0.1189	0.1197	0.1205	0.1212
11	0.1004	0.1020	0.1035	0.1049	0.1062	0.1073	0.1085	0.1095	0.1105	0.1113
12	0.0891	0.0909	0.0927	0.0943	0.0959	0.0972	0.0985	0.0998	0.1010	0.1020
13	0.0782	0.0804	0.0824	0.0842	0.0860	0.0876	0.0892	0.0906	0.0919	0.0932
14	0.0677	0.0701	0.0724	0.0745	0.0765	0.0783	0.0801	0.0817	0.0832	0.0846
15	0.0575	0.0602	0.0628	0.0651	0.0673	0.0694	0.0713	0.0731	0.0748	0.0764
16	0.0476	0.0506	0.0534	0.0560	0.0584	0.0607	0.0628	0.0648	0.0667	0.0685
17	0.0379	0.0411	0.0442	0.0471	0.0497	0.0522	0.0546	0.0568	0.0588	0.0608
18	0.0283	0.0318	0.0352	0.0383	0.0412	0.0439	0.0465	0.0489	0.0511	0.0532
19	0.0188	0.0227	0.0263	0.0296	0.0328	0.0357	0.0385	0.0411	0.0436	0.0459
20	0.0094	0.0136	0.0175	0.0211	0.0245	0.0277	0.0307	0.0335	0.0361	0.0386
21	–	0.0045	0.0087	0.0126	0.0163	0.0197	0.0229	0.0259	0.0288	0.0314
22	–	–	–	0.0042	0.0081	0.0118	0.0153	0.0185	0.0215	0.0244
23	–	–	–	–	–	0.0039	0.0076	0.0111	0.0143	0.0174
24	–	–	–	–	–	–	–	0.0037	0.0071	0.0104
25	–	–	–	–	–	–	–	–	–	0.0035

附表 3.12 **正态性检验统计量 W 的 α 分位数 W_α 表**

n \ α	0.01	0.05	0.10	n \ p	0.01	0.05	0.10
				26	0.891	0.920	0.933
				27	0.894	0.923	0.935
3	0.753	0.767	0.789	28	0.896	0.924	0.936
4	0.687	0.748	0.792	29	0.898	0.926	0.937
5	0.686	0.762	0.806	30	0.900	0.927	0.939
6	0.713	0.788	0.826	31	0.902	0.929	0.940
7	0.730	0.803	0.838	32	0.904	0.930	0.941
8	0.749	0.818	0.851	33	0.906	0.931	0.942
9	0.764	0.829	0.859	34	0.908	0.933	0.943
10	0.781	0.842	0.869	35	0.910	0.934	0.944
11	0.792	0.850	0.876	36	0.912	0.935	0.945
12	0.805	0.859	0.883	37	0.914	0.936	0.946
13	0.814	0.866	0.889	38	0.916	0.938	0.947
14	0.825	0.874	0.895	39	0.917	0.939	0.948
15	0.835	0.881	0.901	40	0.919	0.940	0.949
16	0.844	0.887	0.906	41	0.920	0.941	0.950
17	0.851	0.892	0.910	42	0.922	0.942	0.951
18	0.858	0.897	0.914	43	0.923	0.943	0.951
19	0.863	0.901	0.917	44	0.924	0.944	0.952
20	0.868	0.905	0.920	45	0.926	0.945	0.953
21	0.873	0.908	0.923	46	0.927	0.945	0.953
22	0.878	0.911	0.926	47	0.928	0.946	0.954
23	0.881	0.914	0.928	48	0.929	0.947	0.954
24	0.884	0.916	0.930	49	0.929	0.947	0.955
25	0.888	0.918	0.931	50	0.930	0.947	0.955

习题参考答案

习 题 一

1. (1)总体是该地区2006年毕业的统计学专业本科生实习期满后的月薪;
(2)样本是被调查的50名毕业生的月薪;
(3)样本容量为50.

2. $\bar{x}=3$, $S^2=3.78$, $S=1.94$

3. $\bar{y}_B=a\bar{x}_A+b$, $s_B=|a|s_A$, $R_B=aR_A$, $m_B=am_A+b$

4. (1) $\dfrac{\lambda^{\sum_{i=1}^{n}x_i}e^{-n\lambda}}{\prod_{i=1}^{n}x_i!}$,(2)$\lambda$, $\dfrac{\lambda}{n}$, λ

5. (1)$1-0.8413^{16}=0.9370$;(2)$[\Phi(1.5)]^{16}=0.3308$

7. $c=1/3$

8. 0.1336;9. 0.1;10.$c=\sqrt{\dfrac{n}{n+1}}$, $n-1$

习 题 二

1. $\hat{\mu}=\bar{x}=232.379$, $\hat{\sigma}^2=0.026$

2.$\hat{N}=\dfrac{\bar{X}^2}{\bar{X}-S^2}$, $\hat{p}=\dfrac{\bar{X}-S^2}{\bar{X}}$

3. $\hat{\theta}=\dfrac{2n_1+n_2}{2n}$　　4.$\hat{\alpha}=\dfrac{2\bar{X}-1}{1-\bar{X}}$　　5. $\hat{\sigma}=\dfrac{1}{n}\sum_{i=1}^{n}|X_i|$;

6.$\hat{\mu}=\dfrac{1}{n}\sum_{i=1}^{n}\ln X_i$,$\hat{\sigma}^2=\dfrac{1}{n}\sum_{i=1}^{n}(\ln X_i-\hat{\mu})^2$;7.$C=\dfrac{1}{2(n-1)}$　　8. 无偏估计

11.$\dfrac{4\theta^2}{n}$　　12. $\bar{X}$是θ的有效估计　　14. (1)(2.121,2.129);(2)(2.1175,2.1325)

15. (−0.002,0.006)　　16. 6592.471　　17. 78.0399

习 题 三

1. $c=\frac{\sigma}{\sqrt{n}}u_{\frac{\alpha}{2}}$ 2. $1-\Phi\left(\frac{c_0-\mu_0}{\sigma_0/\sqrt{n}}\right)$ $\Phi\left(\frac{c_0-\mu}{\sigma_0/\sqrt{n}}\right)$ $\Phi(0.6)=0.7257$

3. $u=0.040<u_{\frac{\alpha}{2}}$ 4. $u=-2.5<-u_{0.05}$ 5. $u=-0.2774>-u_{0.05}=-1.65$

6. $t=2.22>t_{0.025}(15)$ 7. $t=-1.445>-t_{0.05}(9)=-1.8331$

8. $t=0.0987<t_{0.025}(17)=2.1089$ 9 $\chi^2=43.3>\chi^2_{0.05}(29)=42.557$

10. (1) $F=0.8274$,可以认为方差相同;(2) $t=-1.4247>-t_{0.05}(15)=-1.7531$,可以认为平均折断力提高了25kg以上.

11 $\chi^2=0.955$,可以认为这天总体方差正常;$\chi^2=0.905$,可以认为这天总体方差正常.

12. $|t|=0.8534<t_{0.025}(7)=2.3646$ 13 $\chi^2=1.84<\chi^2_{0.05}(3)=7.815$

14 $\chi^2=1.0367<\chi^2_{0.05}(2)=5.991$,可以认为服从正态分布;
$D_n=0.0143>D_{n,\alpha}=0.0136$,拒绝服从正态分布的假设.

15. $D_{n_1,n_2}=0.050<D_{55,0.01}=0.21574$,可以认为两样本来自同一总体.

16 $\chi^2=55.12>\chi^2_{0.05}(1)=6.635$,有关.

习 题 四

1. $S_e=42.75$, $df_e=9$; $S_A=105.5$, $df_A=2$; $S_T=148.25$, $df_T=11$

2. $df_e=22$, $df_A=3$, $df_T=25$

3. $F=7.5$ 4. (1)有显著差异;(2) $\hat{\mu}_1=133.73$, $\hat{\mu}_2=144.58$, $\hat{\mu}_3=144.52$, $\hat{\sigma}^2=53.366$

5. ($MS_e=8.57$, $F=6.42$)

6. ($FA=11.13$, $FB=13.21$, $MS_e=202.0833$) 7. ($F=78.6^{**}$, $F=28.8^{**}$)

8. ($F_A=12.68^{**}$, $F_B=24.88^{**}$, $F_{A\times B}=2.77^{*}$, $MS_e=67.19$) 9. F 比为15.72,μ_1 与 μ_2,μ_2 与 μ_3,μ_1 与 μ_3 均有显著差异.

10. $L_4(2^3)$;第3号实验条件是:上升温度820℃,保温时间6h,出炉温度500℃;$A_2B_1C_1$ 即上升温度820℃,保温时间6h,出炉温度400℃.

11. $L_9(3^4)$最佳搭配为:窄叶青8号,密度4.50棵/100m^2,施肥量1.125 kg/100m^2.

习 题 五

1. (1) $\hat{y}=11.60+0.4992x$;(2) $r=0.9874$;(3) $\hat{\sigma}^2=5.4822$

2. (1) $\hat{y}=6.5-1.6x$;(2)显著.

3. $\hat{\beta}=\frac{\sum_{i=1}^{n}x_iy_i}{\sum_{i=1}^{n}x_i^2}$;4. $\hat{\beta}_1=L_{xy}/L_{xx}$, $\hat{\beta}_0=\bar{y}-\hat{\beta}_1\bar{x}$, $\hat{\sigma}^2=S_e/n$

5. (1) $\hat{y}=35.2389+84.3975x$;

(2) $\hat{\beta}_0 \sim N(\beta_0,\ 0.1142\sigma^2)$, $\hat{\beta}_1 \sim N(\beta_1,\ 3.3069\sigma^2)$;

(3) $r=-0.6727$;

(4) $F=108.2848$,回归效果显著;

(5) (67.0022,101.7928);

(6) (37.7154,58.0819).

6. (1) F 比为 55.8127;(2) $r=0.8065$;(3) (1.4500,1.5994)

7.

方程	残差平方和	决定系数	剩余标准差
$\hat{y}=1051.4232e^{-0.2473x}$	9210.75	0.9902	22.6210
$\hat{y}=754.96-270.32\ln x$	26150.9	0.9723	38.1160
$\hat{y}=(34.2605-7.4637\sqrt{x})^2$	15759.8	0.9833	29.5896

8. $\hat{y}=43.65+1.78x_1-0.08x_2+0.16x_3$,回归效果显著.

习　题　六

1. $\hat{\mu}_m=\hat{\mu}_{最优}=(9.56,80.92,152.14,8.60,77.80)^{\mathrm{T}}$;

$$\hat{\Sigma}_m = \Sigma/7 \quad \hat{\Sigma}_{最优} = \Sigma/6$$

其中,$$\Sigma = \sum_{i=1}^{7}(X_i-\bar{X})(X_i-\bar{X})^{\mathrm{T}} = \begin{pmatrix} 50.94 & 117.14 & -85.74 & 10.64 & -65.03 \\ & 570.87 & -753.37 & -40.37 & 59.17 \\ & & 3554.86 & 31.36 & -178.42 \\ & & & 20.21 & -65.08 \\ & & & & 349.10 \end{pmatrix}$$

3. G_1,G_2 的误判率分别为$\frac{8}{29}$,$\frac{8}{31}$.

6. (1)根据总解释方差表的数据可知,第一大、第二大特征值分别大于 1,并且前二个主成分的特征值累积占了总方差的 81.142%.根据特征值大于 1,同时特征值累积占了总方差的比例大于 80%的原则,判断选取前两个主成分.

(2)前两个主成分与原来变量关系的表达式是

$$y_1=-0.806x_1-0.674x_2-0.675x_3+0.893x_4+0.825x_5+0.836x_6$$
$$y_2=0.353x_1+0.531x_2+0.513x_3+0.306x_4+0.435x_5+0.425x_6$$

这些系数称为主成分载荷,它表示主成分和原来各变量的线性相关系数.

参考文献

[1]茆诗松. 概率论与数理统计教程.北京:高等教育出版社,2004.

[2]陆元鸿. 数理统计方法. 上海:华东理工大学出版社, 2005.

[3]赵选民等. 数理统计. 北京:科学出版社,2002.

[4]杨虎等. 数理统计. 北京:高等教育出版社,2004.

[5]陈希孺. 数理统计引论. 北京:科学出版社,1981.

[6]袁志发等. 多元统计分析.北京:科学出版社,2002.

[7]刘顺忠. 数理统计理论、方法、应用和软件计算.武汉:华中科技大学出版社,2005.

[8]张润楚. 多元统计分析.北京:科学出版社,2006.

[9]何晓群. 现代统计分析方法与应用. 北京:中国人民大学出版社,1998.

[10]于秀林,任雪松. 多元统计分析. 北京: 中国统计出版社,1999.

[11]方开泰. 实用多元统计分析.上海:华东师范大学出版社,1989.

[12]高惠璇. 统计计算.北京:北京大学出版社,1995.

[13]R. A. Johnson, D. W. Wichern. 实用多元统计分析.北京:清华大学出版社,2001.

[14]Richard A. Johnson. 章栋恩.Probability and Statistics for Engineer (Seventh Edition) .北京:电子工业出版社,2005.

[15]李志辉,罗平. SPSS for Windows 统计分析教程(第二版).北京:电子工业出版社,2005.

[16]余建英,何旭宏. 数据统计分析与 SPSS 应用. 北京: 人民邮电出版社,2003.

[17] Anderson, T. W. An Introduction to Multivariate Statistical Methods. New York: John Wiley, 1958.

[18]薛薇.SPSS 统计分析方法及应用. 北京: 电子工业出版社,2004.

[19]郭显光.如何用 SPSS 软件进行主成分分析.统计与信息论坛,1998(2).